에코디자인과 생태공학

우리 물(수권), 풀(생물권), 땅(암석권), 공기(대기권)로
우리 水생태 환경 복원하기

변찬우 지음

Ecological System Design & Ecological Engineering

월드사이언스
worldscience.co.kr

에코디자인과 생태공학

인　　쇄 | 2019년 11월 10일
발　　행 | 2019년 11월 20일

저　　자 | 변찬우
발 행 인 | 박선진
발 행 처 | (주)도서출판 월드사이언스

주　　소 | 서울특별시 서초구 도구로115 월드빌딩 1층
등록일자 | 1988년 2월 12일
등록번호 | 제 16-1601호
대표전화 | (02) 581-5811~3
팩　　스 | (02) 521-6418

E-mail | worldscience@hanmail.net
U R L | http://www.worldscience.co.kr

정　　가 | 25,000원
I S B N | 978-89-5881-290-6

이 도서의 국립중앙도서관 출판시도서목록(CIP)은 서지정보유통지원시스템 홈페이지 (http://seoji.nl.go.kr)와 국가자료종합목록구축시스템(http://kolis-net.nl.go.kr)에서 이용하실 수 있습니다. (CIP제어번호: CIP2019042140)

에코디자인과 생태공학

우리 물(수권), 풀(생물권), 땅(암석권), 공기(대기권)로
우리 水생태 환경 복원하기

내가 수행하는 에코디자인과 수생태 환경 복원의 궁극적 목표는
인간의 오염까지도 고효율로 처리하는 자연의 위대함과
자연 스스로의 생태적 회복력(resilience)을 알리는 일이다.

2009~2013

광교신도시 생태하천 복원 15.8 km

2001~2013

경안천 상류 마평·길업 생태적수질정화 비오톱 이하 경안천 47 km

2011~2015

매노천 fish-way 및 비점처리용 인공습지 10.3 km

〈사례들〉 자연 스스로의 복원 설계(self-deisgn restoration)를 통해 에너지 투입을 최소화하면서도 오늘날의 환경오염을 생태적으로 정화하는 국내의 대표적인 에코디자인을 통한 생태공학 사례 유형을 제시함. 계획-설계-시공 -유지관리·모니터링 과정을 직접 수행해 온 위의 생태공학 사례들은 본 저서 4개 부의 각 장에서 유형별로 설명하고 있다. 자연의 힘을 잘 활용하면 분뇨를

한국적인 아름다움을 가장 잘 표현한 청전 이상범의 효원(曉原 : 1966~67, 종이에 수묵담채). 갯버들, 갈대와 같은 풀, 냇물, 돌, 언덕, 새벽 공기 등과 같이 우리 농촌 어디에나 정겹게 있었던 자연이 표상되었다. 거기에 자연과 동화되어 소달구지 끌고

자연의 위대함과 회복력을 자연 스스로의
복원 설계(self-design restoration)와 에코디자인에 기반을 둔
생태공학으로 밝힌다. 우리나라 방방곡곡의 생태계와 자자손손이
건강하고 지속가능하길 바라면서 붓을 든다.

2006~2012

신정 생태환경 방재용 저류지
(33,000 m^3/d)

2005~2008

제민천 하수처리수 생태적 수질 정화
및 재이용(10,000 m^3/d)

2011~2013

새만금 생태환경용지 기본 계획
에코디자인(Eco-Design)(50.21 km^2)

정화하여 배출한 하수처리수 처리나 도시 전역에서 내려오는 비점 오염원 정화 시설도 대단히 효율이 높은 첨단의 생태공학 시설이 될 수 있는 뿐만 아니라, 맑은 물 덕분에 다양한 생태계가 복원된다. 그러면 손색 없는 생태 예술이 될 수 있고, 각 지역의 명소가 된다. 자연과 동화되는 인간의 삶이 얼마나 가치 있는지를 알리는 것이 본 저서의 궁극적 지향점이다

가는 농부가 점적으로 묘사되었다. 비록 연약해 보이고 소박해 보이는 풍경이지만, 여기에 이 거대한 지구를 지탱할 수 있는 엄청난 비밀이 내재되어 있다.

머리말

"자연은 인간이 만든 어떠한 조직이나 권력 보다 위대하다"

21C 현재, 인류는 자연 재앙에 대해 속수무책이다. 자연과 반드시 잘 지내만 한다. 인간과 자연이 잘 지내기 위해서는, 자연을 자연의 주인으로 인정해 주는 것에서부터 시작해야 한다. 본서에서 강조하는 에코디자인이란 자연의 변화 과정을 이해하고 자연 에너지 사용을 극대화할 수 있는 쪽으로 디자인하는 것이다. 생태공학 역시 설계 때 확인하지 못했던 현장의 자연 변화를 보다 자세히 관찰하면서 대상지 주변(유역)에서 배출되는 수질 오염원까지도 삭감할 수 있게 복원과 시공하는 것이다. 이를 실천하는 일은 생각보다 쉽지 않다. 자연과 관련되는 일 조차도 돈이나 정치권력으로 다루면 쉽게 해결할 수 있을 것으로 생각하는 시대이기 때문이다. 하지만 자연 회복은 인간의 특정 조직이나 권력으로 완성되는 것이 아니다. 자연 그 자체의 가치에 집중해야 한다. 또한 인간이 만든 어떠한 조직이나 전공 분야를 뛰어넘어 융합적이고 통합적으로 접근해야만, 자연에서 인간이 망가뜨린 생태환경 문제를 해결할 수 있다.

인간이 개발과 건설을 하면서도 자연과 공생하는 접점은 어떻게 찾을 수 있을까? 가장 좋은 대안은 생태공학을 통한 생태환경 복원이라고 본다. 특히 생태계를 창출하면서 인간이 배출한 오염원까지도 저감하면서 생태환경을 향상시키는 것이 생태공학이다. 지구 상에 있는 양서류의 1/3이 멸종위기에 처해 있는 시대에, 생물다양성이나 습지 비오톱의 보전적 가치는 비교적 잘 알려져 있다. 하지만 생태환경 복원은 그간 잘 알려지지 않았다. 신이 자연을 만들었으면, 인간이 오염시킨 자연을 신의 영역에서 다시 회복하는 일이 생태공학을 통한 창출적 생태환경 복원이라 생각

◀ 공주 제민천과 만나는 유역의 금강 에서(© 추민지, 2017)

한다. 그만큼 어렵고, 흥미로우며, 돈으로도 환산하기 어려운 높은 가치를 지닌다.

요즈음 건설이나 개발 분야에서도 에코, 생태, 환경이라는 말을 흔히 들을 수 있다. 하지만 관련 전공별로 쌓인 담이 여전히 높다. 더구나 각각의 장벽을 높여 전공 이기주의에 싸일 경우 각기 필요한 생태환경 복원이라는 융합적 솔루션을 만들어 내기 어렵다. 생태공학이 성공하려면 특정 전공에 얽매이지 않아야 한다. 그간 나는 건축이나 도시계획에서 디자인과 플래닝을 익히고, 조경에서 생태학과 예술을 접목하는 기술을 배우고, 수자원, 방재, 환경 등 토목의 건설공학 실무에서 훼손된 대상지마다 다른 생태환경 특성을 분석하면서 알게 된 많은 생태, 생물, 환경공학 분야 전문가들과 친해졌다. 그러다 보니 이어서 소개될 추천서들의 처음과 마지막에 소개된 것처럼, 나는 UN에서 강조한 지속가능한 개발(SDG)과 자연기반해법(NBS)을 다루는 생태공학자로 귀결되었다. 이렇게 인정을 받기까지 그 과정이 쉬운 것은 아니었다. 최근에는 복원 시공 관련 산업을 정립하고자 소위 건설 노동자까지 통솔해 왔다. 그러다 보니 지금까지 나의 삶은 어느 특정 분야에 정착하지 못하고서 떠도는 시간의 연속이었다.

교수, 발명가, 생태과학자, 생태공학자, 에코디자이너, 선구자, 개척자, 사업가, 미다스의 손, 건설 노동자 등 자연을 다루어 왔음에도 의외로 많은 호칭이 나를 따라 다녔다. 그만큼 선진국 어디에도 제대로 된 모델이 없을 만큼의 개척 단계의 융합 분야라, 보람이 있는 만큼 고통스럽고, 힘들고, 외로워서 피하고 싶은 길이기도 했다. 하지만 생태계를 창출하고 복원함으로써, 생태계에서 가장 중요하고 어렵다고 하는 생태적수질정화까지도 세계적인 수준으로 직접 도출할 수 있다는 점과 자연의 위대한 결과에 감동하게 하였던 점이, 내가 개척 단계의 어려움을 포기하지 않고 지속하게 하는 원동력이 되었던 것 같다. 생태, 환경 문제를 해결하고자 언제나 다양한 분야에서 새로운 문제와 마주하게 되고 어렵게 해결하다 보니, 항상 부대끼고 설득하고 이해시키는 설명 과정에 몸과 마음을 던져야만 했다. 이 힘든 과정의 설명에 대해, 생태공학 관련 다양한 전문인은 물론 일반 독자들까지도 이해할 수 있게 할 수 있는 책을 만들고 싶었다. 이를 시사성 있게 압축한 결과물로서, 본 저서인 "에코디자인과 생태공학"으로 출간될 수 있었다.

낮에는 생태공학 실무수행하고 나서, 스트레스가 많은 날은 막걸리 옆에, 야식하던 테이블 옆에, 새우잠을 잤던 소파 밑에, 고속도로 휴게소나 졸음쉼터에 정차한 새벽녘 조수석에(지금 현재 새벽 시각 05:10에, 이 머리말을 쓰는 곳이 졸음쉼터에서 잠시 정차하고 눈을 붙이다가 빠져 나와 들른 고속도로 휴게소 식당이다), 국제 논문 수정 본 옆에, 제자들 박사 지도 논문 옆에, 거의 밤마다 쪽잠을 자면서 옆에 끼고 쓰면서 마무리한 글이다. 이 책을 탐독하시는 독자들은 이러한 과정에서 녹아 나온 이 책의 가치를 읽을 수 있으리라 생각한다. 한편 꽤나 오래 전부터 담고 싶었던 책이기에, 내가 2010년에 비교적 단기간에 만든 기술 서적인 "우리풍토에 맞는 생태하천"과 달리, 그 이후 족히 10여 년이 지나서 겨우 본서의 발간 일을 잡을 수 있게 되었다. 사실 본 저서 구성의 시작 단계에는 '에코디자인 철학과 방법론' 등이 더 수록되어 있었다. 에코디자인 철학과 방법론은 그 자체로도 한 권의 책으로 발간될 만한 분량이기에 본서의 구성이 확정되기 전에 그 방대한 양 또한 퇴고하는 과정에서 삭제되기도 하였다.

오랜 기간 본서를 쓰다 보니, 시대가 요구하는 생태환경 복원 관련 이슈를 담느라 고쳐 쓰고, 또 다시 수정해서 써야만 했다. 실무를 통한 개선 방안, 특히 본서의 4부에 집필 과정에서 발표된 논문을 담느라 쓰고 또 고쳐 썼다. 본서는 나와 10여 년을 동고동락하면서 밤에 흘린 땀이요, 눈물이요, 기쁨이 되었다. 그러다 보니 그간 이 글이 나오기까지 많은 분들이 도와주었다. 따라서 본 글에서 일일이 거명하지 못했지만, 집필기간 나에게 위안을 주고 도움을 주시고 함께 하신 모든 분들께 가장 먼저 감사를 드린다!

다음으로, 이어서 소개될 본서의 추천인 8분께 우선 감사드린다. 선진국에도 성공사례가 많지 않은 생태공학 내용을 검증, 소개하는 일환으로 발간 1년여 전부터 생태환경 관련 건설 분야, 생태 분야, 환경 분야에서 가장 권위자이면서, 특정 전공에서도 생태환경과 관련하여 깊고도 넓게 보는 안목을 지닌 학회장님들께 추천사를 부탁드렸다. 각 분야의 학회를 선도하시느라 바쁜 와중에도 쾌히 본서의 추천사를 수락하시고 서평을 보내 주신 8분께 다시 한 번 감사드린다. 본 저서의 시작에 의외적으로 소개되는 8인의 추천사는 본서가 선도적으로 제시하는 생태공학이라는 우물을 얼마나 넓고도 깊게 팠는지를 가늠하는 방향키가 될 수 있을 것이고, 생태공학을 접하는 다양한 전공 분야의 독자들께는 나침반 역할이 될 것으로 기대한다.

자연형성 과정이라는 생태계획과 생태공학의 뿌리를 갖게 해 주신 故 Ian McHarg 교수, 융합적 시각에서 환경디자인의 영감을 준 James Wines 교수, 동양적 가치를 통해 자연환경 복원을 지도하신 신지이소야(進士五十八) 총장, 주로 저서와 학회 활동으로 접하지만 세계 생태공학을 리드하는 William Mitsch 교수, 그리고 독일, 네덜란드, 영국 등 유럽 각지의 전문인 동료들… 국내 실무 여건에서 되돌아 볼 겨를 없이 언제나 새로운 분야를 접하면서 달려온 삶인지라 언젠가 찾아가 뵙고 싶거니와, 함께 공부하거나 협력한 동료들도 만나서 담소하고 싶다. 2013년에서 2016년까지 에코디자인과 생태공학을 학문적으로 가르치고 정립시키고자 융합생태환경공학과를 상명대학교 서울 캠퍼스에 대학원 과정으로 창설하고 운영하는 어려운 과정에서, 당시 보내주신 지리학과, 생물학과, 디지털미디어학부 등의 여러 발기인 교수님들의 격려와 도움에 감사드린다. 특히, 학과 운영이 어려울 때 구기헌 총장님, 김종희 부총장님의 쓰지만 약이 되었던 따뜻한 조언은 평생 잊지 못할 것이며, 천안 캠퍼스 융합기술대학의 환경조경학과 교수님과 학생들에게도 늘 감사드린다. 특히 어려울 때나 즐거울 때 도움과 격려를 아끼지 않은 건설시스템공학과의 황병기 교수님께 감사드린다. 융합생태환경공학과 석·박사를 수료하고 졸업한 강복규 박사, 김용민 박사, 이종찬 박사(후보자) 등 많은 제자들도, 내가 이 분야를 포기하지 않고 저서와 논문을 발간하도록 한 기폭제가 되었음에 감사를 드린다.

본 저서에 소개된 프로젝트와 그 외에도 많은 설계-시공-유지관리 모니터링 결과물이 만들어지기까지 생태공학 실무일선에서 알게 된 공무원들께 비록 일일이 거명하기는 어려워도 깊이 감사드린다. 특히 새로운 일을 하는 것에 대해 터부시하는 공직 사회에서, 기존의 건설공학을 대체하는 생태공학에 관한 격려와 지지를 아끼지 않았던 훌륭한 실무 감독들과 협력기관 실무자들에게 심심한 감사를 드린다. 융합생태환경연구센터와 LS생태환경복원에서 오랫동안 특허들에 대한 실무 내용을 지원하고 정리하면서 힘든 개척 과정에서 도움 준 각 부문별 대표 연구원 강민정, 윤수신, 정충호, 박영규, 연제호님 등에게 감사하며, 이제는 나의 조력자에서 각각 맡은 부문에서 리더들이 되기를 지지한다. 내가 힘들고 어려울 때 항상 지지와 조언을 아끼지 않던 친구 서영철 변호사, 만나면 위안이 되었던 김용규 박사, 어려운 운영에 한결같이 원칙을 고수하며 도움주신 전영창 선생님, 팍팍한 마음을 녹여주던 카네기 79기의 조홍재 변호사, 전설박사와 원우들, 생태공학 분야의 건전한 산업화를 위해 조언하시는 (사)한국M&A거래소 이창헌 회장님 이하 많은 분들께도 감사드린다. 좋은 책을 만들고자 기다려 주고 인정해 주신 월드사이언스사와 임후택 이사님, 정창기 실장님, 디자이너 유선영님께도 감사드린다.

젊은 시절부터 새로운 길을 걸을 수 있도록 항상 지켜 준 것은 가족이다. 사랑하는 아내와 세 딸 모두에게도 무한히 감사하다. 특히 본서를 집필하는 동안 여행 한번 제대로 못 갔음에도—막내인 예은이에 이르기까지 원하는 대학에 모두 진학하는 동안—온 가족이 한 번 이상 본서를 각자 리뷰해 준 것은 큰 격려와 위안이 되었기에 더욱 감사한다. 사랑으로 기도해 주시는 가족들 모두와, 여든의 연세에 건강을 지키면서 자녀들까지 돌보시는 추정갑·최준선 처부모님께도 감사드린다. 하늘에서 부족한 아들에게 옳은 길을 안내하시는 故 변은우·김해수 부모님과, 인간의 한계와 가능성을 일깨워 주신 하나님께 무한 감사드린다.

서평 01

최지용 교수(서울대학교 교수, 환경부 도시물순환포럼 위원장)

UN의 물부족 해결의 자연 기반 해결(NBS) 방안 제시

자연에 대한 인위적인 남용과 훼손으로 인한 생태계의 파괴는 우리나라뿐만 아니라 지구적 차원에서 심각한 문제를 초래하고 있다. 특히 우리나라는 급격한 도시화와 산업화로 인해 생태환경 훼손 문제가 세계 어느 나라 못지않을 만큼 심각하게 대두되고 있다.

변찬우 교수님은 미국과 일본 및 유럽 등지에서 선진화된 이론과 실무를 익힌 이후, 지금까지 우리나라 최일선에서 왕성하게 활동해 왔다. 저자는 수생태 환경복원 분야에서 이론과 실무까지 겸한 최고의 전문가로 우리나라 수생태 복원과 발전을 이끌어 왔다. 또한 우리나라 최초로 대학원 석사, 박사 과정에 융합생태환경공학과를 창설하였다.

본서의 지향점은 우리 풍토에 맞는 자연 생태계와 환경복원 방안을 제시하는 것이다. 우리의 물, 풀, 땅, 공기를 맑게 하는 근본적인 대안은 우리 풍토에 뿌리를 둔 '자연'에서 도출할 수 있다. 생태공학 분야의 경우, 북미나 유럽에서 실천한 생태공학 방법론으로는 우리나라의 자연생태계를 근본적으로 복원하기는 어렵다. 본서는 북미나 유럽의 생태공학자들이 해 온 것들의 소개에 머무르거나 답습하지 않고, 대부분 필자가 직접 국내에서 실무를 수행하면서 연구개발한 생태공학의 내용들을 담고 있다. 이는 필자가 국내에서 실무를 직접 수행하면서 물 환경과 생태계를 복원하고자 했던, 우리 풍토에 맞는 생태공학 이론과 실천 사례이다. 더 나아가 공학적인 결과가 만들어지기 위해서는, 에코디자인과 복원 시공, 유지관리까지 진행하면서 통합설계(integrated design)를 해야 생태환경 복원이 성공할 수 있음을 강조하였다. 그럼으로써 우리나라 풍토에 맞는 자연 디자인, 즉 에코디자인을 통해 생태공학적 목표를 달성하고자 하였고, 궁극적으로는 자연 스스로가 최대한 설계의 주체가 되어 생태계를 복원(Self-Design Restoration)하는 철학과 방법론을 제시하였다.

필자의 생태공학적 지식의 기반은 자연형성 과정(natual process)에 두고 있는데, 이는 최근 UN에서도 물 환경 복원에 있어 자연 기반의 해결(NBS : Nature Based Solution)을 강조하고 있는 것과도 일맥상통한다. 본서는 저가가 20년 동안 실무를 통해 축적해 온 연구 결과를 바탕으로 우리 풍토에 맞는 수생태 환경 복원 관련 계획, 설계, 복원 시공, 유지관리 등 수생태 환경 복원 기술 분야를 망라한 서적으로서 통합 물관리 정책 전문가나 공무원은 물론이거니와 대학생과 대학원생 및 전문 설계시공자들에게도 유익한 지침서이다.

서평 02

최흥식 교수(상지대학교 건설시스템공학과 교수, (사)응용생태공학회 회장)

토목공학자들과 방재를 다루는 건설인들의 필독서

기후 변화를 실감하는 시대적 상황에서 주요한 단어들 중 하나는 생태와 방재로, "에코디자인과 생태공학"의 출간은 토목공학을 전공한 하천학자로서의 추천인이 보기에 생태공학 분야의 여러 전문가에게 많은 도움을 줄 수 있는 시기적절하고 중요한 저술로 사료된다.

생태는 생물과 인간관계의 자연적인 환경에서 건전성을 제공할 수 있는 기능과 서비스인 볼거리, 느낄 거리 제공 차원의 에메너티(amenity)를 최대화시키려는 선택적인 가치로 여러 가지 형태의 노력을 통해서 창출이 가능하다. 그 중의 한 가지 방법이 훼손된 자연환경을 원래의 상태와 가깝게 되돌리려는 노력인 복원이다. 반면에 방재는 인명 피해와 재산 손실의 방지 또는 최소화를 위한 필수적인 가치로, 그에 상응하는 노력이 요구된다. 최근 기후 변화로 인한 자연재난은 불가항력적으로 나타나고 있으며 그 해결의 실마리를 생태 기반의 기후 변화 대응에 따른 재해 양상의 회피, 저감, 적응에서 찾을 수 있음이 강조된다.

원래의 자연에 가깝게 돌리려는 복원을 위해서는 대상 사업이 가지는 고유기능의 회복을 위한 노력으로 생물 서식공간을 포함한 물리적 환경, 수질과 같은 이·화학적 환경 그리고 생물학적 환경이 갖추어진 생태계의 기능을 이해해야 한다. 이러한 측면에서 "에코디자인과 생태공학"은 생태계의 구조와 기능에 대한 이해와 함께 우리는 물론 서구 문명과 자연환경의 시간과 공간적 변화를 조명하여 우리 풍토에 맞는 자연성과 생태성이 강조된 복원을 위한 실무와 이론이 잘 정리된 저술이다.

"에코디자인과 생태공학"은 생태복원의 기본계획, 설계, 시공과 유지관리에 종사하는 정부 부처와 기관, 설계사, 시공사는 물론 생태복원 분야의 연구 전문가들의 필독서로 자리매김을 할 수 있다고 판단된다. 특히 지속가능한 환경을 물려받아야 하는 전문 교육기관의 학생들에게는 다소 전문성이 있는 저술일 수도 있다. 그러나 본서를 통해 소중한 자연환경의 변천에 대한 생태환경의 이해와 더불어, 훼손된 자연환경을 자연성과 생태성이 강조된 복원과 새롭게 창출하는 전문가로서의 역할과 입문에 동기부여가 될 수 있기를 기대한다.

서 평 03

김형수 교수(인하대학교 사회인프라공학과 교수, 한국습지학회 회장)

"생태 복원을 배우는 학생 및 관련 실무자들을 위한 필독서"

딱딱한 이론만 기술되어 있는 기존 서적과는 달리 옛 풍경화를 통한 새로운 관점과 이를 뒷받침하는 과학적 지식을 다양한 실제 사례와 함께 설명하였으며, 각 장마다 핵심적인 키워드를 소개함으로써 생태 복원에 대한 필자의 경험 및 관련 이론을 누구나 이해하기 쉽도록 서술하여 에코디자인의 개념을 전달하고 있다.

융합적 관점의 시도

르네상스 시대 예술가이자 과학자였던 레오나르도 다빈치(Leonardo da Vinci)를 생각해 보아도 과학과 예술이 융합된 것은 현대의 이야기만이 아니다. 따라서 본서 2부에서도 '풍경'을 키워드로 융합적 관점을 강조하였으며, 성공적인 생태환경 복원을 위해서 과학기술과 예술적, 생태과학적 측면을 고려해야 하는 것은 필수라고 할 수 있다. 이를 위해서 우리 풍토에 맞는 사회문화적 특성을 이해하여야 하는데, 전통 풍경화에서 해답의 실마리를 찾을 수 있음을 매우 잘 보여주고 있다. 과학과 예술의 분리가 아닌 전통 풍경화의 자연관을 토대로 한 풍토 재발견은 우리 땅에 맞는 생태 복원을 위한 에코디자인의 기반을 제공할 것이다.

성공적인 생태 복원의 정답

생태 복원에 정답이 있을까? 사전적 의미로 정답은 '옳은 답'이다. 과연 무엇이 옳고 무엇이 그르다고 할 수 있을까. 자연 생태계 복원에서는 산업화나 도시화로 인해 훼손된 생태계와 환경을 복원하는 것이 주된 목표이다. 시간의 흐름에 따라 변화하는 특정 장소의 생태계를 이전과 똑같이 복원하는 것은 불가능하다. 이에 II부에서는 훼손된 생태·환경 문제를 보다 과학적으로 밝히고 정답은 아니어도 기술적으로 치유할 수 있는 생태 복원의 옳은 방향을 제시하고 있다. 특히 6장에 서술되어 있는 '에코디자인과 생태환경 복원' 부분은 생태 복원에 있어 가장 중요한 핵심을 담아내고 있다. 자연 스스로의 설계 및 제도적, 법적 한계를 제시하였으며, 우리 풍토에 맞게 필자가 직접 개발한 생태환경 복원 시스템 특허와 그 공법의 사례를 통해 독자에게 생태 복원에 대한 이해를 높이고자 노력하였다.

본서의 내용 중 '오늘날 자연 생태계 및 환경 문제를 고려하는 것은 경제 자본 논리와 상반된 것이라는 인식이 강하기 때문이다. 쉽게 말해, 자연을 보전하는 일이 아직은 돈이 안 되기 때문이다.'라는 문구가 있는데, 참으로 안타까운 현실을 반영하고 있어서 우리가 되새겨 보아야 할 글귀이다. 이는 근 20년에 걸쳐 한국습지학회 일원으로 활동하면서 가장 크게 느꼈던 바로 본인에게도 크게 공감이 가는 글귀였다. 자연을 보존해서 훼손되지 않은 상태로 우리의 후손들에게 물려주어야 한다는 것은 누구나가 인지하고 있지만 생각으로만 알고 있고 실제 실천에는 소홀한 편이다. 우리가 해야 될 것은 자연의 가치와 생태 복원의 필요성에 대한 작은 관심이다. 많은 독자들이 본서를 읽음으로서 습지에 대한 인식 변화와 습지 보전의 가치와 중요성을 새롭게 느끼고 큰 관심을 가지기를 간절히 희망하는 바이다.

마지막으로 이 책에서는 생태 복원에 있어서 획일적인 설계 및 공식이 아닌 사회·문화 역사적 특성을 담아 생태·공학적 접근을 통한 효율적인 에코디자인 방안을 시사하고 있다. 따라서 융·복합시대에 맞게 공학자들과 실무자들 또한 생태계 및 사회·문화 역사적 특성에 대한 이해가 요구되므로 이를 잘 설명하고 다양한 사례가 들어있는 본서를 읽어보기를 권장한다.

서평 04

이동근 교수(서울대학교 조경 및 지역시스템공학부 교수, 한국기후변화학회 회장)

우리 풍토에 맞는 생태환경 복원의 다양한 실현을 꿈꾸며

2018년 10월 제48차 IPCC 인천총회에서 1.5도 특별보고서가 채택되면서 산업화 이전 수준과 비교해 전 지구 평균 기온이 1.5°C 상승함에 따른 지구온난화의 현황, 영향, 위험, 미래 전망, 인간에게 주는 의미를 개괄적으로 설명하였다. 온도 상승을 억제하기 위한 이산화탄소 저감을 위해 다양한 정책과 기술을 개발하는 것도 필요하지만, 지구온난화로부터 지구의 피해를 줄이기 위한 적응기술의 중요성 또한 매우 중요하다.

이 책에서 제시하고 있는 에코디자인과 생태공학의 기본적인 이론과 실제 사례에서는 현재는 물론이고 미래의 기후 변화에 대한 영향을 줄일 수 있는 적응을 위한 다양한 방향과 가능성에 대해 설명해 준다.

저자는 자연 생태계의 근원이라고 할 수 있는 오염된 물 환경을 회복하는 연구와 실무에 매진하기 위해 연구개발-계획-설계-시공-유지관리·모니터링 전 과정에 대한 직접적인 이론과 실무를 다양한 관련 분야에서 진행해 왔다. 특히 수생태계 복원뿐만 아니라 수질 환경을 생태적으로 향상시킬 수 있는 정량적인 결과는 국내와 해외에서도 보기 드문 학술적 가치와 실무적 방안을 제시하고 있다. 그 결과 4부에서 다루고 있듯이 분야의 융합을 통해 성공적으로 검증된 정량적 결과를 도출함으로써 다양한 학회에서 실무 성과의 높은 가치를 학술적으로 입증하였다. 이는 생태환경 복원의 핵심에 관한 이론과 실무의 결정체라고 볼 수 있다. 또한 저자는 우리의 물, 풀, 땅, 공기로 우리의 생태와 환경을 복원할 것을 강조하고 있다. 이는 기후 변화 적응의 기본적 방향인 지역성과 일치한다. 기후 변화 영향을 저감하기 위해서는 이산화탄소를 줄여야 하지만, 이는 전 세계적인 노력이 없으면 달성하기 어렵다. 산업혁명 이후 지금까지 평균기온이 1°C 상승하였고, 2100년까지 최소 0.5°C에서 최고 4°C가 상승한다면, 우리가 살고 있는 지역에서 어떻게 기후 변화에 적응하고 열섬, 홍수 등을 줄일 것인가가 매우 중요해질 것이다.

이 책에서 설명하고 있는 기본적인 복원 방향과 구체적인 기술은 우리가 미래의 기후 변화에 잘 적응할 수 있는 기회를 제공할 것이다. 따라서 기후 변화를 줄이는 데 기여하는 생태, 생물, 환경, 토목, 조경, 건축, 디자인 등 다양한 분야에 관심을 가진 모든 분들께 일독을 권한다.

서 평 05

김재근 교수(서울대학교 교수, 한국생태학회 회장)

저자만의 '에코디자인'을 통해 "우리 풍토에 맞는 생태 공학"을 정착시켰다

우리는 자연 파괴의 시대를 살았고, 이제는 자연 회복의 시대를 향해 가고 있다. 하지만 파괴된 자연을 어떻게 회복시켜야 하는지에 대해 명쾌한 답을 가지지 못하고 있다. 이에 생태공학(ecological engineering)이라는 분야가 탄생하였고, 이를 활용하는 많은 선진 연구나 기술이 소개되거나 개발되고 있다. 하지만 생태공학은 각 나라의 풍토나 지역은 물론 각 장소에 맞게 기술적으로 개발되어야 하기에, 생태공학이 우리나라에 제대로 정착되기까지 많은 시간이 소요되지 않을까 하는 염려와 안타까움이 있었다. 하지만 변찬우 교수가 발간한 "에코디자인과 생태공학"이라는 책은 그야말로 우리 풍토에 맞는 생태공학을 정착시키기 위해, 저자가 오랫동안 현장에서 직접 연구 개발한 이론과 실무를 담은 책으로서 그 가치가 매우 높다고 생각한다.

엘스비어 출판사의 편집장이었던 미츠(WJ Mitsch) 박사는 생태공학이란 수생태계와 육상생태계의 복원 디자인, 그리고 조성을 위한 기초 과학과 응용과학을 결합한 것이라 정의하였다. 그는 'Ecological Engineering'의 첫 호 서문에서 생태공학의 목적으로 생태계의 복원, 지속가능한 생태계로의 발전, 생태계의 생물 부양 가치의 발견 및 보존을 제시하였다. 그러면서 습지 생태계의 구조와 기능을 강조하였다. 미국을 중심으로 해서 생태공학이 발전하고 있음에도 불구하고, 우리나라에서는 이를 직접적으로 발전시키고 실행하는 데 뒤쳐져 있다.

본인이 2005년 한 건설 관련 회사의 초대를 받아 '습지의 특성과 복원'이라는 주제로 강연을 하였다. 이때 설계 부문에서 생태계의 구조와 기능의 중요성을 상당히 강조하고 이를 고려하는 설계 과정을 제시하였지만, 현장에서 사용되는 것을 거의 확인하지 못하였다. 학자들이 국내에 생태공학을 소개하는 동안, 저자인 변찬우 교수는 이미 2001년부터 생태계 파괴의 온상이라고 했던 건설 분야에 직접 뛰어들어 수자원, 하천, 방재, 자연형 비점처리, 하구 간척지, 댐 상하류 복원, 멸종위기종 복원 등의 수생태환경복원 연구 개발과 실무 과정 전체를 통합적으로 진행해 온 것이다. 특히, 선진 생태공학자들과도 차별화되는 저자만의 "에코디자인과 모니터링" 과정은 실제 프로젝트 별로 오랜 기간에 걸쳐 직접 실무 수행함으로써 건설공학적 목표를 달성했음은 물론이거니와 무엇보다도 생태환경적인 기능과 효율을 도출하였다. 진정 "우리나라 풍토에 맞는 생태공학"을 정착 시켜온 것이다.

이와 같이 본 저서에서는 생태공학적 측면의 다양한 사례를 자세히 다룸으로써, 사업을 진행하는 사업가를 비롯해서 생태계를 복원하고자 하는 정부 부처의 담당자, 생태계 복원과 관리를 연구하고 배우는 학자와 학생들에게 생태공학에 관한 방향과 방법론을 제시했다고 할 수 있다. '에코디자인과 생태공학'을 생태계의 복원과 관리에 관심 있는 모든 이에게 추천한다.

서평 06

김이형 교수(공주대학교 건설환경공학부 교수, 한국물환경학회 부회장)

이러한 생태 공학 사례는 세계적으로 인정받을 가치가 있다

지구생태계는 물 순환을 포함하는 물질 순환과 에너지 흐름을 통해 스스로 진화한다. 생태계는 생명체와 생명체가 살아가는 환경이 주요 구성성분이며, 물리적, 화학적 및 생물학적 기작을 통해 유지된다. 사람도 지구생태계의 주요 구성요소로서 중요한 역할을 수행하였다. 그러나 타 생명체에 비하여 명석한 인간은 대기, 물, 토양, 동식물 등의 생태계 구성요소에 대한 인위적 관리를 자처하면서 물 순환 및 물질 순환의 왜곡과 에너지 흐름의 변화를 초래하여 환경오염, 기후 변화, 생물다양성 훼손 등의 심각한 문제를 유발시키고 있다.

인간에 의한 인위적 활동과 자연적 기후 변화로 야기되는 환경적 문제를 줄이면서 자연생태와 인간이 공존하는 지속가능한 생태공간 조성을 위하여 선진국에서는 21세기 들어 다양한 시도가 이루어지고 있다. 개발과 기후 변화로 야기되는 문제를 저감하기 위한 방안으로 초기에 적용된 기법은 인간을 위한 사회 인프라에 인공습지, 저류지, 인공녹지 확대, 바람길 조성, 수변공간 조성 등의 시설 추가이다.

일반적으로 단일 기능의 사회 인프라를 그레이 인프라(grey infrastructure)라고 부른다. 이와 반면에 자연기반해법(NBS: Nature-based Solutions) 기능의 생태공학적 설계가 이루어진 사회 인프라를 사람과 자연에게 복합적 기능을 주기에 그린 인프라(green infrastructure)라고 칭한다. 그린 인프라는 도로, 주차장, 조경녹지, 인도와 보도, 옥상, 가로수, 배수관로 등의 다양한 사회 인프라가 생태적 기능을 가지도록 생태공학적 개념이 고려된 사회 인프라를 의미하며, 21세기 들어 선진국을 중심으로 다양한 연구와 적용이 이루어지고 있다. 생태공학이 고려된 그린 인프라 기술은 비록 선진국에서 개발과 적용이 시작되었지만 그 적용은 개발도상국에 널리 적용할 것을 UN에서 권고하고 있다. 이러한 세계적 노력은 선진국이 겪어온 인프라로 인한 환경 훼손을 개발도상국들이 전철을 겪지 않고 지속가능한 개발(sustainable development)로 유도하기 위해서이다.

이러한 국제적으로 중요한 시점에 변찬우 교수님이 저술한 "에코디자인과 생태공학"은 생태공학과 에코디자인의 이론적 배경, 설계 시 고려사항 및 적용사례 등을 포괄적으로 제시함으로써 인간과 자연이 공존하는 시대를 견인하는 중요한 역할을 수행할 것으로 평가된다. 특히 실험적 연구와 검증에 기반하여 개발된 '에코디자인과 생태공학'은 적용성, 효율성, 경관성 등을 고려하는 중요한 자료로서의 가치가 높은 저서이다.

본 저서의 가장 큰 장점이자 특징은 생태공학 적용시 인간과 자연 그리고 지역의 환경과 기후를 고려하는 생태공간 창출이다. 특히 본 저서가 가진 4가지의 키워드(자연, 풍경, 생태계와 생태공학, 우리 풍토에 맞는 생태공학)는 인간과 자연이 공존하는 환경조성에 필요한 그린 인프라 창출 과정에 중요하게 고려하여야 할 조건이다. 특히 다양한 사례를 제시함으로써 실증적 연구와 적용에 기인한 생태복원 과정을 보여주는데, 이러한 사례는 세계적으로도 찾기 힘든 주옥같은 결과물이다.

선진국에서도 찾을 수 없는 선구적 내용으로 구성된 "에코디자인과 생태공학"을 출간하기 위하여 수십 년간 노력한 저자의 노고에 큰 박수를 보내고 싶다. 본인도 그린 인프라, 저영향 개발, 자연 기반 해법 전문가이지만 변찬우 교수님의 본 저서는 세계적인 전문가가 보더라도 가치가 크게 인정되는 저서라고 평가하고 싶다. 특히 에코디자인과 생태공학에 대한 저자의 철학은 매우 미래지향적이며 지속가능성을 가지고 있기에 전문가로서 감사함을 전하고 싶다.

본 저서가 토목, 조경, 생태, 건축 등의 다양한 전문가, 대학생 및 대학원생, 정책입안자, 설계자 및 시공전문가 등에게 활용되어 인간과 자연이 공존하는 지속가능한 사회가 구성되길 희망한다.

서 평 07

조강현 교수(인하대학교 생명과학과 교수, 응용생태공학회 부회장)

낯섦의 만남: 에코, 생태 – 디자인, 공학

우리는 흔히 에코, 생태와 디자인, 공학은 서로 낯선 상대이고, 그 과정의 방향이 반대이고 원하는 것이 상반되어 있는 것처럼 생각한다. 즉 에코와 생태는 자연에 대한 인간의 간섭을 최대한 없애서 자연을 보존하고자 하는 데 반하여, 디자인과 공학은 자연에 인간의 기술을 가하여 인간의 편리한 삶을 추구하고자 한다. 책 제목인 "에코디자인과 생태공학"은 과연 무엇을 추구하고 있을지 궁금하여 표지를 넘겼을 때, 저자는 그 답을 즉시 우리에게 알려 주고 있다: "인간의 오염까지도 고효율로 처리하는 자연의 위대함과 자연 스스로의 생태적 회복력을 알리는 일이다". 그렇다면 우리는 어떻게 자연의 치유력을 이해하고, 이 원리를 이용하여 자연의 회복력을 높여줄 수 있을까에 대한 질문을 하게 된다. 바로 이 질문에 대한 답을 이 책 전체에서 찾을 수 있다.

생태 복원의 전문가와 현장 실무자는 흔히 복원의 절차와 실무에 매몰되어 철학적 학술적 기반이 약하기 마련이다. 이 책에서는 모래 위에 성을 쌓는 생태복원의 한계를 극복하기 위하여 자연의 가치, 동서양 자연관의 변천, 자연 디자인의 이해, 그리고 우리 자연에 적합한 에코 디자인을 소개하고 있다. 저자는 에코 디자인의 핵심어로서 융합을 강조하고 있다. 즉 과학기술-예술, 세계화-지역성, 장소성, 현대-전통, 서양-동양 (한국)의 융합으로서 서구 중심의 생태복원의 한계를 극복하기를 제안하고 있다.

서양의 생태환경 복원 관련 과학기술을 맹목적으로 따라가는 생태복원 기술로는 우리나라와 다른 개발도상국의 심각한 자연훼손의 문제를 해결하는 데 한계가 있다. 따라서 이 책에서는 우리 풍토에 맞는 자연 생태계와 환경복원 방안을 찾고자 노력하고 있다. 우리의 전통 산수화에서 우리 민족의 자연에 대한 이해의 뿌리를 찾고, 현재 훼손된 생태계가 되찾아야 할 복원의 목표인 원형풍경을 해석하고자 노력하고 있다.

저자는 훼손된 생태·환경 문제를 보다 과학적으로 이해하고 기술적으로 치유할 수 있는 생태공학의 방향을 제시하고 있다. 이러한 방향으로서 자연 스스로의 설계, 자연형성 과정 모방 및 통합적 수행과정을 포괄하는 에코디자인과 우리 풍토에 맞는 생태공학 기술의 개발을 생태환경 복원 전략으로 제시하고 있다. 특히 흥미로운 것은 하천복원을 인체에 비유하여 이해하고자 한 것이다. 마치 한의사가 인체의 건강을 지키기 위한 과정처럼, 생태공학자가 자연의 의사로서 어떻게 생태계의 건강을 회복시킬 수 있을지에 대한 지혜를 보여주고 있다.

저자의 풍부한 현장 경험을 독자들에게 현실감 있게 전달함으로써 책을 마무리하고 있다. 저자가 직접 설계하여 현장에 구현하고 그 효과를 검증한 사례를 통하여 저자의 생태공학과 에코디자인의 아이디어가 상상의 공간에서 벗어나 현실 속에서 구현되는 것을 볼 수 있다. 특히 각 사업마다 시공 전후에 식물과 동물을 모니터링해서 사업의 효과를 검증하고 보완책을 설계에 재반영하는 적응형 관리의 원칙이 생태 복원의 기본 골격임을 확인시켜준다.

나는 이 책을 읽으면서 생태 복원이 고장 나서 멈춘 자연이라는 시계를 고치기 위하여 시계 바늘을 단지 우리가 원하는 시간으로 돌리는 것이 아닌, 시계 자체가 정상적으로 작동할 수 있도록 자연 스스로 치유하게 도와주는 것이라는 지혜를 얻게 되었다. 또한 이 시계를 고치는 기술을 어디에서 배워야 하는지에 대한 해답도 이 책에서 찾을 수가 있었다. 풍수 사상과 같은 과거 우리 조상들이 자연을 읽고 이해해서 명당을 찾아내는 지혜와 더불어서, 부족한 명당 요소를 메꾸어 주는 수구막이 숲을 조성하는 기술의 영감을 우리의 전통에서 찾아야 한다는 것을 다시금 확인하는 시간이었다.

서 평 08

이상돈 교수(이화여대 환경공학과 교수, 한국환경영향평가학회 회장, 람사르 STRP 위원)

UN의 지속가능한 발전(SDG)의 실현을 위한 책

인간의 자연에 대한 지배가 강화되면서 생태계의 균형이 무너지기 시작하고 우리 삶의 질이 크게 훼손 받고 있는 시대가 되었다. 서식지 파괴와 생물다양성의 감소는 우리의 생활공간이 더 이상 안전하지 않다는 증거이며, 기후 변화와 지구온난화 등의 자연 재난은 자연을 무분별하게 훼손한 생태계의 부메랑이다. 이렇게 훼손된 자연생태계를 원상태로 회복시키고 자연에 대한 친밀도를 향상시키기 위한 생태복원공학이 21세기 주요 학문 분야로 발전하고 있으며, 기존에 훼손된 자연을 재생하는 중요한 학문으로 대두되고 있다.

저자인 변찬우 교수는 학부 시절부터 자연을 좋아 하였으며, 학문적 깊이를 더 하고자 생태계 이론 공부를 시작으로 다학제적인 생태 및 조경 분야의 선두 주자인 미국 유펜(University of Pennsylvania)의 석사과정에서 생태 계획 및 설계를 전공하였다. 그 후 일본에서는 한일 정부가 우수과학자에게 지원하는 박사학위 프로그램에 선정되어, 동양의 풍토에서 생태공학을 달성하기 위한 에코디자인과 생태공학의 이론적 기초를 다졌다. 이미 저자는 2010년에 자신의 이론과 실천 사례를 담은 저서『우리나라 풍토에 맞는 생태하천』을 발간했을 정도로, 물 통합관리 및 수생태 환경복원 이론과 실무를 통한 물 관리일원화의 한 축을 담당하는 생태 복원 분야의 최고 전문가가 되었다.

이번에 발간하는 '에코디자인과 생태공학' 저서는 이전의 물 분야를 생물권, 암석권, 대기권에 이르는 에코디자인 분야로 까지 넓혔다. 자연현상을 이해하고 연구하는 일은 많이 진행된 데 비해 회복된 자연을 복구하고 이에 대한 최적의 관리 방안을 만드는 해결 방안이 부족하다. 이에 변찬우 교수의 저서는 생태 복원을 자연 생태계 이해를 바탕으로 자연 형성 과정을 찾아가는 데 그 접목이 있는 것이며, 자연-에코디자인-풍경을 통한 생태계와 생태공학의 방향을 제시하는 의미 있는 저서라 생각된다. 마지막으로 한국적 정서를 담아 우리풍토에 맞는 생태공학을 유형별로 찾아 맞춤형 생태 복원을 제시하기에, 본 저서가 많은 독자를 확보할 수 있을 것으로 판단된다.

4차 산업혁명 시대가 열리면서 인공지능 기술이 다양한 산업 분야에 적용되고 있지만, 생태 복원 전문가의 경우 생물을 다루고, 생태적 요소를 모두 고려하면서 복원 작업을 하는 직업으로 자연을 다루는 일이기에 섬세함과 감성이 요구된다. 따라서 인공지능의 영향을 덜 받고 인간의 창조력이 최대한 발휘될 수 있는 미래 직업군이라 할 수 있다. 본 저서를 통하여 후학에게 지구생태계의 선진화 기법을 소개하고 생태복원공학 전문가의 소양을 습득하게 함으로써, 유엔의 지속가능한 발전(SDG: Sustainable Development Goal)을 통해 설정한 지속가능성을 달성할 수 있기를 기대한다.

Contents
차례

PART 04 생태공학을 통한 생태환경 복원(사례편) • 181

Preface

서론

인구 증가와 도시화, 대량 생산, 대량 소비 등은 지구상 어디서나 자연 생태계를 파괴하고 있다. 이로 인해 우리의 주요 자연자원인 물, 풀, 땅, 공기도 급속히 오염되고 있다. 자연 오염으로 인한 기후 변화 및 생태계의 파괴는 우리나라뿐만 아니라 지구적 차원에서 심각한 문제를 초래하고 있다. 우리나라는 일제 강점기, 전쟁의 폐해 후 모든 것을 잃고서도 반세기만에 세계 10위의 경제력을 갖출 만큼 비약적인 발전을 이루었다. 경제적 부요함이나 과학 기술의 발전은 우리에게 대단한 편리함을 안겨줬다. 하지만 급격한 개발로 인한 생태환경 문제나 환경 갈등의 사회적 문제 역시 세계 어느 나라 못지 않게 커졌다. 지난 30여 년간 새만금, 4대강, 경인운하, 천성산, 동강댐 등 대규모 국책 개발 사업과 같은 대형 사업의 경우는 물론, 알려지지 않은 수많은 개발 사업에서 환경 분쟁 및 사회적 갈등을 경험해 왔다. 그 결과, 환경에 대한 국민의식이 높아졌다. 하지만 그간 수많은 수질오염 문제나 최근의 미세먼지로 이어지는 대기오염 등을 환기시켜 볼 때, 효과적인 해법이나 방안 마련이 쉽지 않아 왔다.

산업혁명 이래로 서양에서 주도한 과학기술의 발전을 통해 지구상에 살아가는 많은 사람들은 그 문명의 혜택을 누리고 있다. 하지만 인간의 탐욕에 의해 과학기술을 지나치게 남용하거나 자연을 파괴해 왔다. 그 결과로 나타나는 세계적, 지역적, 특히 우리 땅 곳곳의 생태환경 문제는 어떻게 해결할 것인가? 사실, 과학기술을 발전시킨 서구 문명사회에서 이러한 문제에 대한 해답을 내지 못하고 있다.

따라서 서양의 생태환경 복원 관련 과학기술을 맹목적으로 따라가서는 우리나라를 비롯한 개발도상국들이 처한 심각한 자연 훼손의 문제를 해결하기 어렵다. 본서의 지향점은 우리 풍토에 맞는 자연 생태계와 환경 복원 방안을 제시하는 것이다. 본서의 내용이 성공적이라면, 우리나라를 벤치마킹하는 수많은 개발도상국들의 범세계적인 모델이 될 수도 있을 것이다.

우리의 물, 풀, 땅, 공기를 맑게 하는 근본적인 대안은 우리 풍토에 뿌리를 둔 '자연'에서 도출될 수 있다. 사실 알고 보면 자연과 인간과의 관계를 회복하는 데에 있어서 우리는 혜택 받은 민족이다. 세계 어디나 그렇듯이, 우리나라의 자연도 현재 기후 변화로 중병을 앓고 있다. 그럼에도 불구하고, 우리는 사계절이 뚜렷하고 자연성이 빼어난 금수강산이 있어 기후 변화나 환경오염의 악영향을 상당히 저감할 수 있었다. 즉, 우리가 아직 그런대로 숨을 쉴 수 있는 공기와 마실만한 물을 이용할 수 있는 것은 현재 우리의 환경시설의 기술이 뛰어나서만은 아니다. 우리나라의 빼어난 자연과 동화된 삶을 영위해 온 선조들의 자연관이 우리나라 곳곳에 내재해 있기 때문이다. 현대에 많이 잊고 살지만 우리 선조들의 삶은 세계에서 손꼽을 만큼 자연 공생적이었다. 해외 여행시 인천공항에서 서울 도심까지 한강변의 고속도로를 타고 올 때, 서해에서부터 뻥 뚫린 한강을 보라! 한강을 중심으로 나뉘는 강북과 강남. 강북 측의 구도심이 바로 예전의 한양이었으며, 한양은 동서남북 4개의 산(內四山)으로 둘러싸여 있었다. 현재 서울의 경계는 한강 북측의 옛 한양을 포함하여 북한산, 한강 남측의 관악산과 동측의 용마봉, 서측의 덕양산을 아우르는 4개의 산(外四山)으로 둘러싸여 있다. 세계 어느 나라의 수도보다도 멋진 자연관을 지닌 곳이기에 인천공항에서 서울로 진입하는 그 연속적인 풍경이 찬란하지 않은가? 이는 500여 년 전에 선조들이 수도를 정한 그 뛰어난 자연관과 그에 의해 선정된 서울의 풍부하게 내재된 자연 생태계가 제공하는 '풍경'의 혜택이다. 태조 이성계 때 삼봉 정도전을 중심으로 하는 선조들의 자연관을 통해 만들어진 우리나라 옛 도시의 뛰어난 자연공생의 '풍경'은 급속한 경제 발전과 개발을 통해 훼손되고 오염된 우리 도시의 자연생태계를 이 정도로 버티게 해 준 주요 기반이 되어 왔다.

인간 편의 위주의 경제 발전 성장률에 비례하여 빠른 속도로 훼손되고 있는 우리의 '자연'과 훼손된 인간의 '풍경'을 회복할 수 있는 실천 방안은 무엇인가? 산업화와 개발에 따른 자연 생태계의 파괴와 환경오염을 복원하고 '생태계'의 건전한 에너지 흐름과 물질순환을 이룰 수 있는 방안은 무엇인가? 도시의 개발에 있어서 엔트로피를 최소화할 수 있는 대안은? 환경 문제를 국제적으로 이슈화하여 건설적 대안을 제시한 것이 1980년대에 유엔 보고서에 등장한 소위 지속가능한 발전(Sustainable Development)이다. 하지만 지속가능한 발전은, 사회적, 경제적, 환경적인 세 가지 구성요소 중에서, 환경적 측면에 관한 실천 방안의 부족에서 그 한계가 가장 크게 드러났다. 한편, 최근 북미나 유럽의 선진국에서 확산되며 추진되고 있는 '생태공학'은 생태환경 문제 해결의 중요한 실천적 방안을 제공하고 있다. 특히, 생태공학은 생태계의 핵심(ecological core)이라고 보는 수(水)생태계와 자연 기반의 해결 방안(NBS: Nature Based Solution)의 물 환경의 복원을 주로 다룬다. 필자가 십수년 전 생태공학(ecological engineering)이라는 용어를 처음 접한 것은 윌리엄 미치(Mitsch W. J.) 교수의 저서 『생태공학과 생태계 복원』이라는 책을 읽었을 때였다. 그 당시 필자는 생태공학이라는 용어가 수질 환경을 중심으로 다루는 환경기술의 지협적인 분야로만 인식했다. 하지만 그 이후, 필자가 2013년 3월 국내 최초로 대학원 석사, 박사 과정에 융합생태환경공학과를 창설할 당시, 아이러니하게도 독일 출신 생물학자 한스 교수를 통해 미치의 위 책이 한국어로 된 것을 소개받았다. 그 후 필자가 대학원 과정에 창설한 융합생태환경공학과의 교재 목록에 생태공학 관련하여 미치의 책과 유럽에서 발간된 생태공학 관련 2가지 도서를 주교재로 지정하고 강의하였다. 그러면서 서구에서 붐업되는 생태공학이 그간 필자가 수행해 온 것들처럼 수(水)생태계와 물 환경 복원을 중심으로 다루면서도 건설 인프라의 공학적 측면까지도 포괄적으로 다루고 있다는 것을 확인할 수 있었다. 생태공학 분야는 주로 북미에서 발전시켜 온 것이기에 비록 필자가 수행한 것과 생태환경적 풍토는 다르다고 할지라도, 필자가 그간 실천해 온 생태환경 복원의 목표와 실천 대상은 매우 유사하다는 것을 알게 되었다. 생태공학이라는 분야는 서양에서도 그리 오래 전부터 활발하게 발전되어 온 내용은 아니지만, 우리나라에도 최근 들어 응용생태공학회 등과 같은 관련 학회도 생겨나고 토목, 생물, 생태, 환경, 조경, 도시 등 여러 관련 전문가들이 공저를 통해 관련 이론을 소개할 정도로 주요 이슈가 되고 있다. 특히 국내의 4대강, 새만금 등과 같은 대형 국책 사업의 이슈들로 인해 생태공학과 관련된 생태계 및 물 환경 복원에 대한 일반인의 관심도 점차 높아지고 있다.

우리 자연이나 생태계를 치유해야 하는 경우, 이미 발전된 선진국의 모델 사례가 없다. 생태공학 분야의 경우, 서양의 이론과 실천 방식(기술)이 우리나라에 많이 전해진다고 하더라도, 북미나 유럽에서 실천한 생태공학 방법론으로는 우리나라의 망가진 자연생태계를 근본적으로 복원하기는 어렵다. 따라서 본서는 북미나 유럽의 생태공학자들이 해 온 것들의 소개에 머물러 있거나 답습하지 않고, 대부분 필자가 직접 국내에서 실무를 수행하면서 연구개발한 생태공학의 내용들을 담고자 하였다. 따라서 본문의 내용들은 필자가 미국과 일본에서 관련 분야의 석사, 박사 과정을 각각 마치고, 국내에서 20여 년간 실무를 직접 수행하면서 물 환경과 생태계를 복원하고자 했던, 우리 풍토에 맞는 생태공학 이론과 실천 사례이다. 사례 대부분 급속히 망가지고 있는 우리 생태환경을 복원할 수 있는 기회를 놓칠 것 같은 절박감에서 실천한 것들이다. 필자의 생태공학적 지식의 기반은 석사 과정의 은사였던 유펜(University of Pennsylvania)의 맥하그 교수가 주창하였던 자연 형성 과정(natual process)에 두고 있다. 맥하그 교수는 생태학과 도시 및 지역 계획을 접목하여 세계적인 생태 계획 이론을 창시하면서 그 기반에 자연 형성 과정을 따라야 함을 주창하였다. 하지만 맥하그 교수의 생태 계획 이론이 공간을 중심으로 망가진 생태환경 문제를 포괄적인 계획 차원에서 다루어 기존의 과학자들의 한계를 뛰어넘었다고 하더라도, 디자인과 시공을 통해 자연과 인간의 삶의 질이 얼마나 높아질 수 있는지에 관한 구체적인 방법론을 제시하지 못한 아쉬움이 있었다. 필자는 맥하그 교수의 생태 계획 이론을 토대로 하되, 더 나아가 공학적인 결과가 만들어지기 위해서는 에코디자인과 복원 시공, 유지관리까지 진행하면서 통합 설계(integrated design)을 해야 생태·환경 복원이 성공할 수 있음을 강조해 왔다. 그리하여 풍토에 맞는 자연 디자인, 즉 에코디자인을 통해 생태공학적 목표를 달성하고자 한다. 궁극적으로는, 최대한 자연 스스로가 설계의 주체가 되어 생태계를 복원(Self-Design Restoration)하는 철학과 방법론을 제시하고자 한다.

자연 스스로가 주체가 되는 자연 스스로의 복원 설계를 통해 더욱 넓고, 깊고, 구체적으로 생태공학의 세계에 빠져 보자!

「에코디자인과 생태공학」의 주요 구성의 전반부(1부~3부)는 이론에 바탕을 두고 있다. 여기에는 선진 이론을 소개하기보다, 필자가 우리나라에서 실무를 수행하면서 필요하다고 판단되는 생태공학의 이론을 정리해보았다. 후반부(제4부)에서는,

실제 필자가 국내 풍토에 맞게 생태환경 복원을 실천한 사례들을, 폭넓은 시각으로 구체적으로 제시하였다. 세부적인 내용은 다음과 같다.

제1부의 키워드는 '자연'이다. 우선 자연의 의미와 가치를 살펴보고, 자연을 변형하여 인간의 삶을 향상시키는 자연 디자인에 관해 살펴본다. 특히, 오늘날 문제시되는 생태계 파괴나 환경오염을 줄일 수 있는 에코디자인은 다학제적인 분야들의 융합적 속성을 이해해야 함을 알린다.

제1장에서는 '자연의 가치와 자연 디자인'으로 저서의 화두를 시작한다. 자연의 개념을 살펴보고, 시대와 장소에 따라 자연의 가치가 어떻게 변화하였는지 그리고 자연에 대한 인간의 관계 변화를 시대적으로 살펴본다. 그 과정에서 오늘날 심각하게 훼손된 자연 문제를 직시하고 회복해야 하는 시급성을 환기한다. 이러한 자연 훼손 문제를 해결할 수 있는 방안으로써 자연 디자인의 가능성을 알린다. 자연 디자인이란 '자연의 가치를 향상시키고자 정해진 시대와 장소에 맞게 인간이 자연에 대해 조정하는 것'이라고 규명한다. 이러한 맥락에서 현재 우리나라의 생태환경문제를 회복하기 위한 자연 디자인은 어떤 관점에 있어야 하는지를 살펴본다.

제2장에서는 '자연 디자인과 에코디자인'을 논한다. 자연 디자인을 위해 다양한 지식의 융합적 특성과 이를 실제로 적용하고 깨달아야 함을 강조하기 위해 필자의 입문 시절 체험을 소개한다. '우리 풍토에 맞는 에코디자인'을 구현하기 위해 생태환경 관련 다학제적 분야의 융합적 특성을 살펴본다. 더 나아가 에코디자인의 융합적 매체를 환경, 생태, 경관, 그리고 경관생태학적 측면에서 살펴본다. 결국 수많은 관련 생태환경 분야들을 융합하여 실존적 공간으로 만들어내는 그 기적의 원동력은 '자연 디자인', 즉 '우리 풍토에 맞는 에코디자인'이다.

제2부에서는, '풍경'이 키워드이다. 제1부에서 강조한 '자연'과 인간이 조화롭게 살아갈 수 있는 '풍경'의 의미를 보다 근원적으로 해석하여 우리 땅에 맞는 에코디자인의 철학과 방법론의 뿌리를 찾아본다. 이는 이어서 제3부에서 다룰 우리 풍토에 맞는 에코디자인과 생태공학을 통해 생태환경 복원을 실현하는 내용의 뿌리가 될 수 있다.

제3장에서는 우리나라와 일본의 옛 도시 풍경화를 통해 자연 디자인의 원천이

되는 역사적 뿌리를 찾고, 풍경화에 나타난 공간관 및 시간관을 해석한다. 이를 위해 한·일의 대표적인 전통 풍경화인 겸재 정선의 「진경산수화」와 안도 히로시게의 「명소에도백경」를 살펴볼 것이다. 특히 각각에 드러난 한양과 에도의 원형 풍경에 내재된 공간·지리적 특성을 분석하여 공간관을 비교할 것이다. 또한 각각의 원형 풍경에 내재된 시간적 특성이 무엇인지를 비교하여 그 차이점을 통해 원형 경관의 시간관을 밝혀본다.

제4장에서는 우리 풍경의 자연관 및 생태관에 대하여 해석한다. 첫째 한·일 풍경화의 구도적 특성을 통해 원형 풍경의 자연관을 해석한다. 한·일 풍경화의 구도를 통해 소재의 배치와 자연적, 인문적 주제 등을 살펴보고, 우리 고유의 자연관에 대해 찾아본다. 둘째 옛 도시 한양과 에도의 풍경화에서 발견되는 원형 풍경의 생태관을 분석한다. 이를 위해 현대 과학적 관점에서 생태계획에서 다루는 주요 생태목록(ecological inventory)인 지형, 수계, 기후, 생물 등의 순으로 원형 풍경을 해석한다.

제3부에서는, '생태계'와 '생태공학'이 키워드이다. 제1부와 제2부의 키워드인 우리 '자연'과 '풍경'의 훼손된 생태·환경 문제를 보다 과학적으로 밝히고 기술적으로 치유할 수 있는 '생태공학'의 방향을 제시한다. 우선, 생태계 복원을 위해 최근 지속가능한 발전의 이론에 대해 세계적으로 부각되고 있는 생태공학의 기초 이론에 대해 생태학적 관점에서 전개해 나아간다. 생태계 훼손으로 인한 재해는 해가 갈수록 세계 도처에서 폭증하고 있다. 우리 실정에 맞는 생태계 복원 방안을 찾는 것만큼 시급한 일은 없다. 왜냐하면, 생태계 복원에 대한 해외 선진 사례와 이론이 어느 정도 있다고 할지라도 아직은 시작 단계에 불과하며, 각국의 자연과 풍토, 각 지역, 각 장소의 특성에 맞게 다듬고 검증하며 재정립해야 하기 때문이다.

제5장에서는 생태계 복원과 생태공학의 의미를 크게 두 가지 골격으로 나눠서 살펴본다. 우선 첫 번째 큰 골격은, 생태공학의 뿌리가 되는 생태계와 생태계 복원을 이해할 수 있도록 다음과 같이 5가지로 세분화하여 살펴본다. 첫째 생태학과 그 연구대상이 되는 생태계에 대해 먼저 이해하고, 둘째 생태계 구조의 주요 구성 요소를 살펴본 후, 셋째 생태계와 에너지 흐름은 물론, 넷째 생태계와 물질의 순환에 관해 알아보고, 다섯째 응용생태학을 통한 생태계 복원에 대해 알아본다. 두 번째 큰 골격으로는 생태공학이 무엇인지를 다음 세 가지로 세분화하여 살펴 볼 것이다.

첫째, 지속가능한 발전과 생태공학의 의미를 짚어본다. 둘째, 생태공학의 융합적 특성과 유사학문 분야와의 차별성에 대해 알아본다. 셋째, 생태공학을 통한 생태환경 복원 사례의 국내외 동향을 살펴본다.

제6장에서는 생태공학의 실천 전략으로써, 크게 두 가지 골격으로 나누어 제시한다. 우선 첫 번째 큰 골격은 생태공학을 수행하기 위한 에코디자인의 세 가지 특성에 대해 알아본다. 첫째, 자연스스로의 설계를 도와주는 에코디자인, 둘째 자연 형성 과정을 담는 에코디자인으로서의 자연 프로세스, 셋째 통합적 수행 과정의 에코디자인이 되어야 하는 인간 프로세스를 알아본다. 두 번째 큰 골격은 우리 풍토에 맞게 개발된 생태공학 기술로써 생태적수질정화비오톱을 통한 생태환경 복원 전략을 제시한다. 이에 대해 다음 네 가지를 살펴본다. 첫째, 생태환경 복원의 핵심인 소생물 서식처로써 비오톱(biotop) 창출의 의미를 논한다. 둘째, 비오톱 창출에 의한 우리 생태환경 복원 기술의 대표적 사례로써 생태적수질정화비오톱 시스템 및 이와 연계된 기술들을 소개한다. 셋째, 생태적수질정화비오톱 시스템 사례를 통해 달성될 수 있는 수생태환경 복원의 네 가지 기능을 제시한다. 넷째, 생태적수질정화비오톱 시스템을 통해 정립한 수생태환경 복원의 다섯 가지 유형을 제시한다. 이 다섯 가지 유형은 이어지는 제4부에서 연결되어 설명된다.

제4부에서는 '우리 풍토에 맞는 생태공학'이 키워드이다. 이를 위해 수생태계 창출을 통한 생태환경 복원 유형들을 중심으로 필자가 모든 공정을 직접 수행해 온 사례들을 예시한다. 특히 제4부의 주요 5개 장이 되는 아래의 제7장~11장의 사례들 각장의 세 가지 공통점은 다음과 같다. 첫째, 국내 최초로 검증된 생태환경 시스템 특허들과 환경 신기술 등으로 직접 연구개발한 것들을 우리나라 각 유형별 대상지에 맞게 적용하여 계획-설계-시공-유지관리·모니터링까지 직접 지휘하면서 수행해 온 결과물이다. 이는 생태환경 복원지 조성에 관한 전 공정을 최소 5년 이상 통합관리하며 성공적으로 수생태환경 복원 효과가 모니터링된 사례들이다. 둘째, 이들 모니터링 결과 국내·외의 관련 분야에서 저명한 학술지인 국제 생태수리학회 논문, 세계 생물다양성 및 보전학회, 국제생태복원학회지, 대한토목학회지, 환경영향평가학회지, 한국환경복원기술학회지, 방재학회지 등 다양한 분야별 논문으로 투고하여 개제되었다. 따라서 학회지에 개제하여 생태환경 복원 효과를 과학적이고 공학적으로 생태 복원 기능과 환경 복원 효과가 검증된 사례이다.

셋째, 이처럼 다양한 전공 분야 학회지에서 검증되어 논문이 실릴 만큼 생태환경 복원 관련 융합적 접근을 통해 생태환경이 복원된 결과물을 다학제적인 시각으로 이해할 수 있도록 했다. 다만 논문 형식 그대로 실을 경우 읽히기 어려울 수 있으므로, 본 저서 흐름에 맞게 다소 수정·편집하였다. 마지막 장인 제12장의 경우는 새만금 생태환경 용지에서 직접 진행한 기본 계획 단계의 소개이다. 워낙 큰 국가적 사업의 계획 단계이다 보니, 위의 5개 장과 달리, 아직 계획 단계에 머물러 있는 상태의 사례를 실었다. 추후 설계-시공-유지관리·모니터링까지 직접 수행하여 세계적인 성공 사례를 만들어 낼 수 있었으면 하는 바람을 담았다.

제7장에서는 하천 생태 환경의 보전과 창출에 관해 생태 하천 및 하천 습지 복원에 관한 대표적인 사례 두 가지를 예시할 것이다.

제8장에서는 생태 하천 Fish-way 복원과 관련해서 매노천 Fish-way 및 목표종 서식지 창출 사례를 제시한다.

제9장에서는 생태계의 창출적 복원과 관련해서 국내 최초로 금개구리 서식처를 창출·복원한 안터저수지 생태공원 사례를 제시한다.

제10장에서는 국내 최초로 조성된 분산형 생태환경 저류지 시스템의 모니터링 결과에 대한 홍수 저감과 생태환경 효과를 분석하고 평가하며, 신정3지구 생태환경 저류지 사례를 예시할 것이다.

제11장에서는 처리 습지 및 도시 상류 하천 재이용수 활용에 있어서 생태적수질 정화비오톱 시스템(SSB)을 이용한 제민천 내 하수처리수 생태적 수질 정화와 생태계 복원 사례를 제시한다.

제12장에서는 간척지 생태환경의 창출적 복원 기본 계획과 관련해서 새만금 생태환경 용지 사례를 제시한다.

사회적 부의 양극화처럼, 지구상의 환경 문제 역시 소위 잘사는 나라들이 선진화되면서 배출한 오염원을 저개발 국가들이 개발도 못한 채로 떠안게 된 형국이다. 기계론적 사고관을 가진 데카르트 이래, 자연은 인간이 단순히 유용 가능한 자원으로 인식되었기 때문이다. 이제는 급격한 경제 개발 과정에서, 망가뜨린 우리 자연을 회복하는 선구적 대안을 하루 빨리 우리 스스로가 제시해야 할 때이다. 인종 우월성을 앞세우고 식민지의 자연자원의 가치를 무시한 채 발전해 온 서구 문명사회의 개발 방식만으로는 지구상에 존재하는 인류 모두가 더불어 사는 방식으로서의 자연관이 배태되기 어렵다. 지구의 자연을 살리면서 후손들에게도 지속적으로 이용할 수 있는 자연자원을 물려줄 수 있는 현명한 방법을 찾아야 할 때이다. 만일 우리의 망가진 자연을 성공적으로 복원할 수 있다면, 이는 아직도 지속가능한 발전에 목마른 지구 곳곳의 지역과 장소들, 특히나 저개발 국가의 소외된 계층에게도 롤 모델이 되어 큰 희망을 안겨줄 수 있을 것이다. 더 나아가 본서에서 제시하는 생태환경 복원 사례들은 이제 선진국의 사례와 비교해 보아도 손색 없을 정도로 짧은 기간에 많은 발전을 이룬 것도 있다. 생태환경 복원이 UN이 강조한 지속가능한 개발(SG: Sustainable Development)의 주요 방안으로 정착되어 성공할 경우, 더 나아가 자연 기반 해법(NBS: Nature Based Solution)으로 발전될 경우, 엄청난 산업으로 이어질 수 있다. 그러므로 아날로그적으로 보이는 자연을 토대로 한 사업이야말로, 첨단의 (4차)산업보다도 더욱 고용과 소득을 창출할 수 있는 대상이 될 수 있다는 희망을 본서에서 찾게 되기를 바란다. 다만, 자연 스스로의 힘을 가장 잘 이해해야만, 지금 우리가 가장 절실한 사업으로 성공시킬 수 있다는 사실도 간과되지 않기를 바란다.

▲ 국내 최대 규모의 도시 비점처리용(16,000 m³/d) 생태적 수질정화비오톱 설계 및 복원 시공(2014~2018.11) 직후 전경.

PART 01

자연 디자인

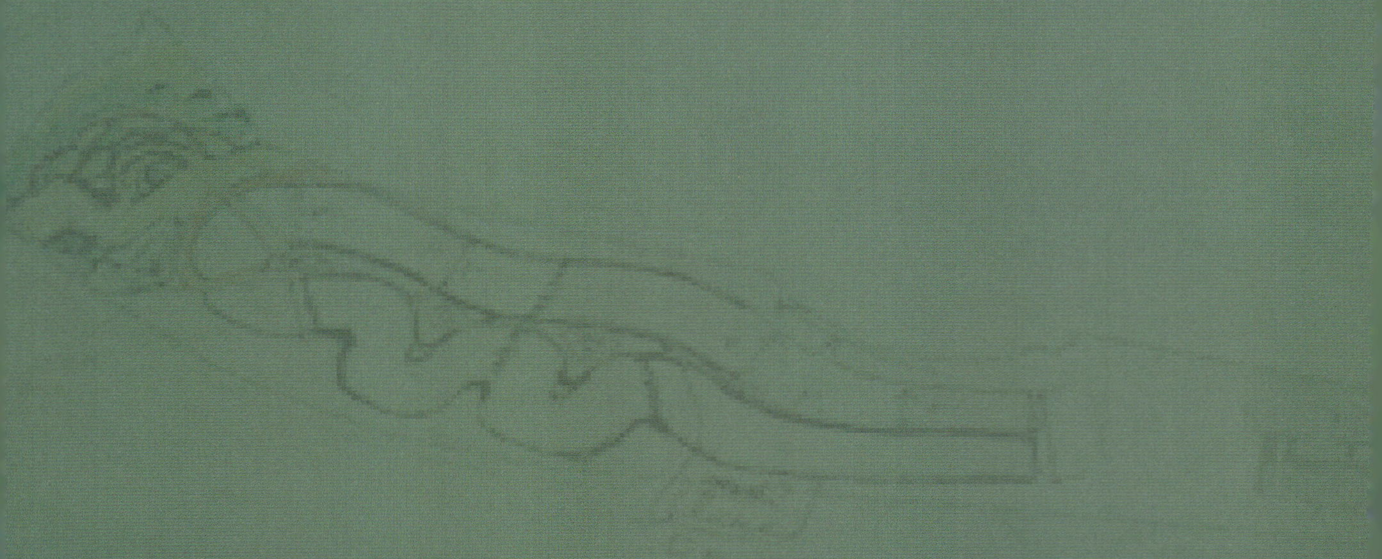

제1부의 키워드는 '자연'이다. 우선 자연의 의미와 가치를 살펴보고, 자연을 변형하여 인간의 삶을 향상시키는 자연 디자인에 관해 살펴본다. 특히 오늘날 문제시 되는 생태계 파괴나 환경오염을 줄일 수 있는 에코디자인은 다학제적인 분야들의 융합적 속성을 이해해야 함을 알린다.

제1장에서는 '자연의 가치와 자연 디자인'으로 저서의 화두를 시작한다. 자연의 개념을 살펴보고, 시대와 장소에 따라 자연의 가치가 어떻게 변화하였는지 그리고 자연에 대한 인간의 관계 변화를 시대적으로 살펴본다. 그 과정에서 오늘날 심각하게 훼손된 자연 문제를 직시하고 회복해야 하는 시급성을 환기한다. 이러한 자연 훼손 문제를 해결할 수 있는 방안으로써 자연 디자인의 가능성을 알린다. 자연 디자인이란 '자연의 가치를 향상시키고자 정해진 시대와 장소에 맞게 인간이 자연에 대해 조정하는 것'이라고 규명한다. 이러한 맥락에서 현재 우리나라의 생태환경 문제를 회복하기 위한 자연 디자인은 어떤 관점에 있어야 하는지를 살펴본다.

제2장에서는 '자연 디자인과 에코디자인'을 논한다. 자연 디자인을 위해 다양한 지식의 융합적 특성과 이를 실제로 적용하고 깨달아야 함을 강조하기 위해 필자의 입문 시절 체험을 소개한다. '우리 풍토에 맞는 에코디자인'을 구현하기 위해 생태환경 관련 다학제적 분야의 융합적 특성을 살펴본다. 더 나아가 에코디자인의 융합적 매체를 환경, 생태, 경관, 그리고 경관 생태학적 측면에서 살펴본다. 결국 수많은 관련 생태환경 분야들을 융합하여 실존적 공간으로 만들어내는 그 기적의 원동력은 '자연 디자인', 즉 '우리 풍토에 맞는 에코디자인'이다.

01 자연의 가치와 자연 디자인

자연의 가치와 자연관

자연의 가치

'자연'이란 무엇인가? '자연(自然, Nature)'의 사전적 정의는 다음과 같다.[1]

1 국립국어원 표준국어대사전

1. 사람의 힘이 더해지지 아니하고 세상에 스스로 존재하거나 우주에 저절로 이루어지는 모든 존재나 상태
2. 사람의 힘이 더해지지 아니하고 저절로 생겨난 산, 강, 바다, 식물, 동물 따위의 존재. 또는 그것들이 이루는 지리적·지질적 환경

그리고 가치란 무엇인가?
'가치(價値, value/worth)'의 사전적 의미는 다음과 같다.

1. 사물이 지니고 있는 쓸모
2. 대상이 인간과의 관계에 의하여 지니게 되는 중요성
3. 인간의 욕구나 관심의 대상 또는 목표가 되는 진, 선, 미 따위를 통틀어 이르는 말

그렇다면 '자연의 가치'란 어떻게 이해할 수 있을까?
2011년 3월 11일 오후. 대학원에서 자연의 가치를 논하는 수업시간이었다. 그날

그림 1.1 | **자연은 인간에게 한량 없는 은혜를 베푸는 대상이 아니라 무서운 존재가 될 수 있음을 보여주는 자연재해 사례(2011년 3월 일본 동북부 쓰나미).** 세계 최고의 경제국이면서 고도의 기술을 보유한 일본의 해안 도시 시설들이 속수무책으로 맥없이 쓰러지고 있다(© 미국AP[Associated Press] 통신, NEWSIS, 2011. 03. 11).

일본 시각으로 오후 2시 46분에 일본 동북쪽에서 9.0의 대지진이 일어났다. 마침 개강 직후 수업이라서, 일본 쓰나미의 영상을 실시간으로 보면서 수강생들에게 자연의 가치에 관한 질문을 했다.

평소 수업이라면 자연이 인간에게 베푸는 무한한 혜택과 유익함을 강조하는 학생들이 많았을 것이다. 특히나 몇몇 문헌을 참고하여 경제적 가치를 제시하는 경우가 있었을 것이다. 예를 들어, 콘스탄자(1997)가 자연의 단위면적당 가치를 경제적으로 환산한 수치나, 미치(1999)가 단위면적당 생물권을 건설·유지하는 데 드는 생태계 건설 비용을 계산한 수치[2] 등을 인용했을 것이다. 또는 생물을 위주로 하는 자

2 콘스탄자(1997) '연간 1 km^2 단위에 약 $ 64,000의 경제적 가치'

그림 1.2 | **생물권(Biosphere) II.** 온실 복합건물에서 8명의 사람이 2년간 외부와 단절된 채 살도록 하였으며, 건물 안에는 다양한 생태계가 모사되었다. 막대한 경비와 에너지가 투입되었음에도 산소의 양은 14%로 감소하였고, 이산화탄소의 농도는 증가했으며, 많은 종이 사라졌다. Biosphere II 실험을 통해 Biosphere I(지구)의 자연생태계는 인위적으로 복원되거나 유지되기 어렵다는 것을 깨닫게 되었고, 지구 생태계의 소중함을 알게 되었다.

연은 공리적(功利的) 가치가 있다는 이야기들을 했을 수도 있다. 공리적 측면에서 자연의 가치는 첫째 식량, 연료, 의약품 등과 같은 재료로 이용될 수 있는 자원적 가치. 둘째 산소 방출, 이산화탄소 흡수 등과 같은 환경적 가치. 셋째 인간에게 평안을 주는 정신적 가치. 넷째 자연과학의 연구 대상이 되는 교육적 가치 등이다.[3] 하지만 그날 자연의 파괴력 앞에서 인간이 속수무책으로 당하는 영상을 보면서, 자연이 주는 혜택만을 논할 수는 없었다.

3 카메야마 아키라저, 문석기외 7인 역, 생태공학, 보문당, 2004, p.96

세계 경제력 3위, 고도의 기술과 치밀함을 자랑하던 일본도 쓰나미 앞에서는 굴복할 수밖에 없었다. 최강의 선진국임을 자랑하는 미국 역시 2004년 올랜도 지역에서 연이어 발생한 4차례의 허리케인으로 무려 1천만 명 이상의 이재민과 76명의 사망자, 250억 달러의 재산 피해를 입었다.

그렇다면 자연재해의 주된 원인은 무엇일까? 열띤 토론 끝에 현재 자연재해 발

그림 1.3 | 자연은 산소와 빛과 같이 인간이 인식하지 못할 정도의 은혜를 배풀지만, 인간이 누릴 수 있는 최고의 쾌락과 숭고미(崇高美, the beauty of sublime)를 주기도 하는 사례(캐나다 국경 쪽에서 바라본 나이아가라 폭포). 지질학적 그리고 수문학적 자연형성 과정(natural process)으로 생성된 나이아가라의 거대한 폭포와 안개, 그리고 그 위로 나타난 무지개를 보면서 극적 아름다움을 체험하기 위한 많은 관광객들의 발길이 해마다 끊어지지 않는다(© 변찬우, 2011).

생의 상당한 원인은 인간의 유익을 위해 자연을 지나치게 이용하였기 때문이라는 결론에 이르렀다. 최근 이러한 재해 상황이 자주 닥쳐오기에, 자연을 언제까지나 지배할 수 있을 것이라는 사람들의 믿음은 깨질 수밖에 없다. 거대한 자연재해 발생은 인간이 자연을 훼손하는 것에서 주로 발행되는 것임을 우리 모두는 공감한다. 각자 다른 시각으로 자연의 가치를 이해하고 있었으나, 결국은 진정한 '자연의 가치'를 무시하거나 간과한 인간의 이기심이 자연으로부터 큰 재앙을 불러 왔다는 것에 대한 공감대가 형성되었다.

인간이 자연을 바라보는 자연의 가치는 시·공간적 상황에 따라 변해 왔다. 산업화 시기 이전까지 자연은 경외의 대상이거나 동화되고자 하는 대상이었다. 그러나

그림 1.4 | 세계 최대 규모의 댐인 중국 싼샤댐 건설로 2006년 이후 7개월 동안 822차례의 진동이 감지되었으며, 120만 명의 이주민이 발생했다. 생태계 파괴, 전염병 창궐 등 위험 경고(© Reuters, 2019. 01.09).

근대로 오면서, 데카르트와 뉴튼 등의 기계론적 사고와 산업혁명 이래로, 과학기술의 발달로 인해 인간은 자연을 주로 인간의 기술적 이용을 위한 대상으로 인식해왔다. 예를 들어, 자연에서 생명줄이 되는 자연자원인 물의 경우, 단순히 댐이나 운하 건설 등으로 이용하고 지배하는 대상으로 여겨왔다. 산(山) 역시 산이 가지고 있는 존재 그 고유한 가치로 바라보기 보다는 탄광, 조림지, 자연공원 등과 같이 인간의 이용 대상으로 바라봤다. 이와 같이 자연이 지닌 고유의 가치를 무시하고 자연을 인간이 이용하기 위한 대상으로 마구 유용함으로써 급기야 CO_2 증가와 기후 변화나 도시 사막화, 생태계의 파괴, 수자원 악화 등을 초래했다. 생태계 파괴로 인해 지구촌 곳곳에는 자연의 대재앙이 엄습해 오고 있다. 더욱 심각한 문제는, 자연에 의해 앞으로 점점 더 강도 높은 자연 재앙의 징후가 예측되고 '있다'.

하지만 우리 인간은 그 문제를 해결해야겠다는 뚜렷한 의지와 방법론조차도 제대로 찾지 못하는 실정이다. 그 주요 원인은 오늘날 자연 생태계 및 환경문제를 고

그림 1.5 | 오염된 하천의 물을 마시는 아이의 모습(© 한겨레 2017년 05월 22일 기사). 물 부족 국가들은 물 부족 문제 해결 방안으로 장기적인 댐 건설을 추진하였음에도 오염된 물 사용으로 인한 전염병에 의해 고통 받고 있다.

려하는 것은 경제 자본 논리와 상반된 것이라는 인식이 강하기 때문이다. 쉽게 말해, 자연을 보전하는 일이 아직은 돈이 안 되기 때문이다. 지금까지의 자연 보전 방식은 인간의 개발 욕구를 억제하거나 윤리적으로 교조하는 것이 대부분이었다. 그러다 보니 현재 사회적, 경제적 시스템 내의 종사자들 누구나 받아들일 수 있게 자연을 살릴 수 있는 실천 방안이 제시되거나 성공적인 사례가 도출될 수 없었다. 자연 생태계를 보전하고 복원하는 것은 누구나 공감하는 바이다. 따라서 현재 자본 논리 속에서 누구나 공감할 수 있는 실천 방안이나 사례 제시가 가장 어렵고 가치 있는 일이다. 따라서 보다 설득력 있는 실천 방안으로 우리 자연 디자인을 통한 생태계 복원을 주된 화두로 할 것이다. 본 이슈에 대한 논의는 제1부, 3부, 그리고 4부의 6장에서 본격적으로 다룰 것이다. 본 제1부의 서두에서는 오늘날 자연 생태계 파괴의 주된 원인이 되는 과학기술을 발전시킨 서구 자연관의 시대적 변화를 살펴보자.

서구 자연관의 시대적 변화

이제, 기술시대인 오늘날을 중심으로 우리 인간의 자연관을 살펴보자. 오늘날 생태계 파괴나 환경 문제의 대부분은 서구에서 성장시킨 과학기술 발전의 뒷면, 즉 부산물이라고 볼 수 있다. 따라서 우선 서양의 철학자나 인류학자가 바라본 인간과 자연과의 관계를 통해 서양인들의 자연관을 살펴보는 것은 의미 있다고 본다.

철학자 마틴 부버(Martin Buber)[4]는 저서 『나와 너(Ich und Du)』에서 우리는 이 세계에 살면서 '누군가'와 관계를 맺어가면서 살게 된다고 하였다. 여기서 그 '누군가'를 자연으로 놓을 경우, 근대사회에 이르기까지의 '나와 너'라는 좋은 관계가 그 이후 고도의 기술을 발달시키면서 인간과 자연의 관계는 '나와 그것'이라는 도구적으로 이용하는 관계로 악화되었다고 한다. 인간과 자연의 관계인 '나와 너', '나와 그것'의 관계를 토대로, 인류학자인 굿카인드(E.A. Gutkind)[5]는 서양 사람들이 자연을 대하는 태도가 시대적 단계별로 변하여 왔음을 지적하였다. 즉, 그는 부버가 제시한 '나-당신(I-thou)'과 '나-그것(I-it)'의 두 가지 관점에서 인간과 자연과의 관계에 대한 시대적 변화를 보다 구체적으로 표현했다. '나-당신'은 인간이 자연을 친근하고 존중하는 관계를 나타내는 반면, '나-그것'은 서로 멀어지거나 적대적인 관계를 의미한다. 이러한 자연과 인간과의 관계를 그가 구분한 4단계로 나누어 살펴보자.

제1단계는 '나-너'의 관계에서 자연을 경외의 대상으로 보는 것이다. 원시 부족시대에 자연은 두려움의 대상이자 경외감의 대상이었다. 세계 7대 불가사의 중 하나인 영국의 스톤헨지(Stonehenge)처럼 자연에 대한 경외심으로 인해 축조된 것이 그 좋은 사례이다(그림 1.6).

제2단계에서는 인간의 자신감을 자연에 표현하기는 했지만, 자연을 지배하는 관점이 아니라 여전히 자연과 조화로운 '나-너'의 관계를 유지해 왔다. 서양의 중세 교회와 성, 유기적으로 굽이치는 도로의 지형학적 형태 등이 그 좋은 사례들이다. 특히, 농경사회에서 인간과 자연의 관계로 그림 1.7처럼 지형에 순응하고 자연유하되는 물을 최대한 이용하는 다랭이논은 오늘날까지 남아있는 대표적 예이다. 앞의 1단계에 비해 자연을 이용하여 인간이 어느 정도 편리한 생활을 영위하였으나 여전히 자연과 동반적인 관계를 유지하였다. 자칫 자연을 잘못 다룰 경우에 자연으로부터 재앙이 온다는 신념을 가진 채 기술을 발전시키던 시기였다. 이는 동양의 자

4 독일계 유대인 철학자 마틴 부버(Martin Buber, 1878~1965)는 저서 『나와 너(Ich und Du)』라는 책에서 인간의 본래적인 삶은 인간과 자연, 인간과 인간, 인간과 신과의 관계를 '나와 너'로 보고 존중하고 동반의 관계로 보았다. 하지만, 1, 2차 세계대전 중 나치들의 위협을 받았던 유대인으로서 부버는 당시에 인간은 인간이나 자연 등에 대해 도구로써 착취하는 '나와 그것'의 관계로 보고 있음을 지적하였다.

5 Gutkind, Erwin A. Our World from the Air: An International Survey of Man and His Environment. Garden City, New York: Doubleday, 1952

그림 1.6 | 수도 런던에서 서쪽으로 130 km 정도 떨어진 솔즈베리 평원에 존재하는 스톤헨지는 원형으로 배치된 거대한 입석 구조물 유적이다(© 네이버 지식백과).

그림 1.7 | 자연과 동화되어 인간이 필요한 식량을 얻어내고자 계곡이나 구릉지에 자연적으로 조성했던 계단식의 작은 다랭이논(© 전남 구례군청).

그림 1.8 | 미국 콜로라도 강 하류의 홍수 방지를 위해 1930년 착공하여 1936년에 완공된 후버댐. 후버댐의 수자원을 통해 생겨난 도시가 바로 카지노의 도시 라스베가스이다. 이 엄청난 댐에서 만든 수력발전은 수백 km 떨어진 LA, 샌디에이고 지역에까지 전기와 물을 공급한다. 1930년대 당시 인간이 자연을 지배할 수 있다는 최고의 자신감을 상징하는 표상이었다(© 변찬우).

연관으로 치면 조선시대의 한양이나 일본 에도시대의 도시 조성 방식 또한 이 단계에 속한다고 볼 수 있다(제2부 참조).

제3단계는 '나-그것'의 단계로 인간이 중심이 되어 자연을 맘껏 유용하거나 착취할 수 있는 객체로 여기는 시기이다. 산업혁명 이후 인간이 자연을 지배할 수 있다는 패러다임이 만연하는 시대로 오늘날까지 지속되고 있다. 그림 1.8에서와 같은 거대한 후버댐, 그림 1.9의 획일화된 초고층 빌딩 등 고도로 발달된 과학기술을 통해 인간은 자연을 단일한 목적과 기능만을 지닌 존재로 이용하였다. 그 결과, 인간은 자연으로부터 생태계 파괴, 환경오염, 기후 변화, 사막화 현상, 산성비, 재해 등의 재앙을 결국 인간에게 부메랑처럼 받게 되었다.

제4단계는 자연과 인간의 소원했던 관계를 풀고자 자연현상에 대한 새로운 이해와 통찰력으로 자연생태계를 고려하는 시기이다. '작은 것이 아름답다'라든가 환경

그림 1.9 | **자연을 지배하는 토지 이용 계획 및 초고층 빌딩.** 국적 없이 획일적인 현대 도시의 전형적 형태를 보여준다(© 시카고 건축비엔날레).

보전운동과 같이 인간 위주의 개발에서 자연생태계를 우선시하는 방향으로 사고전환이 이루어지는 단계라고 볼 수 있다. 인간 중심의 사고를 비판적으로 보고 자연생태계를 보존해야 한다는 강력한 운동도 4단계에 나타나는 주된 현상이다. 생태학이 모든 것을 해결할 수 있다는 생태주의(ecologism)도 이 단계에 속한다.

이처럼 자연과 인간과의 관계를 볼 수 있는 자연관은 자연을 어떻게 좋게 만들 수 있는지의 사유적 기반을 만드는 데 도움을 줄 수 있다. 망가진 자연을 회복시키기 위한 자연관을 세우기 위해서 위의 굿카인드가 말한 제4단계를 활용하면 이상적으로 보일 것이다. 하지만 그가 강조하는 생태주의는 막상 실천적인 면에서 큰 한계가 따르므로 현실적으로는 설득력이 부족하다. 과학 만능, 물질 만능의 근·현대 서구 문명사의 한계를 지적하고 반성하는 것까지는 그의 주장이 맞다. 하지만 그러한 주장만으로 오늘날 지배적인 경제논리나 과학기술 중심의 사고를 자연 중

그림 1.10 | 롱아일랜드 인공위성 사진(© 한국일보 2015년 4월 9일자 기사). 2014년 미국 뉴욕주 롱아일랜드 일부 지역 해양의 질소 함량이 40%에 다다르는 등 오염도가 심각한 것으로 조사됐다. 뉴욕주 환경보호부는 롱아일랜드 해양의 질소 오염으로 조개류와 어류, 해양 식물들이 죽는 등의 해양생태계가 파괴되는 사례들이 늘자 지난 2015년 질소 오염을 줄이기 위해 규정을 강화하고 법 제정을 추진하였다. 관련 예산이 편성된 후 바닷물로 유출되는 폐수를 막기 위한 하수구 구조 개선, 정화 시스템 개량, 질소 유출의 근원지 조사를 실시해서, 각 가정의 하수처리, 강우시 농장으로부터 유출되는 비료 등 오염을 관리한다[© 뉴욕주 환경보호부, Long Island Nitrogen Action Plan(LINAP)].

심으로 전환시키기는 어렵다. 마치 교통질서를 지키지 않는 건널목에서, 근본적인 교통 시스템을 바꾸지는 않은 채 교통질서를 지키자고 강조하는 현수막처럼 말이다. 이 때문에 생태주의나 자연보존의 운동은 여전히 개발론자들에게 설득력을 얻지 못하고, 운동의 단계에서 머물고 있다. 그러나 이제는 환경운동의 영웅을 찾아서 위기 극복의 위안을 삼거나 대리만족을 찾을 때가 아니다. 삶속에 녹아들 생태환경적 철학과 구체적인 방법론을 찾아야 할 때이다. 한나 아렌트(Hannah Arendt)가지적한 것처럼 인간은 점차 과학과 기술을 통해 본래의 자연적 제약에서 벗어나려는 '전체주의'적 경향을 띠고 있다.[6] 다른 행성에 우주선을 띄워 거주지인 지구를 떠나려는 것이나, 오직 태양에서만 얻을 수 있는 에너지를 핵분열과 핵융합을 통해 얻고자 하는 것, 인공수정이나 유전자 조작 등의 기술 개발이 그 예이다. 이러한 경향은 지구 환경과 생태계에 미칠 영향이 규명되지도 않는 채 빠른 속도로 진전되고 있다. 이러한 사고의 바탕에서 굿카인드의 4단계에서 강조하는 것처럼 자연에 대한 책임의 시대는 실현되기 어렵다. 더욱이 우리 땅의 자연을 회복할 수 있는 철학과 방법론을 찾기란 거의 불가능한 상황이라고 판단된다. 이어지는 자연 디자인에서 굿카인드의 4단계에서 부족한 설득력을 보완하고자 한다.

6 한나 아렌트, 이진우 역 인간의 조건, 한길사, 2017, p. 33.

자연 디자인

기술시대를 극복할 수 있는 자연관과 자연 디자인

앞 절에서 인간이 자연에 대해 어떠한 가치를 지니고, 어떠한 관점에서 생각하는가를 '자연관'을 통해 살펴보았다. 자연의 가치나 자연관이란 시대와 장소에 따라 달리 해석되어 왔다. 그럼에도 불구하고 우리가 자연관을 살펴보고자 한 이유는 현재 우리 땅에 훼손된 자연과 그 생태계를 어떤 방법으로 회복할 것인가에 대한 근본적인 사유의 틀을 알아보기 위해서이다. 앞에서는 서구적 관점에서 자연관을 주로 살펴봤다. 현재 우리 땅의 자연환경 훼손과 생태계 파괴 문제는 주로 서구 문명사회의 기술 중심시대의 발전 과정을 답습하는 과정에서 발생되었기 때문이다.

이를 해결하기 위해서는 그 근본적인 문제부터 짚어 보아야 한다. 기술 중심의 시대에 인간이 자연에 저지른 문제를 풀어내고, 자연과 함께 공생하는 것에 보다 나은 가치를 부여하는 방안을 찾고, 인간이 자연을 어떻게 경영하는 것이 바람직한지 밝혀보고자 한다.

인간이 자연을 어떻게 계획 설계하고 경영하는지의 방식을 '자연 디자인'이라고 할 수 있다. 그러면 우선, 자연 디자인에서 전제되어야 할 특성 세 가지를 살펴보

자. 첫째, 자연의 가치를 향상시켜야 한다. 앞에서 살펴본 대로 오늘날 자연의 가치를 높이려면 인간이 그간 훼손한 자연, 즉 생태계와 환경의 복원이 우선시 되어야 한다. 둘째, 자연의 가치도 시대와 장소에 따라 달라지듯이 자연 디자인은 그 시대와 장소에 따라 달라진다. 그러므로 우리나라, 지역, 장소와 우리 시대에 맞게 자연 디자인할 수 있어야 한다. 셋째, 실천적 행위가 내포되어야 한다는 점이다. 자연 디자인이란 인간이 자연을 보다 나은 목적을 위해 조정하는 것이 되어야 한다. 따라서 자연 디자인은 이론만이 아닌 실천력이 필요하다. 이 세 가지를 조합하여 보면, 자연 디자인이란 '인간이 자연의 가치를 향상시키고자, 정해진 시대와 장소에 맞게, 자연에 대해 조정(실천)하는 것'이라고 규명할 수 있다.

서양의 경우, 앞서 굿카인드가 언급한 대로 인간과 자연의 관계가 근현대에 이르면서 '나-그것'의 관계가 되었다. 지구의 자연이 인간의 탐욕을 채우는 도구로 전락해 버린 상황에서, 굿카인드가 말한 '나-너'의 관계는 순진한 생태주의적 구호에 불과한 의미가 되어 버렸다. 한나 아렌트(Hannah Arendt)의 철학에 따르면 인간이 자연으로부터 완전히 벗어나는 것은 근본적으로 불가능한 것으로 보았다. 그럼에도 불구하고, 불가능한 것을 가능하게 만들고자 하는 과학과 기술의 전체주의적 시도야 말로 바로 기술시대의 근본악이라고 하였다.[7]

그렇다면 기술시대인 현대에 자연의 가치를 향상시킬 수 있는 자연 디자인 방안은 무엇인가? 현대에 자연 디자인에 영향을 미칠 수 있는 자연관은 무엇인지를 살펴보기 전에 잠시, 서양의 자연관이 각각 잘 드러나는 최근 영화를 사례로 들어보자. 영화 '토르(2013년 작품)'의 경우, 북유럽 신화에 나오는 천둥의 신이 우주가 생성되기 전의 어둠의 시대 종족과 대결을 펼친다. 우주와 지구를 넘나드는 서양의 신화를 담은 영화에서 지구의 자연과 공생하고자 하는 관점을 찾아내기는 어렵다. 우리나라에서 1,000만 관객의 흥행을 몰았던 영화 '인터스텔라(2014년 작품)'의 경우, 기상이변으로 인해 지구는 더 이상 생명체가 살 수 없는 환경이 되어, 인류의 산업문명마저 쇠퇴한 모습을 배경으로 한다(그림 1.12). 잘 만든 할리우드 영화의 뛰어난 기술과 우주를 대상으로 첨단의 과학 스토리 속에서도 피어나는 가족애에 우리나라에서만 1,000만 명 이상의 관람객 모두는 감동했다. 그러나 인류문명으로 인해 지구 멸망을 겪는다는 영화 스토리를 보면서도, 여전히 관객들은 자연에 대해 보다 적극적으로 공생해야 할 대상이라는 비판의식을 갖지 못한다. 인간에게 자연은 일

7 앞의 책, p. 33.

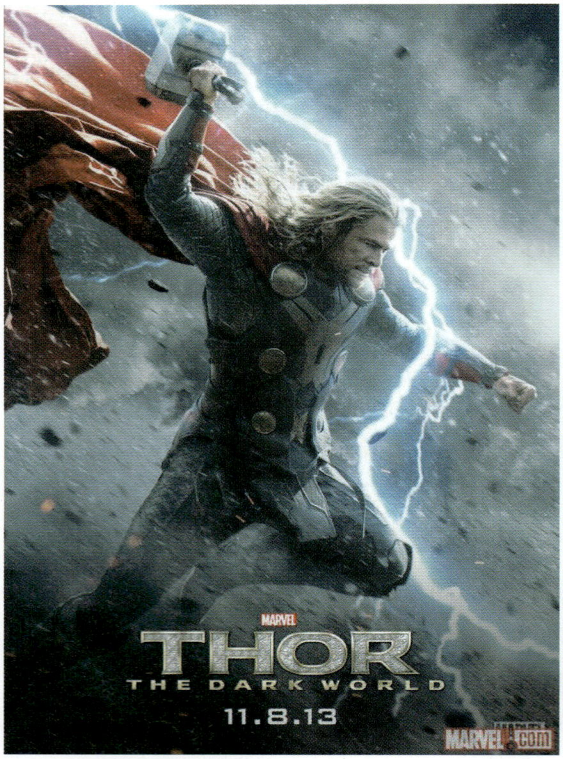

그림 1.11 | **영화 [토르] 포스터.** 제작사: 마블 스튜디오

그림 1.12 | **영화 [인터스텔라] 포스터.** 제작사: 워너 브라더스

회적 자원으로 전락한 것이다. 게다가 파괴된 자연 생태계 앞에서 인간이 찾은 대안은 지구를 버리고 다른 행성으로 떠나는 것이었다. 수많은 평론 속에서도, 치명적으로 병든 생태계의 지구를 버리고 또 다른 행성을 찾아간 인간의 자연관을 비판적으로 다루는 이를 본적이 없었다. 지구의 자연을 망가뜨리고 버린 인간이 또 다른 행성에 가서, 지구에서의 실수를 반복하기 전에 첨단의 기술로 지구의 아픈 병을 치유할 수 있도록 최선을 다할 순 없을까? 명작으로 불리는 영화에서조차 인간과 자연의 관계나 우리 정서까지 '나-그것'의 관계로 내몰리고 있는 듯해서 씁쓸한 여운이 돈다.

오늘날 세계 10위의 경제력을 누리는 우리나라 사람들도 산업화, 근대화를 거치면서 자연과 더불어 살아온 전통적 자연관을 잊고[8], 자연을 지배하려는 사고로 바

8 아직 자연과 동화되는 우리 민족의 자연관이 사라졌다고 보기는 어렵고, 잠시 잊고 있는 것 같다. 현대 다국적 자본이나 거대한 개발 방식에 의해 만일 우리의 자연관이 사라졌다면 다시 회복하기 어렵지만, 잠시 잊은 것은 의미를 열어 보이면(revealing) 회복될 가능성이 높다.

뀌었다. 이에 따라 우리나라 역시 자연을 도구적인 대상으로만 바라보게 되었다. 그러다 보니 인간과 자연의 관계를 '나-너'의 관계로 보자고 하는 것은 구호에 불과한 상황이다.

우리나라의 자연관을 보기 위해서는 우선 동서양의 자연관은 큰 차이가 있음을 인지해야 한다. 자연과 공생하는 관점에 있어서 동양, 특히 우리나라의 전통적 자연관은 서양의 자연관보다도 더욱 소박하고 자연스러운 것을 주지한다. 따라서 이는 오늘날 우리 자연 디자인을 실현하는 귀중한 단서를 제공할 것으로 본다. 원래 우리 민족은 다른 어떤 민족보다도 자연과 동화되는 삶을 살았다. 냇물이 있으면 그 옆에 정자를 놓고, 바람과 빛과 달을 완상하고, 여름이면 정자를 휘감고 흐르는 냇물 소리를 듣고 즐기는 그런 자연관을 가지고 자연 디자인을 했다. 우리가 일제강점기와 6.25. 동란의 폐해를 딛고 일어서면서 서구 문명을 적극 받아들이고 급속한 경제 발전을 이루느라, 우리 고유의 자연관을 잠시 잊고 살아왔다. 하지만 자연과 인간의 '나-너'의 상호 유익한 관계에 있어서 내재된 우리 자연관을 회복하고, 이를 경영하는 자연 디자인을 할 수 있다면 이것이야 말로 오늘날의 지구 생태계와 환경 문제를 해결하기 위한 중요한 단서를 제공할 수 있을 것이다. 이는 필자의 저서『우리풍토에 맞는 생태하천』에서도 일관성 있게 강조해 왔던 내용이다.[9] 앞에서 자연 디자인이란 '자연의 가치를 향상시키고자 "정해진 시대와 장소에 맞게" 인간이 자연에 대해 조정(실천)하는 것'이라고 규명하였다. 이러한 맥락에서 현재 우리나라의 풍토에 맞는 자연관을 찾아 자연 디자인 방안을 세우는 것을 가장 중요한 것으로 본다.

9 변찬우, 우리풍토에 맞는 생태하천, 나무도시, 2010, p. 33

우리 자연관을 근간으로 한 자연 디자인

동양에서 한민족은 전통적으로 자연과 동화된 삶을 살아왔다. 따라서 자연과 인간의 관계에서 '나-너'의 관계를 우리 가슴 속에 묻어 놓고 있다는 희망을 느낄 수 있다. 최근에 저예산 독립영화로 제작된 '워낭소리'를 예로 들어보자. 영화『워낭소리』는 순제작비 1억 원으로 2009년 당시 독립영화 사상 최다 관객 293만 명의 관객 수를 경신한 바 있다.[10] 앞서 소개한 할리우드 영화는 어마어마한 예산을 들여 우주를 넘나드는 광속시대에 '나-그것'에 의한 인간과 자연의 관계에 관한 일상을 그리

10 위키백과, 2015, 워낭소리

그림 1.13 | 저예산 독립영화 [워낭소리] 스틸 컷과 포스터. 제작사: 스튜디오 느림보, 출처: 선댄스영화제 및 네이버 영화

고 있는 반면, 『워낭소리』에는 우리 민족에게 아직 사라지지 않은 인간과 자연의 관계에서 '나-너'에 대한 일상의 위대함을 보여준다. 사라진 것이 아니라 묻히고 잊힌 것이기에 아직은 열어서 보여 줄 수 있는 우리나라 산골동네의 할아버지의 사소한 일상을 다큐로 담았다. 그림 1.13 좌측 화면에서, 평균 수명은 15년임에도 40살이나 된 늙은 소와 할아버지가 무거운 나무 짐을 나눠지고 나란히 걷는다. 둘은 똑같이 불편한 몸으로 나란히 한 방향으로 뚜벅뚜벅 걷는다. '대지'로 노벨 문학상을 수상한 펄벅[11]은 1960년 한국을 방문하여 소의 짐을 덜어주려고 볏단을 지고 달구지 끄는 농부의 모습에 감탄했다고 한다. 농부는 소달구지에 오르면 편할 텐데, 소와 짐을 나누어지고 걷는다. 혹시라도 40살된 늙은 소가 먹을까봐 제초제도 뿌리지 않는 할아버지의 배려. 소시장에 가서도 소를 돈으로 팔고 싶지 않은, 돈으로 환산할 수 없는 소에 대한 애정을 보여주는 할아버지의 마음. 인간이 자연에 대한 배려가, 말없는 사랑이 그저 눈물 나게 '자연'스럽다. 사소하게 보이는 인간과 자연의 '나-너'의 관계에 대한 원형적 삶이 그려진다. 그 위대함을 지켜내고자 하는 소망은 다름 아니다. 커다란 우주 속에서, 지구 속에서, 자연 속에서 인간 존재를 받아들이고 서로 격려하고 위로하면서 공생 공존하는 진정한 '나와 너'의 관계를

11 펄벅(Pearl Sydenstricker Buck, 1892~1973)의 소설 「살아있는 갈대」(The Living Reed)에 한국을 묘사한 글들은 흥미롭다.

그림 1.14 | 영국 탬스강 근처 London Wetland Center 사진 + 런던 도심에 유럽 최대 규모의 도심 인공습지 조성 사례 예시(© 변찬우, 2014).

바탕으로 하고 있다. 이는 세계인의 마음에 공명을 울려 미국의 권위 있는 독립영화제인 선댄스(Sundance Film Festival)[12]에 모인 사람들의 마음을 흔들고 눈물짓게 했다[13](그림 1.13 우측 포스터 참조).

우리 선조들의 자연 생태관은 우리나라는 물론, 지구의 환경 문제 해결을 위한 귀중한 단서가 될 수 있다. 어떠한 첨단 과학 기술로도, 물질 순환이나 에너지 흐름을 역행하는 문제로 인해 병들어가는 지구를 버리고 다른 행성을 찾아가는 무책임한 방식으로는 우리의 생태계와 환경 문제를 해결할 수 없다. 신에 대한 인간의

12 헐리우드의 상업적 영화의 반발로 1970년대 중반 영화배우 Rovert Redford가 만든 세계에서 가장 권위 있는 독립영화제.

13 선댄스의 관객은 왜 그랬을까?, 2009

거부로 시작된 근대의 인간 해방과 세속화는 지구상 모든 피조물의 모체인 지구를 부정해야만 하는 것처럼 보인다.[14] 그 배경에는 바로 아무 사유 없이 행위를 하지 않는 과학과 기술의 전체주의가 있다. 마치 나치의 전체주의가 근본악을 행했듯이 과학과 기술의 전체주의도 근본악에 해당한다. 최근 영국의 국영방송국 방송의 보도에서 세계적 재벌들 중에는 다른 행성에 지구의 거처를 찾아, 지구의 주오염원인 중공업 등을 이전하는 것을 검토하고 있다고 들은바 있다. 하지만, 지구에서 일으킨 환경오염 문제의 전철을 또 다른 행성에서도 밟지 않으리라는 보장은 없지 않은가?

14 한나 아렌트, 이진우 역 인간의 조건, 한길사, 2017, p. 50.

02 우리 풍토에 맞는 에코디자인

에코디자인의 통합성과 소고(小考)

에코디자인의 통합성

앞서 1장에서 '자연 디자인'이란 '자연의 가치를 향상시키고자 정해진 시대와 장소에 맞게 인간이 자연에 대해 조정하는 것'이라고 규명한 바 있다. 그런데, '자연 디자인'이라는 용어가 에코 시스템 디자인, 즉 축약하여 에코디자인이라는 용어와 비슷하게 쓰일 때도 있어, 그 차이를 잠시 짚어 보고자 한다. 자연 디자인은 '우리 풍토에 맞는 에코디자인'이라고 정의내릴 수 있다. 현대에 요구되는 자연 디자인은 오늘날 우리 자연 풍토에서 훼손된 생태계를 시스템적으로 고려하여 물, 풀, 땅, 바람과 같은 자연 요소들을 더 가치 있게 만들어 생태·환경적으로 건전하고 지속 가능하게 하는 것이다. 그러므로 자연 디자인은 우리 물(수권), 풀(생물권), 땅(암석권), 바람(대기권) 등 우리 풍토에 적합한 에코디자인의 궁극적인 실천 목표라고 볼 수 있다. 자연 디자인은 시대와 장소적 특성을 강조하되 현재에만 국한하지 않는 총체적 의미를 내포한다. 한편, 에코디자인은 현대의 생태환경 관련 학문 분야를 융합하여 훼손된 생태환경을 복원하고, 궁극적으로 사람들에게도 가치 있는 장소를 제공한다. 하지만 에코디자인은 때로 자연 디자인에 대한 정의에서 강조한 바 있는 어떤 나라, 지역, 장소를 고려하지 않는 경향도 있다. 생태환경 복원에 대해 선진국의 방법을 바로 차용하려 한다거나, 특정 장소의 에코디자인 사례가 성공적으로 복원되었다고 다른 곳에 적용하는 경향이 있다. 자연 디자인이 강조하는 장소적 특성을 반드시 보완해야 한다. 즉, 두 개념을 의학 분야에 비유하자면 에코디자인은 상처 부위만을 집중적으로 치유하는 서양 의학과 유사하고, 자연 디자인은 총체적인 관점에서 체질 등을 보완하면서 치료하는 동양 의학과 유사하다고 볼 수 있다.

에코디자인과 관련된 학문의 융합적 범위나 깊이는 넓고도 깊다. 다음의 Box처럼 과학기술과 예술은 물론 세계화와 지역성의 융합, 현대적인 것과 전통적인 것의 융합, 서양적인 것과 한국적인 것의 융합 역시 서로 상반된 의미처럼 보이지만, 에코디자인 분야를 연구하고 실천할 경우 꾸준히 융합점을 찾아야 하는 요소들이다.

> 과학기술(Science Technology)과 예술 (Art)
> 세계화(Global)와 지역, 장소적인(Regional, Site Specific) 특성
> 현대적인(Modern) 것과 전통적인(Traditional) 것의 특성
> 서양적인(Western) 것과 동양적 , 특히 한국적인(Eastern, Korean) 특성

이들 상반된 요소들의 융합은 그림 2.1에서와 같이 교육이나 비평, 이론적 연구

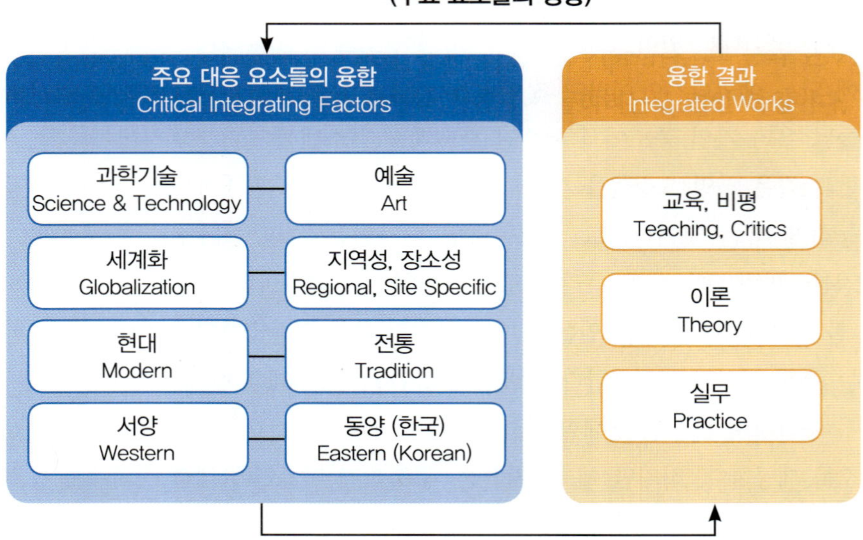

그림 2.1 | 에코디자인의 주요 대응 요소들의 통합과 그 융복합 결과(실무, 이론, 교육, 비평)의 발전적 선순환 모식도(© 변찬우, 국제심포지엄 프로시딩, 2005).

그림 2.2 | 예술의 속성인 직관과 상상놀이를 강조한 아인슈타인 (Albert Einstein) 1954년 모습(© Arthur Sasse).

그림 2.3 | 과학에서도 밝히기 힘든 진실을 밝히고자 했던 피카소 (Pablo Picasso)의 작업 모습(© Keystone, Getty).

개발, 에코디자인의 작품 등의 결과물을 통해 나타날 수 있다. 이들 결과물은 다시 융합적 요소에 영향을 미치는 이상적인 선순환 체계를 갖는다.

에코디자인과 관련된 최상위 요소인 자연과학과 기술, 그리고 예술적 영역은 대개 서로 조화되기 보다는 상반된 내용으로도 이해되기 쉽다. 하지만 자세히 찾아보면 융합의 시대인 현재뿐만 아니라, 역사적으로 많은 과학자들과 예술가들이 과학과 예술에 대해 통합적이고 융합적인 사고를 하였음을 알 수 있다.

자연과학과 인문학의 통섭을 주창한 하버드대학교 생물학과 교수인 에드워드 윌슨(Edward Wilson)은 "과학 이론도 상상력의 산물이다. 조금 더 부연설명하면 과학도 정보에 입각한 상상력의 산물이라는 것이다. 과학 이론은 이전에 짐작도 못했던 현상들의 존재를 예측하기 위해서 아무도 발을 들여놓은 적이 없는 곳을 찾아간다."라고 하였다.[1] 더 나아가 '과학과 예술'을 융합한 천재들을 거슬러 올라가면

1 에드워드 윌슨, 지식의 대통합 통섭, 사이언스 북스, 2005, p.112

알버트 아인슈타인(Albert Einstein)과 파블로 피카소(Pablo Picasso) 등이다. 과학자였던 알버트 아인슈타인(Albert Einstein)은 "나는 직감과 직관, 사고 내부에서 본질이라고 할 수 있는 심상이 먼저 나타난다. 말이나 숫자는 이것의 표현 수단에 불과하다."라고 하였다.[2] 친구였던 마르셀 그로스만(Marcel Grossmann)에게 쓴 초창기 편지에서 "직접적인 관찰로는 매우 동떨어진 것처럼 보이는 복잡한 현상들이 실제로는 통합되어 있음을 깨닫게 되는 순간, 나는 황홀함을 느낀다오."라고 적었다.[3]

2 로버트 루트번스타인 · 미셸 루트번스타인, 생각의 탄생, 에코의 서재, 1999, p.18~19.

3 에드워드 윌슨, 지식의 대통합 통섭, 사이언스북스, 2005, p. 35.

알버트 아인슈타인은 "상상은 지식보다 중요하다(Imagination is more important than knowledge)"라고 하였다. 이 같은 맥락에서 과학 분야의 노벨상 수상자 프랭크 윌첵(Frank Wilczek)은 "최고의 과학자는 어떻게 인생의 대단한 미스터리를 풀 수 있을까?"라는 질문을 던졌다. 그 비밀의 열쇠는 바로 상상놀이(imagination play)라고 했다.

한편, 파블로 피카소(Pablo Picasso)는 진정한 예술은 과학보다 더욱 참된 진실을 보여주는 것이라고 강조하였다. 피카소는 "예술은 사람들이 진실을 깨닫게 만드는 거짓말"이라고도 했다. 또한 그는 상상력이 진실을 이룬다고 생각했다.[4] 일반적으로 예술은 진실과 동떨어진 허구와 같은 것으로 인식되어지는데, 이 천재 예술가에게 있어서 예술행위는 우리가 통상의 현대 과학으로도 밝힐 수 없는 진실을 끌어내는 일이었다. 실제로 우리가 현대 과학으로 규명할 수 없는 사실이 얼마나 많은가? 과학으로도 규명할 수 없는 진실을 더욱 명료하게 밝힐 수 있는 것이 예술적 직관과 통찰인 것이다.

4 로버트 루트번스타인, 위의 책, p. 49.

해석학적 현상학자이자 실존주의 철학자인 마틴 하이데거(Martin Heidegger, 1889~1976)는 과학 기술과 예술이 본질적으로 같음을 밝혔다. 즉, 오늘날 과학을 바탕으로 완성되는 기술(technology)이란 예술과는 별개의 의미로 보이지만, 본래 기술의 어원은 테크네(techne)라고 하였다. 여기서 테크네는 시성(the poetic), 즉 예술성과 동일한 의미라고 해석하였다. 다시 말해, 과학 기술과 예술의 근본 속성은 같다는 것이다. 1800년대 프랑스 물리학자 아르망 트루소(Armand Trousseau) 역시 "모든 과학은 예술에 닿아 있다. 모든 예술에는 과학적인 측면이 있다. 최악의 과학자는 예술가가 아닌 과학자이며, 최악의 예술가는 과학자가 아닌 예술가이다."라고 하며 과학과 예술의 연관성을 강조하였다.[5]

5 앞의 책, p. 18~19.

오늘날 생태환경 문제를 해결하기 위한 에코디자인에 있어서도 과학기술과 예술적, 생태과학적 측면을 고려한 환경 복원이라는 기술적 완성도를 갖추어야 한다.

이때, 분석적이고 환원적인 현대 과학의 허점을 예술이 지닌 통합적 사고와 직감적인 이해로 보완할 수 있다. 특히 세계 도처에 산재한 생태환경 문제를 에코디자인을 통해 해결하기 위해서는, 자연과 관련된 다양한 과학적 지식을 쌓아야 하고, 장소마다 다른 생태환경적 문제를 예술적 직관으로 밝혀 이를 기술적으로 복원해야 한다. 자연의 무수한 생태 과학적 요소들을 종합적 시각에서 분석하려면 앞서 언급한 대로 자연과학과 자연을 해석하는 능력은 물론, 망가진 자연을 회복할 수 있는 능력 또한 갖추어야 한다. 따라서 필자가 전개하는 「에코디자인을 통한 생태공학」의 본론에 진입하기에 앞서 그 깨달음을 30여 년 전으로 거슬러 올라가 에코디자인의 과학성, 예술성, 기술성이라는 주제로 잠시 살펴본다. 이러한 흐름에서 이 글은 다음 절에서는 깨달음의 과정을 통한 소고(小考)를 전하고자 한다.

생태계획에서 과학성을 배움

지금으로부터 28년 전(1991년 3월)에 낙동강 페놀 오염사건이 매스컴에서 연일 화두가 되었다. 당시 디자인에 관심이 있었던 필자에게 이 사건을 계기로 생태·환경적 이슈를 담을 수 있는 디자인대학원으로 유학을 결심하게 된 강한 계기가 되었다. 당시 지도교수였던 펜실베니아 대학교(University of Pennsylvania)의 맥하그 교수는 조경 및 지역계획학과 창설자이자 생태과학을 토대로 한 생태계획의 세계적인 권위자였다. 맥하그 교수는 세계 각국에서 다양한 배경의 학문—조경, 건축, 토목, 생물, 생태, 지질, 환경, 역사, 예술 등—을 전공한 후학들 교육에 만년을 산화하고 있었다. 맥하그 교수가 지도하는 생태계획 수업은 자연 형성 과정(natural process)을 고려한 생태적 결정론[6]에 기반을 두고, 시간의 흐름에 따라 변화하는 생태적 보전지나 개발지를 대상으로 한 생태적 적지분석(ecological suitability)을 다뤘다.

그림 2.4 | **이안 맥하그**(McHarg, Ian L., © www.csiss.org/calssics/content/23)

맥하그 교수가 작고한 2001년 3월, 바로 그해 뉴욕시에서 9·11 테러가 발생하였고, 2004년 12월 인도양 쓰나미, 2005년 8월 걸프만의 태풍 카트리나 피해 등이 이어졌다. 평화를 갈망했던 그가 만일 살아있었다면, 9·11 테러에 대해서는 무척이

6 맥하그가 주장한 생태적 결정론: 자연계는 생태계의 원리에 의해 구성되어 있으며, 생태적 질서가 인간 환경의 물리적 형태를 지배한다는 이론.

그림 2.5 | 이안 맥하그 교수와 현장 답사(field trip) 중인 생태계획 스튜디오 수업. 조경, 건축, 토목 등과 관련된 환경 건설 분야는 물론 수문학, 수질학, (미)기후, 지질학, 토양학, 지형학, 동물학, 식물학 등의 다양한 생태학 전문가들이 참여하여 현장의 생태계를 가르쳤다. 본 사진은 식물생태계 현장 답사에서 그룹 별 토론 중인 한 장면(© 변찬우, 1991).

나 놀랐겠지만, 이미 예견한 바 있었던 쓰나미 등 각종 자연재해들에는 그리 놀라지 않았을 것이다. 그의 제자이자 텍사스대학교(University of Texas at Austin) 건축대학장인 프레드릭 쉬타이너(Frederick R. Steiner)는 맥하그 교수가 쓰나미 등의 자연재해를 40여 년 전 그의 저서, 『Design with Nature』의 "Sea and Survival" 장에서 이미 예견했음에 놀라워한 바 있다.[7]

7 Ian L. McHarg edited by Frederick R. Steiner, the Essential Ian Mcharg writing on Design with Nature, Island Press, p. 2

당시, 유학 초기에는 수많은 생태 과학적 지식을 익히는 것만 해도 버거웠다. 하지만 다양한 지식을 융합하여 주어진 대상지를 디자인하고 실제 현장 답사를 하는 과정을 통해 대상지의 자연을 과학적으로 이해하게 되었다. 맥하그 교수의 자연에 대한 과학적 이해는 예술적 감흥을 갖게 하는 데에는 한계가 있었지만, 자연을 포괄적이고 합리적으로 디자인할 수 있게 된 원동력이 되었다. 과학적 기반을 둔 자연 디자인의 깨달음으로 시야가 넓어지고 깊어지는 계기가 되었다.

환경 디자인에서 예술성의 가치를 깨달음

세계적 건축가이자 SITE(Sculpture In The Environment)의 회장이면서, 2013년도 '내셔널 디자인 어워드(National Design Award)'의 평생 건축(Lifetime Architecture)의 수상자인 제임스 와인즈(James Wines) 교수에게서 환경 디자인 과목을 배웠다. 27년 전, 설계대학원 스튜디오 수업을 통해서, 또 뉴욕의 SITE 사무실에서 현상공모전 실무에 참여하면서 제임스 와인즈 교수의 디자인 철학과 방법론을 그가 강조한 '예술성'을 통해 체득하였다. 과학적 지식과 기술이 아무리 정교해도 직감적이고 통합적인 예술성이 없으면 에코디자인의 융합적 결과물이 만들어질 수 없기에 디자인에 대한 통합적인 시각을 얻게 된 것이다.

제임스 와인즈는 "현재의 각 디자인 영역에서 디자인 원리의 한계를 뛰어넘을 수 있는 방법은 예술의 진정한 의미를 확인함으로써 가능하다."고 말했다. 즉, 오늘날 디자인이 안고 있는 문제점을 해결할 수 있는 것은 예술이라는 것이다. 조각가로 출발하여 세계적인 건축 작품으로 명성을 쌓은 제임스 와인즈는 작품의 예술성을 통해 기존의 건축계에 신선한 충격을 주었을 뿐만 아니라, 지구환경 파괴와 같은 생태적 이슈를 예술적으로 다루었다. 그는 경직된 디자인 원리를 과감히 탈피하고 건축과 조경 분야를 융합하여 두 분야의 예술적 승화를 실현하고자 하였다. 예술·건축·조경가로서 그는 20세기 환경 디자인 분야의 통합 원리를 '예술성'으로 귀결시켰다.

20년 전, 한국의 한 잡지사에 제임스 와인즈 교수를 소개하기 위해 인터뷰를 한 적이 있다. 여러 가지 질문에 대한 인터뷰를 기획 취재하면서 그의 디자인 철학 속에 묻어 있는 현대 환경 디자인의 흐름을 알 수 있었다. 그는 "건축은 20세기에 접어들어 상업적 가치를 지닌 부동산 개념으로 변형되어 가면서 예술의 진정한 의미와는 전혀 다른 별개의 것으로 전락했다."고 했다. 이러한 상황을 극복하기 위해서 건축·조경과 예술이 융합된 환경 디자인을 추구할 것을 강조하였고, 박스 형태의 지루한 건축물에서 서술적(narrative), 상징적(symbolic) 아이콘(iconography)을 찾아내어 매혹적인 이미지로 전환하고자 하였다. 또한 그는 생태학이란 유기적인 힘들의 집합체이며 통합적 방식으로 이루어진다고 보았다. 특히, 환경 디자인에서 생태학적 의미를 부각시키고자 건물에 기후나 조경적 요소를 반영하였다. 이로써 '정원 옆에 있는 건축'이 아닌 '정원으로서의 건축'을 통해 그의 생태관을 실현하고자 하

그림 2.6 | **뉴욕의 SITE 사무실에서 진행된 제임스 와인즈 교수와의 인터뷰**(1994). 인터뷰에서 제임스 와인즈는 "Without cultural identification, trees and plants die in the mind.(문화적 특성이 없다면, 나무와 식물들은 마음속에서 시들고 만다.)"라고 하였다.

그림 2.7 | **Forest Building, Henrico, Virginia, 1980**: 제임스 와인즈 교수가 설계한 Best 회사의 판매 전시장 중 하나. 가능한 한 수목을 보존하기 위해 파사드를 분할시켜 외부의 수목들을 내부로 관통시키는 기법이 흥미롭다.

였으며, 서식처와 환경과의 관련성을 보여주고자 하였다. 제임스 와인즈의 디자인은 예술적이고 상징적인 표상을 주로 다루면서 생태학적 이슈를 예술적으로 환기시키는 데 큰 기여를 하였다.

비록 제임스 와인즈 교수는 건축 구조물이나 인공적인 대상을 주로 다루고 있었다고 할지라도, 제임스 와인즈 교수가 강조한 예술성을 이해하면서 '예술의 본질'에 대한 깨달음을 체득할 수 있었다. 이는 필자 나름대로 진행해 왔던 에코디자인에 예술성을 발전시키는 모티브가 되기도 하였다.

생태학이 디자인에 녹아들기 위해서는, 단순히 표면적 아름다움에 집착해서는 안 된다. 대신, 예술의 본질적 특성과 생태 과학이 융합되어야 한다. 그렇게 되면 생태(공)학은 단순한 과학(기술)으로써가 아니라 완성된 예술작품으로 우리에게 다가올 수 있다. 생태과학적 지식을 통합적으로 이해하고 대상지에 맞게 하나로 융합시키는 힘, 그 힘이 필자가 에코디자인에서 찾고자 한 예술의 본질이다. 이때 예술은 단순히 아름다움만을 추구하는 감상적인 가치가 아니라, 다양한 과학적 지식을 직관으로 모으는 일이다. 즉, 논리를 갖는 무수한 집합체의 수렴 과정이 된다. 마틴 하이데거가 서구 문명의 생태학적 한계를 짚으며 예술의 본질을 다룬 다음 글이 떠오른다.

> "예술의 본성은 존재의 진실이 작품에 반영되는 것과 같다. 그러나 지금까지 예술(art)은 단지 아름다운 것(美)과 관련되어 온 것 같다. 다만, 진실과 관련된 것 같지는 않다. 예술(fine art)에서의 예술(art), 그 자체는 아름다운 것이 아니라 할지라도 아름다운 것이라고 부른다. 왜냐하면, 예술은 아름다운 것을 만들어 내기 때문이다. 한편, 진실이란 논리에 속하는 것이다. 하지만 미(美)란 미학(aesthetics)에 속하는 것이다."[8]

8 변찬우, 제임스 와인즈의 푸른건축, 경기도: 동별당, 1994, p. 45

영감 있는 건축에서 기술성을 깨달음

미국의 루이스 칸(Louis Isadore Kahn, 1901~1974)과 동시대에 활동했던 이탈리아의 거장 카를로 스카르파(Carlo Scarpa, 1906~1978)는 자연에서 깊은 영감을 얻어 불멸의 작품을 기술적으로 완성한 건축가들이다(그림 2.8). 건축가들이 비록 인공 건축물을 주로 다룬다고 할지라도 뛰어난 건축가들은 자연 환경을 반영하는 공통점을 지니고 있다. 명성 있는 건축가들은 그들의 건축 작품 속에 자연이 녹아 있는 기술성을 보여주고 있다. 이와 반대로 에코디자인에서는 주로 다루는 대상이 자연 환경일지라도 훼손된 자연을 복원할 수 있는 기술성이 요구된다. 에코디자인을 통한 생태환

그림 2.8 | 카를로 스카르파(Carlo Scarpa)와 루이스 칸(Louis I. Kahn), 1969(© louis kahn).

경 복원으로 시간에 따라 변화하는 생동감 넘치는 작품을 만들어 내기 위해서는 적절한 공학기술 개발이 필수적이다.

필자는 펜실베니아 대학원에서 생태계획과 디자인을 공부하는 과정에서 한때 같은 대학원 건축학과 교수였기에 사후 학교 내에서 기념실에 있었던 루이스 칸의 작품과 글들을 자주 접했다. 사실 그 당시에는 그의 작품과 디자인 이론을 깊이 이해하지 않고 단순한 지식 차원에서 받아들였다. 건축은 생태나 자연과는 동떨어진 분야라고 생각하기도 했고, 루이스 칸이 활동했던 시기는 생태 환경적 이슈가 크게 부각되던 때가 아니었기 때문이다.

그 이후 설계 대학원을 졸업한지 약 15년이 지나고 나서 필자가 에코디자인과 관련된 이론과 실무 일을 왕성하게 일할 무렵이었다. 서울 모대학의 특강 준비를 하면서 루이스 칸의 책들을 다시 보게 되었다. 비(非) 생태적인 건축물을 주 대상으로 디자인했던 루이스 칸의 자연관이 자연을 주로 다루는 생태환경 복원에서의 자연관과 크게 다르지 않았다는 사실을 그때서야 깨닫게 되었다. 당시 루이스 칸의 글에는 자연에 대한 깊은 성찰이 번뜩이고 있었음을 새롭게 가슴으로 이해하게 된

그림 2.9 | 카를로 스카르파(Carlo Scarpa)의 Brion Tomb. 죽은자의 정원이라고 하는 파빌리언 아래서 브리온 부부의 묘를 멀리 바라본 전경(© carlos scarpa).

것이다. 루이스 칸은 어떠한 오브제도 주변 환경과 완전히 동떨어져 있을 수는 없으며, 주변의 자연 환경(물, 땅, 생명체, 공기) 없이는 사람이 살 수 없듯이 건축물도 마찬가지라고 주장하였다. 자연에 대한 그의 사고는 내면의 철학을 통해 자연을 표상하였음을 깨닫게 되었고, 이를 정교하고 디테일한 건축 디자인으로 구현해 내었음을 알게 되었다. 그렇게 뒤늦게 건축이라는 분야 역시 자연 생태계와 동떨어져 무기재료만을 주로 관심을 두는 분야라는 선입견을 깰 수 있었다. 그의 영감 넘치는 기술성을 통해 만든 가치 있는 건축 작품 역시, 자연에 대한 '지식'에서 더 나아가 자연에 관한 진정한 영감과 풍부한 '깨달음(앎)'이 되어 있다는 사실을 알게 되었다.

이탈리아 건축의 '거장'인 카를로 스카르파 역시 주변 자연을 건축물과 유기적으로 연결시키는 영감 넘치는 작품들을 창조해 내었다. 그는 특히 섬세하고 정교한 기술을 바탕으로 그의 건축물에 주변 자연에 대한 시적 상상력을 투영하였다(그림 2.9). 이처럼 불멸의 건축가들의 기술성은 결국 자연에서 영감을 받은 것들이다. 결국, 가장 인공적인 대상을 다루는 건축 디자인조차도 자연 디자인, 즉 각 풍토에 맞는 에코디자인의 원리를 이해하지 않고는 완성될 수 없는 것이다.

필자가 몸소 경험했듯이, 학(學)과 습(習)은 다르다. 학(學)은 지식이나 기술을 알게 되는 것이고, 습(習)은 교육을 통해 스스로의 것으로 체화(體化)하는 것이다. 루이스 칸이 말한 대로 '지식'과 '앎' 또한 다르다.[9] 지식은 객관적이고 공유할 수 있으나 앎이라는 것은 체화된 개개인의 것이다. 따라서 자연 디자이너가 지식을 쌓는 교육만으로 오묘한 자연의 섭리를 모두 이해하고 기술적으로 조성하기란 쉽지 않다. 그간 우리나라 풍토에 맞는 에코디자인 분야의 이론이나 실무 분야를 개척하면서 환경의 변화나 복원의 과정상 발생되는 자연 변수에 대한 복합적 문제를 풀어내기 위해서는 다학제 분야(생태, 환경, 건축, 토목, 도시 등)의 통합적 문제해결 방법이 마련되어야 한다. 다양한 문제 해결을 위해서는 각 지역과 장소가 갖는 자연의 법칙을 생태과학적인 지식을 통해 접근해야 할 때가 많다. 에코디자인하기 위해서는 직관적이고 통찰력 있게 이해하고, 기술적으로 치밀하게 구현해내야 한다. 뛰어난 건축가들이 자연을 깊이 있게 이해하고 자연을 바탕으로 부단한 노력의 기술성을 축적하고 발휘하는 것과 일맥상통한 부분이 있다. 생태공학자 역시 과학과 기술적 영역을 예술적 직관으로 통합할 수 있어야만 다양한 생물의 서식 환경 제공과 인간의 삶의 질이 높아지는 작품을 만들어낼 수 있다.

9 John Lobell 저/김경준 역, 침묵과 빛, 서울미건사, 1992, p.12

에코디자인과 그 융합적 특성

에코디자인의 융합적 특성과 목표

에코디자인은 공간을 다루는 건축, 조경, 도시, 토목, 환경, 조형 디자인 등의 학문뿐 아니라 환경 과학 및 공학, 생물 및 생태학, 생태공학 등의 다양한 학문 영역을 다루는 분야이다. 따라서 에코디자인은 현대의 여러 학문 영역을 넘나들며 융합을 구현하는 종합 코디네이터의 역할을 하게 된다. 에코디자인 작품을 통해 자연을 회복하는 방법은 다양한 영역의 학문과 생태적·환경적 요소들을 총체적으로 조율하

그림 2.10 | **잘 알려진 베토벤 교향곡 제5번 '운명'을 지휘하고 있는 두 세기적 명지휘자 칼뵘(Karl Bohm, 1894. 08. 28.~1981. 08. 14.)과 헤르베르트 폰 카라얀(Herbert von Karajan, 1908~1989).** 지휘자가 각기 다른 악기들을 어떻게 조율하고 지휘하는가에 따라 공연 작품의 맛과 감동이 다르다. 에코 시스템 디자인도 다학제적 분야를 어떻게 코디네이팅하는가에 따라 훼손된 생태환경을 복원하는 의미 이상의 다른 맛과 감동을 창출할 수 있다(사진 출처 = 위키피디아, © CNBNEWS, 2011).

여 각기 다른 대상지에 적합한 작품을 만들어내는 일이다. 에코디자인 디자이너는 마치 오케스트라 단원의 각기 다른 소리를 조율해 하나의 음악을 완성해 나아가는 지휘자의 역할과 같다(그림 2.10 참조).

그림 2.11에서 보듯이, 에코디자인의 주요 목표는 생태환경 복원이다. 여기서 생태적 복원(ecological restoration)이란 단순히 대상지의 생태계를 과거로 되돌려 놓는 의미만은 아니다. 특정 지역에 없었던 생태계를 창출하고 향상시키는 것, 개발로 소멸된 생태계를 대체하는 것, 도시 지역에서 생태계에 미치는 인간의 영향을 줄이는 것의 의미까지도 포괄한다.[10] 그런데 에코디자인을 통해 생태환경 복원이라는 목표를 달성하는 과정에서는 다양한 학문 분야들을 융합하는 그림 2.11의 중간 그림에서 보듯이 매체가 필요하다. 그 매체는 에코디자인의 주요 요소인 환경, 생태, 경관 등이다.

10 변찬우, 우리풍토에 맞는 생태하천, 나무도시, 2010.

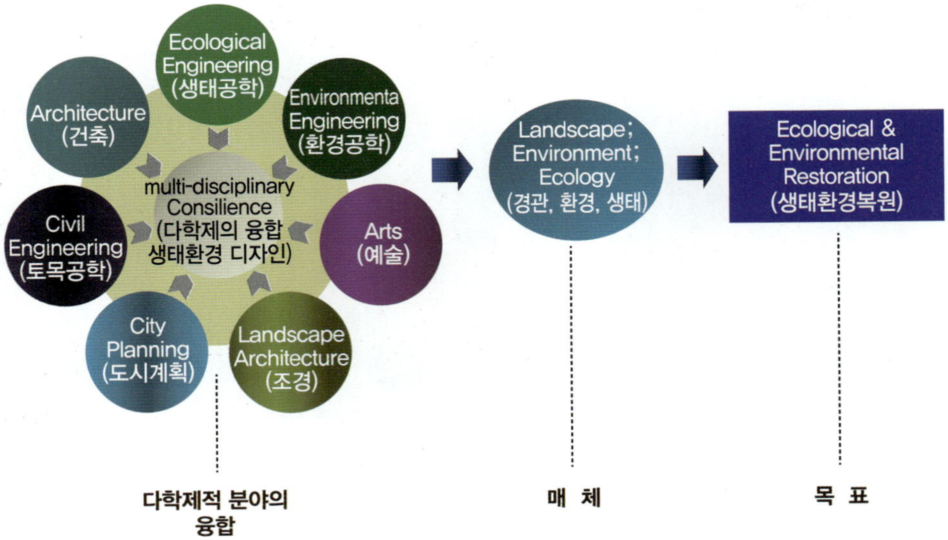

그림 2.11 | 에코디자인 프로세스(© 변찬우, 2010).

에코디자인의 주요 요소인 환경과 생태

본 글에서는 에코디자인의 융합적 매체가 되는 환경이나 생태에 관해 우선 살펴보자.

첫째, '환경'이란 무엇인가? '환경'이란 용어는 우리 주변에서 쉽게 접할 수 있는데, 구체적으로는 맥락에 따라 다양한 의미로 쓰인다. 그 중 생태학에서의 '환경'은 모든 생물을 둘러싸고 있는 무기 환경으로 정의된다. 이에 반해 인문학자나 예술가는 인간을 둘러싼 자연적 환경뿐만 아니라 사회적·문화적 환경까지도 포함한다. 오늘날 생태계를 파괴하는 수질환경, 대기환경, 토양환경, 해양환경 등 인간이 오염시킨 환경 문제에도 환경이라는 용어를 쓰고 있다. 일상적으로 쓰이는 '환경'의 의미 범위는 포괄적이고, 추상적이며, 인간 중심적으로 해석되는 경우가 많다.

둘째, '생태'란 무엇일까? 그리고 더 나아가, 에코디자인의 주요 매체로서 생태학 및 경관생태학은 무엇인가? 제3부의 5장에서 생태계나 생태학에 관해 자세히 다루며, 여기서는 기본적 이해를 돕는 정도로 짚는다. 1869년 독일 생물학자 에른스트 헤켈(Ernst Haeckel)에 의해 최초로 명명된 '생태학'이란, '생물과 생물, 그리고 생물과 그 주변 환경과의 상호작용'을 밝혀내는 학문이다.[11] 현대의 대표적 생태학자 유진 오덤(Eugene Pleasants Odum)은 생태학이란 자연의 구조와 기능을 연구하는 학문이라고 규명했다. 더 나아가, 그는 생태학을 우리 사회와 과학 사이에 존재하는 큰 장애물을 뛰어넘어 소통시키고 연결시켜 주는 다리의 역할을 하는 학문이라고 정의하였다. '생태(生態)'에 관한 또 다른 정의는 '생물이 살아가는 모양이나 상태'라고 한다. '생태'라든가 '환경'이라는 의미를 논하고자 한다. 아무튼 본고에서 보면, '생태'라는 의미 역시 '환경'처럼 물리적 실체나 경계가 뚜렷하지 않은 시스템적 의미로 볼 수 있다.

11 Eugene P. Odum, Basic Ecology, CBS College Publishing, 1971, p. 2.

에코디자인의 융합적 매체인 경관과 풍경, 그리고 경관 생태학

경관이란 무엇인가? 앞서 언급된 '환경' 및 '생태'의 의미를 담을 수 있으면서 보다 구체적 대상을 나타내는 용어로는 랜드 스케이프(landscape), 즉 '경관(景觀)' 및 '풍경(風景)'을 들 수 있다. '경관'은 "눈에 보이는 자연 및 인공 풍경 모두를 포함하며 토지, 동식물 생태계, 인간의 사회적·문화적 활동을 내포하고 있는 개념"으로 정의된다. '경관'이 '환경'과 구별되는 점은 "인간 앞에 전개되어 인간에게 지각되는 것"[12]이라 볼 수 있다. 즉, 경관은 과학적이며 객관적인 분석을 기초로 한 물리적 의미를 강하게 내포하고 있다. '경관'은 에코디자인이라는 전문 분야뿐 아니라, 우리의 일상에서부터 환경 정책에까지 확대되고 있다. 생태공학자 미치(Mitsch)[13]는 생태공학의 기반이 되는 생태학 이론을 소개하면서 개체, 군집, 생태계의 상위 개념으로 경관을 두고 있다. 그러나 경관(landscape)이라는 개념을 정책가나 전문가들조차 모호하게 사용하고 있는 실정이므로, 용어의 명확한 개념 규명이 필요하다.

12 임승빈, 경관분석론: 서울대학교 출판부, 1991, p.2.

13 William J. Mitsch and Sven Erik Jørgensen 「Ecological Engineering and Ecosystem Restoration」, p. 23

따라서 본 장에서는 자연과 인문적인 성격을 담는 경관에 관해 조금 더 살펴볼 것이다. 경관을 뜻하는 영문, landscape은 "land(토지, 자연) + scape(경치)"의 합성어로, 이를 단어 그대로 해석하면, 경관, 풍경, 전망 등이다. 하지만 최근 '경관'이라는 용어는 환경, 생태, 조경, 토목, 건축, 도시, 환경예술 등 여러 분야에서 자주 활용되고 있는데. 이때 경관의 의미는 우리가 바라보는 경관의 자연적, 생태학적 측면뿐만 아니라 인문적인 측면까지도 포괄하는 광범위한 의미로 해석될 수 있다.[14] 미국이나 유럽, 일본 등과 같은 선진국에서는 이미 오래 전부터 경관 연구가 생태환경 복

14 변우일, "환경설계에서 경관드로잉의 의미와 방법론에 관한 연구", 한국조경학회지 26(4), (1999)

그림 2.12 | 일본의 대표적인 경관 정책 전문가인 신지이소야(進士五十八) 총장 및 일본의 여러 교수들이 금어천 생태적수질정화비오톱을 방문할 때의 모습.

원의 제반 분야를 통해 연구되고 실천되어 왔다. 최근 환경 설계에 관한 일본의 연구 사례를 보면, 지역적 체험이나 풍토를 담는 경관 연구를 통해 건축, 토목, 조경, 그리고 도시를 조성하려고 한다. 일본의 대표적인 경관 정책 전문가인 신지이소야(進士五十八) 교수는 조경 분야는 물론 환경계획 설계 분야에서도 가장 중요한 대상으로 경관을 꼽고 있다.[15] 그는 특히 자연 환경과 공존하기 위한 환경 설계 방법론으로써 그 지역 특성에 맞는 기술 체계의 개발을 강조하고 있다. 또한 사사키요지(佐々木葉二)는 경관을 대상으로 한 신체 감각의 체험적 접근의 중요성을 강조하며, 토지 고유의 잠재력을 살릴 것을 역설하고 있다.

15 進士五十八, 1992, Rural Landscape Design, The 29th IFLA World Congress, Seoul

한편, 최근 일본에서는 '경관'이라는 용어보다는 '풍경'이 주는 의미를 더욱 중요시하는 경향이 나타난다.

일본의 토목공학자 출신으로 대표적인 풍경학자인 나카무라 요시오(中村良夫)는 '풍경'을 '대지의 시각상과 인간 정신이 만나는 곳에서 발생하는 특이한 세계상' 또는 '사람을 둘러싸고 있는 환경이 그 사람의 눈에 보이는 것'이라 정의한다. 그리고

"그것은 공간의 객관적인 성질이 아니다. 그렇다고 해서 순수한 시각상도 아니다. 말하자면, 그 중간에서 발생하여 인식과 평가가 혼연일체가 되어 현전하는 공간의 시각상이 핵심이 되어 성립하는 이미지 현상이다"라고 하였다.[16]

'풍경'과 '경관', 두 단어 모두 영어의 landscape에서 동일하게 번역된 용어이지만, 그 뉘앙스를 엄격히 따져보면 "'경관'은 물리적 성격이 강한 반면에 '풍경'은 물리적 의미뿐만 아니라 그 공간 위에서 일어나는 여러 가지 현상이나 사건에 의해 인간에게 의식화되는 것[17]"까지도 포괄하는 개념이다. 따라서 '경관'은 물리적 측면을 강조하는 '공간'적 개념이 강하고, '풍경'은 물리적 '공간'에 특정한 '성격'을 부여한 '장소'적 개념이 강하다.

16 中村良夫, 風景學入門, 中公新書, 1982.

17 사사끼 요지(佐々木葉二), Landscape Design, 1998, p.10.

풍경(landscape) = 장소 + 현상이나 사건(event)에 의해 인간에게 의식화되는 것

장소(place) = 공간(space) + 성격(character)

최근 유럽을 중심으로 생태학에 지리학적 접근을 접목한 경관생태학(landscape ecology, 景觀生態學)은 물리적 경계가 불분명한 '생태학'에 '경관'이라는 대상을 포함시켜 공간적 대상을 뚜렷하게 구분하였다. 지리학과 생태학이 융합된 경관생태학은 path, mosaic, matrix, corridor, edge 등 그 지역의 경관적 특성에 맞게 생태학을 발전시킨 이론으로 유럽에서 정립되었다. 특히, 경관생태학은 도시 경관까지도 생태학적 측면에서 다룰 수 있도록 생태적 연구 대상의 공간적 범위도 서로 확장시켰다. 따라서 경관생태학의 개념에서 근거해서 보면 에코디자인은 생태는 물론 환경의 의미까지 공간적으로 접근할 수 있다(그림 2.13).

근래 경관생태학을 바탕으로 한국의 전통생태학을 연구하는 경향은 에코디자인의 기초 연구에 도움이 될 것으로 판단된다. 생태환경 디자인을 위한 학문적 바탕이 되는 경관생태학이 궁극적으로 다루어야 할 대상은 경관생태학의 이론이 정립된 유럽의 어느 장소가 아니라 우리나라의 특정 지역이고 장소이다. 따라서 에코디자인을 통한 생태환경 복원 방법론은 우리나라의 자연성과 풍토를 바탕으로 두는 것이 바람직하다. 그러한 의미에서 10여 년 전에 경관생태학자 이도원 교수가 주도하고 필자를 포함하여 다학제적인 전공 분야의 21인이 집필한 바 있는「한국의 전

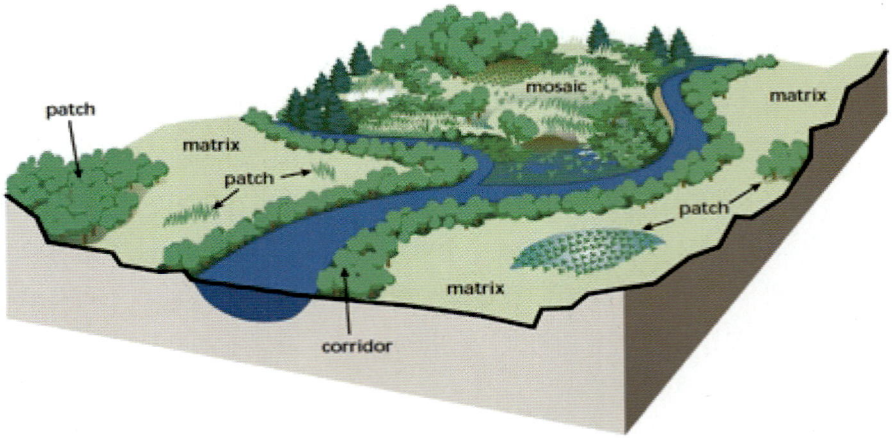

그림 2.13 | Landscape patterns. 유럽에서 정립된 경관생태학은 path, mosaic, matrix, corridor, edge 등 그 지역의 경관적 특성에 맞게 생태학을 발전시킨 이론이다. (출처: www.epa.gov)

통생태학」[18]은 우리 풍토에 맞는 경관생태학적 시각을 열어주는 기초를 제공하고자 했던 노력이라고 본다(그림 2.14 참조). 자연 디자인과 관련된 우리 풍경의 생태적 뿌리를 찾기 위해, 곧 이어질 제2부의 3장 및 4장에서 우리 원형 풍경의 공간관, 시간관, 자연관, 생태관을 살펴볼 것이다. 그리고 제3부에서는, 제2부에서 찾고자 하였던 우리 풍토에 관한 자연관이나 생태관을 토대로 보다 생태과학적인 측면에서 생태학 이론을 살펴보고, 생태환경 복원의 실천 방향을 생태공학을 통해 제시한다. 제4부에서는 생태계 복원, 하천, 처리습지, 생태환경 저류지, 간척지 등의 우리나라 생태계의 핵심에 대해서 유역 차원의 유형 구분을 통해 생태계의 창출적 복원이나 환경오염 저감에 관한 구체적인 사례 예시위주로 실천한 내용을 소개한다.

18 이도원, 변찬우 외 21인, 한국의 전통생태학, 사이언스북스, 2004

그림 2.14 | 경관생태학자 서울대학교 이도원 교수 및 한국의 대표적 경관생태학자들과 발간한 책 모음집 「한국의 전통생태학」

▲ 오염 하천의 대명사였던 경안천 최상류에 하수처리수 및 하천 비점오염원(20,000 m^3/d) 정화용 마평 생태적 수질정화(2014~2018)

PART 02

원형 풍경의 생태관

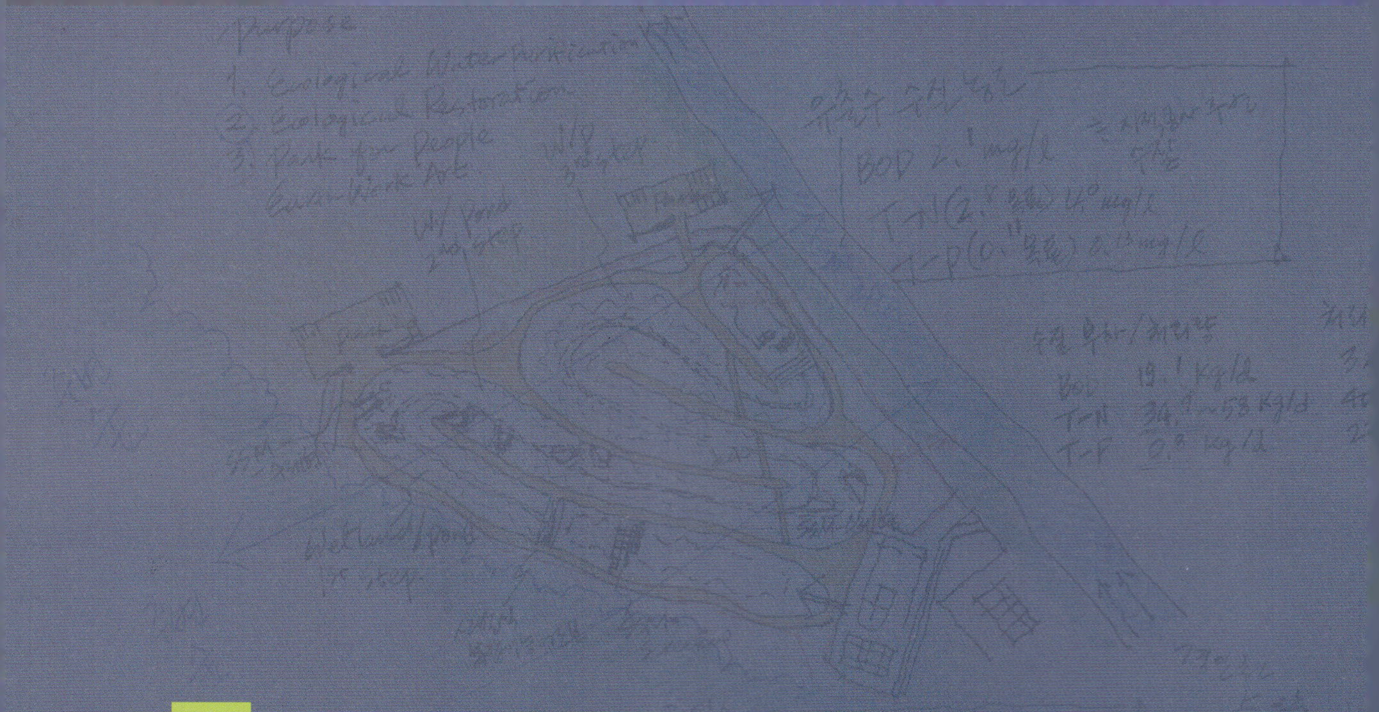

제2부에서는, '풍경'이 키워드이다. 제1부에서 강조한 '자연'과 인간이 조화롭게 살아갈 수 있는 '풍경'의 의미를 보다 근원적으로 해석하여 우리 땅에 맞는 에코디자인의 철학과 방법론의 뿌리를 찾아본다.

제2부는, 제1부의 에코디자인에서, 원형 풍경(archetypal landscape)의 자연관 · 환경관 · 생태관을 살릴 경우, 에너지 투입을 최소화하면서도 자연과 인간 모두에게 지속가능하고 풍요로운 삶을 제공하는 기반을 마련한 것이다. 특히, 본 제2부에서는 제1부에서 강조한 4가지 주요 대응요소들에 대해 다음과 같은 융합적 관점을 시도해 보았다. 첫째, 과학과 예술의 융합이다. 전통풍경화에서 자연관을 찾고자 함은 예술작품에서 그 지역의 생태과학과 환경 기술적 문제를 해결하기 위함이다. 둘째, 글로벌과 지역성의 융합이다. 지역적인 원형 경관의 생태관 해석을 통해 오늘날 글로벌한 생태환경 문제를 해결하고자 한다. 셋째, 전통과 현대의 융합이다. 생태환경 문제라는 현대적 문제를 과거의 산수풍경화를 통해 찾고자 시도한다. 넷째, 서양과 동양(한국성)과의 융합이다. 한·일을 비교하면서 특히 우리나라 자연 풍토와 선조들의 자연관을 통해 서양 과학기술의 부산물로서 유발된 환경 문제를 보다 근본적으로 풀고자 한다. 이는 이어서 3부에서 다룰 우리 풍토에 맞는 에코디자인과 생태공학을 통해 생태환경 복원을 실현하는 내용의 뿌리가 될 수 있다.

제3장에서는 우리나라와 일본의 옛 도시 풍경화를 통해 자연 디자인의 원천이 되는 역사적 뿌리를 찾고, 풍경화에 나타난 공간관 및 시간관을 해석한다. 이를 위해 한·일의 대표적인 전통 풍경화인 겸재 정선의 「진경산수화」와 안도 히로시게의 「명소에도백경」를 살펴볼 것이다. 특히 각각에 드러난 한양과 에도의 원형 풍경에 내재된 공간 · 지리적 특성을 분석하여 공간관을 비교할 것이다. 또한 각각의 원형 풍경에 내재된 시간적 특성이 무엇인지를 비교하여 그 차이점을 통해 원형 경관의 시간관을 밝혀본다.

제4장에서는 우리 풍경의 자연관 및 생태관에 대하여 해석한다. 첫째, 한 · 일 풍경화의 구도적 특성을 통해 원형 풍경의 자연관을 해석한다. 한 · 일 풍경화의 구도를 통해 소재의 배치와 자연적, 인문적 주제 등을 살펴보고 우리 고유의 자연관에 대해 찾아본다. 둘째, 옛 도시 한양과 에도의 풍경화에서 발견되는 원형 풍경의 생태관을 분석한다. 이를 위해 현대 과학적 관점의 생태계획에서 다루는 주요 생태목록(ecological inventory)인 지형, 수계, 기후, 생물 등의 순으로 원형 풍경을 해석한다.

03 자연 디자인의 원천,
원형 풍경의 공간관 및 시간관

전통 풍경화에서 도시 원형 풍경 찾기

전통 풍경화에서 원형 풍경을 찾게 된 배경

우리 풍토에 맞는 '에코디자인의 뿌리'를 우리 전통 산수화의 원형 풍경을 통해 찾고자한 우연한 계기를 소개하고자 한다. 앞 장에서 언급한 대로, 필자가 미국 유학시절 생태계획의 창시자 이안 맥하그(Ian McHarg) 교수의 수업을 이수하면서 생태과학적 지식에 눈을 뜰 무렵이었다. 뉴저지의 해변을 걷다가 우연히 헌 책방 바깥 진열대에 세일 중인 책들 중에서 중국의 산수풍경화[1]를 발견하게 되었다. 그 산수풍경화를 보니 강의시간에 이론적으로 배운 생태과학적 지식이 떠오르며 그 속에서 동양적 자연관이 읽혀진 듯했다(그림 3.1). 당시, 그림을 보면서 연못 옆에서 빗소리 듣기, 톡톡 두드리는 빗소리 같이 표현된 연꽃, 뭉게뭉게 피어나는 먹구름과 같은 수목, 이슬비 내리 듯이 보슬보슬한 지붕 위의 나뭇잎 등 다양한 자연요소들을 통해 빗소리가 들리는 듯했다. 동양 산수화의 자연 요소들은 비록 연약하고 소박해 보이지만, 그 유기적 구조는 인간이 만든 어느 구조물 보다 지속적이고 강함을 느낄 수 있었다. 하지만 더욱 신기한 것은, 이국땅에서 눈앞에 보였던 중국화보다 그간 밋밋하고 재미없게 여겨져 왔던 한국산수화가 오히려 더욱 자연스럽게 대비되며 머릿속에 떠올랐다. 비록 당시에는 이국땅에서 상상하는 중국산수화를 보는 것으로 족하였지만, 당시 머릿속에서 떠올린 우리의 한국산수화야 말로 세계 어느 나

1 Josef Hejzlar, Chinese Watercolors, Gallery Books

그림 3.1 | 이안 맥하그 교수의 생태계획과 디자인 수업을 마쳤던 26년전 미국 유학 중에 우연히 발견한 중국 산수화의 한 풍경(Li Ke-jan). 생태과학적 지식들을 토대로 동양산수화를 보게 되면, 자연이 지닌 생태 · 환경적 요소들에 대한 함축적 표현을 이해할 수 있게 된다.

Table 2.3 Analysis of ecological characteristics of landscape shown in *Meisho Edo Hyakukei* 119 scenes (Byeon · Shinji, 2000b)

Season	Number	Title	Standing Spot	Visual Direction	Composition	Weather					Topography				Water					Vegetation				Animal	
						Sny	Rny	Soy	Mst	Wny	Mst	Udatn	Ft	Lwr	Rve	Cane	Pnd	Oea	Ege	Pnt	Fes	Wtlnd	Fm	Wldfe	Lesok
	1	Fine morning weather after a snowfall at Nihonbashi Bridge (日本橋雪晴)	A	SE	A			M	√		√	√				√			S		√				
	2	Kasumigaseki (霞かせき)	A	E	B	√				√		√						√		√	√				
	3	Yamashita-cho, Hibiya and Soto Sakurada (山下町日比谷外さくら田)	A	W	B	√		√		√	√	√				√			S	√	√			E	
	4	Eitaibashi Bridge and Tsukuda Island (永代橋佃しま)	A	S	B	√				√					√			√							
	5	Ekoin Temple at Ryogoku and Moto Yanagibashi (両ごく回向院元柳橋)	A	W	A	√		M		√	√	√			√	√			W	√	√				
	6	Hatsune riding ground at Bakuro-cho (馬喰町初音の馬場)	A	W	B	√				√			√							√					D
	7	Wholesalers of cotton fabrics at Otenma Street (大てんま町木綿店)	A	E	B	√							√												
	8	Suruga Street (する賀てふ)	A	SW	B				√		√		√												
Spring (春)	9	Eight streets a Sujikai (筋違内八ッ小路)	A	NW	A				√			√				√				√	√				
	10	Morning scene at Kanda Myojin Shrine (神田明神曙之景)	A	SE	B	√						√								√					
	11	Kiyomizudo Temple and Shinobazu Pond at Ueno (上野清水堂不忍ノ池)	A	W	A	√						√					√		W	√	√	√			
	12	At the foot of Ueno Mountain (上野山した)	A	N	B				√			√									√			E	
	13	Hirokoji at Shitaya (下谷広小路)	A	北	B				√			√								√	√				
	14	Garden of woods and pond in a temple grounds at Nippori (日暮里寺院の林泉)	E	?	B	√						√								√	√				
	15	Suwano Terrace Nippori (日暮里諏訪の台)	E	NE	A	√					√	√								√	√		√		
	16	Dangozaka Slope and flower garden at Sendagi (千駄木団子坂花屋敷)	E	NE	B				√			√		√			√		N	√	√	√			
	17	The north view from Asuka Mountain (飛鳥山北の眺望)	C	NE	A				√		√	√								√	√		√		
	18	Oji Inari Shrine (王子稲荷の社)	C	NE	A	√					√	√								√	√		√		

그림 3.2 | 전통생태에 관한 풍경 연구 사례. 일본의 풍경화가 안도 히로시게(1397~1858)가 그린 에도 명소 풍경 119매 중 경관관, 생태관, 환경관을 비교 분석해서, 일본의 에도시대 뿌리를 파악한 소분석(小分析) 사례임. 본 연구를 통해 우리나라의 전통 생태 · 환경관의 상대적이고 객관적 가치를 밝히고자 하였다. (© 변찬우, 1998년 한 · 일 정부 지원을 통한 연구 논문 준비 분석표의 일부)

라의 풍경보다도 더욱 소박하고 깊은 자연성을 지니고 있다는 생각이 들었다. 우리 산수풍경화야 말로 원형 풍경의 생태관을 가장 장 표상하고 있으리라는 확신이 들었다. 나중에 귀국 후에도 우리 전통 산수풍경화에 대해 관심을 갖고 살펴보았다. 그러나 우리나라의 전통을 통한 생태자연관을 과학적으로 규명하기에는 역부족이라고 판단되었다. 당시에 우리 산수풍경화로 생태자연관을 객관성 있게 연구한 선행 연구 사례가 거의 없었기 때문이다. 그러던 중 일본의 건축학회에서 발간한 텍스트 랜드스케이프(Text Landscape)라는 책자를 보게 되었다. 그 책에는 과거 시·

서·화에 나타나는 경관적 특성들을 통해 지역의 원형적 경관을 찾고자 하는 연구 내용이 담겨 있었다. 전통 산수화 속에 내재된 자연관과 생태관 및 환경관을 해석하기 위한 방법론의 실마리를 찾게 된 것이다. 이를 계기로 필자는 우리나라의 전통풍경화 속에서 우리 고유의 원형 풍경을 분석하는 연구를 시작하게 되었다(그림 3.2).

일본의 경우, 풍경화를 통한 경관 연구는 이미 건축 분야나 도시 계획 분야에서 간간히 진행되어 왔다. 그러나 이들 선행 연구들은 경관에 대한 조작론적 지침을 구하는 것이 대부분이었다. 사카이(坂井猛) 등[2]은 도시 경관 연구의 유형을 ① 경관 구조의 파악[3], ② 이미지 형성의 구조[4], ③ 도시 경관의 평가 지표[5] ④ 경관의 상호관계[6]라는 4가지 유형으로 분류하였다. 이들 중 풍경화 분석을 통한 디자인 방법론 연구를 위해서는 ③항의 도시 경관의 평가 지표를 얻는 것이 가장 유용하다고 보았다. 하지만 아무리 실제 경관을 위주로 그린 풍경화일지라도 작가의 주관적인 표현을 감안해야 한다. 풍경화를 대상으로 한, 지나치게 구체적인 지표 개발은 화가의 주관이 담겨 있어 객관성이 떨어지거나 사실과는 다르게 비약될 위험을 내포한다. 따라서 이 책에서는 풍경화 중 주관이 강조된 그림이나 상상화는 배제하고, 실경산수화의 비교연구를 통해 자연관을 찾고자 했다.

이러한 배경에서 한국과 일본의 옛 수도, 한양과 에도(동경의 옛 지명)를 그린 작품을 분석하여 두 도시의 자연관을 비교하기 위해 각 국의 풍경을 실경(實景)으로 표상한 대표적 화가, 한국의 겸재 정선과 일본의 안도 히로시게를 연구 대상으로 선정했다. 이러한 시도의 궁극적 목적은 각 도시 환경의 사라져 가는 원형적 풍경을 찾고, 이를 토대로 각 지역에 맞는 생태·환경 디자인 언어를 찾아내고자 함이었다.

Mulligan et al[7](2001)에 의한 생태공학의 지침을 살펴보면 자연 환경 하에서 생물종과 건강한 군집은 현장의 특징적인 환경 조건과 서로 연결되어 있음을 확인할 수 있다. 이는, 오늘날 획일적으로 찍어내는 듯 한 접근방법과 달리 지역사회·문화 역사적 특성을 담으면서 생태공학적 접근을 하는 것이 가장 효율적인 에코디자인 방안임을 시사한다. 특히 그는 각기 다른 경관의 시간과 공간적 특성을 이해하는 것이 생태학적 접근에 있어서 가장 중요한 내용임을 강조하였다. 이러한 맥락에서 우리나라의 고유한 지역성이 반영된 전통적 자연관은 생태공학에 있어서 매우 중요한 기반이 됨을 알 수 있다. 중요성을 지님. 특히, 자연과 동화하며 소박하게 살아온 우리 선조들이 지닌 자연관은 서양에서 주창하는 생태관과는 또 다른 차원의

2 坂井猛ほか, 浮世繪風景畵に描かれた宿場の景觀構成に關する考察, 日本建築學會計畵系論文集509), 1998, pp. 149～156.

3 北原理雄 · 横山明彦, 名所圖會に描かれた都市景觀の研究, 日本建築學會大會學術講演便概集(1996), 1987, pp. 285～ 286.

4 仲間浩一, まちのイメージを形成する空間單位の相とそのデザイン手法に關する研究, 日本都市計畵學會學術研究論文集(27), 1992, pp. 709～714.

5 坂井猛ほか,浮世繪風景畵の視點場と遠景に描かれた山の 仰角に關する分析, 日本都市計畵學會學術研究論文集(28), 1993, pp. 505～510. 心治ほか, 廣重の浮世繪風景畵に描かれた河川景觀の構圖に關する一考察, 日本建築學會計畵系論文集(482), 1996, pp. 155～163.

6 小野良平 · 篠原修, 廣重 · 五十三次に見るみどころ演出法, 造園雜誌 52(5)4, 1989, pp.241～ 261.

7 Hein van Bohemen, Ecological Engineering, 우효섭, 남경필 외 역, 생태공학: 생태학과 건설공학의 가교, 청문각(교문사), 2008, p. 72

가치를 지닌다. 따라서 전통 풍경화의 자연관을 토대로 한 풍토 재발견은 우리 땅에 맞는 생태 복원을 하기 위한 에코디자인의 기반을 제공해 줄 수 있을 것이다.

한국의 겸재 정선의 「진경산수화」

동양의 산수풍경화는 붓으로 먹을 찍어 흰 종이나 비단에 선(線)을 위주로 대상의 윤곽을 묘사한다. 그래서 동양 산수화는 붓 하나만을 사용하고도 시와 문장과 그림을 동시에 표현할 수 있었다. 이러한 장점으로 인해 전통사회에서 산수화는 선비들의 주된 표현 매체가 되었다. 동양의 산수풍경화에 가장 많은 영향을 미쳤던 사상은 노장사상이었다. 이는 인간의 자연 상태에 머무름(無爲自然), 또는 자연으로의 회귀(反眞)를 강조한 자연 친화적 사상이다. 그래서 조선 중기까지의 산수화는 중국과 노장사상의 영향으로 인해 우리나라의 실경을 담은 산수풍경화가 아니라 중국의 자연을 소재로 한 관념산수화가 대부분이었다.

이처럼 중국의 풍경을 대상으로 한 관념산수화의 전통을 탈피하고 우리 고유의 특색을 마음껏 발휘했던 시기가 바로 겸재 정선(鄭敾, 1676~1759)의 「진경산수화」가 그려진 조선 후기이다. 「진경산수화」는 당시 선비들의 일상생활 장소, 명승지, 정자 등을 주된 소재로 하여 체험한 경관들을 자연스럽게 표현하고 있다. 겸재는 한국 산수의 독특한 특성을 자체적으로 양식화하였다. 즉, 중국의 실경산수화와 구별되는 한국산수화의 본격적인 서막을 열었다. 「만폭동도(그림 3.3)」는 거칠고 파격적인 선묘로 힘차게 그어진 수직준(겸재가 창안한 준법)과 토산의 미점들, 부감법을 이용하여 화면을 채우는 구도 기법 등을 구사하여 우리나라의 독자적 화풍으로 새로운 양식을 창출했다는 점에서 우리 미술사상 혁신적인 의미를 안겨주었다. 그가 묘사한 풍경화는 단순한 재현을 넘어 회화적 재구성을 통해 경관에서 받은 정취의 본질을 예술적 가치로 담아내었다.

오늘날 한국적인 것이 무엇인가에 대해 논할 때면, 단연 겸재의 「진경산수화」를 꼽을 정도이지 않은가? 이는 겸재의 그림이 우리의 고유한 풍경관을 본질적으로 재현하고 있기 때문이다.

그런데 우리는 원형경관에서 아름다움을 감탄하는 데 그치는 것이 아니라 생태과학적 관점에서 우리나라 최고의 자연 자원의 특성을 발견할 수 있다. 원형 풍경

그림 3.3 | 「**만폭동도(萬瀑洞圖)**」. 금강산에서도 절경 중에 절경이라고 불리는 곳. 백 갈래로 각기 다르게 흐르는 물과 오인봉이라는 독립 암봉이 우뚝 솟아 너럭바위를 가려줌으로써 더 없는 명당이 되었다.

에서 주로 표상된 것은 오랫동안의 지질학적 형성 과정(geological process)과 수문학적 형성 과정(hydrological process), 풍화작용 등의 (미)기후 형성 과정((micro)climatic process)을 통해 절경으로 빚어진 자연 자원이다.

한편, 겸재가 절경으로 화폭에 담았던 금강산은 현재 북한에 위치하고 있다. 북한 개방시 금강산 등은 겸재가 표상한 이러한 원형경관을 토대로 생태·환경적으로 지속 가능한 발전이 이루어질 수 있을 것이다. 겸재의 「만폭동도」는 그 귀중한 사료로써 해석될 수 있다. 추후, 이는 북한 개방시 원형경관의 생태환경적인 지속가능성을 제공할 수 있을 것이다.

일본의 안도 히로시게의 「명소에도백경」

겸재의 「진경산수화」에 비견할 만한 일본의 대표적 실제 풍경을 그린 화가는 누구이며 그 풍경화는 무엇일까? 여러 연구를 통해 안도 히로시게(安藤廣重, 1797~1858)와 그가 그린 우키요에 풍경화 「명소에도백경」을 겸재의 「진경산수화」와 비교할 대상으로 선정하였다.

'우키요에'는 '우울하고 서글픈 세상을 그린 그림'이라는 뜻으로, 일본이 중국의 영향에서 벗어나 독자적 예술성을 꽃 피웠던 에도시대(1603~1867)에 서민들이 그린 민화를 지칭한다. 에도시대 초기부터 막부시대 말까지 에도를 중심으로 한 서민의 풍속 및 생활, 자연풍경들은 목판화 그림을 통해 사실적으로 묘사되었다. 초기에는 아름다운 여인의 모습이나, 꽃과 새, 가부키 극장, 스모(일본 씨름), 명소, 신화나 역사적 장면들, 춘화도(성풍속도) 등이 주된 소재로 등장했다. 17세기 중반 단색판화로 시작하여, 18세기에 점차 대중화되었고 목판 기술이 다색판화로 발전되면서 가부키 배우, 도시의 여성, 서민들의 풍속 등 생활 가까이서 접할 수 있는 소재가 주로 그려졌다. 책이 보급되면서 책의 한 면을 장식하게 된 우키요에는 책과 함께 서민들 사이에서 빠르게 퍼져나갔다. 이후 서민들의 생활이 풍족해져 여행 문화가 발달하면서 묘사 대상은 점차 자연풍경으로 집중되었다.

우키요에는 세계적으로도 인정받은 일본의 대표 예술품이었다. 그리고 우키요에는 수출용 일본 도자기의 포장지와 일본도(日本刀)를 보호하기 위한 종이로 사용되기도 하였다. 19세기 말 이러한 경로를 통해 우키요에를 접한 유럽의 인상파 화가들은 우키요에의 강렬한 색상, 자유로운 발상과 도안, 무늬, 간결성 등의 표현 방법에 매료되었다. 그림 3.4, 그림 3.5, 그림 3.6, 그림 3.7에서 보듯이, 우키요에의 영향을 받은 대표적 화가가 반 고흐이다. 유럽의 천재 화가인 반 고흐는 자신의 화풍을 정립하기까지 일본의 에도시대 풍경을 그린 우키요에를 모사하기도 했다. 인상파 양식의 창시자 중 한 명인 모네 역시 본인 집 곳곳에 우키요에를 걸어 장식할 고흐는 히로시게의 작품인 "大橋(오오하시) 근처의 여름 저녁 소낙비"와 "꽃피는 매화나무" 등을 모사했다. 파리에 머무는 동안 화려한 색조를 지닌 우키요에의 매력에 빠져 동생 테오와 함께 수백 점의 일본 판화를 수집하였다. japonaiserie(after Hiroshige, 1887)

그림 3.4 | 안도 히로시게 – 오오하시 근처의 여름 저녁 소낙비

그림 3.5 | 반 고흐(Van Gogh) – 비 내리는 다리

그림 3.6 | 안도 히로시게 – 메이쇼에도햐케(1857)

그림 3.7 | 반 고흐(Van Gogh) – 꽃 피는 자두나무

정도였다고 한다. 그만큼 우키요에 목판풍경화는 일본을 대표하는 표상이 되었고, 당시 유럽까지 일본주의(Japanism)를 알릴만큼 주요한 일본의 전형적인 풍경으로 인식되었다.

1856년 히로시게가 예순 살이 되던 해, 드디어 그는 총 2년에 걸쳐 우키요에 사상 가장 야심 찬 프로젝트였던 119점의 「명소에도백경(名所江戸百景)」을 제작하였다. 에도의 명소 100여 곳의 풍경을 종장구도로 묘사하였다. 이 시리즈에서 히로시게는 에도의 계절별 풍광 및 자연적 특성, 당시의 문화와 생활 풍속을 과감한 구성과 섬세한 필치로 묘사하였다. 특히 해양성 기후를 나타내는 에도 각지의 자연과 장소를 표현하였다. 또한 시간의 흐름에 따라 자연의 변화를 나타내는 각 지역의 풍토와 장소성을 독창적인 화면 구도로 표현했다. 2차원의 화면에 3차원의 공간 감각과 4차원의 시간 감각을 표현하여 풍경 속의 정경(情景)을 계속 살아 있는 듯 한 느낌으로 표현하고 있다.

도시 원형(原型) 풍경의 공간관

진경산수화로 보는 한양 경관의 공간 · 지리적 특성

한양은 겸재가 태어나고 대부분의 생을 보낸 곳으로 그의 그림은 도시 전체를 주된 소재로 하였다. 한양은 풍수지리상 내사산이라고 불리는 4개의 산 — 북쪽의 백악산(현재 북악산), 동쪽의 낙타산(낙산이라고도 함), 남쪽의 목멱산(현재 남산), 서쪽의 인왕산 — 으로 둘러 싸여 있었다(그림 3.8). 외사산은 오늘날 서울시 행정 구역의 경계와 일치하는 동서남북 방향의 산으로, 북한산(북쪽), 용마산(동쪽), 관악산(남쪽), 덕양산(서쪽)을 말한다. 분석 대상이 된 진경산수화 53점의 실제 위치를 살펴보면, 내사산 내부의 한양을 묘사한 그림은 26점이고, 나머지 27점은 한양 성곽 밖의 외사산을 두고 한강을 묘사한 그림이다. 겸재는 남·북한강 합류 지점인 양수리 부근에서 시작하여 내사산과 외사산을 통과하여 서해로 흘러가는 한강의 모습을 직접 관찰하며 묘사하였다. 특히 겸재가 한때 현령으로 있었던 양천 부근의 한강 서쪽

그림 3.8 | 겸재의 장안연우도(長安烟雨圖): 봄비와 자욱한 안개로 덮인 한양의 파노라믹한 풍경. 동쪽 광화문에서 서쪽 경희궁 일대까지의 한양을 묘사했다. 왼쪽 아래는 북악산, 오른쪽에는 인왕산, 안개 덮인 남산은 중경에 위치하여 내사산에 둘러싸여 있다. 당시 가장 번화가였던 남대문로와 종로의 인위적 시설은 뿌연 안개로 덮어 과감하게 생략 처리하였다. 결과적으로 수려한 산과 수목으로 둘러싸인 한양의 자연적 아름다움을 강조하였다.

그림 3.9 | 겸재의 양화환도(楊花喚渡): 양화나루 주변을 그린 것으로, 오른쪽 아래에는 선유봉이, 멀리는 관악산이 보인다. 맞은편의 삼각산 쪽으로는 잠두봉이 모래톱을 아름답게 드러내고 있다.

지역에서 많은 그림을 그렸다(그림 3.9).

한양의 도심은 「장안연우도(그림 3.8)」에서 보는 것처럼 내사산의 커다란 품에 안겨 여러 가지 수목들이 주변 산들과 생태적으로 연결되어 있다. 또한 원경에는 우측에서부터 관악산, 우면산, 그리고 남한산과 대모산 등이 병풍처럼 둘러싸고 있다. 몇 겹으로 둘러싸인 자연의 생태적 보호막은 당시 인구 18만 여 명의 최대 번화가였던 한양을 탄탄히 감싸면서도 넉넉히 포용하고 있다. 자연적 섭리를 거스르지 않고 살아가는 것이 자연도시 한양의 공간·지리적 특성인 것이다. 오늘날 생태환경 복원을 위해 서구의 경관생태학(landscape ecology)을 운운하지 않는다 하더라도 생태학적으로 완벽한 구조와 기능을 갖춘 도시가 한양인 것이다.

명소에도백경으로 보는 에도 경관의 공간 · 지리적 특성

히로시게가 작품 활동하던 에도 말기(19세기 중후반), 동경은 인구 100만 명이 거주하는 거대 도시였다. 명소에도백경를 통해 당시의 에도는 대중 시민이 필요로 하는 도시 시설의 대부분이 갖추어져 있었음을 짐작할 수 있다.[8]

8 進士五十八, アメニティ·デザイン, 學藝出版社, 1992, pp. 226~228.

히로시게가 그림을 그린 위치의 분포를 알아보기 위해 니혼바시를 중심으로 거리에 따라 3구역으로 구분하여 분류하였다. 니혼바시에서 반경 4 km 이내에 위치한 도심(central city) 지역, 반경 4 km~8 km 사이의 도시 지역, 8 km 외곽의 농어촌 지역으로 구분지어 119점이 그려진 위치를 조사하였다. 도심 지역에서 그린 그림이 47점, 도시의 주변부에서 그린 37점, 8 km 외곽의 농어촌 지역에서 35점으로 각각이 거의 균등한 비중을 차지한다.

「명소에도백경」에서 표현하고 있는 지역 특성을 위의 공간적 범위에 준하여 주된 표현 대상이나 주제에 따라 도심적, 도시의 주변부적, 농어촌적 특성의 3가지로 분류하여 살펴보자. 우선 도심적 특성을 묘사한 그림들은 건축물이나 도로와 같은 인공물을 주된 요소로 하여 니혼바시 일본교(日本橋) 주변의 번화가, 에도성의 방어용 수로(moat)와 석단(石垣), 그리고 대도시 방화(防火) 시설의 일종인 히레쿠지 등이 표현되어 있다. 번화가를 그린 대표적인 작품으로는 「니혼바시 유키하레(日本橋雪晴)(그림 3.10)」가 있다. 도심과 농어촌의 중간적 성격을 지닌 도시의 주변부를 묘사한 그림은 도심처럼 번화하지는 않고 찻집이나 민가 정도가 있는 그림이다. 또한 농어

그림 3.10 | 안도 히로시게의 '니혼바시 유키하레(日本橋雪晴)'

니혼바시 주변은 에도시대 일본의 최대 번화가인 도심부였음. 일본 행정의 중심지인 에도 성이 안개에 가려져 보이며 서민의 중심지였던 니혼바시(日本橋)가 보인다. 일본 전국의 사물이 배로 운반되어 들어오는데, 대형선으로 운반된 물자는 에도항에서 소형선으로 옮겨져 니혼바시 강 주변으로 들어온다. 원경에는, 에도의 평면적 지형을 일본의 상징인 후지산을 차경하여 보완하였다.

그림 3.11 | 안도 히로시게의 '요시하라 니혼쯔쯔미(よし原日本堤)'

에도 당시 막부의 공인된 공창 지역으로 풍기 문제를 고려하여 도심 근처에서 도시의 주변부인 이곳 니혼쯔쯔미 근처로 옮김. 불야성을 이루는 홍등가 분위기가 기와를 한껏 밝히며 밤 분위기를 고조시킨다.

그림 3.12 | 안도 히로시게의 '호리키리노 하나 쇼우부(堀切の花宮蒲)'

꽃 창포로 유명한 호리키리무라라는 농어촌 지역에서 에도 시민이 산책하며 즐기는 모습. 호리키리노 꽃창포원은 스미다 강에서 흘러 들어와 만들어진 저습지로 꽃 창포의 생육에 최적의 조건을 갖춘 지역이다.

촌 지역만큼은 아니나, 자연적인 요소도 공존한다. 대표적인 작품이 「요시하라 니혼쯔쯔미(よし原日本堤)(그림 3.11)」이다. 농어촌적 특색을 나타내는 그림은 푸른 수목과 물을 주된 요소로 하여, 논, 밭, 과수원, 어촌 등 사람이 이용하기 위한 자연, 소위 이차 자연적(二次 自然的)인 요소들과 교외의 산림지·경승지 등이 표현되어 있다. 대표적인 그림이 「호리키리노 하나 쇼우부(堀切の花宮蒲)(그림 3.12)」이다.

119점을 테마와 표현 특성에 따라 분류한 결과 농어촌적 특성을 묘사한 그림이 가장 많았다. 또한 중심 지역과 도시의 주변부로 분류된 지역에서도 자연적 요소가 빠지지 않는 사실에서 자연을 중시했음을 알 수 있다.

한 · 일 풍경화의 공간 · 지리적 특성을 통해서 본 공간관

앞서 조선 한양의 원형 경관을 그린 「진경산수화」 53점과 일본 에도의 원형 경관인 「명소에도백경」 119점에서 나타난 공간·지리적 특성을 살펴보았다. 이러한 시도는 다음과 같은 목적을 갖는다. 첫째, 두 나라의 대표적 화가들이 그린 옛 풍경화들이 단순히 화가의 주관적 해석을 넘어, 옛 도시의 공간 지리적 풍경을 얼마나 과학적으로 표상하고 있는지 확인하는 것이다. 두 번째로, 두 종류의 풍경화를 통해 잊혀진 현대 도시들에 내재된 원형경관의 지역적·장소적 특성을 찾고자 함이다. 원형경관의 공간관 연구를 통해 고유의 지역성과 장소성을 찾는 것은 우리 땅에 맞는 에코디자인 언어를 정립하는 기초가 된다.

「진경산수화」에서는 한양의 수려한 자연산수를 중심으로 자연에 동화된 인간으로서의 공간관이 해석된다. 이는 풍요로운 자연풍경과 자연 속으로 회귀하고자 하는 선인들의 자연공생형 사상을 표출한 것이다. 자연산수와 동화된 선인들의 삶이 투영된 공간관은 우리나라에서 뿐만 아니라 세계적으로도 뛰어난 생태환경적 삶의 방식을 제공할 수 있다. 한편, 히로시게의 「명소에도백경」은 에도의 도심에서 농어촌까지 거리에 따른 도시 풍경 및 이와 관련된 요소들을 보다 상세하게 그렸다. 겸재가 그린 한양에서는 도심조차도 자연성이 높게 표현된 데 반해, 히로시게의 에도에서는 겸재의 한양에서보다 비교적 자연적 요소들이 덜 강조된 표현을 살펴볼 수 있다. 전통 풍경화를 통해 한·일의 공간관을 분석해 보면, 우리의 선조들의 삶은 도시 지역이든 농촌 지역이든 모두 자연성이 풍부한 공간으로 인식하였음을 확인할 수 있다.

도시 원형 풍경의 시간관

풍경 속 시간의 존재

노자(老子)는 "실재(實在)란 있는 그대로가 아니라 우리들이 실존한다고 생각하는 것 그 자체"라고 하였다. 감각적 경험만으로 존재의 본질을 알 수 없으므로, 만질 수

그림 3.13 | 월터 드 마리아(Walter De Maria), The Lighting Field, 1974~1977(© John Beardsley, Earthwork, p. 60)

그림 3.14 | 앤디 골드워서(Andy Goldsworthy), Tossing Sticks in the Air, 1980(© John Beardsley, Earthwork, p. 53)

없는 현상(intangible phenomenon)을 알아야 한다고 하였다. 이러한 사유는 서양의 해석학적 현상학자 하이데거(Martin Heidegger)의 생각과도 맥을 같이 한다. 이처럼 동·서양의 명철(名哲)들은 보이지 않는 것의 의미를 강조하고 있다. 이는 시간의 흐름에 따라 만물의 형태와 특성은 변화하기 때문일 것이다.

따라서 특정 공간의 사물(thing)을 담는 풍경 역시 시간의 흐름(process)에 따라 항상 변화한다. 우리의 눈은 끊임없이 변화하는 풍경 중 일부분만을 볼 뿐이다. 우리의 눈은 대지예술가(earthwork artist)인 월터 드 마리아(Walter De Maria)의 번개 치는 경관을 포착한 작품(그림 3.13)이나 앤디 골드워시(Andy Goldsworthy)의 순간 현상을 포착한 작품(그림 3.14)에서 보여주는 것과 같이 일시적인 경관현상을 인식하기는 어렵다. 마찬가지로 긴 시간의 흐름에 따라 장구하게 변화하는 자연현상을 모두 포착할 수는 없다.

겸재의 작품에서 그는 자연현상에 대한 장구한 관점에서 시간을 표상하고자 했다. 「진경산수화」에 그려진 풍경은 긴 시간적 흐름 속에서 변화하는 자연을 가공 없이 그대로 담아내려 하였다. 겸재의 그림은 우리의 산천을 실제 보이는 풍경 이상으로 잘 표현했다고 평가받곤 하는데, 이는 우리 범인의 시각이 갖는 한계를 뛰어넘어 사물과 경관에 내재된, 눈에 보이지 않는 본질까지 시각적으로 표현해냈기 때문일 것이다.[9]

9 간송 미술관의 최완수(겸재 연구가)는 "못난 화가는 실경(實景)보다도 못 그리고, 보통 화가는 실경 그대로를 그리며, 뛰어난 화가는 실경 이상의 것을 그린다"고 하였다. 최완수, 겸재 정선 진경산수화, 범우사, 1993, p.101.

진경산수화로 보는 한양 풍경의 계절 묘사

「진경산수화」가 그려진 당시 한양 사람들은 여타 동북아시아 문화권의 국가처럼 태양태음력(太陽太陰曆)[10]에 근거하여 생활하였다. 당시 일(日), 월(月), 계절별 시간 흐름은 생활 풍경과 밀접한 관계를 갖고 있었으므로, 당시 풍경화에서는 자연환경의 변화뿐만 아니라 백성들의 생활 풍경만으로도 계절을 유추해 낼 수 있다. 이에 따라 「진경산수화」 속 계절감을 살펴보면, 53점 중 명확한 계절 구별이 가능한 그림은 38점이고, 계절 별로 그림에 등장하는 빈도는 여름〉봄〉겨울〉가을의 순서로 많으며, 특히 여름이 자주 묘사되었다. 또한 한양 도심을 묘사한 그림보다 내사산 밖 한강을 묘사한 그림의 계절 구별이 훨씬 뚜렷했다.

10 태양태음력(太陽太陰曆)은 달의 차고 기울을 기준으로 달을 나누고, 계절의 변화를 기준으로 해를 나누는 역법이다. 한국에서 음력이라고 하면, 태음력이 아닌 태양태음력을 가리킨다.

이는 겸재 이전의 한국 산수화가 주로 상상화로 관념을 묘사하고 있는 중국풍의 관념산수화와 달리 그의 그림은 실경을 표현하고 있음을 의미한다. 한국의 초기 산수화(관념산수화)는 예술적 감흥이나 시정을 유발시키기 위해 낭만적 분위기의 가을 풍경을 묘사한 그림이 많았다. 즉, 계절은 수단적 소재일 뿐, 변화하는 사계절의 풍경을 사실적으로 포착하고자 하지 않았다. 반면 진경산수화는 초록이 무성한 여름과 「석실서원」(그림 3.15)처럼 연두 빛의 청록으로 봄을 주로 묘사하여 한양의 자연성을 사실적으로 표상하였다. 봄과 여름의 푸르름을 그린 그림이 많아서 일명 '청록산수화'라고도 일컬어지는 겸재의 그림은 한양 경관이 갖는 아름다운 자연성을 강조하고자 했을 뿐만 아니라, 한양과 한강 경관을 이전 시대의 관념산수화에 비해 사실적으로 표상하고자 하였다. 하지만 겸재의 「진경산수화」를 살펴 볼 때, 일본의 히로시게의 그림 등과 비교해 볼 때에 그 시간관은 일시적 관점이나 계절적으로 명확하게 표상되지 않았음을 알 수 있다.

명소에도백경으로 보는 에도 풍경의 계절 묘사

에도시대 사람들 역시 태양태음력을 사용했으며, 여러 가지 연중 행사나 생활 풍습이 계절의 영향을 많이 받았다. 그러므로 계절에 따른 풍경특성을 분석하는 것은 에도 당시의 자연관을 이해할 수 있는 좋은 방법이다. 「명소에도백경」에 묘사된 풍경을 계절 별로 보면, 봄〉여름〉가을〉겨울의 순으로 비교적 고른 계절적 분포수

그림 3.15 | **석실서원(石室書院):** 연초록빛이 완연한 초봄의 낮을 그린 풍경. 지금의 남양주시 수석동에 위치

를 보인다. 봄에 매화 등 여러 가지 꽃을 구경하는 모습을 묘사한 관매(觀梅), 화견(花見)과 같은 그림 3.16, 여름날 저녁의 갑작스런 소나기(夕立)를 묘사한 그림이나 물을 주제로 한 그림 3.17, 가을의 단풍 구경을 묘사한 홍엽(紅葉) 그림 3.18, 겨울의 설경(雪景色) 그림 3.19 등과 같이 계절감(季節感)을 묘사한 그림이 많다. 따라서 대부분의 그림이 계절 현상과 함께 각 지역이 지닌 특징을 구체적으로 표현하고 있다.

「명소에도백경」 속 하루의 시간 분석

에도시대 시간 구분은 일출과 일몰을 기준으로 삼았다. 일출 약 30분 전을 '아케무츄', 일몰 약 30분 후를 '쿠레무츄'라고 정하고, 주야를 각 6등분하여 하루를 구분하였다.[11] 히로시게의 그림에서는 이러한 하루의 시간대별 특성과 서민들의 생활 모습이 잘 나타나 있다.

「명소에도백경」은 당시 여느 풍경화처럼 낮 시간을 묘사한 그림이 압도적으로

11 藤原千惠子, 江戸の一日, 河出書房, 1994.

그림 3.16 | 봄 '타미가와 제방의 벚꽃'

에도에 물을 공급하기 위해 만든 인공수로인 타미가와 상수 주변 모습. 춥고 긴 겨울을 보내고 맞은 봄, 남녀노소, 무사, 양산을 든 여성 등이 유쾌한 나들이를 나섰다. 수로 주변으로 돋아난 새싹들과 화사하게 핀 벚꽃으로 사람들의 표정도 상기된 듯하다. 오른쪽 건물 2층에서는 기녀들로 보이는 여성들이 벚꽃 구경을 하고 있는 모습이다.

그림 3.17 | 여름 '아츠미노 다리'

명소에도백경의 대부분의 그림에서 물(水)를 찾아볼 수는 있지만, 여름을 담은 그림에서는 더욱 그러하다. 일본은 사방이 바다로 둘러싸인 섬나라인 데다가, 여름은 소나기와 장마, 태풍 등 물의 계절이기 때문이다. 우리나라, 일본, 중국의 대표적 수변 식물인 버드나무가 초근경에서 드리워져 그림의 틀을 형성하고, 멀리 만년설 후지산이 원경으로 차경되었다. 까치 두 마리가 버드나무 사이로 하늘을 가르는 것이 이색적이다. 아츠미노 다리 위에 서면, 그림 전면부의 니혼바시 강과 마을로 뻗어들어가는 도우산 천(川)의 8개의 다리가 보여서 '8개가 보이는 다리'라는 뜻으로 이름지어졌다.

많았으나, 밤과 저녁 풍경도 비교적 비중 있게 그려졌다. 현대 도시 풍경에서는 밤경관을 밝히는 light-up 연출이 중요시되고 있는 것처럼, 당시 일본의 도심 풍경에서도 밤의 풍경을 꽤나 중시했다는 것은 흥미로운 사실이다. 〈그림 3.20〉에는 가부

그림 3.18 | 가을 '마마의 단풍과 테코나 신사의 구름 다리'

단풍나무는 일본에서도 가을의 대표적 상징물이라고 할 수 있다. 마마산 홍법사 경내의 유명한 이 단풍나무는 '마마의 단풍'이라는 이름으로 불린다. 단풍나무의 두 줄기 사이로는 테코나 신사(그림의 왼쪽 하단부)와 케이 다리를 볼 수 있다.

그림 3.19 | 겨울 '눈 내리는 비구니 다리

칠흑같이 어두운 밤, 새하얀 눈이 길을 밝힌다. 모자와 어깨 위로 소복이 쌓인 눈과 꽁꽁 얼어버린 발, 에도로 가는 길을 재촉하는 사람들의 모습이다. 왼편에 '야마쿠지라'라는 간판은 멧돼지 고기를 말하는데, 멧돼지와 파를 넣고 냄비에 익혀 만든 음식을 파는 집이다. 그림 오른편과 다리 건너에서는 오뎅집과 구이집도 볼 수 있다. 이 다리 근처에 비구니들의 숙소가 있어서 '비구니 다리'라는 이름으로 유명해졌다.

키 산파극을 하는 마을의 밤풍경을 표사하고 있다. 환한 보름달 밤, 그림 전면부로 드리워진 행인들의 그림자를 또렷이 볼 수 있다. 극장과 찻집에서 흘러나오는 인공 조명과 그림자, 어두운 밤을 통해 오히려 명암대비가 확연히 드러난 거리 풍경을 포착하고 있다.

그림 3.20 | '사루와카 마을의 밤 풍경'

가부키 신파극을 하는 곳으로 유명한 사루와카 마을의 밤 풍경이다. 그림 오른쪽에는 모리다좌, 이치무라좌, 나카무라좌라는 극장들이 늘어서 있고, 왼쪽에는 극장 찻집과 인형극장의 모습이 보인다.

일본의 에도 풍경 특성 : 구체적인 사계절과 하루 시간

「명소에도백경」에서 봄은 주로 아침과 낮 시간을, 겨울에는 주로 밤 풍경을 묘사하였다. 이러한 구체성은 풍경의 첨경 요소나 계절에 따라 변화하는 햇빛의 미묘한 차이 등을 통해 잘 나타내고 있다. 예를 들어, 아래 「시타야광장(그림 3.21)」과 「니혼바시 일번지의 약도(그림 3.22)」를 보면 계절과 빛의 강도에 따라 모양과 색이 다른 파라솔을 사용하고 있다. 「시타야광장」은 봄볕 아래에서 꽃을 즐기러 가는 일행들의 들뜬 분위기를 상징하는 작고 화려한 양산이 보인다. 반면, 「니혼바시 일번지의 약도」는 여름의 강한 햇빛을 피하려는 기능성의 커다란 양산을 볼 수 있다. 이렇듯 당시에도 계절에 따라, 또는 용도에 따라 다른 모양과 색깔의 파라솔을 사용했음을 알 수 있다. 이처럼 일본의 풍경화에서 히로시게는 하루의 시간과 사계절의 변화를 통해 변하는 풍경에서 구체적인 소재들의 변화까지도 파악할 수 있을 만큼 세심하게 묘사했다.

그림 3.21 | 시타야광장

봄꽃을 즐기러 가는 일행들의 들뜬 분위기와 어울리는 작고 화려한 양산이 보인다.

그림 3.22 | 니혼바시 일번지의 약도

여름의 강한 햇빛을 피하려는 커다란 양산이 화면을 가득 메운다.

한 · 일 풍경화를 통해 본 원형 풍경의 시간관

겸재가 한양을 그린 진경산수화의 경우 변화하는 시간의 흐름(process) 속에서 그려진 주요 풍경은 당시의 주요 현상을 잘 나타낸다. 특히 겸재의 작품에선 일시적인 시점이나 풍경현상에 머무르지 않고, 긴 시간적 변화 속에서 변화하는 자연 그대로를 풍부하게 담아냈다. 즉, 지질학적 작용과 같이 오랜 시간동안 자연 형성 과정을 거쳐 자연경관이 지니고 있는 자연의 본질을 표상했다. 진경산수화가 주로 자연 풍경이 가장 아름답게 나타나는 봄과 여름, 그리고 낮 시간대를 중심으로 그려진 것에서, 한양 경관이 가지는 푸르름과 밝음의 본질을 충분히 표현하고자 한 작가의 의도를 짚어볼 수 있다. 이에 반해 「명소에도백경」은 에도 백성의 여러 가지 행사나 풍습들을 골고루 표현하는 데 중점을 둠으로써 비교적 고른 계절적 분포를 나타낸다. 대부분의 그림이 경관의 근본적 성질보다 각 지역이 지닌 특징과 구체적인 소재들의 변화에 따라 하루의 시간이나 사계절 풍경을 세심하게 묘사해 내고 있다.

특정 계절과 시점, 소재에 중심을 둔 히로시게의 「명소에도백경」과 자연의 본질과 긴 자연 형성 과정을 표현하고자 한 겸재의 「진경산수화」에 나타난 시간관은 시간적 스케일은 다르나, 모두 사물을 총체적이고 본질적으로 표상하고자 하는 현상학적 시간관이 내포되었다고 할 수 있다. 시간의 변화에 따라 끊임없이 변화하는 자연의 본질을 표현하고자 한 것이다.

오늘날 이슈가 되고 있는 생태학의 자연 형성 과정(natural process)에서는 시간적 요소가 가장 중요한 요소이다. 풍경에 관한 보다 깊은 이해를 위해서는 시간의 변화에 따라 보이지 않는 존재 역시 해석할 수 있어야 한다. 따라서 우리 풍토에 맞는 에코디자인을 구현하기 위해서는 우리의 현상학적 시간관을 통해 풍경의 본질을 이해하고 생태과학적인 접근을 시도할 수 있어야 한다. 일시적으로 눈으로 보이는 것, 즉 형태적인 접근에서 한 차원 뛰어넘을 수 있다. 이러한 경지에 이르면 우리 풍경 및 우리 장소에 더욱 잘 맞는 생태적 장(場)을 마련할 수 있다.

04 우리 풍경의 자연관 및 생태관

원형 풍경의 구도적 특성으로 살펴본 자연관

원형 풍경의 구도적 특성과 지표 설정

화면의 구도는 주제와 사상을 표출하는 기준이 된다. 전통적으로 동양 풍경화는 인간이 이상적 삶을 살고자 하는 장(場)을 제시하였으므로, 동양 풍경화에서 구도는 이상향을 만들기 위한 풍경 요소의 위치를 결정하는 주요한 원칙이 된다. 그러므로 우리 원형(原型) 경관을 나타낸 풍경화의 구도는 우리 환경에 적합한 에코디자인의 단서를 제공할 것이다.

전통적으로 동양 풍경화의 구도는, 정확한 소실점(vanishing point)을 갖는 원근법을 사용하지 않고, 삼원법(三遠法)을 주로 사용하였다. 원경, 중경, 근경의 개념적 공간 구분을 통해 자연에 대한 총체적인 사고를 표현하는 방법이기에, 눈앞에 보이는 것을 정확하게 표현하고자 하는 서양의 투시도법[1]에 비해 비과학적인 것으로 인식되었다. 그러나 삼원법은 하나의 장소와 시간에 국한되지 않고 한 화면에서 볼 수 없는 것들을 폭넓은 풍경 체험을 통해 다양하고 깊이 있게 보여줄 수 있다. 즉, '세심하게 보고(細細看)', '여러 측면에서 관찰하고(面面觀)', '좌우를 보며(左看右望)', '걸음걸음마다 새로운 경치가 나타나게(步步有景)'하여 조형 예술의 시공간적 제약을 초월할 수 있다.[2] 이러한 시공간적 초월은 하나의 줄거리를 가지며, 보는 사람으로 하여금 그림 안에 동화될 수 있는 매력을 가진다. 또한 걸음걸음마다 새로운 경치가 나타나 관찰하고 느낄 수 있다는 것은 정지적인 것이 아니라, 활동적인 것[3]으로

1 투시도법(perspective, 透視圖法). 투시화법, 선원근법이라고도 함(⇒ 원근법). 3차원의 대상물을 평면에 그리고 입체성과 원근감을 표현하려고 시도하여, 기하학적 원근화법임 (네이버 사전 참조)

2 중국 북송 시대의 산수화가 곽희(1020~1088?)는 「임천고치(林泉高致)」의 산수훈편(山水訓篇)에서 "산의 형상은 거리, 계절, 시간의 변화에 대해 다르게 보여지므로 산수를 그릴 때 산의 풍부한 변화에 대해 섬세한 관찰을 해야 한다"고 하며, 산을 그리는 구도적 방법으로 삼원법을 제시하였다. 삼원법이란 산수화 제작에 있어서의 3가지 시점(視點): 산 아래에서 산꼭대기로 올려다 보는 것은 고원(高遠), 산 앞에서 산 뒤를 넘겨다보는 것은 심원(深遠), 가까운 산에서 먼 산을 바라보는 것은 평원(平遠)이라 한다. 이는 동양 산수풍경화의 중요한 구도적 원리가 되어 왔다. 王伯敏, 강관식 역, 동양화 구도론, 미진사, 1991, p. 144~146.

3 왕백민(王伯敏)저, 강관식역, 동양화 구도론, 미진사, 1991, p. 210.

써 체험적인 감상을 할 수 있다. 그러므로 이러한 그림은 '걸음걸음마다 달라지는 경치'를 음미하며 체험해야 한다.

구도의 구분은 「진경산수화」와 「명소에도백경」에 크게 수직 구도와 수평 구도를 기준으로 살펴보았다. 우선 수직 구도는 경관을 아래에서 위로 올려다보는 구도, 정면에서 수평적으로 바라보는 구도, 위에서 아래로 내려다보는 구도이다. 수평 구도는 수평적 시야의 폭이 넓은 경우는 전경(全景), 좁은 경우를 부분경(部分景)으로 정의한다.

진경산수화 구도: 전통 계승과 자신만의 독자성

그간 우리 전통 풍경화를 통해 이루어진 분석은 객관화하기 어렵다고 보는 경향이 많았다. 전통적인 동양 산수화에서는 자연을 물리적으로 보이는 그대로 바라보기보다는 자연의 본질을 찾으려는 경향이 강했기 때문이다. 동양 산수화 중에서도 우리나라만의 독자적 화풍을 정립한 진경산수화 역시 객관적인 분석을 하기에는 어려운 점이 있다. 그러나 현대적 해석을 위해 수직·수평 구도를 보다 면밀히 분석한 결과, 진경산수화 53점 모두 풍경을 내려다보는 구도를 택하고 있다. 수평 구도는 전경(全景)과 부분경(部分景)이 거의 같은 비율을 차지하고 있다. 즉, 한강을 묘사한 그림의 경우에는 전경(全景)이 많았고, 한양의 산들을 묘사한 그림은 부분경(部分景)이 많았다.[4]

4 앞의 책, p. 223.

본격적으로, 「진경산수화」에 나타난 구도적 특징은 크게 3가지이다. 첫 번째, 진경산수화에서 동양 산수화에서 전통적으로 사용하는 이동시점(移動視點)을 볼 수 있다. 투시도법이나 공기원근법(aerial perspective)[5]을 활용하여 질서정연하게 표현하는 서양 풍경화와 달리 이동시점에 의해 경관 요소(landscape elements)를 배치한다. 정선이 그의 삶 대부분을 보냈던 인왕산을 그린 "청풍계(淸風溪)"의 전체와 그 일부를 클로즈업(close-up)한 그림들을 보면, 청풍계는 단순히 서서 풍경을 보는 것에만 치중하지 않았다(그림 4.1 참조). 화가 자신이나 보는 사람이 그림 속의 계곡 사이를 걷고, 즐기며, 직접 거주하는 현상학적인 공간 표현법을 사용했음을 알 수 있다. 따라서 하나의 소실점(vanishing point)을 지닌 서양화와 달리, 다각 시점에서 묘사함으로써 그림의 일부분을 떼놓고 보아도 하나의 완결된 그림이 된다.

5 공기원근법은 공기의 작용으로 물체가 멀어짐에 따라 빛깔이 푸름을 더하고 채도가 감소하며, 물체 윤곽이 희미해지는 현상에 바탕을 두고 원근감을 나타내는 회화표현법(네이버 사전 참조)

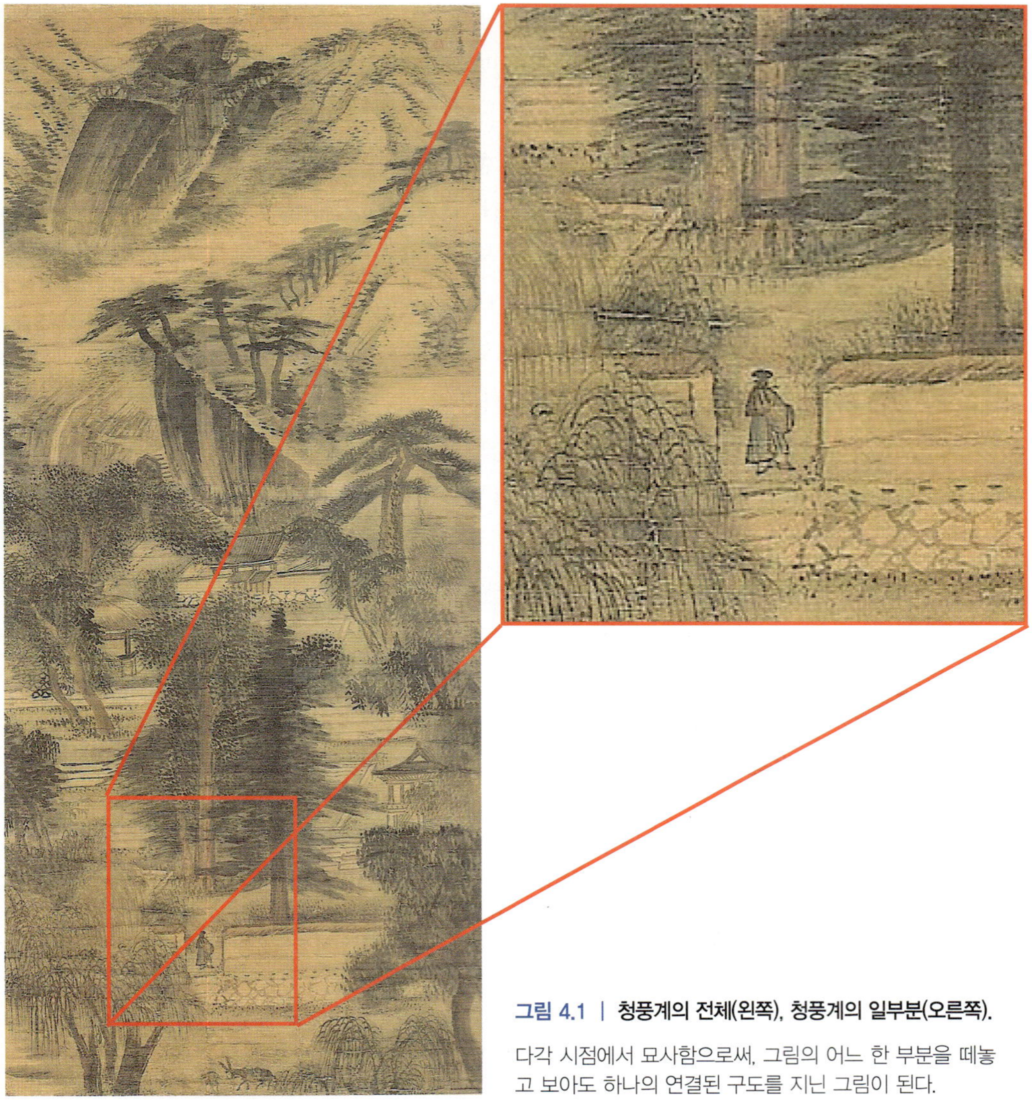

그림 4.1 | 청풍계의 전체(왼쪽), 청풍계의 일부분(오른쪽).

다각 시점에서 묘사함으로써, 그림의 어느 한 부분을 떼놓고 보아도 하나의 연결된 구도를 지닌 그림이 된다.

두 번째, 3차원의 입체적인 경관을 2차원의 평면에 표현할 때, 서양화는 색을 이용하여 면을 채웠다면 진경산수화는 선을 주로 사용하고 있다. 동양화에서의 선은, 서양화에서 의미하는 단순한 묘사의 선이 아니라, 자연의 겉모습을 초월하여 무한한 깊이로 그 본질을 추구하는 면의 연장과 완성을 의미한다. 정선은 진경산수화를 통해 자신만의 붓을 쓰는 방법—일종의 캘리그라피(calligraphy)—를 개척하였다. 토산인 남산의 풍경을 묘사한 '목멱산'에서 수목, 특히 소나무가 울창한 산의 모습을 붓을 옆으로 눕혀 점을 찍듯이 묘사하였다. 또한 여름날 비 갠 후, 남산을 휘감아 도는 구름을 극적인 선으로 표현하였다.

세 번째, 주제를 표현한 나머지 공간, 즉 선과 선 사이의 여백 처리 방법에서 동양화의 특성을 따르면서도 자신만의 독창적인 기법이 나타난다. 일반적으로 동양화의 여백은 암시적인 절대적 공간으로써 서양화에서 보이는 빈 공간으로써의 여백과는 다른 의미로 이해된다. 그러나 정선의 진경산수화에서는, 여백이 주가 되는 이전의 관념산수화와 달리, 여백을 활용하고는 있으나 경관의 묘사가 주요소가 되어 화폭을 채운다. 따라서 정선은 동양화의 전통을 유지하면서도 자신이 개발한 독창적인 표현기법을 사용하여 자신만의 풍경을 재현했다고 할 수 있다.

명소에도백경의 수직 · 수평 구도

「명소에도백경」의 수직 구도는 경관을 내려다보는 구도가 압도적으로 많다. 이는 자연 경관을 가장 효과적으로 조망할 수 있는 구도이기 때문이다. 그러나 묘사 대상물의 특별한 부분을 강조할 때는 경관을 올려다보는 구도도 자주 사용했다.

수평 구도는 전경과 부분경이 비슷한 분포를 보인다. 풍경화의 경우, 일반적으로 파노라믹한 전경 구도가 많을 것이라는 예상과 달리 히로시게는 전경과 부분경을 골고루 사용하였다. 그 이유는 「명소에도백경」이 수직의 종단 구도로 만들어졌고, 주제를 강조하고자 부분경을 많이 사용했기 때문이다.

한편, 그림이 표현된 구도는 그림 속의 자연성과 인문적 특성과 밀접한 연관이 있다는 사실을 발견할 수 있다. 「명소에도백경」은 주된 경관 구성 요소에 따라 자연적 특성이 강한 '자연경(自然景)'과 인문적 특성을 강조한 '인문경(人文景)'으로 구분할 수 있다. 이러한 분류의 기준은 단지 경관적 소재나 정량적 판단만으로는 정할 수 없고 당시의 문화적 특성을 고려한 정성적 판단도 함께 해야 한다. 다음에 예시된 세 장의 벚꽃 그림을 보면, '벚꽃'이라는 동일한 소재의 풍경일지라도 각 그림에 내포된 주제는 다르며, 이에 따라 구도적 배치 경향도 달라진다. 그림 4.2에서는 자연을 주된 묘사 대상으로 그린 '자연경'으로 구분된다. 수평적 구도상 전경을,

그림 4.2 | **'아스카 산의 북쪽에서 본 풍경'.** 전경(全景)의 파노라믹한 구도를 통해 묘사된 '자연경' 사례.

그림 4.3 | **'요시하라의 이른 아침'.** 부분경(部分景) 구도를 통해 묘사된 '인문경' 사례.

수직적 구도상 아래를 내려다보는 구조나 정면을 바라보는 구도를 비교적 많이 사용하였다. 특히, '자연경'을 표현하기 위해 '전경'의 파노라믹한 구도를 자주 사용했다. 그림 4.3에서는 에도시대의 대표적 공창 지역이었던 신요시하라 홍등가의 주변이 표현되었다. 상가 지역이나 환락가 등의 유희 장소나 신앙과 관련이 있는 장소를 묘사한 '인문경'은 관찰 대상을 강조하기 위해 수평 구도에는 '부분경'을 많이 사용하였고, 수직 구도에는 올려다보는 구도를 비교적 많이 활용하였다. 그림 4.4에서는 수평적 구도상 전경으로 수직적 구도상 아래를 내려다보는 구도로 파노라믹 경관이 표현되었다. 맞은편 언덕에 넓게 펼쳐진 벚꽃의 명소가 있다. 이를 배경으로 수평적 구도상 전경을 사용하여 기와 만드는 곳으로 유명한 쓰미다 강의 선착장을 보여준다. 쓰미다 강과 그 맞은편 언덕의 벚꽃 명소를 통해 자연적 요소가 강하게 드러나고, 그 앞으로 기와 굽는 연기가 피어나는 광경을 통해 선착장을 정취 있게

그림 4.4 | **'쓰미다 강에서 하시바로 가는 여객선'.** 파노라믹 구도를 활용한 '자연경' 사례. 기와 굽는 연기 등 인문적 스토리를 가미했지만 쓰미다 강의 자연 풍경을 더욱 중시한 것으로써 '자연경'으로 분류될 수 있다.

그리고 있다. 자연적 환경을 중심 배경으로 하여 인문적 스토리를 가미한 '인문경'적 특성이 있다고 할지라도 전체적으로 보면 파노라믹 구도를 활용한 '자연경'으로 분류할 수 있다.

한 · 일 풍경화를 통해 본 원형 풍경의 시방식(視方式)과 자연관

겸재의 구도적 특성을 살펴보면 우리 자연관을 잘 표상하고 있다. 특히, 표피적인 형태만을 추구했던 기존의 설계 방식을 지양하고 에코디자인의 체험적 장소를 잘 나타내고 있다. 정선이 굳이 비슷비슷해 보이고 평범해 보이는 산을 향해 풍경의 구도를 선택한 이유는 무엇일까? 정선에게 있어서 한양을 둘러싸고 있는 산은 멀리 펼쳐진 풍경이라기보다는 그가 어릴 적부터 한평생을 보냈던 동네의 익숙한 산자락이었을 것이다. 따라서 그는 자신이 반평생을 살면서 직접 걷고 체험한 친근한 풍경을 산 쪽을 향하면서도, 위에서 내려다보는 형식의 부감 구도를 사용하여 표현한 것이다. 이는 하이데거(Martin Heidegger, 1889~1976)의 현상학에서 말하는 소위 '~안에 거주하기(dwelling within)'와 같은 관점에서 한양 풍경의 본질을 표상하려 한 것으로 해석할 수 있다. 따라서 그가 그리는 경관의 아름다움이란 자신의 경험을 통해 해석된 풍경을 본질적으로 표현하고 재현한 것이었다. 한편, 겸재는 한강의 파노라믹한 전경을 자주 사용한 동시에, 이곳 주변을 직접 유람하며 체험한 공간들을 선정하여 그 풍경의 아름다움을 표현하고 있다.

그가 그린 '삼승정(三勝亭)(그림 4.5)'과 '삼승조망(三勝眺望)(그림 4.6)'을 통해 인왕산

그림 4.5 | **겸재의 삼승정(三勝亭, 1740~1741).** 인왕산 동록의 세심대와 옥류동 사이에 위치한 조선 후기 문신인 이춘제 저택 후원의 정자인 '삼승정'을 주제로 그린 그림.

그림 4.6 | **겸재의 삼승조망(三勝眺望, 1740).** 1740년 겸재 정선이 인왕산 기슭 이춘재의 저택 후원에 있는 삼승재에서 바라본 회맹단. 정 중앙 약간 위쪽 접혀진 곳에 회맹단이 있고 임진왜란 때 불탄 경복궁은 주춧돌만 남아 있다.

중턱의 동일한 위치에서 산 쪽을 바라보는 그림과 산 아래쪽을 바라보는 그림의 차이를 비교할 수 있다. '삼승정'은 이춘제(정선과 친분이 있던 관료)의 집 뒤뜰에 지어진 작은 정자를 산 쪽으로 바라보며 그린 것이다. '삼승조망'은 삼승정에서 이춘제가 산 아래 한양의 파노라믹한 경관을 조망하는 모습을 그린 것이다. 근경에 인왕산 자락, 중경에 한양 내부와 정면의 남산까지, 그리고 원경에는 외사산인 관악산과 남한산 등이 펼쳐져 보인다. 이처럼 파노라믹한 한양의 경관을 그린 경우는 한양을 그린 총 26점 중 '장안연우도'를 포함하여 2점에 불과하다. 그 외 대부분은 비록 멋스러운 화면 구도는 아닐지라도 산 쪽을 바라보며 자신이 체험한 풍경을 위주로 그린 것이다.

우리 원형 풍경의 시방식(視方式)으로서 장소성을 표상하는 현상학적 특성은 앞 장에서 강조한 바 있는 에코디자인에서 보다 풍부하게 공간을 체험하고 기록하는 방법과 무관하지 않다. 또한, 우리 풍토, 지역, 장소가 지닌 물, 풀, 땅, 바람 등을 고려하여 엔트로피의 증가를 최소화하는 에코디자인과도 무관하지 않다. 서구 예술의 과학적 승리라고 인식해 왔던 투시도법의 과학적 한계를 초월하여 풍부한 상상력을 통해 풍경과 사물의 진실을 보이고자 했던 세잔, 피카소, 드샹 등의 천재적인 작품들을 생각해보자. 우리 진경산수화의 가치는 그들이 찾고자 하는 그 이상임을 알 수 있다. 서구의 화려한 맛에 길들여진 우리가 그저 밋밋해 보이는 겸재의 자연관을 이해하는 것이야말로, 오늘날 에코디자인에서 추구하는 우리 땅의 고유한 장소성과 자연관을 찾을 수 있는 방법이다. 이는 표피적으로 치장한 아름다움이 아니라, 담백하지만 우리 맛을 깊이 있게 느낄 수 있는 자연관의 표출이며, 이러한 관점이 오늘날 생태환경 복원을 위한 자연 디자인에 녹아든다면 우리 모두와 세계인은 감동하게 될 것이다.

원형(原型) 풍경의 생태적 특성[6]

환경의 보존과 개발의 조화를 강조하는, 환경적으로 건전하고 지속가능한 개발(ESSD)이라는 개념은 범세계적으로 중요한 화두가 되고 있다. 오늘날 과학 기술의 발달과 더불어 지역 고유의 풍경이 사라지게 되고 동규격, 동품질의 비생태적인 환경이 구축되어 왔다. 그러나 앞장에서 살펴본 바와 같이, 우리가 평소에 유사하다고 생각하는 일본만하더라도 자연을 바라보는 사고가 많은 차이가 있음을 확인할 수 있었다. 물론 도시를 형성하고 있는 물리적, 생태적 환경 역시 큰 차이를 보이고 있다. 따라서 훼손된 생태환경 문제를 복원하는 방법이 선진국에서 개발된 획일적인 모델 제시나 일률적인 모방에 그쳐서는 안 된다. 특정 지역의 에코디자인 시에는 반드시 그 지역의 문화적 가치나 생태적 특성을 담는 풍토나 풍경을 담을 수 있어야 한다.

이러한 맥락에서, 앞서 살펴본 「진경산수화」와 「명소에도백경」에서 파악한 한양과 에도의 원형 풍경의 생태적 특성을 분석할 것이다. 생태적인 공간 계획(ecological planning)에서 다루는 주요 생태 목록(ecological inventory)인 지형, 수계, 기후, 생물의 순으로 해석해보자.

6 본 절, "원형(原型) 풍경의 생태적 특성"에 관한 보다 자세한 내용에 관해서는 이도원 · 변찬우 외 22인이 공저한 「한국의 전통생태학」 중 변찬우의 '그림으로 보는 생태 도시 한양과 일본의 에도'를 참고.

지형

우선, 지형은 앞에서 살펴본 풍경화의 구도와 상관성이 높다. 한양 풍경의 대부분은 도시의 내부를 둘러싼 내사산과 외곽을 둘러싼 외사산을 원경, 중경, 근경에 주로 묘사하여 한양의 분지 지형을 나타냈다. 외사산(外四山)중 북한산은 다시 백두대간까지 이어지는 생태적 네트워크 체계를 가지고 있다. 한편, 관동평야에 입지하여 근처에 큰 산이 없는 일본의 에도는 후지산, 쯔꾸바산, 닛코산 등 멀리 있는 산을 배경으로 차경 한 풍경화가 전체에서 약 40% 정도 차지한다. 「명소에도백경」의 경우, 표현상으로는 근경과 중경에 지형의 기복이나 습지를 의도적으로 강조하고 식

그림 4.7 | 쓰루가쵸우(する賀てふ). 원경에 후지산을 차경하여 강조함으로써 에도의 지형적 한계를 극복하였다.

물 등을 풍부하게 표현했다. 겸재의 「삼승조망도」(그림 4.6)는 한양의 분지 지형을 잘 보여주고 있다. 히로시게의 「히루가쵸우(する賀てふ)」(그림 4.7)는 원경에 후지산을 차경하여 평지 지형인 에도의 평면적 지형을 보완하였다.

수계

겸재의 「진경산수화」에서 한양의 수계는 크게 북악산과 인왕산 유역 사이에서 발원하는 청계천 계류와 자연이 풍부한 한강의 두 가지로 이루어져 있다. 특히, 겸재의 「금성평사」(그림 4.8)에서 처럼 인공적 처리를 전혀 가하지 않은 수변의 풍부한 모래톱이나 침식지역의 단애 등이 한강의 풍광을 더욱 자연스럽게 한다. 수심이 깊은 곳은 나루터로 사용되는 등 하안 풍경이 도시민의 일상과도 친근하다. 반면, 히로시게의 「명소에도백경」에서 표현된 에도는 자연하천과 인공수로 등 대부분의 수로

그림 4.8 | **겸재의 금성평사(錦城平沙, 금성의 모래펄)** 영조 16년(1740).

난지도(蘭芝島) 일대의 262년 전 모습. 성산동 쪽으로는 잠두봉(절두산)에서 망원정(望遠亭) 금성당에 이르는 한강 북쪽 강변의 경치와, 양천 쪽으로는 선유봉, 증미, 두미를 거쳐 탑산과 양천현아 곁의 소악루(小岳樓)까지 그림. 양천현 뒷산인 성산(城山 · 궁산 또는 파산)에서 바라다 본 시각(출처: 겸재가 본 '한양진경', 한백).

그림 4.9 | **타마가와 제방의 벚꽃(玉川堤の花).** 벚꽃 아래에는 상수원 공급을 위한 인공수로가 축조되어 있다.

많이 인위적으로 정비된 도시였다. 당시 권력층이 거주하던 도심에는 「히로시게의 타마가와 제방의 벚꽃」(그림 4.9) 아래쪽의 그림처럼 인공수로(channel)가 발달되어 있고, 호안 형태도 인공적으로 가공된 석단 재료를 많이 사용하고 있다. 하지만 교외로 갈수록 수계나 호안의 형태가 자연적인 재료로 사용되었다. 지역 거주자의 사회적 신분에 따라 호안 처리도 인공적이고 장식적인 것에서부터 자연스럽게 처리한 것까지 변화가 있음을 알 수 있다. 또한, 도심에 위치하고 있는 자연하천인 스미다 강과 식수, 관개, 교통 등을 위한 인공수로 등의 풍경을 볼 때, 당시에도 도시민들은 수체계의 인위적 보완을 통해 물 부족 문제를 해결하고자 한 사실을 알 수 있다. 즉, 에도는 앞의 산과 하천 같은 주요 자연생태적 요소에 인위적 보완이 더해진 도시 구조를 이루고 있음을 알 수 있다.

기후

겸재의 「진경산수화」에서 보이는 한양의 날씨는 맑은 날이 약 80%, 흐린 날이 약 20%이다. 「송파진」(그림 4.10)은 화창한 초여름의 신록을 청록색으로 물들인 그림으로서, 청록산수화로도 불리웠다. 기후 변화가 비교적 많지 않은 분지형의 반(半)대륙성 기후[7]의 특징을 보이고 있다. 한양의 기후 변화에 따른 풍경 표상에 있어서도 특정 시점에 맞추기보다는 장구한 세월의 흐름에 따른 변화로 인해 형성되는 산수의 지질적 변화를 강조하고 있다.

일본은 해양성 기후[8]로 인해 날씨의 변화가 잦고 형태도 다양하다. 이러한 기후는 하나의 경관 현상으로써 일본의 문예나 회화 작품에서 자주 묘사되어, 일본인의

7 반대륙성 기후(半大陸性氣候)란 해양성, 대륙성 기후의 전이적 성격을 띠며 계절풍의 영향도 강하게 받는 기후를 말함.

8 해양성 기후(maritime climate, 海洋性氣候)란 해양 상이나 대양의 한 가운데 자리한 도서 지방에서 해양의 영향으로 나타나는 기후를 말함(출처: 한국민족문화대백과).

그림 4.10 | 송파진(松坡津). 화창한 초여름. 신록을 온통 청록색으로 물들인 푸른 한강의 모습을 그리고 있다.

그림 4.11 | 오오하시(大橋) 근처의 여름 저녁 소낙비(大はしあたけの夕立).
여름철 저녁 소낙비를 그려 일본의 해양성 기후를 보여주는 대표적 풍경

미의식에서 중요한 부분을 차지해 왔다. 히로시게의 '명소에도백경' 그림에 나타나는 날씨를 분석해 보면, 맑은 날이 약 70%, 카즈미(봄에 나타나는 안개), 키리(가을에 나타나는 안개) 등의 흐린 날이 30%로 나타난다. 히로시게의「오오하시(大橋) 근처의 여름 저녁 소나기」(그림 4.11)가 그의 대표적인 표상(集團表象)으로 인식되듯이, 해양성 기후는 에도의 자연 생태적 특성은 물론 시민들의 일상생활에도 절대적인 영향을 미치고 있음을 알 수 있다.

생물

한양 풍경에는 주로 소나무와 버드나무가 등장하며, 산지와 수변에 상징적으로 표현되었다. 그 외의 대부분의 수목은 군식으로 잡목처리하여 구체적인 수종을 파악

하기 어렵다. 한편, 히로시게의 「명소에도백경」내 에도는 소나무, 버드나무, 삼나무 외에도 계절 변화에 따른 다양한 종류의 식물을 볼 수 있었다. 동물도 한양의 경우보다 빈번하게 나타나고 종류도 다양한데, 주로 고요한 겨울풍경화에서 첨경 요소로 자주 나타나고 있었다.

도시 원형 풍경의 생태관

한 · 일 전통 풍경화 비교를 통해서 본 생태 · 환경관

지금까지 한국과 일본의 대표적인 전통 경관자료(text landscape)들을 통하여 옛 수도인 한양과 에도의 원형 풍경을 비교하고 해석하였다. 그 결과에서 두 도시의 자연에 대한 생태·환경적 특성과 관점의 차이점을 발견하여 각 지역 풍토에 맞는 에코디자인의 기준을 찾고자 하였다.

한양과 에도를 그린 역사적 풍경화에는 각 지역이 지닌 생태적 특성과 생태관에 많은 영향을 받고 있었다. 대륙성 기후를 띤 분지 지형에 입지한 한양은 도시 내외의 산지와 하천으로 구성된 풍부한 자연을 도시의 가장 주된 요소로 본다. 한양의 풍경에서는 인간이 동화한 자연 그 자체를 중시하여 자연 그대로를 최대한 존중하고 유지하려는 자연·풍경관을 읽을 수 있다. 이는 도시 자연을 보존(preservation)하려는 생태·환경관이라고 해석할 수 있다. 한편, 에도의 경우는 다양하게 변화하는 해양성 기후의 특성을 강하게 보이고 있다. 또한 저지대 평야의 지형적 보완을 위해 후지산 등과 같이 주변 산을 차경(借景: 경관을 빌려오는 것)하거나 부족한 물 요소를 인공수로로 보완하는 풍경을 볼 수 있다. 이는 자연 풍경을 고려한다 할지라도 부족한 생태 자원을 인위적으로 보완해서 쓰려는 보전(conservation)적 생태·환경관이라고 해석할 수 있다.

이와 같은 분석을 통해, 같은 아시아 문화권이라 할지라도 국가·지역별로 공간·지리적 특성, 구도적 특성, 시간적 특성, 생태적 특성들이나 자연을 디자인하는 방식은 서로 명확히 다르다는 것을 알 수 있다. 이는 에코디자인과 생태공학, 더 나아가 생태환경 복원 소재를 쓸 때에도 일본과 우리나라가 유사하다는 생각으로 무분별하게 서로 차용해서 쓸 경우, 실패할 수 있음을 시사한다.

원형 풍경과 우리 땅에 맞는 에코디자인

에코디자인의 주요한 특성은 시간(time)의 흐름에 따른 자연의 형성 과정(natural process)을 담는 것이다. 이를 위해서는 경년에 걸쳐 형성된 우리 땅에 대한 역사를 올바로 이해하는 것이 우선이다. 그러한 접근은 풍토가 다른 선진 사례의 모방을 뛰어넘어, 우리 풍경에 가장 잘 맞는 에코디자인의 기준을 마련하는 초석이 될 수 있을 것이다.

훼손된 자연과 생태계를 되살리기 위해서는 무엇보다 우리 원형 풍경과 자연의 본질에 대한 통찰이 절실하다. 각 대상지마다 가지고 있는 그 특유의 자연적 가치를 이해하고, 우리 원형 풍경에서 발견할 수 있는 경관의 본질을 반영해야 한다. 또한, 그 각각의 원형 경관을 바탕으로 주어진 대상지의 지역성과 장소성을 해석하여 표상해야 한다. 자연을 보다 정확하게 해석하고 복원하기 위해서는 과학(기술)뿐만 아니라 오감을 열어 놓고 대상지만의 자연을 읽을 수 있는 예술적 직감도 길러야 한다. 따라서 각기 다른 대상지를 생태적으로 복원하기 위한 환경 디자인의 가치 실현 문제는 궁극적으로 자연을 얼마나 제대로 해석할 수 있는가에 달려 있다. 자연이 담고 있는 가치를 예술적 직감과 과학의 합리성을 바탕으로 한 생태·환경 공학기술로 구현해 내야 한다.

필자가 제2부에서 강조한 자연 디자인을 수행하면서 항시 부딪히는 주요 대립요소이면서도 융합되어야 할 요소들을 아래와 같이 크게 네 가지로 다시 한번 정리해 본다. 첫째, 과학기술과 예술의 융합, 둘째 세계화와 지역성 및 장소성, 셋째 현대와 전통, 넷째 서양과 동양(한국) 등이다. 이들 네 가지 대응 요소들은 자연 디자인의 과정에서 항시 통합적으로 고려되어야 할 사항들이다. 첫째 항목은 1부에서 살펴본 바 있다. 하지만, 나머지 세 가지 대립적 요소들은, 2부 원형 풍경의 생태관을 살펴보면서 그 간극을 조금씩 좁힐 수 있었다.

필자는 본 연구결과를 단순히 이론적으로 정립하는 것에 그치지 않고, 다년간 이를 증명하기 위한 실제적인 연구를 수행해 왔다. 실제 대상지에 우리의 원형 풍경을 해석하여 적용한 에코디자인과 생태환경 공학기술로 구현한 시공법으로 생태환경 복원을 시행하였다. 그 결과, 실제 환경이 복원되고 생태계가 성공적으로 복원되는 것을 증명할 수 있었다. 에코디자인을 통한 생태계 복원은 대상지에 관한 자연의 이치를 깨닫고 자연에 순응하는 설계이다. 이를 위해 자연 환경과 공존하기 위한 환경 설계 방법론, 즉 우리 풍토, 그리고 각 장소에 맞는 수리 수문, 지형, 지질, 토양, 야생 동식물, 미기후 등을 생태공학이라는 과학 기술체계와 접목하여 수행해 왔다. 그 결과, 인간이 야기한 환경 오염 문제조차도 자연의 힘을 빌려 해결할 수 있었다. 이처럼 자연 풍토와 지역, 장소적 특성을 고려한 생태공학 및 생태환경 복원에 관해서는 다음에 이어지는 제3부의 내용에서 더욱 상세히 알아본다.

▲ 매노천 Fish-Way 생태하천 복원(10.3 km) 및 비점 처리용 매노천 생태적수질정화비오톱 설계 및 복원 성공(2011~2015) 후 전경.

PART 03

우리 풍토에 맞는 생태공학

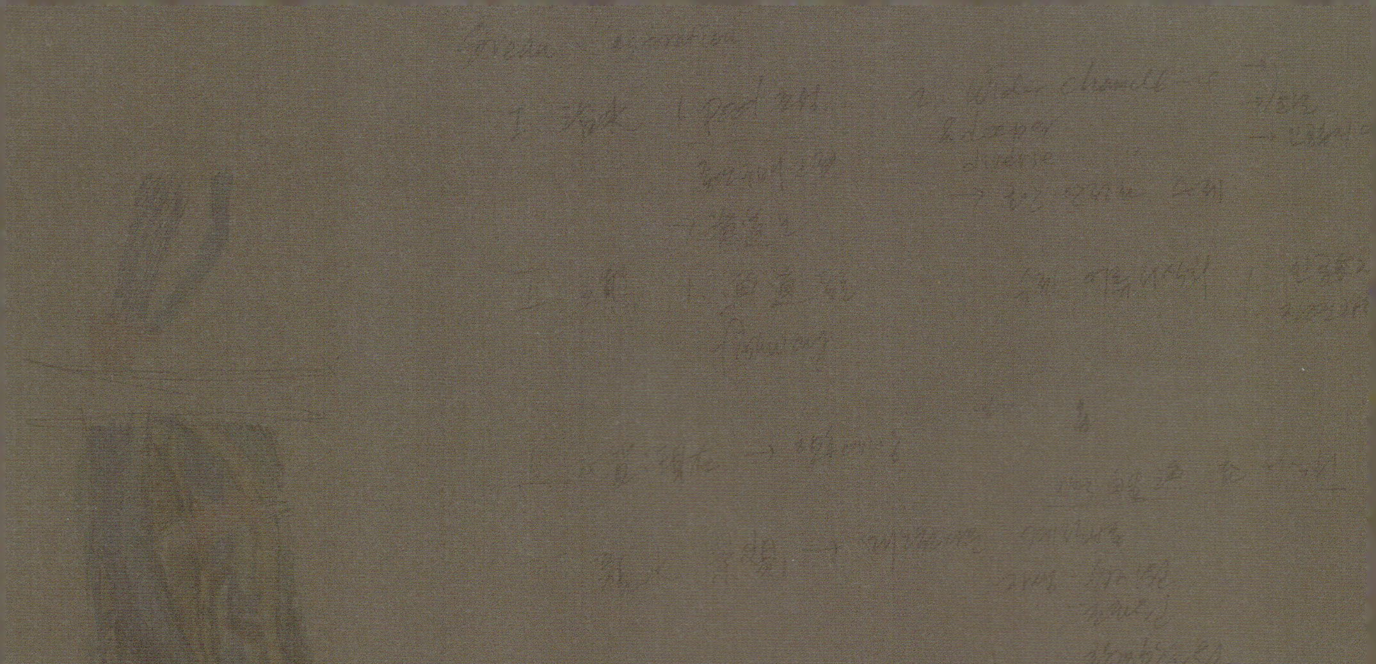

제3부에서는, '생태계'와 '생태공학'이 키워드이다. 제1부와 제2부의 키워드인 우리 '자연'과 '풍경'의 훼손된 생태 · 환경 문제를 보다 과학적으로 밝히고 기술적으로 치유할 수 있는 '생태공학'의 방향을 제시한다. 우선, 생태계 복원을 위해 최근 지속가능한 발전의 이론에 대해 세계적으로 부각되고 있는 생태공학의 기초 이론에 대해 생태학적 관점에서 전개해 나아간다. 생태계 훼손으로 인한 재해는 해가 갈수록 세계 도처에서 폭증하고 있다. 우리 실정에 맞는 생태계 복원 방안을 찾는 것만큼 시급한 일은 없다. 왜냐하면, 생태계 복원에 대한 해외 선진 사례와 이론이 어느 정도 있다고 할지라도 아직은 시작 단계에 불과하며, 각국의 자연과 풍토, 각 지역, 각 장소의 특성에 맞게 다듬고, 검증하며, 재정립해야 하기 때문이다.

제5장에서는 생태계 복원과 생태공학의 의미에 관해 크게 두 가지 골격으로 나누어 살펴본다. 우선 첫 번째 큰 골격은, 생태공학의 뿌리가 되는 생태계와 생태계 복원을 이해할 수 있도록 다음과 같이 다섯 가지를 세분화하여 살펴본다. 첫째 생태학과 그 연구 대상이 되는 생태계에 대해 먼저 이해하고, 둘째 생태계 구조의 주요 구성요소를 살펴보고 나서, 셋째 생태계와 에너지 흐름은 물론, 넷째 생태계와 물질의 순환에 관해 알아보고, 다섯째 응용생태학을 통한 생태계 복원에 대해 알아본다. 두 번째 큰 골격으로는 생태공학이 무엇인지를 다음 세 가지로 세분화하여 살펴 볼 것이다. 첫째, 지속가능한 발전과 생태공학의 의미를 짚어본다. 둘째, 생태공학의 융합적 특성과 유사 학문 분야와의 차별성에 대해 알아본다. 셋째, 생태공학을 통한 생태환경 복원 사례의 국내외 동향을 살펴본다.

제6장에서는 생태공학의 실천 전략으로써, 크게 두 가지 골격으로 나누어 제시한다. 우선 첫 번째 큰 골격은 생태공학을 수행하기 위한 에코디자인의 세 가지 특성에 대해 알아본다. 첫째, 자연 스스로의 설계를 도와주는 에코디자인, 둘째 자연 형성 과정을 담는 에코디자인으로서의 자연 프로세스, 셋째 통합적 수행 과정의 에코디자인이 되어야 하는 인간 프로세스를 알아본다. 두 번째 큰 골격은 우리 풍토에 맞게 개발된 생태공학 기술로서 생태적수질정화비오톱을 통한 생태환경 복원 전략을 제시한다. 이에 대해 다음 네 가지를 살펴본다. 첫째, 생태환경 복원의 핵심인 소생물 서식처로서 비오톱(biotop) 창출의 의미를 논한다. 둘째, 비오톱 창출에 의한 우리 생태환경 복원 기술의 대표적 사례로서 생태적수질정화비오톱 시스템 및 이와 연계된 기술들을 소개한다. 셋째, 생태적수질정화비오톱 시스템 사례를 통해 달성될 수 있는 수생태환경 복원의 네 가지 기능을 제시한다. 넷째, 생태적수질정화비오톱 시스템을 통해 정립한 수생태환경 복원의 다섯 가지 유형을 제시한다. 이 다섯 가지 유형은 이어지는 제4부에서 연결되어 설명된다.

05 생태계 복원과 생태공학

생태계와 생태환경 복원

생태학과 생태계

앞서 제1부에서 살펴본 것처럼, 고도 산업사회 및 정보화 사회인 현대에 이르면서 인간과 자연과의 관계는 급속히 파괴되고 있다. 급속한 인구 증가, 도시화 , 산업화는 자연의 물질 순환계에서도 분해되지 않는 독성 물질과 화석 연료 사용의 증가 등 에너지 남용을 야기했으며, 이는 엔트로피를 증대시키는 결과를 초래했다.

우리나라에서 환경의 가치 혹은 환경권과 같은 개념이 전무하던 1962년에, 북미 등 선진국의 사람들은 레이첼 칼슨(Rachel Carson, 1907~1964)의 저서 「침묵의 봄(Silet Spring)」을 통해 산업과 생태계의 충돌에 대해 큰 경각심을 갖게 되었다.[1] 칼슨은 이 책을 통해 DDT와 같은 독성 살충제나 화학약품 오염으로 인해 생물 농축과 맹금류의 개체 수가 감소되었음을 밝혔으며, 이는 결국 인류의 생존을 위협할 수 있다고 경고했다.[2] 칼슨은 환경 오염과 인간을 포함한 생태계의 건강성을 알리는 데 생태학적 지식을 활용한 결과, 일반 대중과 생태학이라는 과학을 연계하는 계기를 마련하였다. 환경, 생태계 복원의 가치가 사회적으로 중요한 가치로 인식되면서, 환경 관련 법률·정책이 제정 및 시행되기 시작했다.

한편, 생태계에 관한 관심이 촉발되면서 지속가능한 성장, 이를 위한 경제적 가치로서의 자연 자본(natural capital) 등의 개념이 등장하였다. 필자의 은사였던 맥하그(Ian McHarg) 교수가 주창한 생태계획(ecological planning)이 각광을 받은 것도 이

1 레이첼 카슨(Rachel Carson), 김은령, 홍욱희, 침묵의 봄. 서울: 에코리브르, 2011.

2 제프리 힐(Geoffrey Heal) 저 이동구역, 자연자본-지속가능한 성장을 위한 해법, 서울: 여론책, 2018, p. 27.

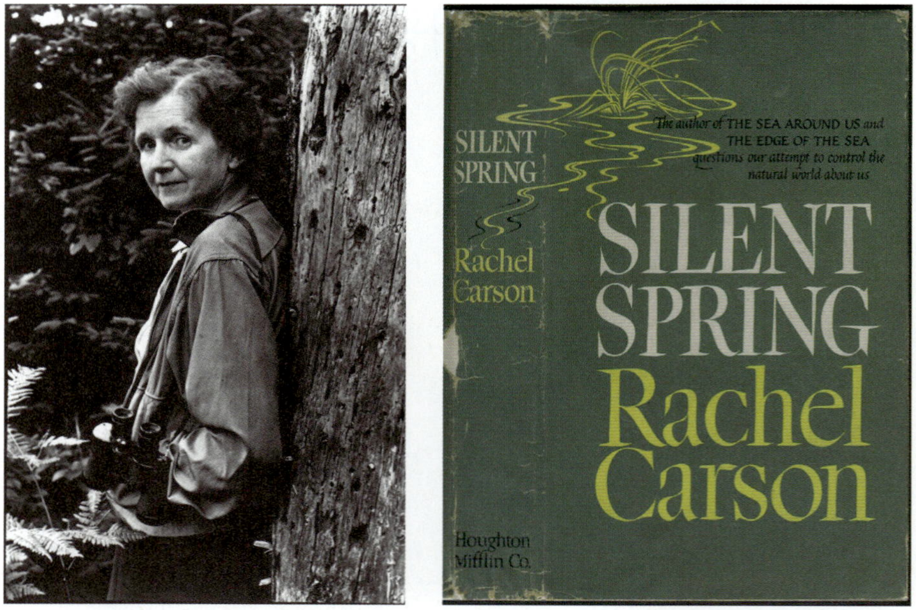

그림 5.1 | 레이첼 칼슨의 침묵의 봄.

무렵이었다. 이러한 사회적 인식의 변화와 함께 UN 등에서는 환경 오염의 주범인 개발 및 건설에서, 지속가능한 개발(SD, Sustainable Development)이라는 대안을 내놓았다. 그러나 이는 개발을 합리화하는 수단으로 전락하는 경향이 농후했다. 그 주된 원인은 생태적으로 설득력 있는 방법들이 부재했을 뿐만 아니라, 영리한 개발업자들이 지속가능한 개발이라는 구호를 상업적으로 남용했기 때문이다. 과거 개발도상국으로서 우리나라는 환경이나 생태계에 관해 기초 지식도 없는 상황이었다. 따라서 산업화와 도시 개발에 의한 동식물의 멸종, 서식지 파괴 등과 생물다양성 급감으로 인한 자연 훼손이 실로 막대하였다(그림 5.2).

위에서 살펴본 것처럼, 산업혁명 이후 급격한 인구 증가, 산업화와 도시화로 인한 환경 파괴 문제를 해결하기 위해 이해해야 하는 주된 학문은 '생태학'이다. 생태계 파괴 문제가 심각해질수록, 그 중요성은 더욱더 커질 것이다. 그런데 현재로서는 이미 망가진 생태계를 회복시키는 생태계 복원의 구체적 실천 방안을 찾기 어려운 실정이다. 따라서 본 장은 뒤에서 다룰 생태환경 복원 및 생태공학의 기초가 되는 생태학과 생태계로 시작한다.

그림 5.2 | 1992년도 산업단지 용수 공급원으로 활용하기 위해 계획된 담수호(시화호) 조성 전 · 후 모습. 단순히 개발 위주의 산업 개발로 인해, 갯벌 생태계로 이루어진 하구 생태계(estuarine ecosystem)를 잘 살리지 못하고, 수질, 생태계 훼손 등의 문제를 야기한 바 있다.

생태학이란 생물과 생물의 상호작용, 생물과 그 주변 환경과의 상호작용에 관한 학문이다. 생태학이라는 말은 「유기체의 일반 형태학(General Morphology of Organism)」이라는 책에서 처음 언급하였다. 생태학이란 'Oecologia'라는 어원을 가진 말이다. 이는 집을 의미하는 그리스어 Oikos(House)와 학문을 뜻하는 Logos(Study)의 합성어, 즉 '집의 관리'라는 의미이다. 생태학이 주로 다루던 연구란, 어느 장소에(where?), 어떤 생물종이(what kind of?), 얼마나 많이(how much?), 무엇이 존재하고(what?), 어떤 시점에(when?) 변화하는 이유(why?)가 무엇인가에 달려 있다.

그림 5.3에서는 필자가 '생태학'을 이해하기 쉽게 그려 보았다. 생태학은 이제 단순히 생물학의 하위 분야라고 볼 수 없을 정도로 폭 넓은 대상을 다루는 자체적인 학문 분야로 발전했다.

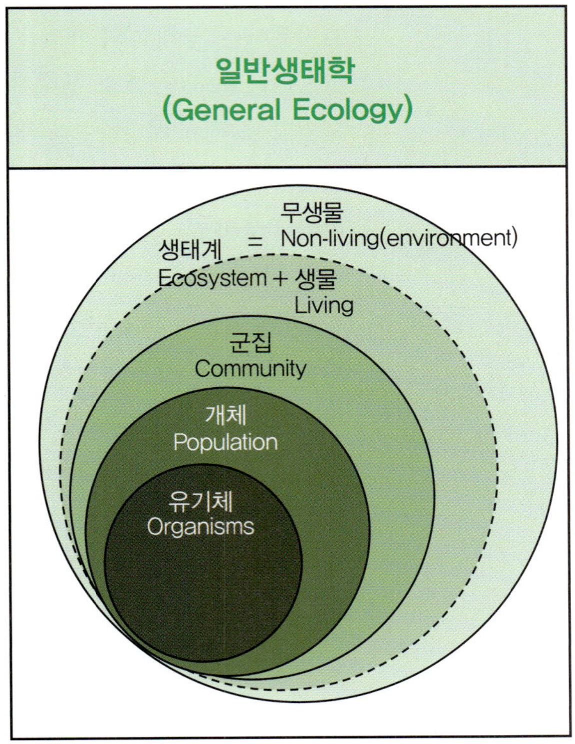

그림 5.3 | 일반 생태학의 관점에서 그려본 생태계 위계(hierarchy).

그림에서 보듯이, 일반생태학에서 개체(population), 군집(community), 생태계(ecosystem) 수준에서 많은 발전이 이루어지고 있다. 게다가 경관 단위로 가면 일반생태학의 영역은 더욱 커진다.

생태학의 연구 대상은 생태계이다. 생태계란 그림 5.3에서 보듯이, 어떤 주어진 대상지역 안에 서식하는 생물과 이들 생물과 상호작용하는 무생물(무기적) 환경요인이 종합된 복합 체계이다.[3] 영국의 탠슬리(Authur G.Tansley)에 의해 1935년 생태계란 용어가 처음 소개되었다. 탠슬리는 생태학자가 연구하는 대상을 생태계라고 최초로 밝혔다. 그는 '자연의 있는 그대로를 이해하기 위해서는 생물과 무생물 환경의 상호관계를 하나로 통합해야 한다'고 주장하였다. 사실, 생물과 생물을 둘러싸고 있는 환경이 상호작용을 한다는 생태계의 개념은 이미 1930년경 클레멘츠(Frederic Edward Clements)에 의해 시작되었다. 하지만 식물 생태학자로서 클레멘츠는 생물과 환경을 일종의 유기체로 보는 바이옴(biome)의 개념을 주장하였다. 탠슬리에 이르러 클레멘츠가 강조하는 바이옴과 넓은 의미의 무생물적 환경이 서로 상호작용하는 '생태계'의 개념을 정립하게 된 것이다. 이후, 미국의 린더만(Raymond Laurel Lindeman)은 호소 생태계의 에너지 흐름의 모델을 시도하였으나 논문이 거절되었고, 27세에 사망하였다. 하지만 그의 죽음은 생태계의 연구를 촉발하는 계기를 마련하였다. 특히, 미국 생태학의 아버지라 일컫는 오덤(Eugene Pleasants Odum)이나 클라크(Gordon L.Clark) 등에 의하여 생태계와 생태학의 개념이 더욱 정착하고 발전하게 되었다.

3 [네이버 지식백과](두산백과) 생태계 [ecosystem, 生態系] 참조

Kormondy는 생태학이란 "에너지와 물질이 이동하고 인구와 군집 구조와 그 변화를 조절하는 것을 포함하는 상호관계 및 무생물과 생물의 구조, 프로세스의 다양함에서 찾아질 수 있는 것"으로 보았다. 그는 우리가 흔히 이해하는 생태계 구조뿐만 아니라 에너지 흐름과 물질 순환에 관해 더욱 강조하였다. 생태학에서 에너지와 물질 순환은 생태환경 복원의 주요 대상이 되는 생태계에 매우 중요한 요소들이다. 생태계의 위계(hierarchy)를 보여주는 구조를 인간의 몸(육체)에 비유한다면, 생태계의 에너지와 물질 순환은 신체 건강을 유지시키는 영양 공급원, 신진대사와 유사한 것이기 때문이다. 그간 인간이 자연 생태계를 파괴하고 환경을 오염시킴으로써 생태계 구조에 변화를 일으켰을 뿐만 아니라, 건강한 에너지 흐름이나 지속가능한 물질 순환이 될 수 없는 지경에 이르렀다. 오염된 생태계를 복원시키기 위해서는, 생

태계의 구조적 측면은 물론, 천이, 에너지 흐름과 물질 순환 등과 같이 생태계의 기능적 측면에 관해 이해되어야 한다. 따라서 다음 절부터는 생태계의 구조를 먼저 살펴보고, 이어서 그 기능이 되는 에너지 흐름과 물질 순환의 기초에 관해 살펴본다.

생태계 구조의 주요 구성요소 / 생태계의 구조

생태계는 빛, (미)기후, 지질, 토양, 지형, 물 등의 비생물 요소와 동물, 식물과 같은 생물 요소로 나누어진다. 생태계 종류는 무기적 환경의 특징에 의해 하천 생태계·호소 생태계·간척지 생태계·하구 생태계·극지 생태계·사막 생태계 등으로 구별하거나, 군락(群落)의 상관에 따라서 산림 생태계·초지 생태계·습지 생태계 등으로 구분될 수도 있다. 또한, 환경 여부에 따라 산업 생태계·도시 생태계·농촌 생태계·산림 생태계 등으로 구분될 수도 있다. 이처럼 다양한 종류의 생태계 구조를 구성하는 주요 요소인 생물은 생산자, 소비자, 분해자로 나누어진다. 우선, 이에 관해 다음의 그림 5.4에서처럼 필자가 '에코디자인 및 생태공학' 과정을 통해 직접 수행한 수생태환경 복원 사례의 예를 들어 보다 구체적으로 알아보자.

첫째, 아래 그림 5.4에서 좌측의 맨 아래 위계에 속하는 생태계의 생산자는 녹색식물 중에서도 습지 식물로 구성된다. 생태계에서 에너지의 근원은 태양빛에서 나오는 복사 에너지이며, 생산자인 식물은 빛 에너지를 이용한 광합성을 통해서 스스로 영양분을 만듦으로써 생육이 가능하기 때문에 독립영양생물 또는 기초 생산자라고도 한다. 생산자는 무기물에서 유기물을 합성한다. 세포 구성 물질을 만들며 에너지원으로도 이용한다. 일반적으로 녹색 식물이며, 이외에 스스로 에너지를 생산 해낼 수 있는 있는 광합성/화학합성 세균도 생산자 그룹에 속한다. 흔히 사람들은 습지 식물들이 환경공학적 수처리 효율과 밀접하다고 생각하여 습지 식물만 심으면 수처리 효율이 보장되는 것처럼 생각하는 경향이 있어 왔다. 하지만 기초 생산자로서의 습지 식물이 지닌 생태계에서의 생태계 복원 기능을 무시하면 어떠한 효율도 기대할 수 없다. 둘째, 그림 5.4의 생태계 구조에서 기초 생산자 위에 분포한 소비자는 동물로 구성된다. 소비자는 스스로 영양분을 만들지 못하여, 다른 생물을 먹이로 하여 살아가는 생물을 말한다. 따라서 종속영양생물이라고도 한다, 먹이에 따라서, 생산자를 먹는 생물을 1차 소비자라고 부른다. 1차 소비자를 먹는 생

그림 5.4 | 필자가 그간 국내의 여러 사례 대상지에서 수생태환경 복원을 통해 창출적으로 복원하였던 다양한 생물들을 기초 생산자(습지식물)-1차 소비자-2차 소비자-3차(고차) 소비자-분해자로 구성된 생태계의 피라미드 구조에 배치함.

물을 2차 소비자, 마지막 소비자로써 최종 소비자로 나뉜다. 주로 필자가 복원한 맑은 물 지표종이면서 향토종 어류들인 참종개, 돌마자(제8장 참조)와 멸종위기종 양서파충류인 금개구리(제9장 참조), 맹꽁이(제10장 참조) 등이 이에 속한다. 이러한 먹이 상관관계를 먹이 연쇄라고 하며, 생태계에서는 생산자가 생산한 유기물과 영양소가 상위 단계로 이동하게 된다. 셋째, 그림 5.4의 피라미드 맨 아래에 배치된 생태계의 분해자는 세균 또는 미생물로 구성된다. 분해자는 생산자, 소비자 또는 다른 분해자 등의 죽은 생물이나 이들의 배설물을 분해하여 에너지를 얻는다. 즉, 분해자는 주로 세균이나 균류로써, 이들은 사체나 배설물과 같은 유기물을 생산자가 사용할 수 있는 형태의 무기물로 환원시킨다. 이들이야말로 생태계 구조에서 생태환경적 수처리 효율인 침전, 흡수, 흡착, 분해 과정에서 없어서는 안 될 분해자이나, 눈에 보이는 것만 계상하는 건설 방식으로는 놓치기 쉬운 주요 요소이다.

위의 그림 5.4는 필자가 국내에서 창출적으로 복원한 종들을 기초 생산자(식물)-1차 소비자-2차 소비자-3차 소비자-고차 소비자에 이르기까지의 생태계의 구조로 배치한 것이다. 생태계의 실제적인 피라미드 구조를 통해서 보면, 한 지역 내 서식하는 생물종의 다양성은 생태계가 얼마나 건강한지에 대한 잣대가 될 수 있다. 생태계가 건강할수록 생물종은 다양해지고 포식-피식 관계는 복잡해진다. 그림에 표현된 먹이사슬은 간소화되었으나 수많은 종의 식물, 어류, 곤충 등이 존재하고, 생물 사이에 먹고 먹히는 관계는 생물의 종류와 수, 양의 균형을 맞춤으로써 평형을 이루게 됨을 알 수 있다. 다만 위의 생태계 구조에서 살펴보듯이, 본서는 생태학과 생태계의 과학적 지식을 전달하는 것만을 주된 목표로 하지는 않는다. 본서의 지향점은 생태학이라는 과학적 지식의 토대 위에 오늘날 파괴되는 생태계를 치유와 창출(creation)을 통해 향상(enhancement)시키고, 생태적 훼손을 줄이고(mitigation), 궁극적으로는 지속가능한 개발(SD, Sustainable Development) 방안을 제시하는 것에 있다. 생태학과 생태계에 대한 기존 지식은 생태학과 관련된 다양한 분야의 전문 지식이다. 전문 지식을 이해하는 것은 과학적 이해를 돕는 서적들을 참고하면 된다. 하지만, 생태적으로 병든 땅을 치유하며 다양한 생물 서식처를 창출하고 생태계 훼손에 치명적인 환경 문제를 자연 기반을 통해 해결(NBS: Nature Based Solution)하는 생태계 복원 실무의 기본 이해를 돕는 사례나 방법론은 국내외적으로 극히 드물다. 특히 생태계를 구성하는 70% 요소인 수문학과 생태계의 가장 치명적인 환경 오염 문제를 야기하는 수질 환경을 복원하고 수생태계를 복원하는 사례는 매우 중요하나, 세계적으로 선구 사례가 거의 없는 실정이다. 본서는 생태학과 생태계를 토대로 생태환경 복원 실무를 통해 훼손된 생태계 구조와 기능을 복원토록 하는 것을 목표로 한다. 특히, 생태계에 가장 치명적인 환경 오염인 수질 환경을 생태적으로 복원하고 수생태계를 복원함으로써, 각 장소에 맞는 생태계의 구조를 건강하게 만들고자 한다.

본 절에서 살펴본 생태계의 구조는 독립적으로 존재하는 것이 아니라, 에너지의 흐름과 물질 순환이라는 생태계의 기능으로 서로 연결되어 있다. 따라서 다음절에서는 에너지의 흐름을, 그 다음 절에서는 물질의 순환을 살펴볼 것이다.

생태계와 에너지 흐름

앞서 생태계 구조에서 살펴본 대로, 태양빛으로부터 전달된 에너지는 먹이사슬을 따라 상위 단계로 흐르면서 열에너지로 소실된다. 따라서 상위 소비자로 갈수록 에너지 양은 감소한다. 하지만 상위 소비자로 갈수록 영양가가 높은 동물성 먹이를 섭취하는 비율이 높아지기 때문에 에너지 효율은 높아지게 된다(그림 5.5). 생태학자들의 연구를 통해 다음 식을 이용하여 한 영양 단계의 에너지(E_1)에서 다음 영양 단계로 변화된 에너지(E_2)의 비율값을 계산할 수 있다.

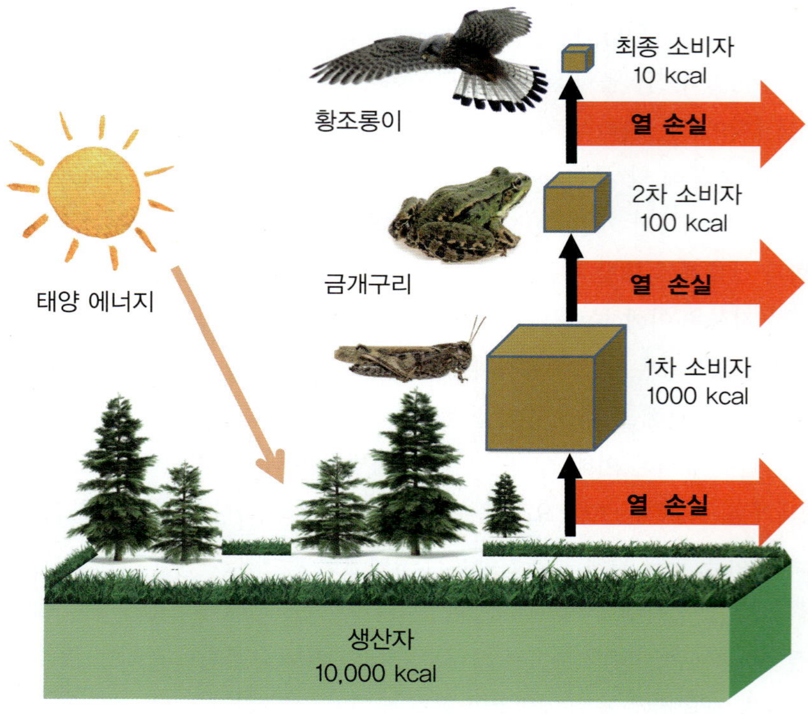

그림 5.5 | 에너지 흐름과 영양단계에 관해 일반 백과사전(Encyclopedia, Britannica, Inc 2011)을 응용하여 필자의 복원 사례를 각색하고 예시하여 설명함.

$$에너지\ 효율(\%) = E_2/E_1 \times 100$$

생산자는 광합성을 통해 태양 에너지를 화학 에너지인 포도당으로 전환한다. 생산자가 만든 화학 에너지는 먹이 연쇄 과정을 통해 생물이 살아가는 데 필요한 에너지로 사용된다. 먹이 연쇄 과정은 생산자와 소비자 사이에 에너지 고리로 연결된 일방통로이다. 그 이유는 태양 에너지부터 시작된 에너지를 생산자와 소비자를 거치면서 열로 인한 손실이 발생하며, 손실된 에너지는 생물에 의해 재사용되지 않기 때문이다. 에너지 흐름은 생물이 생태계 내에서 얼마나 다양하고 건전하게 지속되는지를 파악하기 위한 척도로 활용될 수 있다.

그런데 이러한 생태계(ecosystem) 내의 에너지 흐름은 열역학의 관계를 통해 설명될 수 있다. 열역학이란 열과 일의 관계를 다루는 분야로서, 자연계 안의 에너지 흐름을 통일적으로 다루는 학문 분야이다. 생태계에서 열역학이란 생태계에 존재하는 생물과 환경과의 에너지 흐름을 의미한다. 따라서 우선 열역학의 기본 법칙들을 살펴보자.

열역학 제1법칙은 에너지 보존의 법칙으로 모든 종류의 에너지들이 서로 변환 가능하며, 에너지의 총량은 보존된다는 것이다. 여기서 에너지란 일을 할 수 있는 능력이다. 즉, 식물이 빛 에너지를 통해 광합성해서 생산한 탄수화물을, 동물이 화학 에너지로서 섭취하고, 이를 다시 기계적 에너지로 전환해 근육 수축 운동을 하고, 먹고, 움직이고, 걷고 하면서 성장하는 것이다. 에너지는 운동 에너지, 빛 에너지, 화학 에너지, 전기 에너지 등 여러 종류가 있다. 이처럼 여러 종류의 에너지들은 총량이 보존되는 한도 내에서 모든 가능한 형태의 에너지로 바뀔 수 있다. 이러한 맥락에서 지구적 차원의 생태계의 에너지 보전법칙을 생각해보자. 한 연구 결과에 따르면, 생태계의 경우 1차 생산자(식물)에게 빛 에너지를 공급하는 태양은 지구 표면에 1 cm^2 당 매분 0.5 cal의 제한된 열량을 공급한다고 한다. 인구 증가, 산업 공해, 화석 연료 남용, 자연 훼손, CO_2 증가, 오존 파괴 등으로 인해 복사열이 지구 내에 축적되고 심각한 기후 변화를 앓고 있다. 한정된 에너지 공급량에 비해 인간이 일정 한계 이상의 에너지를 소비할 경우, 가까운 미래에 지구의 동식물 생태계 파괴는 물론, 인간 역시 생존하기 힘든 상황이 될 것이다.

열역학 제2법칙은, 실제 자연계에서 일어나는 에너지 흐름의 과정들 중 앞의 열역학 제1법칙에서 규명되기 어려운 현상을 설명하기 위해 등장한 원리이다. 예를 들어, 열은 뜨거운 물체에서 차가운 물체로 이동할 수 있지만, 그 반대의 과정은 스스로 일어나지 않는다. 이를 비가역성이라고 하는데, 열역학 제1법칙으로는 설명할 수 없다. 열역학 제1법칙은 과정 전과 후의 에너지를 양적으로 규제하고 있다면, 제2법칙은 에너지가 흐르는 방향을 규제하는 성격을 띠고 있다. 에너지의 비가역성을 설명하는 열역학 제2법칙에 의하면, '열의 출입이 차단된 고립계에서는 항상 엔트로피가 증가하는 방향으로 변한다.'라는 결론에 도달하게 된다. 에너지의 능력, 즉 포텐셜(potential)은 점차 줄어들며, 궁극적으로는 엔트로피가 극댓값을 갖는 평형상태에 이른다. 따라서 열역학 제2법칙은 엔트로피와 밀접한 관계에 있으므로, 엔트로피의 법칙이라고도 불린다.

엔트로피의 법칙에 따르면 에너지 변화는 되돌릴 수 없는 방향성을 가지고 있다. 이로 인해 화석 연료와 같은 에너지는 고엔트로피의 분산된 에너지로만 바뀐다. 즉, 생태계가 파괴되고 환경이 오염되기에 소모 에너지를 증가시킨다. 21세기의 인류는 그간 산업화나 도시화로 인해 남용해 온 화석 연료를 새로운 에너지로 대체해야 하는 숙명을 맞고 있다. 왜냐하면 그간 화석 연료 등을 통해 전 지구를 뒤덮고 있는 환경 오염 문제는 그 심각성이 날로 더해가기 때문이다. 기후 변화, 오존층 파괴, 해수면 상승, 수질 오염, 산림 훼손 등 인간이 일으킨 환경 문제는 엔트로피를 증대시키면서 생태계 파괴는 물론, 결국 인간의 생존마저도 위협하고 있는 상황이다.

따라서 생태계의 에너지 흐름에서 열역학 법칙을 살펴본 결과, 화석 연료의 사용을 줄이는 등의 노력 등을 통해 엔트로피를 줄이면서 생태계와 환경을 복원하는 것이 중요하다. 이를 위해서는 1, 2부에서 살펴본 대로 장소, 지역, 풍토를 반드시 고려하여 최대한 자연 스스로 복원이 될 수 있는 생태공학과 같은 기술적 방안이 마련되어야 한다. 아래 그림 5.6 상단에서 보듯이, 기존의 공학기술 프로세스에서는 화석 연료 에너지를 과용한다. 한편, 그림 하단에서 보듯이 생태공학자는 적은 에너지를 투입하며, 에코디자인을 통해 태양 에너지와 같은 자연 에너지를 적극 활용한다. 대상 지역의 생태적 특성을 고려하여 엔트로피의 발생을 최소화한다. 생태공학자의 주된 역할은 엔트로피를 최소화하고 자연 스스로의 역할을 증대시키면서 인간의 영향으로 오염된 환경을 예방·치유하고 훼손된 생태계를(창출적으로) 복원하

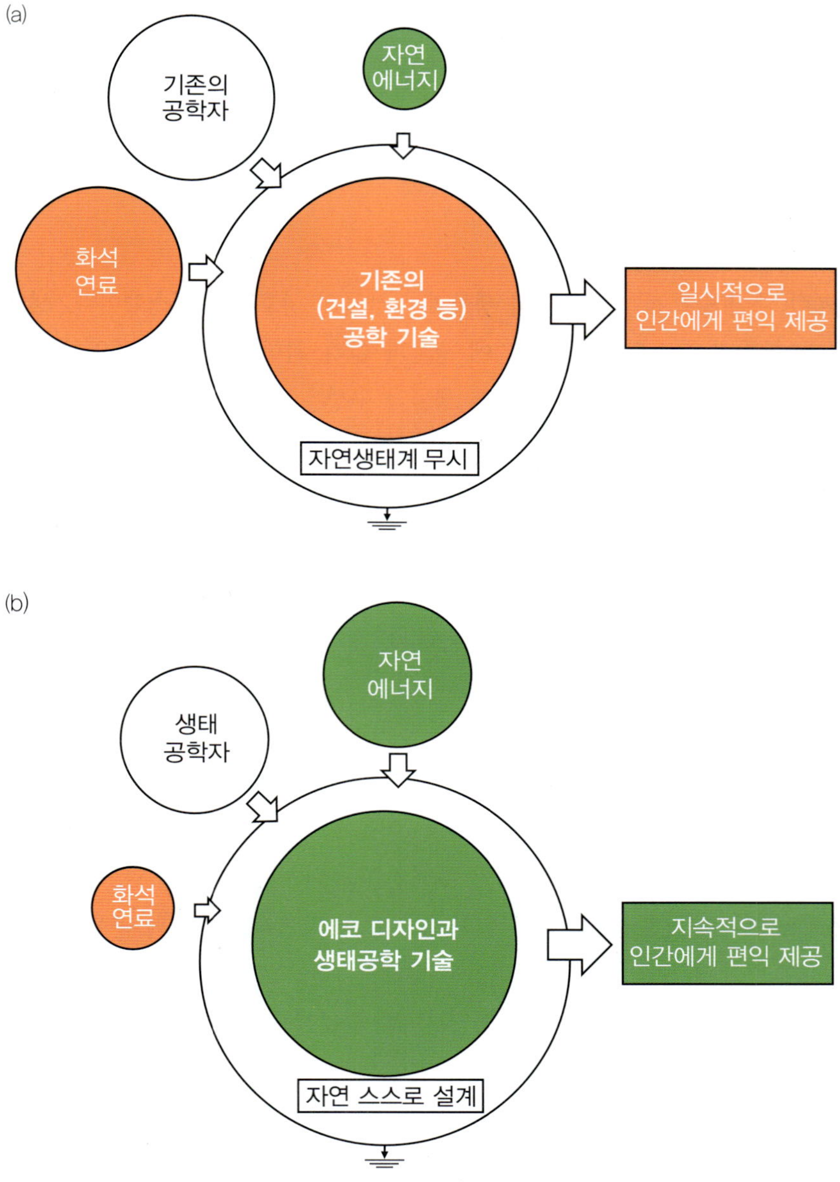

그림 5.6 | **(a) 기존의 (건설 및 환경 등) 공학기술 프로세스, (b) 생태공학의 프로세스**(Mitsch, 1998; Elsevier Science의 내용을 필자의 경험으로 우리 풍토에 맞게 재해석함). 두 가지 비교 시, 모두 인간에게 편익을 제공한다. 하지만 통상 (a)의 기존의 공학 기술은 화석 연료 에너지를 쓰는 방식이다. 한편, (b)에서와 같이, 본서에서 추구하는 생태공학은 화석 연료 에너지를 적게 사용하고, 자연생태계 스스로 조절하는 자기 설계에 더욱 의존하는 방식을 취한다(© 변찬우, 2018).

는 것이다. 그 결과 생물 다양성 증진, 멸종위기종 복원 등을 통해 생태계의 가치를 높이고, 홍수 조절 기능이나 수질 오염 정화 기능에서부터 자연 치유의 휴식 공간 기능까지도 제공할 수 있다.

생태계와 물질의 순환

생태계란 주어진 특정 대상지역의 생물과 무생물의 상호작용 시스템이다. 생태계는 물리·화학적 환경으로 구성되기에 생물과 물리·화학적인 각 구성요소들 간의 상호작용이라고도 볼 수 있다. 여기서 생물적 구성은 앞서 살펴본 대로 식물과 동물, 미생물로 이루어진다. 물리·화학적 환경이란 C, N, P, O_2, H_2O 등과 같은 무기물질(inorganic elements)과 수문, (미)기후, 지질, 토양 등과 같은 물리적 요소로 구성된다.

생물권의 모든 생물은 생지화학적(biogeochemical) 순환에 의해 에너지와 영양분을 공급받는다. 비생물적 요소로써 물, 탄소, 질소 등의 무기염류와 같은 물질이 있다. 이중 질소(N), 인(P), 칼륨(K), 마그네슘(Mg), 황(S), 칼슘(Ca), 철(Fe) 등은 대부분의 생산자인 녹색식물의 몸을 만들거나 생명활동을 하는 데 필수적인 요소이다. 무기염류는 먹이 연쇄 과정을 통해 이동하면서 식물에 다시 흡수, 이용됨으로써 생물과 무생물 사이를 순환하게 된다. 이를 물질의 순환이라고 한다. 이를 먹이 연쇄 과정으로 살펴보면, 생산자가 무기염류를 다시 흡수할 수 있도록 하는 것이 분해자이다. 인간은 도시화와 산업화 등으로 이 자연적인 순환의 균형을 파괴시키고 기후 변화 및 오염된 환경을 만들고 있다.

그림 5.7에서와 같이, 지구온난화와 같은 환경 문제를 이슈화함으로써 노벨평화상을 수상한 바 있는 엘고어는 이러한 '불편한 진실'에 관한 문제를 잘 설명하고 있다. 화석 연료의 과다 사용은 이산화탄소(CO_2)를 증대시켜 대기 오염의 주범이 되었다. 또한 이산화탄소와 같은 대기 오염 물질은 지구로 유입되는 태양 에너지의 지구 복사열을 차단해 왔다. 이는 기후 변화를 불러 일으켰고, 이는 지구 생물상 변화와 생태계 변화에 지대한 영향을 미친다. 열대 우림이나 도시화를 위한 간벌 등으로 많은 산림 파괴시 식물의 광합성을 위한 CO_2 소모가 줄어들게 되어 CO_2 증가를 야기한다. 결국, 이는 탄소 순환에 문제를 일으키고 지구 온난화의 원인이 된다.

그림 5.7 | 이산화탄소, 온실가스 등의 화학물질을 지나치게 많이 배출함으로써 그 온실효과에 의해 파괴되어가는 지구 환경(남미, 페루: 빙하가 녹기 전후의 계곡) 문제를 역설하는 환경운동가 엘고어(© https://www.rappler.com).

질소, 탄소, 산소는 생명 유지에 필수적인 무기물질들이다. 질소는 단백질과 DNA, RNA와 같은 합성물질의 구성 요소이다. 탄소는 탄수화물, 단백질, 지방, 핵산 등의 생물 분자를 이루고 있는 필수적인 요소이다 산소는 호흡을 위해 필수적이다. 이는 에너지와 함께 식물과 동물에 공급된다. 따라서 질소, 탄소, 산소 순환이 가장 중요한 생지화학적 순환이다. 질소, 탄소, 산소는 생물권을 끊임없이 순환한다. 광합성은 세 가지 순환에서 가장 기초가 되는 에너지원이다. 식물은 광합성 반응을 이용하여 엽록소와 태양 에너지를 필요한 생활 물질로 만든다. 물과 공기로부터 얻은 탄소와 토양 속에 있는 질소 및 기타 물질들이 이 화학 반응에 중요한 구성요소들이다. 본서에서는 생태계의 핵심이 되는 수질에 영향을 미치는 주요 구성 요소 중에서도 탄소, 질소, 인의 순환을 알아보고, 더 나아가 이들 핵심 구성요소들의 생지화학적 순환에 크게 영향을 미치는 물의 순환까지 살펴본다.

탄소는 지구상 모든 생물의 중심 구성 원소이며, 자연계에 풍부한 원소 중 하나이다. 탄소의 경우 생물이 호흡할 때 이산화탄소 상태로 대기로 방출된다. 또한 화

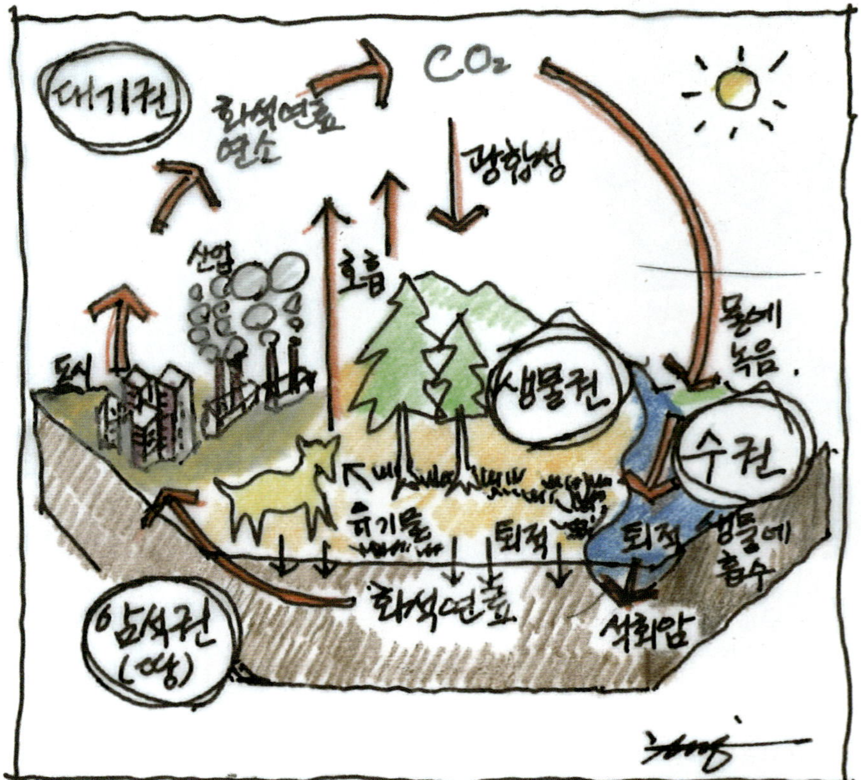

그림 5.8 | 탄소 순환에 관한 유역 차원의 모식도. 탄소가 생태계 내에서 암석권, 대기권, 수권, 생물권 사이를 순환하는 것. 도시 · 산업 지역 내 화석연료의 남용은 대기 중 이산화탄소를 증가시켜 건전한 탄소 순환을 저해시키며 기후 변화의 주범이 된다. 반면, 식물의 광합성은 이산화탄소를 흡수 · 저감시키면서 유기물을 만든다.

산 폭발로 인해 지각에 묻혀 있던 탄소가 대기로 방출되거나 화석 연료가 탈 때 탄소가 방출된다. 식물은 탄소 동화 작용을 통해 대기 중에 있는 이산화탄소를 흡수하여 유기물을 합성하고, 여러 종류의 유기물은 생물체를 구성하거나 생물들의 활동 에너지로 사용된다. 이는 먹이 연쇄를 통해 이동하지만 생물은 죽게 되고 결국 비생물 환경(암석권, 수권 등)으로 되돌아간다. 이때 하천으로 유입되는 유기물질의 양인 유기탄소(organic carbon)가 과다할 때 수중 미생물이 과량 증식하여 수질 오염 부하량을 높여 생태계 교란을 일으키게 된다. 대기권의 탄소는 탄산 이온의 형태로 수권에 녹기도 한다. 탄소는 수권, 생물권, 암석권, 대기권 사이를 여러 형태로 이동한다. 이를 탄소 순환이라고 한다. 대기 중에서 이산화탄소 비율은 약 0.03%으로 대부분의 탄소는 지권에 저장되어 있다고 할지라도 대기권의 탄소는 기후 변화에 큰 영향을 미친다. 최근 환경 오염의 주요 원인이 되는 화석 연료의 연소 증가와 생태계 파괴로 대기 중의 이산화탄소 농도가 높아지고 있다. 이러한 현상은 사막화, 해수 온도 및 해수면 상승, 가뭄, 홍수 등의 기후 변화 및 빈번한 자연 재해로 인간 사회뿐만 아니라 생태계에도 심각한 피해를 주고 있다.

질소는 대기 중 약 78%로 가장 많은 성분을 차지한다. 하지만 식물은 토양 속에 존재하는 질산염 형태의 질소를 유기물질의 재료로서 이용한다. 이는 먹이 연쇄에 의해 동물체로 순환되고 결국 분해되어 비생물 환경(암석권, 수권)으로 되돌아간다. 생물체의 사체는 토양이나 수중에서 분해되어 암모니아로 변환한다. 그 이후 질산

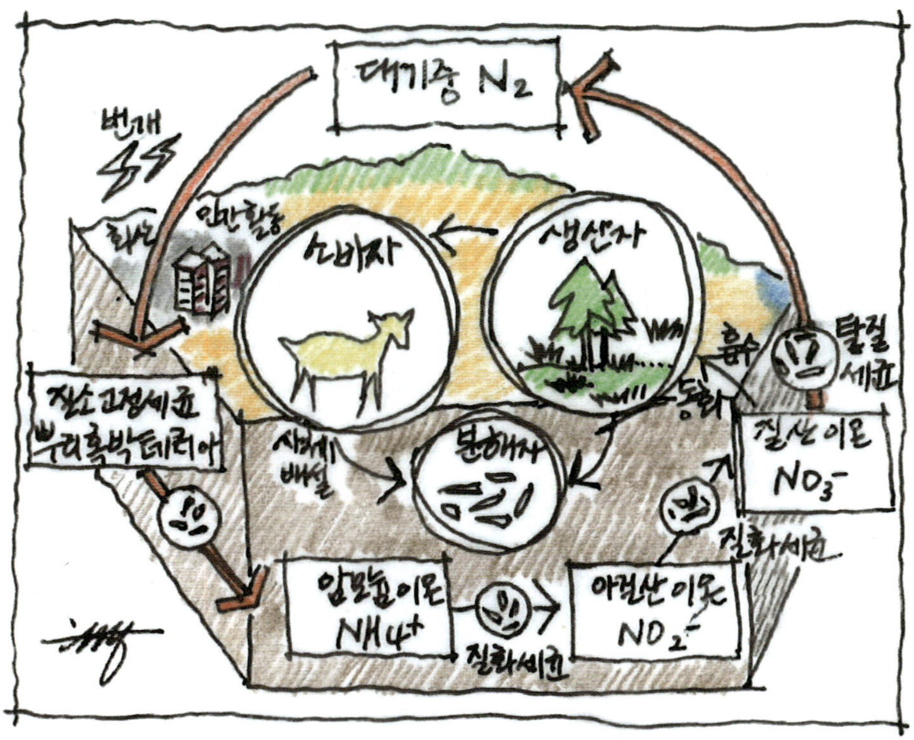

그림 5.9 | 질소 순환에 관한 유역 차원의 모식도. 질소가 생태계에서 (비생물) 환경으로부터 생산자, 소비자를 거쳐 다시 (비생물) 환경으로 순환하는 현상. 도시화, 산업화로 인한 수질, 토양 환경이 오염될 경우, 질소 순환에 기여하는 각종 세균이 역할하기 어렵기 때문에 건전한 질소 순환이 안 이루어진다.

균 등의 작용에 의해 호기적 조건하에서 질산 등으로 산화한다. 이때 일부는 혐기성 조건하에, 탈질세균에 의해 질소 분자가 되어 대기로 방출됨으로써 질소 순환이 이루어진다. 하지만 질소 순환을 가로막는 오늘날의 문제들 중, 예를 들면 질소가 많이 함유된 비료가 우기에 밭에서 씻겨 내려올 경우 하천, 호수, 강 등에 흘러들어 조류와 세균들을 빨리 자라게 한다. 흔히 녹조라고 일컫는 유해 조류들이 발생되면 햇빛 차단으로 인해 광합성이 어려워지게 되어 산소 공급이 줄어들게 됨에 따라, 세균은 물속의 산소를 이용하게 된다. 결국, 물속의 산소 부족 상태를 일으켜 수중생물이 죽게 된다. 건전한 질소 순환에 문제가 야기되는 경우, 비점오염원으로 인한 녹조 발생의 주요 원인이 된다.

그림 5.10에서와 같이, 인은 주로 고체의 형태를 띠고 있다. 따라서 탄소나 질소의 물질 순환과 달리 대기를 통하지 않고서 물질 순환한다. 대부분 인광석의 형태

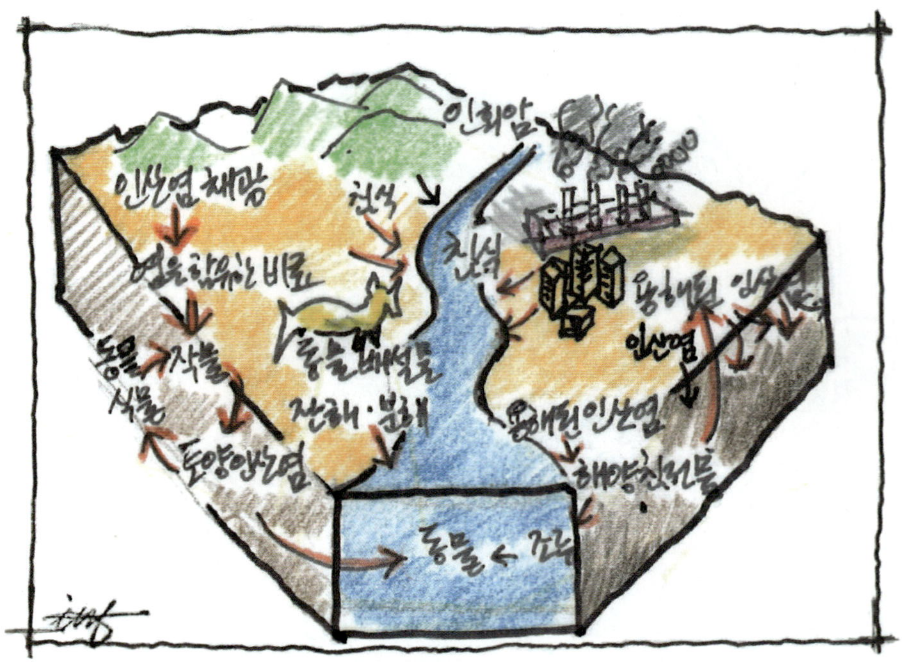

그림 5.10 | **인 순환에 관한 유역 차원의 모식도.** 인은 대기를 통하지 않고 인산염 형태로 수권과 암석권을 순환한다. 어떤 유역에서 너무 많은 양의 인이 녹을 경우, 부영양화나 적조현상을 일으켜 수질오염의 주원인이 된다.

로 존재하고, 풍화되어 주로 인산염(PO_4^{3-})의 형태로 변환된다. 이는 빗물에 의해 수권으로 들어가 조류나 플랑크톤에 의해 흡수된다. 또한 토양에서는 주로 식물에 의해 흡수되면서 순환한다. 인 또한 먹이 연쇄를 통해 생물체 간 이동하게 되고 배출된 인은 인산염의 형태로 수권과 암석권을 순환하게 된다. 하지만 토양에 존재하는 인과 영양염류가 높은 가축 분뇨는 수질 오염의 원인 중 하나가 된다. 이는 빗물과 함께 하천으로 유입되거나 지하수로 흘러들어간다. 특히 너무 많은 양의 인이 유입될 때는 수중 플랑크톤의 생장을 촉진하여 녹조 현상이 발생한다. 게다가 다양한 물속 생물들에게 필요한 산소량을 감소시킴으로써 수중 생태계를 훼손시킨다. 특히, 인은 수질 오염에서 제한 인자(limiting factor)로 작용한다. 하지만 질소와 달리 인은 가스 상태로 전환되기 어렵다. 따라서 식물이 흡수하지 못하는 형태의 인이 토양이나 하천으로 유출되면, 호수나 바다에 부영양화를 초래하여 심각한 수질 오염을 초래한다. 질소나 인의 순환에 문제가 발생할 경우, 그 처리 방안은 다음 절 이후에 다루어질 생태공학적 접근을 통해 찾는 것이 바람직하다.

그림 5.11은 유역 차원에서의 물의 순환 과정이다. 구름에서 지표로 내리는 강수는 다양한 경로로 흐른다. 토양에 저류되어 증발을 통하여 수증기로 변하거나 식물의 조직을 통하여 증산하여 대기 중으로 돌아간다. 이와 같은 증발과 증산을 합쳐 증발산(evapo-transportation)이라고 한다. 또한 일부의 강수는 지표면 흐름이나 유출 등을 통하여 하천으로 흐른다. 지표에 떨어진 경우 침투 혹은 유출 등으로 토양 속으로 이동한다. 토양을 통해 침투된 강우는 침투를 통해 지하수까지 내려가게 된다. 이러한 지하수는 지하의 공간을 채우게 되며 일부는 증발하거나 지표면으로 다시 유출되어 흐르게 된다. 지표수, 지하수는 중력의 영향으로 높은 곳에서 낮은 곳으로 이동하게 되며 결국 바다를 향해 유출된다. 자연적인 물 순환 과정에서는 이와 동시에 많은 양의 지표 및 지하수의 증발과 증산을 통하여 대기로 돌아간다. 그러나 오늘날 불투수 면적이 높은 도시 지역은 강우의 침투(infiltration)가 원활히 일어나지 못하는 데다가 이상기후까지 덮쳐 가뭄이나 홍수 등의 위협에 직면해 있다. 집중 강우로 인한 피해뿐만 아니라 가뭄과 폭염으로 촉발된 식수 공급 제한은 높은 인구 밀집도가 형성되어 있는 도시에 치명적이다. 도시 지역의 상류 하천은 항시 물 부족으로 인해 수질도 악화되는 경향이 많았다. 따라서 도시 유역의 하부에 설치된 하수처리장의 배출수를 상류로 압송하여 상류 하천의 건천화를 방지하고

그림 5.11 | 물의 순환에 관한 유역 차원의 모식도. 지표수나 해수 등 지표면의 증발과 식생에 의한 증산 작용 후, 눈 · 비로 내리는 강수량의 순환 과정.

유지용수를 공급하는 사업들이 추진된 바 있다. 이와 관련되는 도시 물 순환 문제의 생태공학적 해결 방안은 제11장 "제민천 도시상류하천 재이용수 제공을 위한 처리습지"에 잘 제시되어 있다.

응용생태학을 통한 생태계 복원

46억 년 전에 지구가 탄생하고 약 1만 년 전에 농경 목축 등으로 인류는 인구를 증가시켰다. 하지만 산업혁명 이후 폭발적인 인구 증가는 1850년에 12억 명, 1950년대에 25억 명, 199년도에 60억 명, 현재 70억 명에 다다른다. 지구의 자연생태계는, 폭발적인 인구 증가와 도시화, 산업화로 인해 급격하게 오염되고 있다.

그림 5.12의 그림 왼쪽 편의 일반생태학은 이미 그림 5.3에서 생태계의 위계를 이

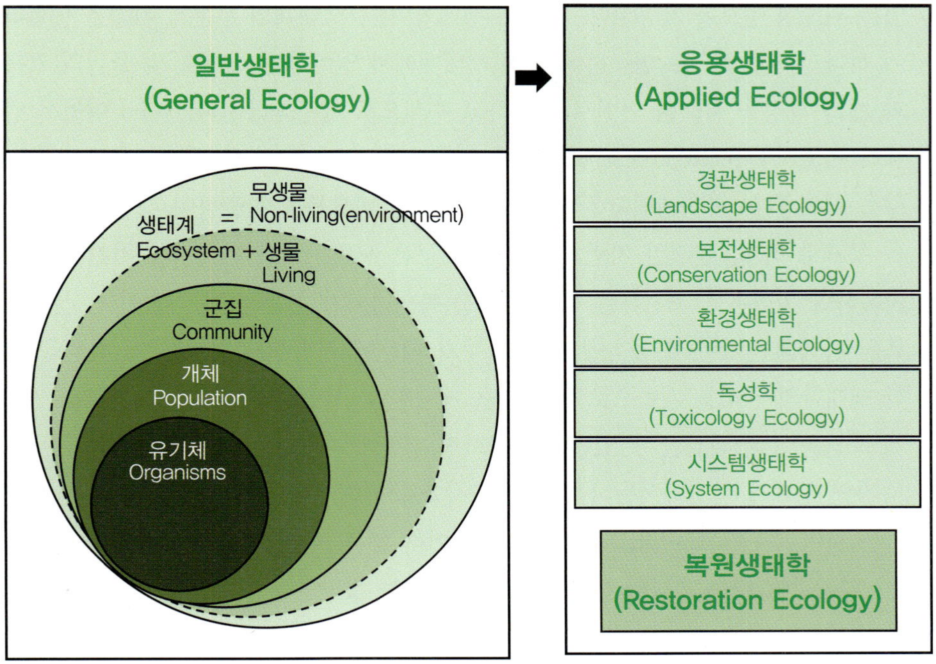

그림 5.12 | 생태계의 위계를 고려한 그림 5.3의 일반생태학(왼쪽)을 기반으로 파생된 다양한 응용생태학의 분야(오른쪽)를 분류하여 도표화함.

해하기 위해 살펴본 것으로, 이를 바탕으로 그림 오른쪽의 응용생태학을 분류해 보았다. 우측 그림의 순서대로 응용생태학의 각 분야별 정의를 살펴보면 다음과 같다. 우선 경관생태학은 자연 생태계에 큰 영향을 미치는 사람까지도 계에 포함시켜 좀 더 높은 차원의 계를 경관으로 생각하고 구조나 기능, 동태를 연구하는 생태학의 한 분야이다.[4] 보전생태학이란 보전생물학과 같은 의미로서 생태계에 대한 인간의 영향을 이해하며, 생물종의 소멸을 방지하기 위한 방안을 마련하고, 멸종위기종 복원 및 서식처 조성 등 생물 다양성 보호를 위한 학제이다. 환경생태학은 지구 생태계에 영향을 미치는 기후, 대기, 수질, 토양 등의 오염 문제를 해결하는 것을 목표로 하며, 생태계의 구조와 특성, 생태계의 에너지 역학과 물질 순환 및 생태계의 제한 요인, 개체군의 특성과 동채 및 상호작용, 인구 자원과 환경 오염의 상호작용 등에 관한 학문이다.[5] 독성생태학이란, 환경 오염 물질이 인간을 포함한 생태계를 구성하는 다양한 생물종에 미치는 영향을 평가하여, 이를 통해 생태계에 미칠 수

4 강영희, 생명과학대사전, 아카데미서적, 2014.

5 박석환, 곽동희, 이태진, 장관순, 허우명, 신윤근, 환경생태학, 신광문화사, 2013.

있는 위해성 정보를 제공한다. 시스템 생태학이란, 생태계의 부분적 기능을 통합하여 하나의 시스템으로 연구하여 자연 생태계에서 일어나는 에너지 및 물질의 흐름과 변화 과정을 시스템 언어로 분석하고 수식으로 정량화하는 것이다.[6] 이어서 컴퓨터 시뮬레이션(computer simulation)에 의해 현실과 대비, 수정, 예측, 최적화의 방향을 제시한다. 복원생태학은 소생물 서식처인 비오톱을 창출하여 생태환경 복원을 목표로 하며, 온전한 자연의 체계와 기능을 모방하여 인간이 훼손시킨 자연을 치유하여 서식처를 조성하는 등 생태계를 복원하고자 하는 환경 기술이다. 생태적 복원 사례의 대부분이 공학에 중심을 두기 때문에 지속 가능한 생태계 복원을 위한 생태학의 원리를 기반으로 한 지침을 제시한다. 복원생태학은 오염 환경을 생태계 복원을 통해 해결할 수 있는 생태공학적 기반에 가깝다.

6 하워드 오덤(Howard T. Odum), 시스템 생태학2, 아르케, 2000.

자연 생태계 복원에서는 산업화나 도시화로 인해 훼손된 생태계와 환경을 복원하는 것이 주된 목표이다. 이때 복원(復元)이라 함은, 마치 유물을 원상태로 복구하는 것과 같이 좁은 개념의 사전적 의미를 뜻하는 것만은 아니다. 시간의 흐름에 따라 변화하는 특정 장소의 생태계를 이전과 똑같이 복원하는 것은 불가능하기 때문이다. 생태계 복원의 단계와 유형은 아래 그림 5.13과 같이 훼손된 생태환경을 원래의 상태로 얼마나 되돌리는가에 따라 다르게 나눌 수 있다. 그림에서 가로축은 생태계의 구조로서 생물종이나 복잡성 등을 의미한다. 그림에서 세로축은 생태계의

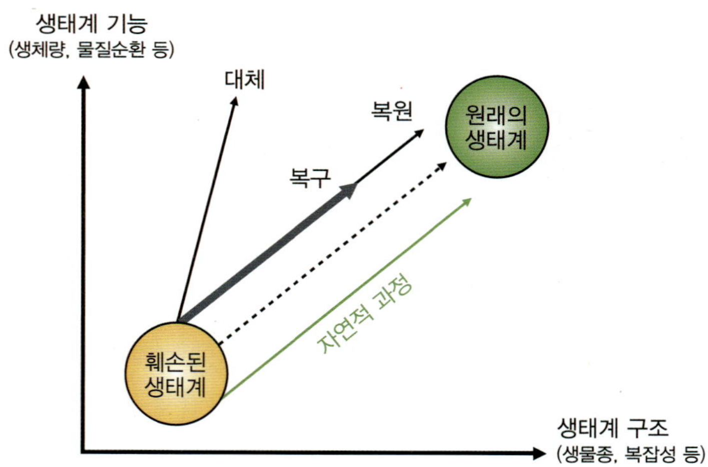

그림 5.13 | **생태환경 복원의 단계와 유형.** Bradshaw, 1984; Krystyna M. Urbanska et al., 1997.

기능으로서 생체량이나 물질 순환 등을 의미한다. 훼손된 생태계는 생태계의 구조와 기능 축에서 제로 쪽에 가깝고 원래 생태계의 구조와 기능이 최상위의 단계였다고 가정할 수 있다. 생태계 복원의 의미는 대상지 원래의 생태계로 회복시키고자 하는 것을 그 주된 기준으로 하고 있다. 하지만 공학적으로 현실에서는 원래의 대상지 생태계가 훼손되기 이전과 똑같이 복원(restoration)하는 것은 불가능한 일이다. 그러므로 이론적 생태계 복원 성과에는 못 미치더라도, 원래의 상태에 가깝게 생태계의 구조와 기능을 회복시켜 주는 것을 복구(rehabilitation)라고 할 수 있다. 통상 우리가 말하는 생태계 복원 유형이다. 원래의 생태계 구조로 회복시키기는 어렵다고 하더라도 생태적 기능은 원래의 상태보다 향상시킬 수도 있는 대체(replacement)의 개념이 있다.[7] 즉, 개발 등으로 인해 훼손되고 없어진 원래의 생태계를 다른 생태계로 대체하는 것이다.

7 Bradshaw, A. D.(1993) Restoration Ecology as a Science. Restoration Ecology/June: pp.71~73.

위에서 설명한 생태계 복원의 단계와 유형에 대한 확장적 의미로서, 필자는 다음과 같이 생태공학 분야에서 주로 적용될 수 있는 세 가지의 개념을 강조해 왔다. 첫째, 인간의 개발 등이 생태계나 환경에 미치는 나쁜 영향을 저감(mitigation)하는 것이다. 둘째, 쓰레기 매립지나 못 쓰는 저류지 및 유수지와 같이 훼손된 특정 지역에 과거에는 전혀 없었던 새로운 비오톱 생태계를 창출(creation)하는 것이다. 셋째, 생태계를 기존보다 생물 다양성 측면에서 향상(enhancement)시키는 것을 의미한다. 이처럼 확장적인 의미의 생태계 복원에서 중요한 것은, 제1부와 제2부에서 강조한 대로, 각 나라마다 다른 풍토와 지역, 그리고 장소마다 다른 총체적 생태환경 시스템에 대한 이해이다. 장소의 생태환경적 특성을 살려 과학적으로 분석하고 디자인하고 훼손된(또한 미래에 훼손될) 생태환경을 기술적으로 잘 복원할 수 있어야 한다. 그 결과 생태계의 원활한 물질 순환이 일어나면서도 에너지 투입을 최소화하고, 지속가능해야 한다. 생태환경 복원의 목표는 환경 오염 요인을 삭감하고 우리 자연—물, 풀, 땅, 바람 등—으로 훼손된 우리 자연을 건전하게 회복하는 일이다. 궁극적으로는 풍부한 자연 생태계를 창출하는 길이고 인간에게 매력적인 삶을 제공하는 일이다. 따라서 환경 오염의 근원을 해결하지 않고 단순히 생태계만 복원한다는 것은 의미가 없다. 따라서 응용생태학의 생태계 복원을 토대로 오염된 환경을 제어하는 생태공학적 방법론이 필요하다. 이에 관해서는 다음 절의 『생태공학이란?』에서 상세히 다루기로 한다.

생태공학이란?

지속가능한 발전과 생태공학

지속가능한 발전(Sustainable Development)이라는 용어가 1987년 브룬트란트(Brundtlant) 위원회에서 처음 등장하였다. 그 후 1992년, 브라질 리우데자네이루(Rio de Janeiro)의 환경회의(Earth Summit)에서 기후 변화 협약, 생물종다양성 보전협약, 의제 21(Agenda 21) 등의 관련 합의가 도출되면서. 지속가능성에 관한 범지구적 환경보전 행동이 본격적으로 시작되었다. 여기서 지속가능성이라 함은 그림 5.14와 같이 사회적, 경제적, 환경적 측면의 지속가능성을 포괄하고 있다.[8]

하지만 이 세 가지를 이론적으로 포괄하면서도 이를 실무적으로 성공했던 사례

8 Peter H. Raven, David M. Hassenzahl, Linda R. Berg 「Environment」, p.10

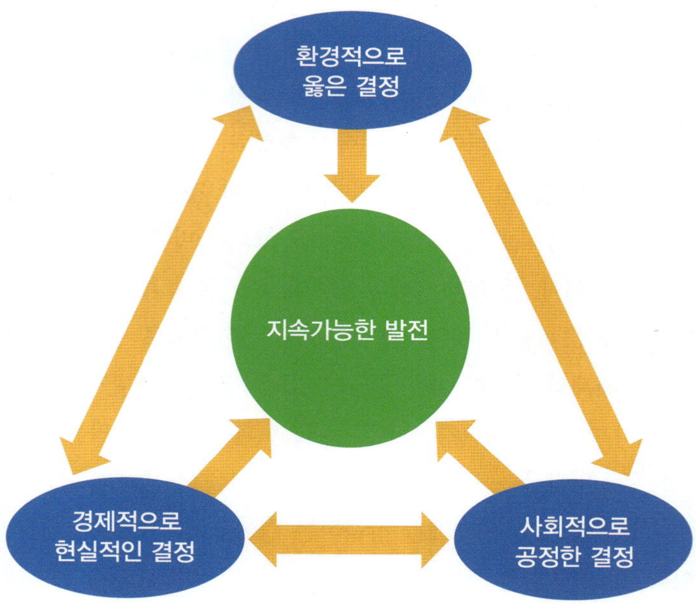

그림 5.14 | 지속가능한 발전의 개념도. 지속가능한 발전을 환경보전의 원칙으로 적용하기 위해서는 경제 성장, 사회 공정성과 자연환경의 깊은 연관성을 인지해야 한다. 시장경제 중심의 사회에서는 대부분의 경제성을 중심으로 한 결정이 환경 파괴나 공정성을 해치지 않는지 고려해야 한다.

는 극히 드물다. 그간 지속가능한 발전의 구호나 이론과는 달리, 실제적 내용은 시장 개념 중심의 경제적 지속가능성을 중심으로 진행되어 왔기 때문이다. 그러다 보니, 지속가능한 발전이 생태적이거나 환경적 지속성을 겉으로만 표방하고 있을 뿐, 그 실천 방안이 부족하다는 불신을 야기하기도 했다. 게다가 지속가능한 발전이라는 미명하에 생태계를 파괴하고 환경문제를 일으키는 경우도 있었다. 지속가능한 발전은 마구잡이식 개발 사례의 면죄부를 제공하는 용어로 인식되기도 하였다. 그러므로 경제 논리를 중심으로 이루어지는 개발 과정에 있어서도 인간과 자연 모두의 이익을 위해 실천할 수 있는 생태환경 복원 방안이 필요하다. 지구상 대부분 훼손된 생태계와 환경은 이미 엄청난 개발을 통해 에너지를 지나치게 소비하고 있는 지구상 북반구에 위치한 일부 선진국을 통해 저질러진 문제들이다. 그러나 이에 대한 대가는 개발도 하지 못한 체 남반구 저개발 국가의 소외계층이 떠안고 있다. 저개발 국가들이 향후 친환경적으로 발전하기 위해서라도, 경제적 측면이나 사회적 측면뿐만 아니라 생태적 지속가능성을 바탕으로 인간과 자연 모두에게 이익이 되는 지속가능한 발전을 이룰 수 있는 이론과 그 실천 방안이 필요하다. 최소의 에너지 투입으로 생태계의 에너지 흐름과 물질 순환을 건강하고 지속가능하게 하는 생태환경 복원 방안이 절실했다.

이러한 상황에서 생태공학은 생태환경 복원을 위해 새로운 지평을 열 수 있을 것이라는 희망을 줄 수 있을 것으로 판단된다. 생태학자 유진 오덤(Eugene Odum)은 계생태학(系生態學) 즉, 시스템 생태학(System Ecology)에서 '생태계 디자인의 새로운 공학', 즉 생태공학은 자기 조직화가 주가 되는 생태계를 이용하는 분야라고 하였다.[9] 또한 오덤은 생태공학을 "자연계 내에서 큰 자연적 에너지 흐름을 통제하기 위해 소량의 에너지만 이용될 수 있도록 환경을 조작하는 것"이라고 규명하였다. Mitsch and Jørgensen(1989)은 생태공학을 인간뿐만 아니라 자연환경 역시 이익이 되는 생태계 디자인이라고 정의하였다. 따라서 생태공학의 주요 원리는 생태학적 지식에서 나온다. Mitsch와 Jørgensen은 생태공학이란 "인간 사회와 자연환경의 공동 이익을 위해 이 둘을 통합하는 지속가능한 생태계의 설계"로 정의한다.[10] 네덜란드의 토목공학자이자 생태공학자인 Hein Van Bohemen 박사의 경우, 생태공학이란 "생태환경적 관점과 인간의 관점에서 현재와 미래 세대의 필요성을 함께 만족시키는 것"이라고 한다.[11] 일본의 카메야마 아키라(龜山 章)는 생태공학이란 "생물

9 H. T. Odum, Systems ecology, Wiley, 1983.

10 William J. Mitsch and Sven Erik J ørgensen, Ecological Engineering and Ecosystem Restoration, JohnWiley & Sons, 2003, p. 23.

11 Hein Van Bohemen 저, 우효섭, 남경필 외 9인 역, 생태공학: 생태학과 건설공학의 가교, 청문각(교문사), 2008, p. 3.

과의 공존을 목적으로 인간과 자연과의 관계를 구축하는 기술학"이라고 하였다.[12] 신지이소야(進士五十八)는 인간과 자연의 공존을 강조하면서 생태공학을 위해 일본 "전통의 자연환경 복원 기술" 등을 제시하였다.[13] 우리나라에서도 생태공학에 관한 관심이 증폭되어 최근 인터넷의 백과사전에서도 생태공학에 관한 정의를 내리고 있다. 건설 분야에서 내린 생태공학(生態工學, ecological engineering)의 정의에서는, 각종 환경 오염이나 토지 이용 등 인간의 간섭으로 훼손된 생태계의 구조와 기능을 이해하고 생태계가 지닌 자기조절(self-organizing) 능력을 활용하여 그 이전, 혹은 유사한 모습으로 되돌리는 과정이라고 한다.[14] 이와 유사하게 환경공학 분야에서 내린 정의에서는, 환경생태공학(環境生態工學, ecology engineering)이란 자연환경과 인간의 공생을 위한 지속 가능한 생태 복원 기술을 연구하는 학문으로 정의하고 있다.[15] 이를 종합하여 우리 풍토에 맞는 생태공학이란 어떻게 정의할 수 있을까? 필자는 생태공학을 "훼손된 자연 생태계와 인간 환경의 공존을 위해 에코디자인을 통해 생태계를 복원하고 환경 오염을 줄이는 생태환경 복원 기술"이라고 정의해 본다. 여기서 생태계의 복원이라 함은, 다음에 설명하는 생태계의 창출이나 향상의 의미를 강하게 내포한다.

12 龜山 章 編. 生態工學, 朝倉書店, 2002, pp. 5~16.

13 進士五十八 · 杉山惠一 編. 自然環境復元の 技術, 朝倉書店, 1997, pp. 9~24

14 네이버 지식백과, 생태공학 [Ecological Engineering] (학문명백과: 농수해양, 형설출판사)

15 네이버 지식백과, 환경생태공학 [Ecology Engineering](학문명백과: 농수해양, 형설출판사)

에코디자인과 생태공학을 통한 생태환경 복원

아래의 그림 5.15에서는 생태공학의 지속가능성을 토대로, 앞서 그림 5.12에서 설명한 대로 응용생태학을 기반으로 하는 생태계 복원과 공학적 기반을 통한 환경 디자인이 접목되어 생태공학이 생태환경 복원으로 구현되는 모식도를 제시해 보았다. 생태학자는 생태계의 구조와 기능을 이해하는 것에 주된 관심을 갖고 있다. 한편, 생태공학자(ecological engineer)는 앞의 다양한 응용생태학에서 살펴본 대로 훼손된 생태계의 구조와 기능을 복원하는 것이 중요하다. 그림 5.15의 상단 우측의 '응용생태학'과 '공학'의 접목 과정에서 보듯이 주어진 대상지에서 인간에 의한 생태계의 구조 및 기능의 훼손을 저감(mitigation)하거나 창출적으로 복원(creative restoration)하고 생태계를 향상(enhancement) 시키는 등의 복원은 '공학'적 방안을 도출할 수 있는 에코디자인을 통해 달성될 수 있다. 자연 상태에서 생태계가 얼마나 역동적으로 변화하고 지속가능하게 유지되는지에 대한 이해를 바탕으로 생태·환경 복원의 성

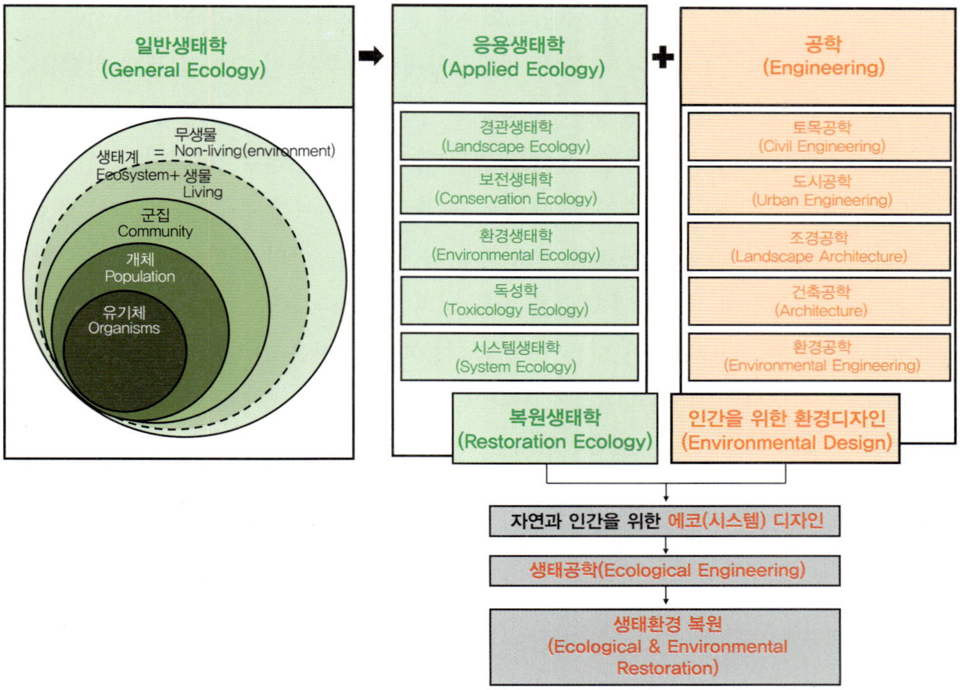

그림 5.15 | '응용생태학'과 '공학'이 접목되어 생태공학 모식도를 완성할 수 있었다. 즉, 그림 5.3의 일반생태학에서 발전된 그림 5.12의 응용생태학과 공학을 접목하는 에코디자인과 생태공학을 통해 최종 목표인 생태환경 복원을 구현한다(© 변찬우, 2015). 실제, 본서의 생태공학적 내용은 수생태 · 환경 복원이다. 그러므로 그 생태공학적 목표는 다양한 생물 서식처 창출 및 수질 정화 내용을 에코디자인하여 생태 · 환경 복원하는 것이다.

공 여부가 달려 있다. 응용생태학과 공학적 접목을 통해 수행되는 에코(시스템) 디자인은 성공적인 생태공학 결과물을 도출할 수 있다. 그 결과 생태적으로 파괴되고 오염된 환경을 지속적으로 생태환경을 복원할 수 있다. 아래 모식도의 생태공학과 관련된 분야들은 다학제적 내용의 생태공학의 특성을 잘 보여주고 있다. 관련된 현재 전공 분야들의 방대한 내용은 다음 절에서 다루기로 한다.

생태공학의 융합적 특성과 유사 전공과의 차별성

생태환경 문제는 이와 관련된 다양한 분야를 통합적이고 융합적으로 이해할 수 있어야 그 복잡한 문제를 해결할 수 있다. 오늘날 겪고 있는 CO_2 증가와 기후 변화,

대기, 수질, 토양 오염 등의 생태계 훼손과 환경 문제의 회복은 단일한 전공 분야로는 해결하기 어렵다. 예를 들어, 생태공학에서 다루는 한 분야인 생태 하천을 조성할 경우, 현재 전공으로 보면 치수적 안정성과 직결되는 토목공학(수자원, 상하수도, 물 환경, 토질, 교량, 구조 등) 분야도 관련되고, 식물 및 친수 경관시설과 관련되는 조경 분야도 관련되며, 수질 환경 분야도 관련되고, 어류 등 동물과 식물과 같은 생물 및 생태학 분야도 관련이 된다.[16] 하지만 생태공학의 융합성이란, 기존에 있는 다른 전통적인 분야들의 단순한 합을 의미한다거나, 소위 말하는 비빔밥이 되어서는 안 된다. 생태공학이 다른 전공 분야들과 유사함을 가지고 있다고 하더라도, 또 다른 측면에서는 그 차이점을 지니고 있다. 그러므로 생태공학 내용은 다른 전통적인 유사 분야들의 교집합이면서도, 한편으로는 유사 분야와 각기 다른 의미를 지니고 있다. 생태공학 분야가 필요한 이유는 다른 전통적인 분야들이 갖지 못하는 생태과학 + 공학적 성격에 대한 대체적 성격에 대한 새로운 대안 제시가 가능하기 때문이다. 이러한 관점을 이해하는 것은 생태공학의 다학제적 성격을 이해하면서도 생태공학이 무엇인지를 이해하는 데 큰 도움을 줄 것이다.

16 변찬우, 우리 풍토에 맞는 생태하천, 나무도시, 2010.

표 5.1에서는 생태공학과 가장 밀접한 전공 분야를 크게 네 가지 범주로 비교 제시하였다. 이들 네 가지 주요 분야인 건설공학, 디자인, 생물공학, 환경공학을 중심으로 생태공학과의 차이점을 중심으로 살펴보자.

첫째, 생태공학은 설계 및 시공 과정을 거쳐 생태계를 복원해야 하므로 기존의 토목, 조경, 도시, 건축과 같은 건설공학 분야와 유사하다. 하지만 대부분의 건설 분야는 생태계나 환경보다는 인간의 이익을 고려하여 개발한다. 반면, 생태공학은 인간과 자연 모두에게 상호이익을 주는 지속가능한 생태계 복원을 지향한다. 따라서 생태공학이란 일반의 건설공학 분야의 개발 목적과 차별화된다. 또한, 기존의 건설 분야들처럼 각자의 분화된 전공 분야만을 다루는 것이 아니라, 건설 분야의 다양한 영역을 통합적으로 이해함과 동시에 생태환경적 측면을 융합할 수 있어야 한다. 예를 들어, 하천, 도로, 저류지, 수질 등의 생태계를 복원할 경우 수공학과 방재 시설 등에 대한 이해가 뒷받침되어야 한다. 마찬가지로 도시 지역 및 건축물이나 공원시설의 생태계를 복원하고자 할 경우에는 도시, 건축, 조경학 등에 대한 이해가 요구된다.

둘째, 생태공학은 기존의 디자인 분야나 예술 분야의 직감적 이해를 필요로 하

표 5.1 생태공학과 유사한 학문 분야들과의 차이점

전공 내용 분야 구분	전통적인 전공 분야	생태공학 분야
공학(설계 및 시공) 분야	• 토목 • 조경 • 건축 • 도시 • 생태계와 환경을 고려하지 않는 인간 위주의 개발 • 분화된 기능	• 인간과 자연에게 상호이익을 주는 지속가능한 생태환경을 조성 • 복합적, 통합적 접근
디자인 및 예술 분야	• 환경 디자인 • 산업 디자인 • 제품 디자인 • 조각, 회화 등 순수 예술	• 에코디자인으로서 • 예술, 철학, 인문학, 디자인에서 직감 및 통합적 이해가 활용됨 • 지역성, 장소성, 풍토와 같은 장소, 자연을 기반으로 함 • 생태학과 같은 과학적 특성을 지님 • 순수 예술과 다른 공학적 결과물
생물공학 분야	• 특정 기능을 수행할 수 있는 새로운 균주나 생물체를 만들기 위해 세포의 유전 구조 조작 • 유전자 변화 없이 생물체를 조작하는 것도 포함 • 조작에 드는 막대한 비용	• 생태계의 자기 설계 시스템 다룸 • 생물과 이를 둘러싼 무생물 환경의 상호작용을 고려함 • 자연에서 서식하지 않는 새로운 생물종을 조작하거나 도입하지 않음 • 서식처 복원 등 특정 장소 중심적 • 실험시설 비용이 적음
환경공학 분야	• 문제 해결 중심의 접근 • 오염원의 단일 문제만 정화하거나 제거, 삭감 예) 수질, 폐기물, 대기, 토양오염 • 과학의 기초원리 사용 • 장치 설비 중심의 공학	• 생태환경공학으로서 예방차원의 접근 • 자연생태계의 원리를 종합적으로 고려하여 오염원을 저감 • 생태계 복원, 설계, 조성, 유지관리하는 일을 수행 • 인간과 자연의 이익을 위해 생태계를 고려한 접근

지만, 이들과는 다른 에코디자인의 특성을 지니고 있다. 사실, 생태공학에는 예술, 철학, 인문학과 관련된 디자인 분야의 주요 속성인 직감이나 통합적 이해가 중요하다. 하지만 생태공학 분야는 우선 지역성, 장소성, 풍토와 상호작용하는 자연을 기반으로 한다. 게다가 수문학, 지질학, 토양학, 식물학, 동물학, 기상학, 지형학 등과 같은 생태 과학적 특성을 내포하고 있을 뿐만 아니라, 기술적으로 실현 가능하

게 하는 공학적 특성이 있다. 이러한 에코디자인의 특성들이 기존의 디자인이나 예술 분야와의 차별성이다.

셋째, 생태공학은 생물공학 분야와도 큰 차이가 있다. 생물공학은 일반적으로 특정 기능을 수행할 수 있는 새로운 균주나 생물체를 만들기 위한 세포의 유전 구조 조작 등을 수행한다. 특히 유전자 변화 없이 생물체를 조작하는 것도 포함하며, 그 조작에 드는 비용 또한 막대하다. 반면, 생태공학은 생태계의 자기설계 시스템 다루며 생물과 이를 둘러싼 무생물 환경의 상호작용을 고려한다. 생태공학은 자연에서 서식하지 않는 새로운 생물종을 조작하거나 도입하지 않는다. 특히 서식처 복원 등 특정 장소 중심적이며 실험시설 비용이 또한 적게 든다.

넷째, 생태공학은 환경 문제를 해결하는 데 있어서 환경공학 분야와 유사한 것 같지만 접근 방식은 완전히 다르다. 즉, 환경공학이나 생태공학은 모두 과학의 기초 원리를 사용하고 오염원을 없애고자 하는 목적은 같다. 하지만 전통적으로 환경공학 분야는 환경 문제에 대한 특정 오염원에 관한 지협적인 문제 해결 중심의 접근을 한다. 환경공학은 수질, 폐기물, 대기, 토양 오염 등에서 특정 오염원의 단일 문제를 해결하기 위해 주로 물리적이거나 화학적으로, 때로는 생물공학적으로 제거하거나 삭감 또는 정화가 주된 목적이다. 그러므로 전통적인 환경공학적 접근이 오히려 2차적인 생태환경적 오염을 야기하는 경우도 자주 발생한다. 하지만, 생태공학은 주로 자연 생태계의 원리를 이용하여 오염원을 제거한다. 생태공학에서는 궁극적으로는 자연과 인간의 공생을 목적으로 하며, 실천 방법에 있어서도 화석 연료 에너지보다는 자연의 에너지를 최대한 활용하여 생태적으로 오염 문제를 해결한다. 생태공학을 통해 주로 환경 문제를 중점적으로 해결하는 경우 자연에 대한 2차적인 위해성이 거의 없다.

생태공학 분야와 유사해 보이는 네 가지 분야들 각기 비교해 보았다. 그 결과, 위의 네 가지 주요 학문 분야와 비교하면서 도출한 네 가지 의미는 생태공학의 주요한 속성이다. 한편, 마지막 네 번째인 생태공학적으로 환경 문제를 해결하는 것을 생태환경공학[17]이라고도 칭할 수 있다. 생태환경공학 분야는 현재 국내외에서 주요 산업 분야로 부각되는 추세이다. 특히 생태환경공학적 접근을 통해 생태적으로 오염원을 저감하거나 완충하는 경우, 당면한 환경 문제의 해결은 물론 사전 예방 차원에서도 활용될 수도 있다. 소위 지속가능한 발전의 기반이 될 수 있다. 생

17 이 경우 생태공학이라는 포괄적인 명칭을 사용할 수도 있지만, 보다 구체적으로는 생태환경공학이라고 칭할 수도 있을 것이다. 이러한 배경에서 필자의 경우에 상명대학교 대학원에 학과 명칭을 융합생태환경공학과라는 명칭으로 창설한 바 있다.

태환경공학은 환경 문제를 경제성, 사회성을 가지면서도 생태적 측면에서 지속가능한 환경성을 통해 환경 문제를 해결할 수 있는 좋은 대안이 될 수 있기 때문이다. 세계 생태공학계를 선도하는 북미에서도 생태공학이 발전한 주된 계기는 생태계에 치명적인 문제를 일으키는 수질 환경 문제를 생태적으로 정화하는 인공습지 조성 분야에서 부터 비롯되었다. 특히 생물다양성의 보고라고 할 수 있는 인공습지를 조성하면 생태적 수질정화 및 생태계 복원은 물론 인간에게 격조 높은 레크리에이션 공간을 제공할 수 있다. 근래 국내에서도 하천 수질 등에 크게 영향을 미치는 비점오염원이나 난분해성 물질들을 자연형으로 저감시키는 자연 기반 문제 해결(NBS : Nature Based Solution) 관련 사업에 인공습지 조성을 통한 생태환경공학적 요구가 커지고 있다. 게다가 최근에 북미에서 도입되는 저영향 개발(Low Impact Development)이나 녹색 인프라(Green Infrastructure) 개발 등에도 확대될 수 있다.

생태공학은 위의 네 가지 주요 분야와의 유사성과 차이점을 도출한 것처럼, 토목, 환경, 조경, 도시, 건축, 생물, 환경 디자인, 지리, 지질, 해양, 경제학, 철학 등 생태환경에 영향을 미치는 전통적인 학문 분야들과 차이점이 있으면서도, 공통점이 있다. 생태공학은 오늘날 다학제적 바탕 위에, 다양한 분야의 융합적 속성을 통해 각각의 분야가 해결할 수 없는 환경 문제를 풀 수 있다. 또한, 생태공학은 다학제적 접근을 통해 지속가능한 발전의 보다 실천적이고 새로운 방법론적 기반을 제공할 수 있다. 궁극적으로 생태공학은 앞서 Mitsch와 Jørgensen이 강조한 "인간사회와 자연환경의 공동 이익을 위해 이 둘을 통합하는 지속가능한 생태계의 설계"라고 하는 목표를 달성할 수 있어야 할 것이다.

생태공학의 국내외 동향 1: 북미(미국) 사례

앞서 생태공학의 정의나 생태환경 복원 유사 전공의 융합적 특성을 논하였다. 이처럼 생태공학은 그 이론적 측면도 중요하지만, 이론의 실제적 적용, 즉 모델이 될 만한 사례와 방법론이 특히 강조되는 분야이다. 따라서 여기서는 생태공학의 원류라고 할 수 있는 미국의 대표적인 사례들을 우선 살펴본다.

키시미(Kissimmee) 강 복원은 남부플로리다의 에버글레이즈(Everglades) 복원사업의 일환으로, 20년이라는 장기간에 걸쳐 진행되었다. 에버글레이즈의 습지는 한때 많은 생물이 서식하던 낙원이었다. 악어, 뱀, 수달, 너구리 등과 같은 양서류, 파충류, 포유류 등과 왜가리, 흰해오라기, 저어새, 물수리 등과 같이 수많은 새들이 서식하는 야생동물의 천국이었다. 특히 이곳은 미국 최초의 자연공원이자 북미 대륙에서 유일한 아열대 생태보호구역이기도 했다. 그러나 1962년과 1971년 사이에 홍수 피해를 방지하고, 대규모 농경지를 조성하기 위한 목적으로 운하 건설이 추진되면서, 키시미 강의 생태계는 완전히 파괴되고 말았다. 운하 건설 이후 이 지역은 커다란 환경 재앙에 휩싸였다. 키시미 강에서 오키초비 호수까지 166 km의 자연 곡류 하천을 인공 운하로 직강화시키면서 호수 주변에는 흙으로 거대한 제방이 쌓였다. 이로 인해 습지가 대폭 감소했고 습지에 서식하던 수많은 동·식물들이 사라졌다. 또한 폐수, 비료, 농약 등으로 인근의 오키초비 호수는 죽은 호수로 변했다. 무분별한 준설 작업으로 키시미 강의 지하수면이 낮아져 대부분의 수자원이 고갈되었다. 그 결과 엄청난 생태계 교란과 파괴를 초래했다. 1971년 운하가 완공되자마자 바로 그 해에 강으로 복원하자는 논의가 시작되었다. 결국 1996년, 플로리다 주와 미국 정부는 수십 년 동안 계속되어 온 인간의 간섭을 원상태로 되돌리기 위한 대규모 복원사업을 시작하였다(그림 5.16). 이 사업은 다음과 같은 세 가지 전제를 바탕으로 추진되었다. 첫째, 농민들이 농지 유출수를 정화하도록 의무화하는 것이다. 이는 에버글레이즈 수질 오염의 주원인이 되는 인(燐)의 양을 줄인다. 둘째, 오키초비호 아래 '에버글레이즈 농업 지역'의 남단에 위치한 농지 중 최소 16,180 ha를 매입하여 대규모 습지로 복원하는 것이다. 나머지 농지 267,000 ha에서 발생하는 농업 유출수는 에버글레이즈에 유입되기 전에 이곳을 통과하면서 정화된다. 셋째, 미 육군 공병대가 에버글레이즈로 흐르는 물이 더 자연스러운 흐름으로 복원될 수 있도록 운하, 제방, 펌프장 등 전체 시설을 재검토하고, 수정하는 대규모 사업을 시행하는 것이다.[18]

18 Raven · Berg · Johnson 저, 안동만 역, 환경학, 서울: 보문당, 2001, p.140~141

키시미 강 복원사업의 핵심은 중부 플로리다에서 오키초비 호수로 흐르는 키미시 강의 직강화된 구조를 다시 사행화하는 것이다(그림 5.17). 1960년대에 이 강을 직강화하기 위해 소요된 비용의 약 10배가 되는 비용을 들였음에도 과거의 수생태계와 수질 환경 및 그 원형 경관을 온전히 되찾긴 힘들다(그림 5.18).

또 다른 사례로써 그림 5.19에서 볼 수 있는 멕시코 만 북안에 위치한 루이지애나 주 미시시피 강 유역의 광대한 범람원과 삼각주 평야의 경우를 살펴본다. 이곳

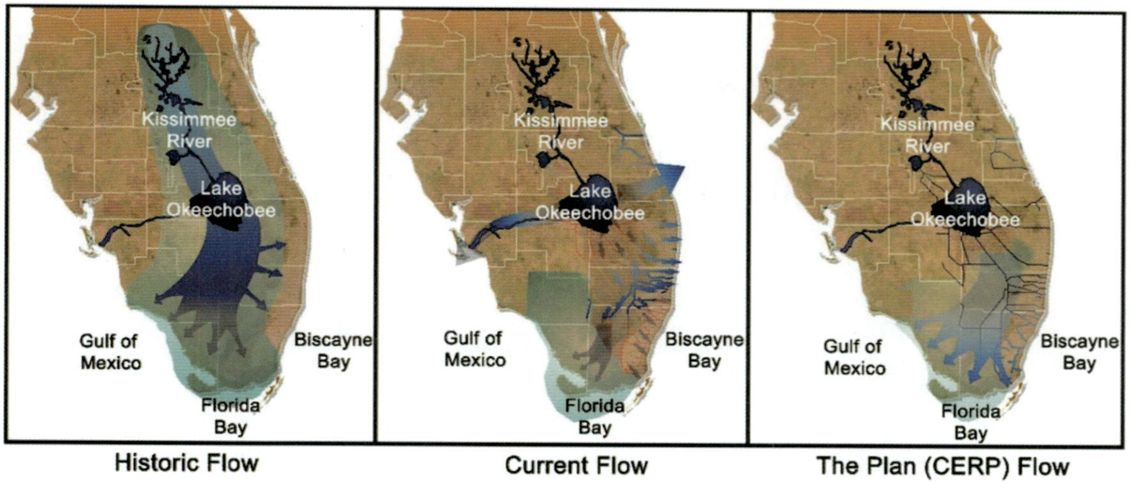

그림 5.16 | **에버글레이즈(Everglades)복원 과정 중 물의 흐름 모식도.** 에버글레이즈의 수문학적 원형 경관을 토대로 예전과 비슷하게 수생태계를 복원하고자 하는 계획도[© U.S. Army Corps of Engineers, Jacksonville District (CERP)].

그림 5.17 | **2009년과 2010년의 미국 키시미 강 모습.** 2009년 직강화되었던 키시미 강(좌)과 2010년 사행화되고 있는 키시미 강(우). 약 8조원의 비용을 들여 과거의 수문학적 원형 경관과 비슷한 구조로 복원하였다(© https://www.northstar.com).

그림 5.18 | 복원된 미국 키시미 강. 출처: http://media.dma.mil

은 현재 미국 본토 내 존재하는 습지 전체의 약 40%를 차지한다. 그러나 지금까지 농업 및 공업 등 인간 활동의 목적으로 매립돼서 소실된 미국 내 습지 면적의 80%에 달했던 지역이라고도 한다. 따라서 미국 지질조사소(United States Geological Survey)는 1988년을 시점으로 어류 및 야생동물국과 루이지애나 주립대학교와 협력하여 연안 습지의 손실 과정 및 원인과 유지관리 방안에 대한 합동조사를 진행하였다. 그 결과, 삼각주 평야의 방파제 역할을 하는 평행사도(barrier island)의 침식이 영향인 것으로 규명되었다. 또한 홍수의 피해를 저감하기 위해 미시시피 강변에 세운 약 1,140 km^2에 달하는 제방은 습지 생태에 필수적인 요소 중 하나인 침전물의 유입을 단절시켰고, 농·공업용 부지 조성을 위해 습지는 매립되었다. 이러한 복합적인 영향으로 매년 75 km^2에 달하는 습지가 손실되고 있는 것으로 조사되었다.[19] 경제적인 목적으로 시행된 하천정비사업과 매립지로 인한 침식을 막기 위해 루이지애나 주정부는 2017년 약 50조 원 규모의 생태계 복원을 위한 124개의 프로젝트들을 승인하였다. 또한 부영양화를 일으키는 비점오염을 줄이기 위해 다양한 생태

19 USGS, Coastal and Marine Geology Program, Louisiana Costal Wetlands: A resource At Risk

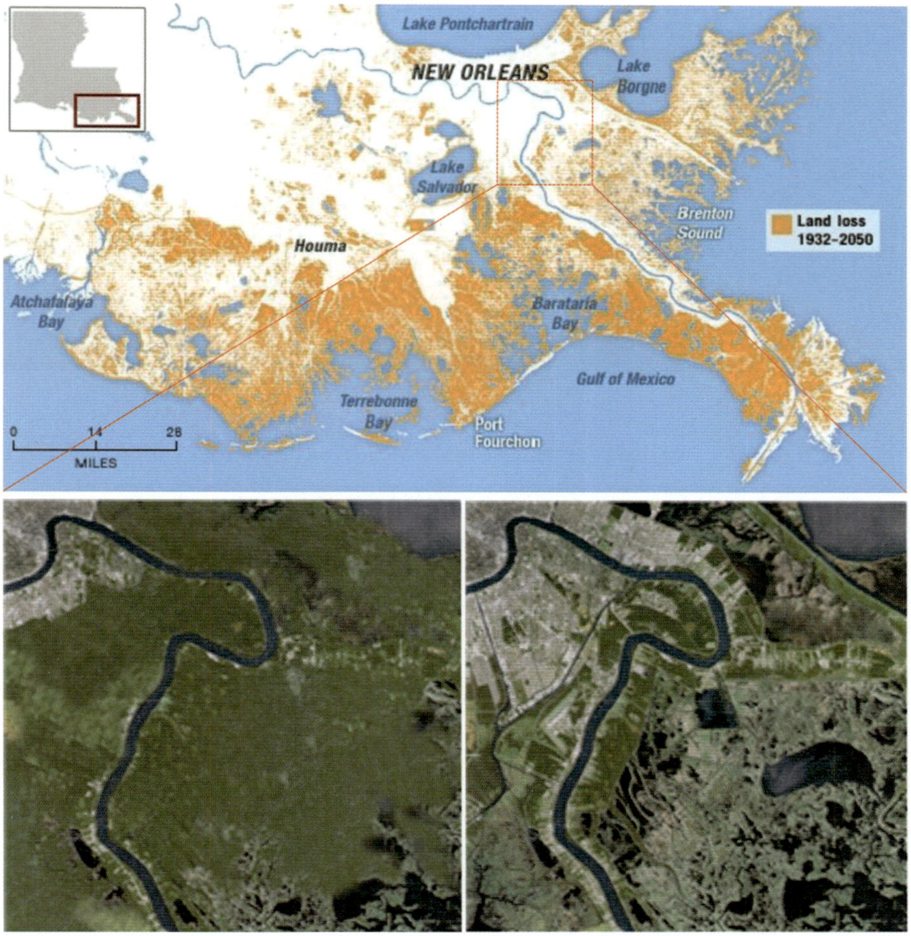

그림 5.19 | 미시시피 강 유역 1900년(왼쪽)과 2010년(오른쪽) 전경. 홍수 피해를 줄이기 위해 건설된 제방과 경제적인 목적으로 조성된 매립지 등 인간 활동으로 인해 습지 면적이 급격하게 감소되었고, 육지의 손실이 뒤따랐다(© Yuting Jiang).

환경 복원을 수행하였다. 2만 km^2에 이르는 면적이 '사멸지대'[20]가 된 멕시코 만 지역 등에서 이루어지는 수질 환경 및 수생태계 복원 프로젝트를 보면, 미국 정부는 인공습지와 같은 자연 생태계를 통해 망가진 생태환경을 복원할 것인지에 대해 상당한 논의와 연구를 행하고 있음을 알 수 있다.

세계생태공학회장으로서 생태공학 분야를 선도하고 있는 Mitch 교수가 조성한 생태공학 사례를 살펴보자. 그림 5.20은 미국 오하이오의 한 폐수처리장 옆에 지어

20 사멸지대(dead zones)란 극심한 부영양화로 수중 산소가 2 ppm 이하로 고갈돼 모든 물고기가 죽는 것에서 붙여진 이름으로 일반적으로 수생태계의 극단적인 부영양화를 일컫는다. 출처: William J. Mitsch저, 생태공학과 생태계복원, 한티미디어, 2012, p. 17.

(a) (b)

그림 5.20 | Mitch's 1, 2차 처리 후 인공 습지 사례. Schiermeier Olentangy River Wetland Research Park, 352 West Dodridge Street, Columbus, Ohio.

진 3헥타르 크기의 폐수처리용 습지이다. 폐수처리장에서 2차 처리까지 거친 물이 처리 습지로 유입되고, 유입된 습지에서는 3차 처리인 질소와 인의 제거가 이루어진 후 강으로 유입된다. 하수처리장의 생태공학적 처리를 정량적으로도 보여주는 선진화된 사례라고 볼 수 있다.

생태공학의 국내외 동향 2: 유럽 사례

산업혁명의 발상지인 유럽은 산업화와 도시화로 인한 환경 오염 문제를 일찍부터 경험했다. 하지만 유럽연합이 탄생한 1990년대에 들어서면서, 특히 하천과 그 유역을 공유하는 유럽인들을 중심으로 자연에 대한 시각이 많이 바뀌게 되었다. 인공적으로 하천을 가두는 기존의 하천정비 사업으로는 홍수의 피해를 극복할 수 없고, 훼손된 하천 환경은 여러 국가를 거치면서 흐르는 강과 그 유역의 특성상 기존의 인위적인 물 관리야말로 유럽연합의 다른 회원국에 큰 피해가 전가된다는 인식이 높아지기 시작했다. 그 결과 2000년부터 '물 관리 기본 지침'을 수립하여 가능한 한 모든 강을 자연에 가까운 상태로 복원하도록 규정했으며, 크고 작은 강의 복원사업을 시행해 왔다.

유럽의 경우 생태계 복원의 대표적 사례 중 하나로, 덴마크의 가장 큰 스케른 강의 복원을 꼽을 수 있다. 스케른 강 역시 한때 개발로 인해 직강화된 바 있었다. 이 하천 구조가 수환경 기능에 심각한 문제를 일으켰다. 즉, 스케른(Skjern) 강을 통해 흘러들어온 인근 농경지 비점오염 등이 북해 근처 포드 지역 해안까지 번져나갔다. 그 처방으로, 직강화시킨 하도를 개발 전의 곡선 구조로 복원하는 프로젝트를 추진하였다. 본 사업이 완료되면 1960년대에 파괴된 면적의 반 정도의 초지와 습지가 복원되는 셈이다. 하지만 이들이 이 사업에서 역시 깨달은 교훈은 하천 구조를 개발 전으로 복원하는 데 들어가는 비용이 개발을 위해 강을 직강화하고 자연 습지를 파괴하는 데 소요된 비용의 8.5배나 된다는 것이었다.

그림 5.21 | 이자르(Isar) 강의 뮌헨 구간 생태복원 사례에서 다수의 수중보를 철거한 후 활용된 자연석 (© Landeshauptstadt Munchen).

한편, 독일 이자르(Isar) 강의 뮌헨 구간 생태복원사업은 유럽에서 가장 성공한 사례 중 하나로 손꼽혀 세계 각국에서 벤치마킹하는 대상이 되고 있다. 독일에서 (베를린과 함부르크에) 이어 세 번째로 큰 도시인 뮌헨은 알프스 산맥 가장자리에서 북쪽으로 약 48 km 지점에 위치한다. 2011년 기준 인구 약 140만 명의 대도시로 성장한 뮌헨은 철도에 의해 주요 도시들과 연결되며, 유럽에서 중요한 금융·공업·교통·문화의 중심지가 되었다. 산업혁명이 일어나면서 인구가 급증하자 집값이 올랐다. 땅값이 오르게 되니 토지 이용 변화가 일어나서 범람의 위험을 무릅쓰고 강변에 둑을 쌓아 강물을 가두게 되었다. 도시를 가로지르는 이자르 강에서 시행된 홍수 저류용 고수부지와 주변 제방 건설을 위주로 하는 하천정비 사업이 시행되었다. 시멘트로 조성된 인공 호안의 단조로운 경관과 직선형 하천 형태로 인한 하천 서식종이 악화되고 개체 수가 급감하였다. 한때 모래톱이 어우러졌던 모습이 사라지고 콘크리트와 시멘트벽에 갇혀 흐르는 수로의 모습으로 변형되었다. 뮌헨시는 '이자르 강 계획을 위한 조사단(Arbeitsgruppe Isar-Plan)'을 결성하여 이자르 강 복원사업을 시작하였다. 복원사업의 주요 목표는 크게 세 가지다. 첫째 치수적 안전성 보장, 둘째 생태계 복원, 셋째 친수 공간 조성 및 개선. 8 km에 달하는 이자르 강의 뮌헨 구간에서 그림 5.21에서 보듯이 하천 생태계를 단절시키는 다수의 수중보가 철거된 후 자연석이 활용되어 복원되었다. 또한, 홍수 방어용 고수부지를 허물고

그림 5.22 | **이자르(Isar) 강의 독일 뮌헨 구간 복원 사례, 전(왼쪽 사진) · 후(오른쪽 사진) 비교.** 도시의 오폐수를 흘려보내거나 물류를 도심으로 운송하는 뱃길의 역할로 인해 훼손되었던 강을 자연에 가까운 상태로 복원함. 그 결과 치수적 안정성을 보장하고 하천 생태계를 복원하여 시민에게 휴식처의 공간으로 되돌려준 복원 사례이다. © Landeshauptstadt Munchen.

제방 폭을 넓혀 범람원을 조성하였다(그림 5.22). 확대된 제방에는 지역민이 활용할 수 있는 친수 공간(자전거길, 산책로)이 조성되어 하천변 경관을 개선하였다. 또한 직강화된 하천 구조를 복원하여 생물 서식처 및 산란처의 소실을 줄이고, 홍수기에 급유속을 감소시켰다.

생태공학의 국내외 동향 3: 일본과 한국 사례

동양권 국가들 중 일본은 1950~1970년대 사이에 세계적으로 가장 가파른 경제적 성장세를 보였다. 이때 급격한 도시화로 인해 국토 전역에 걸쳐 심각한 자연 훼손과 수질 오염이 야기되었다. 하지만 1970년대 초반에 중동발 오일 쇼크로 인해 경제 성장에 제동이 걸렸다. 이에 자연 경관과 삶의 질의 가치에 관심을 갖게 된다. 사람들이 도시 근교 지역의 친수 공간으로 몰리자 정부는 다수의 하천 공원화 프로젝트들을 진행했다. 이들은 생태학적인 목적보다는 친수 공간 조성이 주된 목적이었다. 1990년대에 이르러 일본 하천 관리의 전환기를 맞이하였다. 자연형 하천으로의 보전과 복원에 노력을 기울여 온 독일, 스위스, 오스트리아 등의 유럽 국가들이 하천 복원 사업의 효과를 입증함에 따라, 이를 참고하여 일본 역시 '청류 르네상스21' 프로젝트라는 타이틀로 하천 복원사업을 진행하였다. 유럽의 자연친화적 하천공학의 영향을 받은 일본의 하천 복원사업들은 하도를 보존하고 생물다양성을 복원하는 목적으로 함으로써 기존의 친수공원 위주의 하천 정비 방식을 탈피하고자 했다.

일본의 요코하마는 생태하천 복원을 목적으로 가장 활발하게 시행한 대표적인 도시 중 하나이다. 일본 최대의 항만이 있는 요코하마는 무역 도시로서의 기능 외에 연안 수역의 매립 공사로 광대한 부지를 조성한 공업 도시이다. 이타치 강(抽川)의 경우, 요코하마시의 중심부를 흐른다. 1970년대 급격한 도시화로 인해 콘크리트 제방으로 둘러싸였다. 또한 직강화 공사를 거치며 본 모습을 잃었다. 요코하마시가 추진한 이타치 강 복원사업은 우선 수심이 얕은 하도 구간을 준설하여 치수적으로 안정하게 하였다. 한편, 준설토는 양쪽 제방을 쌓아 소와 여울이 반복되는 사행 하천으로 복원하는 데 사용되었다.[21] 복원사업 이후 지역 향토종이 발견되는 등 생태계 복원 효과가 입증되었다. 이뿐만 아니라 이타치 강은 그간 악취로 인해 지역민들에게 기피되는 장소에서 다시 시민들이 자주 찾는 휴식 공간으로 탈바꿈하였다.

21 Keigo Nakamura, Klement Tockner, Kunihiko Amano, "River and Wetland Restoration: Lessons from Japan", Bioscience 56(5) (2006): pp. 00.

한편, 일본의 관서 지방에서 두 번째로 큰 호수인 카쓰미가우라 호수(霞ヶ浦)는 그 면적이 면적 220 km^{2}에 달한다. 한때, 카쓰미가우라 호수는 홍수 관리와 제방 안전화를 위한 호안 개발로 인해 생태계 훼손이 심각하였다. 게다가 소위 녹조 발생의 주원인이 되는 부영양화의 수질 오염을 저감하는 과정에서 이루어진 수위 조절은 오히려 호안 식생에 극심한 피해를 주게 되었다. 수생식물의 면적은 급속히 감소하였고 보존 대상이었던 노랑어리연꽃은 그 개체 수가 급격하게 감소했다. 2001년 카쓰미가우라 강 사무소는 호안 복원 대책을 수립하였다. 대상지의 과거 사진 등의 정보를 이용하여 과거의 모습을 찾기 위해 호안의 퇴적물을 굴착하고 식생 복원을 시도하였다. 카쓰미가우라 복원사업 모니터링 결과, 멸종된 생물들이 복원되었고(표 5.2), 지역민들이 찾는 친수 공간으로 조성되었다.

우리나라의 경우 생태공학적 접근은 미국이나 유럽보다 40여 년, 일본보다는 약 20여 년 뒤늦게 시작하였다 할지라도, 다음에서 보듯이 선진국 못지 않은 결과물을 도출하고 있다. 앞서 언급한 대로 우리나라는 세계 최빈국 중의 하나였으나 반세기만에 유례 없는 급격한 경제 성장을 하였지만, 그 이면에는 산업화, 도시화 등으로 인한 환경 오염이 뒤따랐다. 이러한 환경 오염에 대한 문제에 대한 보다 근본적인 해결 방안은 미국, 유럽, 일본 등과 같은 선진국의 학문적 바탕에 기반을 두

표 5.2 복원 전 · 후 습지 식물 현황(출처: data Nishihiro and Washitani 2003).

종명	연도									
	1899	1958	1971	1972	1978	1996	1997	1998	1999	2002
차축조(*Chara braunii*)	○	○								○
구와말(*Limnophila sessiliflora*)	○	○	○		○					○
낙동나사말(*Vallisneria denseserrulata*)		○	○		○					○
검정말(*Hydrilla verticillata*)	○	○	○	○	○					○
말(*Potamogeton axyphyllus*)	○				○	○				○
넓은잎말(*Potamogeton perfoliatus*)	○	○	○	○	○		○			○
나사말(*Vallisneria asiatica*)	○	○	○	○	○		○			○
대가래(*Potamogeton malaianus*)	○	○	○	○	○	○	○	○		○
말즘(*Potamogeton crispus*)	○	○	○	○	○		○	○		○
붕어마름(*Ceratophyllum demersum*)	○	○	○	○	○			○		○
솔잎가래(*Potamogeton pectinatus*)	○	○	○	○	○			○		○

되 우리 풍토에 맞게 생태환경 복원 모델을 제시하는 것이라고 볼 수 있다.

우리나라는 1990년대 후반에서 2000년대 초반 사이가 생태공학 시도의 초창기라고 볼 수 있다. 일본의 경우 우리나라보다 앞서서 생태공학 관련 시도를 했지만, 그간 일본은 생태계 복원을 위한 비오톱 조성 및 수질 환경 오염 제어와 같은 이론을 강조해 왔고, 생태공학의 통합적인 결과 도출보다는 각론적인 실험을 주로 수행해 왔다.[22] 하지만 현재 우리는 실제 대상지에 에코디자인을 통해 이론뿐만이 아니라 성공적인 생태환경 복원된 이론과 실무 사례들을 만들고 있음을 본서를 통해 제시하고 있다. 에코디자인과 생태공학적 접근을 통한 생태환경 복원의 예시로서, 그림 5.23은 그림 5.4와 같이 수생태계의 구조를 토대로 fish-way 생태 하천을 복원한 성공 사례를 예시한 것이다(제4부 8장 매노천 사례 참조). 즉, 응용생태학적 원리를 토대로 에코디자인을 통한 생태공학적 접근을 시도한 복원 결과의 생태계 구조를 모식화하였다. 이를 위해 하천 환경 오염의 제한적 요인인 비점오염원을 제거하고 맑은 물 지표종을 목표종으로 하여 비오톱을 매노천을 생태하천으로 복원하였다. 그 결과 BOD 64.3%, T-N 47.2%, T-P 80.7% 제거되고, 목표종인 참종개, 돌마자, 원앙, 수달이 복원되었다. 생태·환경 문제로 수질과 물 순환 악화가 심각한 오늘

22 유재근. 환경생태공학. 그루. 2002.

- 식물 환경의 다양화, 식물 연쇄의 호흡 에너지 등으로 제거되거나 오염물질의 포식 등에 따라 분해가 높아져서 정화 기능 향상
- 역간접촉, 포기작용
- 침전, 흡착, 분해의 다양한 수생태 환경 복원

그림 5.23 | 생태 하천을 조성하기 위한 수질 개선(BOD 64.3%, T-N 47.2%, T-P 80.7%)과 참종개, 돌마자, 수달 등의 생태계를 에코디자인 및 생태공학적으로 복원한 매노천 Fish-way 복원 및 하천 비점 저감 시설 사례(제8장 참조, 환경부 2015년 하천 비점을 포함한 생태하천 복원 컨테스트에서 우수상 수상).

날, 우리 풍토에 맞는 생태공학을 통해 조성할 경우, 이젠 선진국 어디에도 없는 생태환경 복원 모델을 도출할 수 있는 수준에 이르렀다.

그 외에도 하수처리수의 죽은 물(dead water)을 처리습지(treatment wetland)에서 살아 있는 물(living water)로 정화하여 도시 하천의 재이용수로 활용한 사례도 있다(제4부의 11장 사례 참조). 특히, 필자가 우리 풍토에 맞게 에코디자인하여 조성된 제민천 생태적수질정화비오톱은 하수처리수를 유지용수로 활용하여 건천화된 제민천에 생물 서식 기반을 제공하였다(그림 5.24). 제4부의 11장 사례에서 제시한 유지관리· 모니터링한 결과, BOD 57.0%, T-N 37%, T-P 51%의 처리 효율이 측정되어 선진국에서 제시한 모델의 10배 이상의 수처리 효율이 도출되었음을 증명할 수 있었고, 포유류, 양서파충류, 어류 등 다양한 동물들이 창출적으로 복원되었음이 확인되었다. 또한, 처리 습지 조성 후 공주 10경으로 지정되어 명소로서 인정 받아 지역민들에게 친수 기능 등을 제공하고 있다.

게다가 최근에는 국내·외 최대 규모의 도시 하천 비점 처리의 자연형 처리시설을 조성한 제천 영천동 도시 비점오염원에 대한 생태적수질정화비오톱을 이용하여

그림 5.24 | 우리 풍토에 맞게 접근한 자연 디자인을 통한 생태공학적 사례로 하수처리수를 재이용하여 조성된 제민천 생태적수질정화비오톱 사례.

그림 5.25 | 우리 풍토에 맞게 에코디자인하여 조성된 제천 영천동 생태적 수질 정화 습지 조성 공사 준공 직전의 전경(2018. 10).

조성된 수질 정화 인공습지 사례도 있다.

충청북도 제천시 도심 전역(3.24 km^2)에서 발생하는 도시 비점오염원 저감을 위해 국내 최대 규모로 조성되어 최고 효율을 검증한 생태적수질정화비오톱 습지가 조성되었다(그림 5.25). 조성 후 2018년도 시운전 모니터링을 실시한 결과, BOD 82%, T-N 50%, T-P 70%의 처리효율이 측정되었으며, 다양한 동·식물들이 창출적으로 복원되었음이 모니터링되었다. 또한, 인근 지역민들의 사랑을 받고 지역의 11경으로 지정하고자 할 정도로 명품 친수 공간이 제공되는 등 통합적 기능을 수행하고 있다.

마지막 사례는 본 장 이후와 제4부의 마지막 장인 제12장 '간척지 생태환경의 창출적 복원계획'에서 소개한다. 우리나라 최대 규모의 새만금 생태환경 복원사업과 관련하여 우리나라에 맞는 생태공학의 기초 이론과 성공적인 기본 계획(Master

Plan) 사례라고 볼 수 있다. 이는 2011년 필자가 참여한 새만금 생태환경 용지의 기본 계획 수립을 중심으로 제12장에서 상세하게 다룰 것이다. 필자가 이러한 대규모 개발 사례들의 복원을 진행하면서 특별히 느낀 것이 있다. 이제는 환경을 파괴하고 나서 복원하는 방식을 뛰어넘어 개발 계획 단계부터 환경에 미치는 영향을 먼저 고려하는, 소위 지속가능한 발전 방식의 생태공학적 접근이 절실하다는 생각이다. 그러기 위해서는 많은 생태공학적 성공 모델과 사례를 통해 통상의 공학자들이 진행할 수 있는 방법과 제도와 정책이 마련되어야 할 것이다. 그래야 본 새만금 사례는 물론, 경인운하, 천성산 터널, 한탄강댐. 동강댐 등의 사례들과 같이 국가적 차원의 환경적인 문제로 인한 사회 갈등의 비용과 에너지를 크게 줄일 수 있기 때문이다.

그림 5.26 | 제천 영천동 생태적 수질 정화 습지 조성 후 제천 시장(이상천) 및 관계자들에게 비점 처리 과정에 대한 설명 중인 모습(우)(2018).

그림 5.27 | **새만금 생태환경 용지 조성 계획 작성 과정**(© 변찬우, 2011~2012) **최종 확정안**(환경부, 2012).

06 에코디자인과 생태환경 복원

에코디자인을 통한 생태공학

에코디자인과 자연 스스로의 설계

에코디자인의 의미에 관해서는 이미 제1부와 제2부에서 살펴보았다. 제1부의 1장에서는 에코디자인의 근원이 되는 자연 디자인에 관해서 규명한 바 있다. 여기서 자연 디자인이란, '자연의 가치를 향상시키고자 "정해진 시대와 장소에 맞게" 인간이 자연에 대해 조정(실천)하는 것'이라고 밝혔다. 또한 자연 디자인이란, '우리 풍토에 맞는 에코디자인'이라고 규명하였다. 제2부에서는 우리 풍토에 맞는 에코디자인의 뿌리를 찾고자, 우리 도시의 원형 경관에 내재된 자연관, 생태관, 환경관을 살펴보았다. 현대의 급격한 산업화와 도시화로 무분별한 토지 이용 및 개발이 급증해 왔기 때문에 오랫동안 사라진 우리 원형 풍경의 생태관을 찾고자 하였다. 제3부에서 강조하고자 하는 에코디자인은, 앞서 생태공학의 핵심 방법론으로써 에코디자인의 역할에 관한 것이다. 생태공학은 다양한 과학과 공학적 요소들을 통합적으로 활용하며 생태환경을 복원할 수 있어야 한다. 생태공학 프로세스에서 에코디자인은 생태과학이나 토목·환경공학 등 생태환경 복원에 관한 각론적 방법으로는 해결할 수 없었던 각 장소만의 생태·환경적 문제를 통합적·직관적으로 해결할 수 있는 방안을 제시할 수 있다. 그러므로 에코디자인은 각 대상지 자연적 특성을 최대한 반영해야 한다. 더 나아가 에코디자인을 통해 대상지의 자연이 최대한 스스로 디자인되도록 해야 한다. 우리 풍토에 맞는 생태공학을 실천할 수 있는 '에코디자인과 자연 스스로의 설계', 이를 위해 에코디자인은 다음 세 가지를 갖추어야 한다.

첫째, 에코디자인은 우리 풍토에 맞고, 각 장소의 특성에 맞아야 자연 스스로의 설계를 구현할 수 있다. 지금까지 제1부에서부터 지속적으로 강조한 내용을 종합하여 보면, 주로 풍토, 풍경, 장소, 시간, 생태, 환경 등과 같은 키워드들로써 대부분 자연과 밀접한 내용이다. 이는 본고에서 강조하는 자연 스스로의 디자인과도 깊이 관련된 키워드들이다, 우리 풍토, 각 장소에 맞는 생태환경 복원을 위한 에코디자인의 기반은 '자연 스스로의 설계'에 있다. 이러한 관점은 미국 생태학연합회(The Ecological Association of America)에서 토지 사용을 위해 제시한 생태학적 원리 다섯 가지 중에서 중요한 두 가지 원리와도 연결될 수 있다. 첫째, 지역, 기후, 수리적 토양, 지형적 요소 등은 어떤 장소에서 종의 우점도와 분포에 크게 영향을 미친다는 장소 원리이다. 둘째, 토지를 덮고 있는 것의 크기, 모양, 공간적 관계는 개체군, 군집, 생태계에 영향을 미친다는 경관 원리이다.[1] 이는 Bergen et. al, 2001의 생태공학의 다섯 가지 설계 원리 중 하나인 '장소 중심적인(site-specific) 맥락의 설계'와도 연관된다, 장소 중심적으로 에코디자인된 자연 생태계는 자연 스스로, 게다가 지속적으로 생태계를 복원해 나아갈 수 있다. 다시 말해 생물이 서식하는 기반이 되는 각각의 장소를 고려하지 않는 설계는 지속적으로 자연 스스로가 복원해 나갈 수 없기 때문에 생태환경 복원에서 실패할 수밖에 없다. 결국 풍토 , 장소에 맞는 에코디자인이 되어야 자연 스스로의 설계를 수행할 수 있다.

1 Hein van Bohemen저, 우효섭 · 남경필외 역. 생태공학: 생태학과 건설공학의 가교(2008. pp. 69~70).

두 번째로, 에코디자인은 자기 조절 능력, 즉 자기 설계 복원 시스템이 반영되는 자연 스스로의 설계가 되어야 한다. 앞서 제5장의 표 5.1을 잠시 살펴보자. 여기서 ' 생태공학과 유사 학문들과의 차이점' 중, 생태공학이 생물공학 분야와 다른 점이 무엇이었는지를 보자. 그 주된 차이점은 생태계의 자기 설계 시스템에 있다고 하였다. 자기 설계 시스템이란 자연 스스로가 각 장소에 맞게 변화해 나아가도록 해야 하는 생태공학의 본질적인 특성을 강조한 내용이다. 따라서 자기 설계 복원 시스템은 생태공학의 핵심 방안인 에코디자인을 통해 달성해야 하는 또 다른 중요한 내용이다. 이미 제5장에서 살펴본 대로 특정 지역의 생태계는, 기초생 산자인 식물의 광합성을 기반으로 환경에 적응하는 미생물에서부터 동식물에 이르기까지 자가 조직(self-organization)의 자기 조절 능력을 지니고 있다(그림 6.1 참조). 따라서 에코디자인은 이러한 자연의 자기조절 능력을 극대화시키고 인간과 자연이 공생하는 방향

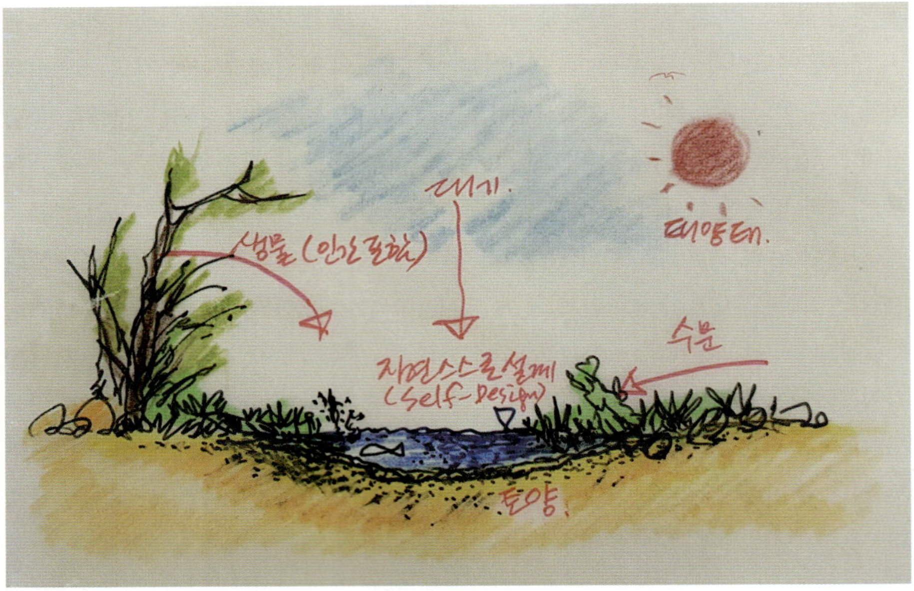

그림 6.1 | 에코디자인을 통해 창출된 생물 서식처(비오톱)로의 생물종 유입은 식물, 동물 및 미생물의 조합에 대해 자기 설계할 수 있는 생태계의 능력을 향상시킨다. 여기에서 제시한 습지의 예에서는 대기, 동물의 이동과 활동(인간의 간섭도 포함), 그리고 지표수의 유입을 통해 생물(식물)종 번식체 유입이 이루어진다. (Mitsch, Ecological Engineering and Ecosystem Restoration, 29쪽 참고)

으로 조정할 수 있어야 한다. 한편, 생태계의 지속성을 담보할 수 있는 생태공학의 가장 중요한 특징은 그 지역만이 가지고 있는 자연 생태계의 자기 설계 복원[2] 능력이다.

자기 설계 복원 능력이란 자연이 생태공학적 일부를 수행함으로써 어떤 서식 장소에서 물리적, 화학적 환경을 자연 스스로가 알아서 조절하는 것이다. 따라서 생태공학자들의 가장 큰 역할은 생태·환경 복원을 위해 자연 스스로가 자기 설계 능력을 잘 발휘할 수 있도록 통합적이면서도 구체적인 에코디자인을 수행하는 것이다. 생물종이 자연적 또는 인위적으로 어떤 생태계에 유입된 후 그들의 생존 여부는 그 자연 생태계, 또는 서식처의 역할에 의해 결정된다. 그 자연 생태계에 변화가 일어나면 생물종은 서로를 대체하며, 먹이사슬 역시 재조직된다. 어떤 생물종은 선택되고 다른 생물종은 선택되지 않는 과정을 통해 개별 생물종이 가려지게 된다. 비록 인위적인 방법으로 생물 다양성을 일시적으로 높게 복원했다고 하더라도, 복

2 여기서 자기 설계 복원(Self-Design Restoration)이란 자연이 '공학'적 역할을 직접 수행하는 것을 생태공학자가 도와 생태계를 복원하는 것을 의미한다. 이때 에코 디자이너의 역할은 자연과 인간이 가장 잘 공생하고 자연 스스로 변화할 수 있도록 돕는 서식지의 복원 설계를 진행하는 것이다.

원 이후 시간의 변화에 따라 서식처가 악화되고 생물 다양성의 지속성이 떨어질 수 있다. 이 경우, 투입된 에너지나 비용 면에서 매우 비효율적인 결과를 초래할 수도 있다. 따라서 에코디자인을 통해 이러한 비효율성을 줄이고 주어진 환경 조건에 훨씬 더 적합하고 지속가능한 생태환경 시스템을 만들어야 한다. 따라서 에코디자인은 지속가능한 생태환경 시스템을 통해 복원된 생물 서식처에서 자연 스스로가 지속성을 갖도록 해야 한다.

셋째, 에코디자인은 생태적 기능의 제한 요소가 될 만한 환경 오염 문제를 지속적으로 제어하고 저감할 수 있는 자연 스스로의 설계가 되어야 한다. 앞서 제기한 제5장의 **표 5.1**의 '생태공학과 유사 학문들과의 차이점' 중 생태공학이 환경공학 분야와 무엇이 다른가를 살펴보자. 그 주된 차이점은 환경공학이 문제 해결 중심적이라면, 생태공학은 예방차원의 접근이 가능하며 자연 생태계의 자기 설계 시스템을 기반으로 하는 것이라고 볼 수 있다. 전통적인 환경공학은 화석 연료 에너지를 주로 사용하여 단일 오염원 제거를 목표로 하기에 2차 오염을 발생하는 경우가 대부분이었다. 반면, 생태공학은 자연 생태계의 지속가능한 에너지를 사용하여 오염원을 제거함으로써 오염원의 발생 이전에 예방 차원에서 생태계를 창출적으로 복원할 수 있다. 게다가 복원 이후에도 자연의 2차적인 위해성이 거의 없다. 이는 에코디자인이 지속가능한 설계를 통해 달성해야 하는 목표이며, 본 장과 그 이후 제4부에 이르기까지 생태공학의 전략과 성공적으로 복원된 모델 사례를 통해 보여 줄 내용이다.

생태공학의 핵심 사례인 수생태환경 복원에 있어서 일반적인 설계 과정과 다른 에코디자인의 예를 들어보자. 에코디자인이 기존의 수자원공학, 방재공학, 상하수도, 토질 분야와 같은 토목공학 분야, 또는 수질 환경공학, 조경공학 등에서 수행되는 디자인(설계)과 다른 점은 무엇인가? 에코디자인 역시, 공간을 다루는 기존 건설 분야의 설계 형식을 빌리는 경우가 대부분이다. 하지만, 에코디자인은 건설 분야의 목표와 달리 반드시 고려되어야 하는 것은 대상지마다 다른 특성을 고려하여 최하위 기초 생산자인 광합성에서부터 최상위 포식자인 포유류나 조류에 이르기까지 건강하고 다양한 생태계가 지속가능하게 자기 설계 능력을 갖게 해야 한다는 점이다. 이에 관해서는 제4부의 생태하천, 생태환경 환경저류지, 생태 간척지 등으로 복원한 다양한 사례를 참조할 수 있다. 이 사례들을 통해 에코디자인의 역할을 잘 확인할 수 있다. 이들을 살펴보면 일반 하천, 방재저류지, 간척지 등과 같이 치수나 방재 목적을 달성하는 기존 설계의 방식을 취한다 할지라도, 각기 대상지 자체의 시간 변화에 따른 대상지 생태계 변화를 고려하여 대상지 내의 자연 스스로가 설계해 나갈 수 있는 에코디자인 과정을 확인할 수 있다. 그리고 모든 조성 과정에서 대상지마다의 에코디자인과 생태환경 모니터링이 통합적으로 코디네이팅됨을 알 수 있다. 따라서 에코디자인은 반드시 대상지마다 다른 자연 스스로의 설계를 바탕에 두고 진행되어야 한다.

자연 형성 과정을 담는 에코디자인: 자연 프로세스

앞서 강조한 대로 자연 스스로의 설계를 보장하는 에코디자인이 되려면 시간의 변화에 따른 자연 프로세스를 담아야 한다. 우리 환경에 맞는 에코디자인은 장소마다 다른 생태·환경적 특성이 시간의 흐름에 따라 변화될 수 있음을 이해하고, 이를 반영할 수 있어야 한다. 이를 통해 오랜 시간 이어온 자연 형성 과정(natural process)을 담아내고, 최근 자연 생태계에 영향을 주는 환경 문제를 보다 근본적이고 지속가능한 방법으로 생태환경 복원할 수 있다. 따라서 생태환경 복원을 하는 에코디자인에서는 자연계에서 시간 흐름이 갖는 의미가 충분히 고려되어야 한다.

우선, 최근 짧은 기간 동안 급속도로 진행된 환경 파괴 문제를 이해하기 위해 보다 근원적으로 지구 차원의 자연 프로세스에 관한 연대기인 그림 6.2를 잠시 조감해 보자. 45억 년을 상징하는 막대 그래프와 관련된 연대기는 많은 지구과학자들이 믿고 있는 지구의 역사이다. 산업혁명이 근래 300여 년 동안, 인류는 45억 년의 역사를 존재하고 있는 자연의 훼손보다도 더한 생태계와 환경을 파괴해 왔다. 그림에서 보듯이, 가장 넓은 의미의 '자연의 시계'(초록색 계열)는 지구(地球) 시계를 의미한다. 지구가 태양계의 한 구성원으로 모습을 드러낸 것은 약45억 년 전이라고 한다. 지구 표면의 4분의 3을 덮는 물이 생명을 존재하게 하는 가장 기본 조건이 되었다. 지구 최초의 생명은 35억 년 전에 바다에서 탄생했을 것으로 추정된다. 박테리아와 같은 원시 생명체는 그 광합성으로 지구에 산소가 만들어져 더욱 많은 생명체가 탄생했다. 이후 생명체들은 멸종과 진화를 거치면서 어류, 양서류, 파충류, 조류, 포유류, 인류의 조상까지 출현하였다는 것이 과학자들에 의해 입증되고 있

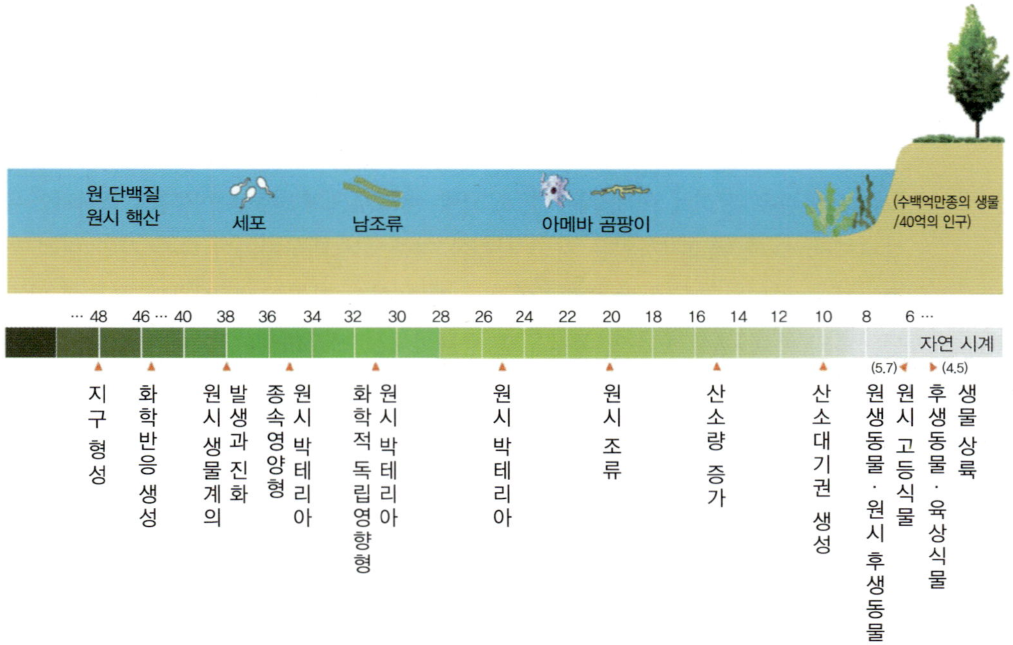

그림 6.2 | 생명의 발생과 생물의 진화를 통한 지구 차원의 자연 형성 과정.

다. 이들은 오늘날 자연 생태계의 주요 구성 요소이다. 인류는 약 240만 년 전에 아프리카에서 분리된 오스트랄로 피테쿠스에서 비롯되었다고 한다. 하지만 약 1만 년 전부터 농경, 목축을 시작으로 인구가 늘게 되었다. 하지만 그 후 불과 300여 년 전 산업혁명을 기점으로 폭발적으로 인구가 증가되었다. 이에 따라 도시화와 산업화는 자연 생태계 파괴와 환경 오염으로 인류의 멸망을 초래하는 위기를 맞고 있다. 최근 한 권위 있는 연구 기관의 조사에 따르면, 지구는 조만간 45억 년 역사상 6번째 대멸종을 겪을 것이라고 예견하였다. 이때 인간 역시 대멸종의 여파를 피해갈 수 없을 것으로 내다 봤다. 최근 미국 스탠퍼드 대학교와 프린스톤 대학교, UC 버클리 대학교 및 멕시코 국립자치대학교 등의 국제 공동연구진은 20세기 척추동물들의 멸종률이 6,600만 년 전 '공룡 대멸종' 이후 가장 높은 것으로 나타났음을 밝혔다. 한편, 세계자연보전연맹은 2200년 즈음에는 양서류의 약 41%, 조류 13%, 포유류 26%가 멸종될 것으로 추산하고 있다. 또한 본 연구진에 따르면, 인구 증가에 따른 지구 멸망 가능성을 예견하고 있다. 즉, 거대한 '자연의 시간'에서 보면 찰나적인 '인간의 시간'이 야기한 자연 파괴가 결국 자연과 인간, 공멸을 초래하게 된다는 것이다. 그 결과 공룡 멸종 이후 평균보다 110배 빨리 동물 대멸종 시기에 접어들 것이라고 한다.[3]

3 원문: 인터넷 세계일보, 2015년 6월 21일.

다음으로 지역 및 대상지 차원의 자연 프로세스를 살펴보자. 급속도로 파괴되고 있는 오늘날의 환경에 대해 지역별, 장소별 생태환경 복원을 위한 자연 프로세스를 살펴보자. 이때 에코디자인은 자연 시계를 기준으로 대상지마다 다른 자연 형성 과정(natural process)을 담아야 한다. 여기서 자연 형성 과정이란, 시간의 흐름에 따라 생태계의 주요 구성 요소인 무생물과 생물이 상호작용하여 생태계가 변화는 것을 의미한다.[4] 펜실베니아 대학교(University Of Pennsylvania)의 Ian L. Mcharg 교수는 그의 저서 Design with Nature에서 "인간의 환경 조성 계획은 생태계와 조화될 수 있어야 하기 때문에 반드시 자연 형성 과정을 생태 계획(ecological planning) 과정에 포함시켜야 한다."고 했다. 자연 세계, 기후, 지질, 지형, 수문, 토양, 식생, 야생동물 등의 자연 요인 및 생태환경에 영향을 미치는 인문 요인 등이 자연 생태계의 형성 과정에 결정적 영향을 줄 수 있음을 강조하였다. 하지만 맥하그 교수의 자연 형성 과정은 도시 및 지역 계획 차원에 머무는 한계를 지녀서, 자연 형성 과정을 통한 구체적인 설계와 시공 과정을 제시하지는 못했다. 특히, 우리나라와 같이 짧은 기간 내에 좁은 땅에서 집중적이고 과밀하게 도시가 개발될 경우, 광역적인 차원의 생태 계획은 그 적용성이 부족하다. 각 장소의 생태·환경적 문제를 해결할 수 있는 생태환경 복원의 설계와 복원 시공 방안이 필요하다. 이러한 상황에서 자연 형성 과정을 담은 에코디자인은 이미 제5장에서 살펴본 바 있는 생태계 구조와 자연 형성 과정 동력의 근원인 에너지(energy) 흐름과 생지화학적 물질 순환(biogeo-chemical cycle)의 문제를 매우 효율적으로 회복시킬 수 있는 방향을 제공할 수 있다. 또한 자연 형성 과정을 담은 에코디자인은 생태적 기능과 구조를 건전하고 지속가능하게 복원할 수 있다. 더 나아가 자연 형성 과정을 담는 에코디자인 수행을 통해 생태공학에 바탕을 두고 수질 환경 문제 등의 환경 오염 문제를 일시적인 방식이 아니라 지속가능한 방식으로 해결할 수 있다. 자연 형성 과정을 담은 에코디자인을 통해 파괴된 자연 생태계를 복원 시공할 경우, 환경 오염이 지속적으로 완충, 저감, 예방될 수 있고, 대상지마다 다른 에너지 흐름 및 물질 순환의 지속성을 유지할 수 있다.

4 McHarg, Design with Nature, WILEY, 1995.

통합적 수행 과정의 에코디자인 : 인간 프로세스

앞 절에서는, 자연 프로세스를 고려하여 에코디자인을 해야 함을 강조하였다. 한편, 본고에서는 생태공학을 성공적으로 수행하기 위해서는 자연 프로세스에 악영향을 미친 인간의 생태환경 훼손을 회복시킬 수 있는 인간 프로세스에 관해 논한다. 현재 자연 생태계를 복원하는 생태공학의 수행 체계의 대부분은 기존의 건설공학이나 환경공학 등의 방식으로 수행되고 있다. 하지만 필자가 성공적으로 수행해왔던 생태환경 복원의 사례들을 참고할 때, 기존의 건설공학 등으로 진행되는 방식의 절차를 따르더라도 일반 건설 관행을 뛰어 넘어야 당초 목적을 달성할 수 있음을 깨달을 수 있었다. 따라서 본 절에서는 기존의 건설공학의 관행을 생태·환경적으로 보완할 수 있는 생태공학적 복원 프로세스를 제시한다. 우선, 제4부에서 다루게 될 분야들인 생태하천의 수자원 분야, 생태환경 저류지 시설의 방재 분야, 비점처리 수질 정화의 상하수도나 환경공학 분야 등의 대규모 물과 관련된 사업들의 예를 들어보자. 이들 사업들은 비록 생태나 환경적 이슈를 구현해야 함에도 불구하고 그간 대부분 건설공학 방식으로 수행되어 왔기에, 무늬만 생태나 환경이라는 오명을 받아왔다. 해당 사업 적용 법 역시 주로 일반 건설에서 적용하는 건설산업기본법에 따른다. 하지만, 필자의 경우, 인간이 파괴한 생태계와 환경을 복원하기 위해 그 수행 절차 역시 건설산업기본법에서 진행해 온 관행적 일반 건설 방식을 따랐다면, 생태환경 복원은 성공할 수 없었을 것이다. 따라서 일반적인 건설 방식의 수행 과정을 뛰어 넘어 인간적 노력을 통해 망가진 수생태환경을 복원하려면 어떤 문제점이 있고, 그 문제점을 풀기 위해서는 어떠한 전략이 필요한지를 보다 상세하게 알아보기로 한다.

아래 그림 6.3을 살펴보면, 상단의 막대 연대기(녹색 계열)에 앞의 그림 6.2에서 살펴본 지구라는 45억 년의 거대한 '자연 시계'가 표현되었다. 그림 아래 막대기(주황색 계열)에는 오늘날 인간의 생태공학적 행위를 하는 '인간 시계'의 찰나적 관계를 확인할 수 있도록 하였고, 인간 시계의 자세한 공정을 그 아래에 확대하여 그려 놓았다. 이때 생태공학적 행위는 파괴된 생태환경을 복원하는 것이 주된 내용이지만 그 절차 과정은 건설 방식을 따른다. 따라서 생태공학 과정은 그림의 아래 막대의 '인간 시계'에 확대하여 표현된 내용처럼, 계획, 설계, 시공, 유지 관리·모니터링이라는 시계열적 프로세스를 거친다. 이러한 접근 방식은 일반 건설 과정에서와 같이

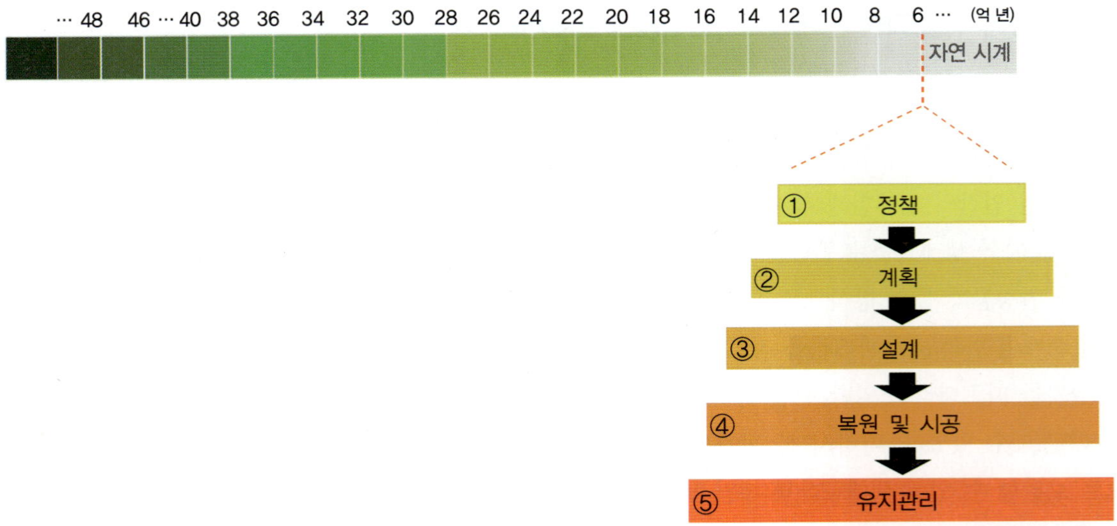

그림 6.3 | 자연의 시계(상단)와 인간의 시계라고 볼 수 있는 건설공학의 일반적인 수행 과정(© 변찬우, 2016). 그림 하단의 인간 시계의 건설 과정은 자연 시계에 비해 찰나적 임에도 불구하고, 자연 프로세스를 반영하기 어렵다. 또한 인간 시계의 건설 행위의 단절된 공정은 생태공학적 결과를 도출할 수 없다.

일방향의 선형적인 프로세스를 밟는다. 이러한 프로세스는 접근방법론적으로 소위 합리적인(rational) 접근 방식이므로, 기존의 틀이 잡힌 건설공학 분야에서 보면 별 문제가 없는 듯이 보인다. 하지만 이러한 접근 방식으로는 대상지 생태환경 변화를 반영해서 생태환경 복원하기 어렵다. 즉, 앞서 대상지의 자연 형성 과정 등을 고려하여 자연의 변화를 담을 수 있는 자연 시계를 반영할 수 없다. 기존의 건설공학에서는 이미 예측된 결과만을 결정적으로 확정해 놓고 특정한 답을 얻고자 하는 환원적(reductional)인 접근의 한계를 가지고 있기 때문에 자연 형성 과정을 통해 끊임없이 변하는 자연의 변화를 모니터링하고 반영하기 어렵다. 자연 시계를 반영할 수 없기에 대상지 생태환경 모니터링 결과를 설계 시공 과정에 반영함으로써 생태환경적 기능과 효율을 도출하고자 하는 목표는 더욱 달성하기가 어려워지는 것이다. 그림 6.3의 하단에 있는 인간 프로세스의 각 공정을 중심으로 최근 많이 진행되고 있는 생태하천 복원사업을 예시해 보자. 그간 생태하천 조성은 수자원의 토목적 건설방식으로 설계 시공이 진행되어 치수적 안정성 보장을 그 주된 목표로 하였다. 하지만 생태하천 복원사업에서는 치수적 안정성이나 수량을 다루는 것은 물론, 수

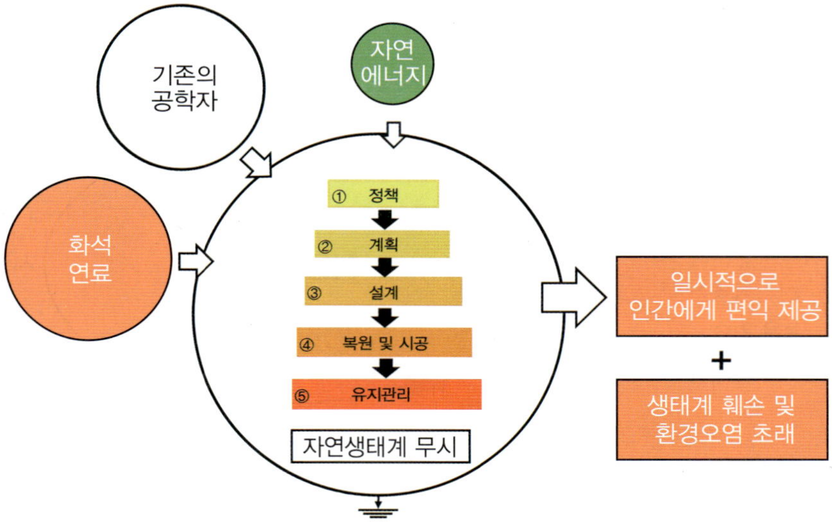

그림 6.4 | 기존의 (건설 및 환경 등) 공학기술 프로세스 모식도(그림 5.6의 a) 참조)에 인간 프로세스의 절차가 추가되었음. 대상지의 자연 생태계를 무시하고 화석 연료 에너지를 주로 사용함으로써 생태계 파괴와 환경 오염이 야기된다. 그 결과, 인간에게도 지속적인 편익 제공이 어려워진다.

질 및 수생태계까지도 성공적인 효율과 기능이 도출되도록 해야 한다. 이를 위해 생태하천의 복원은 그림 6.3의 하단부에 있는 인간 프로세스의 각 공정으로 진행되지만, 이는 통합적인 안목에서 진행되어야 한다.[5] 하지만 현실은 생태하천 복원의 기능과 효율을 도출할 수 있도록 통합적인 안목에서 진행될 수 있는 제도적, 법적, 내용적 기준이 잘 마련되어 있지 않다. 왜냐하면 생태하천 복원을 진행함에 있어서도 기존의 수자원 정비 과정과 같이 일반 건설 방식의 건설산업기본법의 기준을 따라야 하기 때문이다. 그 공정 각각은 특혜 시비가 나지 않도록 분리되어 발주되고 진행되기 때문에 공정 진행상 생태하천 복원의 일관성 있는 목표조차도 유지하기 어려울 때가 많다. 게다가 건설사업의 공평성 때문에 입찰을 통해 가격 경쟁이나 제비뽑기하듯이 정책, 계획, 설계, 복원 및 시공, 유지관리, R&D 모니터링의 여섯 가지 단계별 공정과 사업 주체가 결정됨에 따라 매 공정별 사업 주체가 제각각이므로, 일관성 없이 단절된다. 그 결과 그림 6.3의 인간 시계 프로세스에 따른 공정별 공학적 접근은 수생태·환경 복원의 성공적인 결과를 기대하기 어렵다.

그림 6.4는 위의 그림 6.3 하단의 인간 프로세스를 그림 5.6에서 제시한 바 있었던

5 변찬우. 2010. 우리풍토에 맞는 생태하천. 나무도시. 2010.

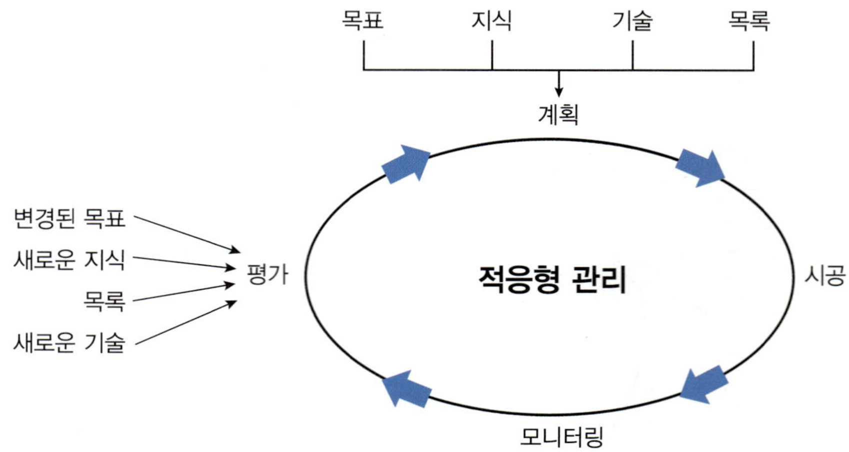

그림 6.5 | 순응 관리 순환(adaptive management cycle) 모식도(USDA, 2005).

기존 건설공학 프로세스의 모식도에 접목해 보았다. 기존의 일반적인 건설(환경) 공학에서 진행하는 방식은 대상지의 자연 프로세스를 고려하지 않음으로써 대부분 화석 연료 에너지를 많이 소모시킨다. 따라서 자연 에너지를 사용하지 못하고 자연 생태계의 지속성을 담보할 수 없어서 생태계 파괴 및 환경 오염을 초래한다. 결국 인간에게도 일시적인 편익만 제공할 뿐이며, 표방하는 생태환경적 목표는 무늬에 불과하거나, 심지어 생태계 훼손이나 환경 오염을 초래하는 경우가 대부분이다. 결국, 자연과 인간 모두에게 지속적인 이익을 가져다 주지 못하기에 생태 공학적 접근과 상반된 결과가 도출될 뿐이다.

이러한 문제를 고려해 볼 때 그림 6.5에서 보듯이, 최근 생태복원 관련 선진국의 전문가들이 생태계를 복원하는 과정에서 역설한 순응 관리(adaptive management)의 개념을 눈여겨 볼 필요가 있다.[6] 이는 앞의 '인간 시계'를 통해 언급한 대로 기존 건설 방식에서 발생되는 각 공정별 단절의 문제를 해결하고, 프로젝트마다 각 공정별 현장 모니터링 과정을 단계별로, 생태 모니터링하고 평가하여 수정 후 반영할 수 있는 방법론을 제공한다. 이는 생태환경 복원에 있어서 대상 지역의 복잡한 생태적 시스템뿐만 아니라 사회적, 경제적, 정치적 시스템에 맞게 개선할 수 있는 모니터링 및 평가 결과에 따라 기존의 목표를 수정할 수 있도록 함으로써 일반적인 건설 방식의 일방향 접근 방식의 한계를 극복할 수 있는 관리 전략이라고 볼 수 있다.

6 Byeon, Chan-Woo, "Ecological Restoration of the Rivers and Wetlands with Sustainable Structured wetland Biotope System", KSCE Journal of Civil Engineering, Vol.16-No.2 (2006), pp.255-263(pp.257)

순응관리 전략은 생태계를 복원하는 데에 있어서 그간의 건설 방식으로 수행될 수 없는 문제를 풀어 줄 수 있는 효과적인 이론이라고 판단되었다. 하지만 머지않아 우리나라의 경우 선진국에서도 아직 정착되지 못한 순응적 관리기법을 실제 적용시키는 것은 매우 어렵다는 것을 깨닫게 되었다. 이는 다음과 같이 크게 두 가지 문제 때문에 순응관리 적용이 어렵다고 판단되었다. 첫째, 아직 순응 관리가 그대로 우리 생태계 복원 과정에 적용될 만큼, 우리나라에는 생태환경 복원의 성공 모델이나 내용이 아직 잘 정립되지 않았다는 점이다. 둘째, 생태공학적 수행 과정의 대부분은 앞서 언급한 대로 국내 제도적, 사업적 측면에서 기존의 건설공학적 접근방식 및 건설산업기본법의 기준을 벗어나기가 불가능하다는 점이다. 그러면 순응 관리 이론처럼 기존의 건설공학 방식의 문제를 보완할 수 있는 대안은 없는 것일까?

위에서처럼, 선진국에서 생태공학자들이 주장하는 순응 관리와 같은 제도를 바로 도입할 수는 없는 실정일지라도, 생태환경 기능과 효율을 성공적으로 도출할 수 있는 수생태환경 복원 방안은 반드시 마련되어야 한다. 이를 위해 한국적 상황에서 그간 생태환경 복원의 어려움을 극복하면서 필자가 성공적으로 진행할 수 있었던 통합적 관리 방안을 조금 더 설명하면 다음과 같다. 기존의 건설 방식을 통해서는 생태환경 복원을 성공적으로 수행 할 수 없었다. 게다가 생태환경 복원의 수행 주체가 되는 일반 건설기술자는 물론, 생태학자나 또는 환경공학자는 각각의 영역 관련 분야이면서도 사업에서 전공별로 각각 높게 쳐진 울타리가 있었을 뿐만 아니라, 제도적, 사업적으로도 그 장벽이 높았다. 따라서 생태공학과 관련된 각기 다른 분야 사이의 폐쇄적인 장벽들을 허물면서, 이들을 융합하여 생태환경 복원을 실현해야 한다는 절박감을 가지면서 생태환경 복원 관련 연구개발과 실무수행을 하게 되었다. 그러면서 전례 없었던 생태환경 복원 시스템 특허들을 많이 만들게 되었다. 국내 최초, 유일의 비점처리 인공습지 및 생태하천 관련 환경 신기술 등을 만들었다. 이때 실무를 통해 R&D한 특허와 신기술을 상업화하지 아니하면서, 전략적으로 활용하여 복원 설계, 시공, 유지관리, 모니터링까지 직접 수행할 수 있게 되었다.[7] 각기 대상지마다 다른 대안을 가지고 생태환경 복원 과정의 전체 공정을 직접 코디네이팅해 왔다. 여기서 코디네이팅이란 R&D 모니터링 및 통합적인 에코디자인이라고 볼 수 있다.

7 앞의 책, 266~263.

이는 그림 6.6의 인간 프로세스 모식도를 살펴보면 보다 상세히 알 수 있다. 이

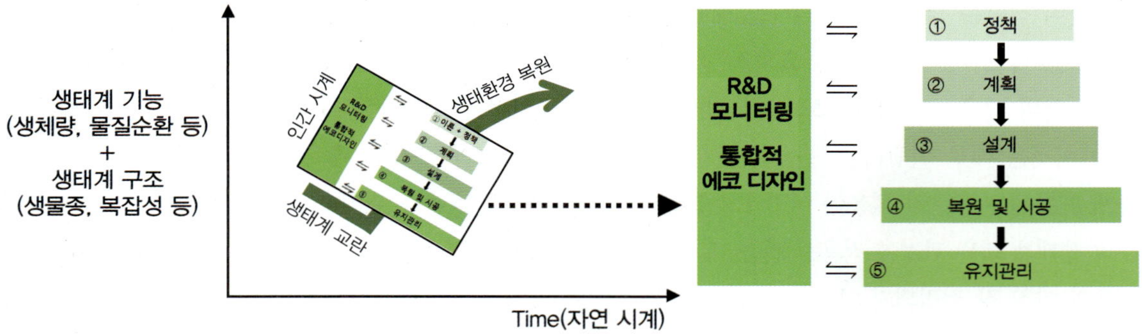

그림 6.6 | 자연 시계와 인간 시계 속에의 생태공학적 인간 프로세스 과정(© 변찬우, 2012). ① 정책, ② 계획, ③ 설계, ④ 시공, ⑤ 유지관리와 ⑥ 모니터링을 포함한 복원의 전 과정은 체계화되고, 각 프로세스에 생태 · 환경 모니터링 및 에코디자인으로 통합될 수 있다.

는 인간 프로세스라 명명한 아래 그림에서, 앞서 제5장의 **그림 5.13** 생태환경 복원의 단계와 유형을 바탕으로 생태환경 복원 진행 목표와 단계별 프로세스를 보여주고 있다. 우측으로 확대된 그림은 에코디자인을 통해 전 공정을 선형적으로 진행하는 **그림 6.3**에서 제기된 문제의 건설공학적 방식을 보완하면서도 각기 단절된 전체 공정을 통합적으로 접근하는 에코디자인 및 모니터링의 내용을 담고 있다. 이러한 방식의 생태공학적 인간프로세스를 통해 (대상지마다 다른 '자연의 시계'를 토대로 생태환경 복원에 관한 '인간의 시계'를 통해) 계획-설계-시공-유지관리-모니터링에 이르는 통합적 프로세스를 성공적으로 진행할 수 있다. 따라서 필자의 경험상 건설공학의 단절된 프로세스를 에코디자인 및 모니터링 과정을 통해 통합적으로 보완할 경우, 일반 건설공학에서 만족할 만한 공학적 결과물의 도출은 물론 생태환경 복원의 기능과 효율까지 성공적으로 도출될 수 있었다. 더 나아가 **그림 6.6**에서 좌측의 각 공정의 단계 중 우측 박스의 상세 그림에서 R&D 모니터링, 통합적 에코디자인이라고 하는 부분을 보다 세부적으로 살펴보자. 이는 현재 필자가 강조하고자 하는 우리나라의 일반 건설 과정에서 생태환경 복원을 가능하게 하는 통합 관리 방향의 핵심이다. 일반적 건설공정을 생태공학적 관점으로 통합하기 위한 방안은 다음 두 가지로 정리된다. 첫째, 타당성 분석에서부터 계획, 설계, 시공, 유지관리에 이르기까지 전 과정에 걸쳐 R&D 및 생태환경 모니터링은 과학적, 분석적으로 진행한다. 둘째, 생태환경 모니터링의 과학적 근거를 바탕으로 전체 단계를 직관을 통해 코디하는 에코디자인을 진행한다. 예를 들어, 시공 과정에서도 시간의 흐름에 따라 달라

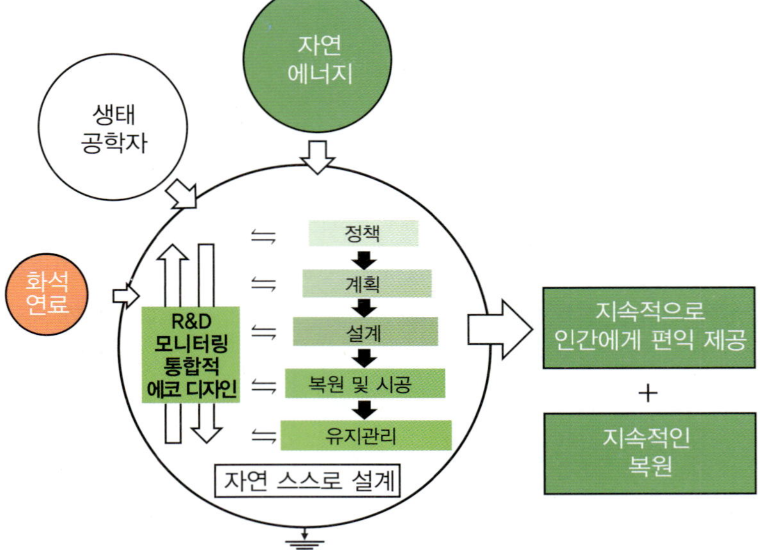

그림 6.7 | 생태공학의 보다 구체적인 프로세스를 보여주는 그림 5.6의 모식도에서 자연 에너지를 최대한 활용할 수 있도록 대상지 각각의 자연 형성 과정을 담는 자연 프로세스가 추가되었음.

지는 현장 모니터링 과정에서 도출되는 과학적 근거를 토대로 샵 드로잉하면서 초기 계획을 수정 보완할 수 있도록 함으로써 생태환경 복원이 성공적으로 수행될 수 있도록 코디하는 것이다.

그림 6.7은 앞서 그림 5.6에서 제시된 바 있었던 생태공학 프로세스의 모식도에 위의 그림 6.6의 우측에 보이는 생태공학적 인간 프로세스를 추가한 것이다. 이는 기존의 건설(환경)공학의 접근 방법과 달리 대상지의 자연 생태계를 먼저 고려하고 화석 연료 에너지를 적게 사용토록 하는 방안을 제시한다. 그 결과, 자연 생태계 스스로 조절하는 자기 설계 과정을 보장하는 통합적인 에코디자인과 모니터링 과정을 통해 인간에게도 지속적인 편익을 제공할 수 있음은 물론, 지속적인 생태·환경 복원이 가능하다는 것을 보여주고 있다. 이처럼 자연 형성 과정을 고려한 인간 프로세스를 따라 진행될 경우 생태·환경의 70%를 차지하는 물 환경 복원의 건설적 목표는 물론, 수생태계와 물 환경의 기능과 효율을 도출할 수 있다. 최근, 환경부에서 주관하는 생태하천 복원, 비점오염원 자연처리, 그리고 2018년부터 법제화된 물 관리 일원화[8] 정책의 주요 대안이 될 수 있을 것이다.

8 그간 물 관리는 큰 틀에서 국토부가 수량 관리를, 환경부가 수질 관리를 각각 맡아 왔기에, 물 관리 체계의 일원화 요구가 계속됨. 2017년 9월 국회에서 '물관리일원화협의체'를 구성하여 물 관리 일원화 방안을 논의하였으며, 2018년 6월 물 관리 일원화 관련법이 통과됨으로써 하천 관리를 제외한 수량, 수질, 재해 예방 등 대부분의 물 관리 기능이 환경부로 일원화되었음. 이로써 국가·유역물관리위원회 운영, 국가물관리기본계획 및 유역물관리종합계획의 수립 근거 등이 마련됨으로써 국가·유역 단위의 통합 물 관리 체계로 나아가기 위한 기틀이 마련됨.

생태환경 복원 기술을 통한 생태공학

생태환경 복원의 핵심, 수생태계의 비오톱 창출

생태계는 크게 수생태계와 육상생태계로 나눠지는데, 물이 모이는 집수(集水) 경계를 의미하는 '유역'에 형성되는 생태계에는 육상생태계도 포함된다. 따라서 수생태계의 복원에 성공할 경우, 해당 수생태계는 물론 육상생태계를 포괄한 대규모 지역의 생태계를 복원한 것이라고 볼 수 있을 만큼 수생태계 복원은 중요하다. 예를 들어, 우리나라의 4대강 중 낙동강 유역이라 함은 주로 영남권의 경상남북도와 수많은 시군들을 모두 포함한다. 이처럼 유역은 광범위한 영역의 생태계를 포괄하며, 수생태계 복원은 생태적 핵심(ecological core)이면서 동시에 가장 성공하기 어려운 복원 대상이다. 그러므로 오늘날 생태공학을 통한 생태환경 복원의 최대 하이라이트는 생물이 가장 다양하게 서식하는 수생태 환경 복원이다. 하천, 습지 등이 주가 되는 수생태계는 육상과 수상, 2개의 서로 다른 군집이 만나는 추이대(ecotone)로써 생물 다양성(biodiversity)이 가장 높다. 뿐만 아니라, 하천과 습지에는 멸종위기종, 천연기념물 등 희귀종들의 서식처가 됨으로써 생태적 가치 역시 가장 높은 곳이다. 이러한 맥락에서 생태공학의 권위자인 미국의 미치(Mitch) 교수는 물론, 일본의 카메이도 아키라 교수나 스기야마 교수 등도 인공습지나 생태하천 등의 복원을 중심으로 생태공학의 이론과 실무를 활발히 전개해 왔다.

이때 생태 서식지 복원에서 핵심이 되는 개념은 비오톱(biotop)이다. 비오톱은 생물(biology)을 뜻하는 'bio-'와 생물이 서식하는 장소를 의미하는 그리스 어원인 'topos'의 합성어로, (소)생물 서식처로서 특정한 식물과 동물이 하나의 생활공동체, 즉 군집 단위로 이루어진 (소)생물 서식 장소를 의미한다. 앞서 제5장에서, 생태공학이란 어떤 장소에서 생태계를 보전하거나, 생태적 기능을 향상시키는 것이 바탕이 되어야 함을 강조한 바 있다. 본 절에서 강조하는 비오톱 창출을 통해 다양한 생물들이 서식하게 하는 것이야 말로 생태공학의 구체적 방법론이라고 보면 된다. 비오톱 창출을 통해 개발로 인한 환경 훼손을 저감하는 것이 바람직한 생태환경 복원 방안 중 하나이다. 또한 생물 다양성이 가장 높은 인공습지나 하천 복원을 통

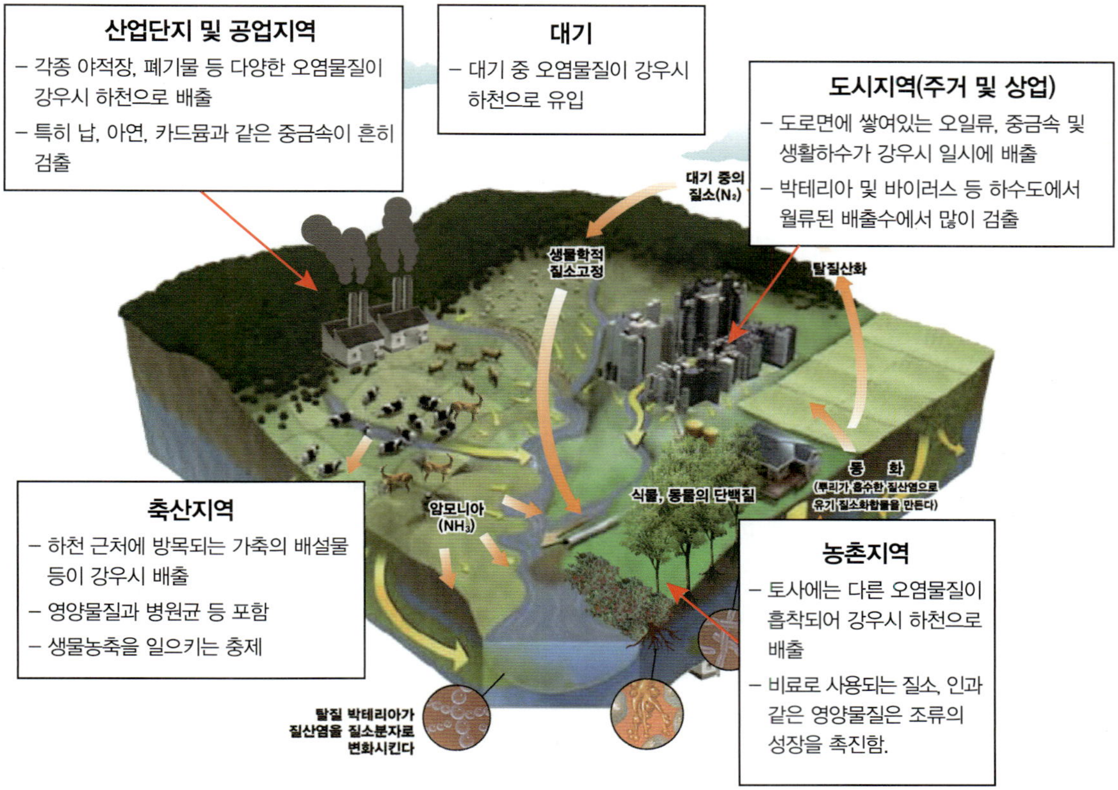

그림 6.8 | 점오염원과 비점오염원 개념도 각색함(환경부, 2012. 비점오염원 관리 종합 대책(안) pp.9).

해 생태적 핵심이 되는 수생태계를 복원할 경우, 대체(replacement) 생태계 창출(creation)을 도모하면서도 환경 오염원까지 저감(mitigation) 시킬 수 있다. 즉, 자연 스스로 다양한 생물이 살기 적합한 물리적, 화학적 조건을 조절할 수 있도록 함과 동시에 이를 토대로 수질 환경 문제를 생태적으로 해결할 수 있다. 그러므로 생태 환경 복원에서 가장 중요한 바탕이 되는 것은 특정 장소에 지속가능성을 담보할 수 있는 비오톱(biotop)의 창출이다.

최근 하천, 저류지, 호수 등의 수생태계에서 가장 심각한 물 환경 오염은 오염원의 발생 위치와 경로가 파악 가능한 점오염(point source pollution)과 오염원의 근원지 및 경로가 불특정한 비점오염(non-point source pollution)으로 구분된다. 특히, 후

자는 우천시 초기 빗물과 함께 불특정한 배출 경로를 통해 하천으로 유출되는 수질 오염 물질이 물 환경의 주요 문제가 되고 있다. 그림 6.8에서 보듯이 대표적인 비점오염 물질로는 주거 상업 용지 등과 도로 등에서 배출되는 도시 비점, 가축 분뇨 등에서 배출되는 비점, 농촌 소각 쓰레기, 농약, 살충제 등으로 인한 농촌 비점, 산업용지나 공단 등에서 배출되는 중금속 등으로 인한 산업 비점 등으로 나뉜다. 이는 배출 지점이 일정하지 않아 집수하여 처리하기 어렵기 때문에 인위적 조절이 어렵다. 게다가 비점오염원의 수질 환경은 생태적 환경뿐만 아니라 도시나 산업용지 등 인간의 토지 이용의 영향을 많이 받는다. 정부는 지천의 오염으로 상수원의 수질이 위협받자 비점오염원 관리를 위해 관련 규정을 강화하고 환경 기초 시설 확충에 나섰다. 하지만 비점 처리를 위한 시설로써 장치형 구조물들은 대부분 실패하였다. 따라서 생태공학적 접근을 통해 훼손된 대상지의 생태계 복원을 통해 비오톱을 창출하고 생태적으로 수질 정화를 할 수 있는 검증된 비점오염 저감시설 개발이 가장 바람직한 대안이라고 볼 수 있다.

이와 같이 생태적으로 수질 환경 문제 등을 해결하면서도 지속가능한 개발에 관한 요구와 시도가 지구촌 곳곳에서 행해지고 있다. 최근 우리나라는 4대강 조성 이후 생태 하천으로서의 생태계 복원 및 수질 환경에 관한 4대강 검증 및 사후 관리에 대한 많은 이슈를 낳고 있다. 게다가 4대강 사업 이후 4대강의 상류 지류지천 및 수변 개발, 저수지 둑 높이기 사업, 새만금 등 아직도 미완의 여러 수생태환경 복원과 관련한 사업을 추진해야 한다. 그러나 수생태환경 복원의 경우 그 융복합적 접근의 어려움으로 인해, 선진국이라고 할지라도 우리나라에 직접 적용할 만한 성공 사례를 찾아보기 어렵다. 따라서 수생태환경 복원에 대한 성공 사례를 만들기 위한 대안 제시가 절실한 상황이다. 그 주된 대안은 비오톱 조성을 통한 비점처리와 같은 수생태환경 복원이라고 본다. 우리나라는 지금껏 대규모로 훼손된 자연을 복원하기 위한 노력과 지속가능한 발전을 위한 해결 방안을 모색해 왔다. 이와 관련하여 생태학과 공학이 융합되어 생태·환경 복원의 필요성이 국가적 차원에서 부각되고 있다. 따라서 과거에는 생태계를 고려하지 않고 주로 건설 위주로만 행해졌던 개발 방식이 생태공학적 접근을 통해 생태·환경적으로 복원하려는 방향으로 전환되고 있다. 그림 6.9는 그림 5.23에서 소개된 특정사례인 매노천 fish-way 생태하천 복원 외에도 필자가 직접 복원한 다양한 생물종들을 생태계 먹이 피라미드 구

그림 6.9 | 필자가 직접 수생태계를 창출적으로 복원한 생물종들을 제5장의 그림 5.4에서 살펴본 생태계 먹이 피라미드 구조에 표현해 보았다. 우측에는 대상지마다 비오톱에서 창출적으로 복원된 목표 종들이 표현되었다. 이는 생태적으로 수질 정화하여 생태환경 복원 결과를 논문으로 검증한 제4부의 7장~12장의 각 유형들과도 연계된다.

조에 대입하여 표현한 것이다. 이는 다음 절에서 구체적으로 소개할 생태적수질정화비오톱 시스템의 적용을 통해 창출적으로 복원된 생태계이며, 더욱 구체적인 것은 제4부에서 각 유형별로 생태환경 복원 논문으로 검증 제시된다.

우리 풍토에 맞는 수생태환경 복원 주요 기술, 생태적수질정화비오톱 시스템

현재 생태환경복원 방식의 주된 공정 절차는 건설 방식을 통해 수행되고 있음을 앞에서 살펴보았다. 앞서 그림 6.6에서 강조한 대로 전체 공정은 건설 방식을 따른다고 할지라도, 생태환경 복원 공정은 에코디자인과 모니터링에 의해 통합적으로 진행하는 것이 효과적이다. 기존의 일반적 건설 방식으로는 생태환경 복원의 전체 공정을 통합적으로 수행하는 것이 불가능하다는 것이 주된 이유이었다. 여기서 주목할 점은 필자가 대상지에 에코디자인하여 지속적인 모니터링을 수행하면서 연구개발(R&D)한 결과물은 수생태환경 복원 관련 시스템 특허 공법과 환경 신기술이다. 에코디자인과 모니터링 과정에서 중요한 성과는, 수생태환경 복원의 핵심 특허 공법을 중심으로 특정 대상지에 적용한 이후 이를 다시 다른 대상지에 적용하여, 지속적으로 더 나은 생태환경 복원 기술을 만들어 가는 일련의 선순환 과정에서 창출된 것이다. 이러한 과정을 통해 우리나라에 맞는 최고 기능의 생태환경 복원 관련 시스템 특허와 국내 최초의 환경신기술(제258호) 등의 원천기술을 개발할 수 있었다. 하지만 생태환경 복원의 특허 및 신기술의 유형을 정립하고 재현성이 생길 때까지 상품화를 지양해 온 것이 일반적 특허 공법과 차별화된 부분이라고 볼 수 있다. 그간 대상지마다 다른 수생태환경적 특성에 관한 재현성이 부족하여, 직접 에코디자인과 모니터링을 수행하는 것에 한해서만 특허 신기술을 적용하였다. 직접 현장마다 다른 에코디자인을 통해 설계, 시공, 유지관리를 수행한 결과, 현장마다 다른 생태환경 복원에 관한 정량적인 데이터를 확보하고 성공적으로 모니터링할 수 있었다. 본 절에서는 그간 우리 풍토에 맞춰 필자가 직접 실무와 이론을 진행하면서 연구 개발한 대표적인 생태환경 복원 시스템 특허과 그 공법의 사례를 우선적으로 소개하고자 한다.

우리나라 풍토에서 필자가 지속적으로 연구 개발하고 설계와 복원 시공을 진행하면서 개발한 원천 기술인, 생태적수질정화비오톱(SSB, Sustainable Structured wetland Biotop) 시스템을 소개하고자 한다. 이는 생태적수질정화비오톱(SSB) 시스템의 기능을 보강하는 다양한 수생태환경복원 시스템 기술 관련 세부 특허들로 구성되나 이들의 대표 특성에 관해서는 다음 절에서 보다 자세히 설명할 것이다. 본 특허 시스템은 국내 최초로 생태적 비점오염원 처리 환경신기술로 인증 받기도 하였다. 그림 6.10에서처럼 생태적수질정화비오톱의 주요 구조는 침강 저류지(forebay)와 습지와 연못의 다단계 셀(multi-cell), 침전지(micro-pool) 등 크게 3개의 영역으로 나뉜다. 전반부에 위치한 침강 저류지나 후반부의 침전지는 깊은 수심을 지닌 생태적 거점(ecological core)이 되며, 그 중간의 수심이 비교적 낮은 다단계 습지·연못 셀 구조 역시 다양한 생물들이 복원되는 생태적 거점(ecological core)이 된다. 이들 거점들은 모두 생태적으로 네트워크(ecological network)를 형성하여 풍부한 생물 서식처가 조성되면서, 목표종, 지표종, 향토종, 천연기념물, 멸종위기종 등이 복원되도록 각 대상지의 생태계(ecological system)에 맞게 에코디자인된다. 동시에 생태적수질정화비오톱의 수질오염원에 대한 처리 메커니즘은, 침강 저류지에서 1차적으로 고형물질을 침전시키고 유속을 저하시켜 정수 식물이 있는 습지 연못의 다단계 셀로 유입된 후 생태적으로 수질 정화하는 다단계 셀 (multi-cell)의 기작을 가진다. 각기 다른 하천, 저류지, 간척지 등에 적용될 경우, 각 각의 유량, 홍수위 등 수리수문학적 측면에 대한 안정적 기능을 고려하여 수생태계 복원과 수질 정화 기능을 갖게 된다. 즉, 각각의 수생태 환경 복원 목표와 각 대상지의 특성에 맞는 수생 식물과 토양, 미생물, 동식물 등의 수생태계의 복원은 물론, 오염물의 침전, 흡수, 흡착, 분해 등의 기작을 통한 수질 정화를 수행할 수 있다. 마지막 단계로는 고형물의 재부유를 방지하고, 용존산소(DO)를 높여 주는 침전지를 통과하여 방류된다.

그간 수많은 국책사업에서의 적용 결과는 국내외 다양한 관련 논문으로도 그 생

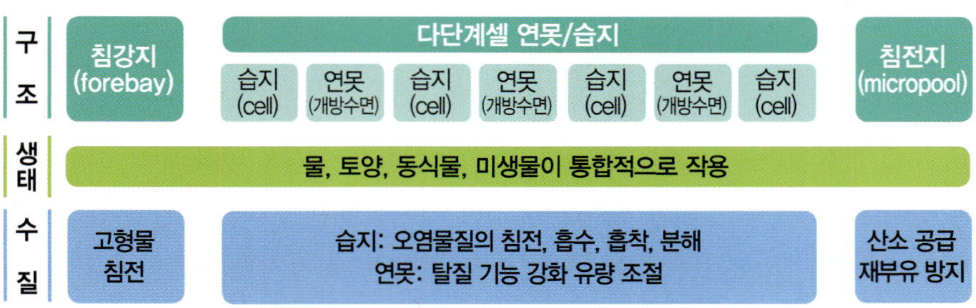

그림 6.10 | **생태적수질정화비오톱(SSB)의 다양한 특허 시스템(환경 신기술)은 기본적인 구조와 기능.** 다양한 생태계의 창출적 복원 및 비점처리 인공습지, 생태하천, 생태계 복원, 생태환경 저류지, 생태환경 간척지 등에 적용되어 유형별 복원 방안을 정립하는 생태적 핵심 시스템(ecological core system)이 되었다.

태환경복원 기능과 효율이 검증되었다. 생태적수질정화비오톱은 제4부의 5개의 장에서도 소개하고 있듯이, R&D를 통해 정립된 생태환경 복원 5가지의 유형에 관한 연구 개발의 재료 및 방법에 공통적으로 활용되었다. 제4부의 각 장에서 보듯이, 생태적 수질정화비오톱 시스템은 수자원 및 수생태환경 관련 다양한 학회 논문으로도 검증된 바 있다. 수생태 환경복원의 주요기술로서의 생태적수질정화비오톱의 주요 특징은 다음과 같이 크게 두 가지 기술적 특성으로 나누어 소개할 수 있다.

첫 번째, 생물이 가장 다양하게 살고 수생태환경의 핵심인 인공습지(constructed wetland)의 복원 기술이다. 최근의 수질 환경 개선의 꽃이라고 볼 수 있는 생태계 복원 및 비점오염원 처리 등에 이용되는 인공습지란, 자연습지와 달리 인공적으로 만들어진(man made) 습지의 총칭이라고 볼 수 있다. 국제적인 습지보호조약인 람사르협약(Ramsar Convention)에서 지정한 자연습지의 보전 가치가 매우 높은 이유는, 그만큼 습지를 인공적으로 복원하기 어렵기 때문이라고 볼 수 있다. 본 글에서는 인공습지를 중심으로 다양한 기능에 따른 분류에 관해 먼저 살펴보자. 아래 그림 6.11에서 보듯이, 국내에서 인공습지의 유형은 크게 자연습지(natural wetland), 대체습지(mitigation bank), 창출된 습지(created wetland), 인공습지(constructed wetland) 등 네 가지 유형으로 구분할 수 있다. 첫째, 자연습지(natural wetland)는 자연적으로 형성된 습지로 반드시 보전해야 하는 대상이다. 이는 인공습지 조성시 그 원형을 제공한다. 둘째, 대체습지(mitigation bank)는 손실되거나 훼손된 습지의 복원 및 대체 유형으로, 생태복원 및 생물 서식처 증진효과를 기대할 수 있다. 셋째, 창출된 습지(created wetland)는 자연습지의 특성과 유사하게 창출된 습지이다. 넷째, 인공습지(constructed wetland)는 인공적으로 만들어진 습지 중에서도 점·비점오염원 등의 수질 정화를 주목적으로 조성된 습지 유형이다. 약간의 차이는 있지만, 생태적수질정화비오톱(SSB)은 생태적으로 수질 정화하는 기능을 중시하는 인공습지(constructed wetland)에 가깝지만, 자연습지에서 가장 중요한 현장 중심의 생태계를 고려하고, 대체 습지 개념으로 조성되는 경우도 많으며, 기존에 없던 습지가 생태환경 기능을 위해 창출적으로 조성되는 것이 대부분이기에 위의 네 가지를 포괄한다고 볼 수 있다. 한편, 인공습지는 그 구조적인 측면에서 두 가지로 나눌 수 있다. 첫째 지하침투형(Subsurface Flow System)이다. 이는 주로 1일 100 m^3 이내의 소규모 오수 처리를 중심으로 개발된 인공습지로써 유럽에서 주로 개발 적용되었다. 지하침투형 인

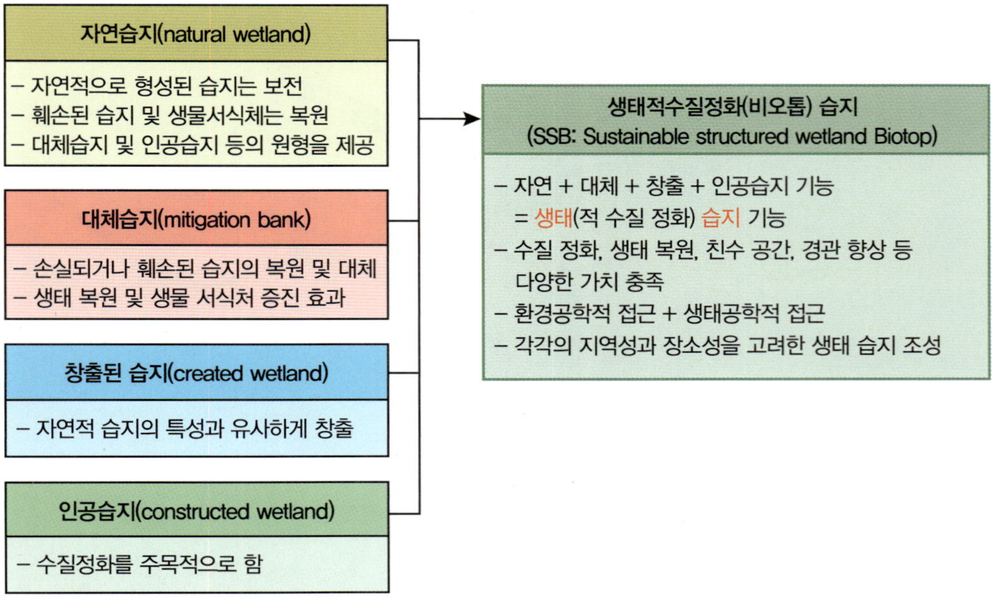

그림 6.11 | 수생태환경 복원의 핵심으로서 생태적수질정화비오톱 조성 배경.

공습지는 자연습지에서 보여주는 생물 다양성이나 맑은 물 지표종을 복원하는 것과는 거리가 멀다. 또한 유지관리가 잘 되지 않아 대부분 운영상 심각한 폐색 문제를 경험해 왔다. 둘째 지표흐름형, 또는 자유수면형(Free Water Surface flow system)이라 불리는 인공습지 유형이다. 흔히 습지의 3대요소인 물, 토양, 식생, 외에도 (미)기후, 지형, 지질 등의 자연습지의 생태적 특성을 고려하고 생물 다양성 및 맑은 물 지표종 등을 복원하면서 점, 비점오염원 수질 정화까지 수행할 수 있는 인공습지의 기능과 구조를 갖는다. 그러므로 수생태환경 복원을 위한 인공습지의 구조는 지표흐름형 인공습지로 조성되어야 한다. 특히 지표흐름형 인공습지 1일 1,000 m^3 이상에서 수백만 m^3에 이르기까지 다량의 점, 비점오염원을 정화할 수 있는 자연습지에 가장 근접한 인공습지(constructed wetland)이다. 생태적수질정화비오톱 역시 이 구조를 따르고 있다. 종합하면, 생태적수질정화비오톱(SSB, Sustainable Structured wetland Biotop)은 자연습지 기능, 대체습지 기능, 창출된 습지 기능, 인공습지 기능을 복합적으로 수행할 수 있도록 개발된 지표흐름형 구조를 지닌 수생태환경 복원

그림 6.12 | 생태적수질정화비오톱 시스템을 적용한 광교신도시 생태하천 에코디자인 및 조성 직후 모습
(© 변찬우, 2009~2013).

시스템이다. 이는 인간이 오염시킨 수질의 다양한 문제 중, 오늘날 물 환경의 가장 골칫거리인 비점오염원의 자연정화 방안, 하수처리장의 고도처리 과정, 멸종위기종, 천연기념물, 맑은 물에 서식하는 향토종 복원, 저류 기능, 인간을 위한 생태공원 역할 등 다양한 수환경의 생태환경적 핵심 기능을 도모할 수 있다. 생태적수질정화비오톱의 인공습지 기술로서의 역할은 독립적 기능은 물론, 다음에 이어지는 두 번째 기술적 특성에서도 대부분 핵심 역할을 수행한다.

두 번째로 생태적수질정화비오톱(SSB) 시스템은 하천 유역의 비점오염원 저감,

하수처리장 방류수 재활용 및 유지용수 확보, 신도시 내 생태하천 복원, 멸종위기종 복원 등 수생태계 복원사업, 생태환경 저류지내 홍수저류와 비점오염원 저감, 또한 간척지 생태환경 복원 등 다양한 사례에 에코디자인을 통해 적용됨으로써 그 수질 정화 효율과 수생태계 복원 기능 등을 검증받아 왔다. 다양한 수생태환경 복원의 목적과 대상지마다 다른 생태·환경공학적 특성을 고려하여 에코 시스템 디자인을 통해 생태적수질정화비오톱 특허 시스템을 적용하였다. 그 결과 한국 풍토에 가장 적합하고 성공적인 수생태환경 복원 사례를 모니터링하고 데이터를 도출할 수 있었다. 복원 시공 과정에 있어서도 생태적수질정화비오톱 시스템은 시운전 및 모니터링 등의 과정을 통하여 다양한 대상지 환경과 다양한 현장 조건에 적용 가능하도록 개발되었다. 하지만 대상지마다 다르게 설계·시공해야 하는 수생태환경 복원시설의 본질적 특징을 감안하여 에코디자인과 모니터링을 직접 수행할 수 있는 경우에 한해서 특허나 신기술을 적용하였다. 아직 선진국은 물론 국내 여건 역시 수생태계 복원의 다양한 유형이 정립되기 전이므로 일반 공산품과 달리 대량생산을 통해 상품화되는 것을 철저히 배제하였다. 그 결과, 이미 검증된 특허와 신기술을 매번 대상지 맞춤형으로 적용함으로써 모니터링하고 에코디자인에 성공적 기능과 효율을 도출할 수 있었다.[9]

9 수생태환경 복원에 관한 유형 정립과 재현성이 만들어지기 전까지는 통상적인 특허 제품들과 달리 상업화는 지양함으로써 성공적인 기능과 효율이 도출되었다. 이에 대해서는 국제 생태수리학회지에서 발표 후 SCIE급 영문판에 실린 논문인 "Chan Woo Byeon." Ecological Restoration of Rivers and Wetlands with a Sustainable Structured Wetland Bio-top(SSB). "KSCE: Journal of Civil Engineer- ing. 2012."에서도 강조된 바 있다.

생태적수질정화비오톱 시스템의 기능을 보강하는 다양한 수생태환경 복원 기술

앞서 소개한 생태적수질정화비오톱 시스템은 생태하천 복원, 비점오염원 저감, 멸종위기종 복원, 생태환경 저류지 및 생태환경 간척지의 수생태환경 복원 등 다양한 사례에 적용되어 그 기능과 효율을 검증받아 왔다. 그 유형별 수생태환경 복원 기능과 효율을 향상시키기 위해 생태적수질정화비오톱을 핵심 시스템 특허로 두고, 그 하위 시스템에 또 다른 세부 특허 시스템과 신기술들을 다양하게 개발해 왔다. 그 결과, 수생태환경 복원 연구에 있어서 선진국인 미국, 일본 등에서도 성공하기 어려운 것으로 인식되었던, 처리습지에서의 겨울철 및 BOD 수처리 효율의 성공적 도출은 물론, 멸종위기종이나 천연기념물까지도 창출적으로 복원할 수 있었다. 따라서 본 절에서는 생태적수질정화비오톱 시스템의 수생태환경복원 기능을 보강하기 위해 세부적으로 개발된 특허 시스템의 대표 공법들을 소개한다. 이를 위해 첫째 생태적수질정화미디어(SSM), 둘째 생태적수질정화 식재시스템(SSVS), 셋째 생태적 수질정화 투수조절제(SSPC), 넷째 산발식어도여울(SSFW) 등의 순으로 주요 수생태환경 복원 특허 시스템을 소개한다.

첫째, 생태적수질정화비오톱(SSB)의 핵심시설 중 하나인 생태적수질정화미디어(SSM: Sustainable Structured Media)[10]에 관해 살펴본다. 생태적수질정화미디어(SSM)는 인 공습지는 물론 생태하천, 저류지 복원 등 다양한 유형별 수생태 환경 복원 용도에 맞는 에코 시스템 디자인으로 적용되어 왔다. 그 세부적 종류는 생태적수질정화미디어(SSM) 수제형, 돌망태형, 스크린형, 배석형 등이 있다. 특히, 생태적수질정화미디어(SSM) 수제형의 경우 독립적으로 수처리 효율은 물론, 생물 서식 기능, 하천 호안 세굴 방지나 유속 저감의 치수적 기능 등의 목적에 쓰이기도 한다. 생태적수질정화미디어(SSM)의 경우 수생태환경 복원의 주된 4가지 기능 즉, 치수 안정성, 생태적 수질 정화, 생태계 복원, 친수 경관 기능을 목표로 조성된다. 그 첫 번째 기능은 치수적 안정성을 확보하는 것이다. 수충부의 호안 안정, 물 흐름 개선, 유속 완화, 홍수 조절 등이 그 주된 기능이다. 특히 생태적수질정화미디어(SSM) 수제형의 치수 안정성에 관해서는 제4부의 10장에서 보다 자세히 다루었으므로 이를 참고하면 된다. 두 번째 기능은, 생태적인 방식으로 고효율의 수질정화가 도출된다는 것이다. 특히 생태적수질정화미디어(SSM)는 수질 오염을 생태적으로 처리하고자 하는 지표흐름형 인공습지나 생태하천에 적용된 생태적수질정화비오톱(SSB) 시스템의 수처리 효율을 높이는 데 매우 중요한 역할을 해 왔다. 주로 생태적수질정화비오톱(SSB) 시스템의 다단계 셀에 도입되어 하천 및 초기 우수의 비점오염원 저감 기능, 겨울철 수처리 및 유기물 등의 수질 오염원을 생태적으로 처리하는 데 크게 기여해 왔다. 우리나라 강우의 특성상 매우 변동적인 수량과 최근 고농도의 비점오염원 유입으로 인해 발생하는 하천 수생태환경 훼손 및 교란을 완충하는 데 크게 기여할 수 있도록 개발된 특허 시스템이다. 대상지마다 다른 수환경 특성에 맞게 수처리 효율이 높은 광물성 여재와 수생식물을 활용하여 SS, T-N, T-P 등의 처리효율뿐만 아니라 BOD 및 겨울철 처리 효율을 향상시킨다. 이미 10여 년 전에 선진국의 생태적 수처리 효율을 능가할 수 있었는데, 2008년 국내 최초로 지표흐름형 인공습지로 환경 신기술을 받을 당시 테스트 베드 역할을 하였던 금어천 생태적수질

10 특허 시스템 제10-04440972호 생태공원으로 활용가능한 점, 비점오염원 처리용 다단계 셀 인공습지 시스템 및 오염원 처리방법 내에 특허 시스템 제10-0746245호 생태적수질정화미디어 및 이를 갖는 수제 배석형 시스템으로 구성됨.

그림 6.13 | 광명 3경으로 지정된 광명 생태적수질정화비오톱에서 생태적수질정화미디어(SSM) 중 생태수제형의 예시와 금개구리 서식처 사례 전경. 안터 생태공원의 내륙습지로 안터 저수지 생태적수질정화비오톱에 적용된 생태적수질정화미디어(SSM). 사진 좌측의 에코디자인하여 조성된 이후, 생태적수질정화미디어 수제형과 배석형이 금개구리(멸종위기 야생동식물 2급)의 최적 서식처로 모니터링됨(2010).

정화비오톱에서 모니터링된 생태적수질정화미디어 시스템의 경우를 예시한다. 이는 2005년에 생태적수질정화비오톱시스템 내 생태적수질정화미디어를 적용하여 에코디자인하고, 복원 시공된 직후인 2007년 1월부터 2008년 12월까지 BOD 62.7%, SS 88.6%, T-N 36.3%, T-P 72.6%로써 높은 수질처리 효율을 보였다. 기존의 생태적수질정화비오톱 시스템에서 생태적수질정화미디어를 보강한 결과, 계절적 변화와 관계없이 4계절 안정적이고, 지속적으로, 특히 겨울철에도 높은 BOD 처리 효율이 도출되었다. 생태적수질정화미디어(SSM)의 세 번째 기능은 다양한 생물의 복원이나 목표종, 향토종, 천연기념물의 복원 등 생태계 복원 기능이다. 생태수제의 중앙 직하류부에 수심이 깊은 웅덩이를 형성하여 갈수시에 어류들의 수서곤충 및 서식처로서의 역할을 수행한다. 안터 저수지 생태적수질정화비오톱 조성시 복원 목표종은 멸종위기 야생동물 2급인 금개구리였다. 금개구리의 서식환경을 확장하기 위한 생태수제를 설치하여 산란 장소, 활동 및 휴식 장소, 동면 장소를 제공한 결과, 그 서식 환경이 복원되었다(그림 6.13). 그밖에 매노천 생태하천에서의 깃대종인 참종개, 돌마자 버들치 등 맑은물 지표종 및 향토종과 수달과 같은 천연기념물 등의 서식처를 복원해 왔다. 네 번째 기능은, 시공 후 돌망태의 외부측을 자연석 쌓기로 하고, 상부는 수변 식물로 식생을 형성시킴으로써 생태환경적 기능·효율을 도출하면서도 자연친화적인 경관을 연출하는 것이다.

둘째, 생태적수질정화비오톱의 기초 생산자이자 수생태환경 복원의 핵심 역할

11 특허 시스템 제10-04440972호 생태공원으로 활용가능한 점, 비점오염원 처리용 다단계 셀 인공습지 시스템 및 오염원 처리방법와 특허 시스템 제10-0809104호에서 식생, 토양, 미생물 등을 고려한 생태적 수질정화 및 생태 서식처 등을 복합적으로 수행하는 기초 생산자인 식재시스템과 그 기반이 되는 생태적수질정화 투수조절 시스템.

을 하는 생태적수질정화 식재 시스템(SSVS, Sustainable Structured Vegetation System)[11]은 다음과 같다. 생물종의 기초 생산자 역할을 하는 식생은 수생태계의 핵심인 인공습지에서 물, 토양과 함께 습지의 3대 요소를 형성하며 생태계의 핵심 인프라로 인식된다. 흔히 토목이나 조경과 같이 일반적인 건설 기준에서 습지식물 식재(planting)이란 식물 각각을 한 주씩 재료로써만 이해하고 식물과 토양 수문 등과의 생태계의 시스템으로 이해하지 못한다. 이처럼, 일반적인 건설 방식의 설계와 시공을 통해 식물 한 주씩 정해진 위치에 확정시켜 놓으면 토양의 성질, 즉 토성(soil profile)이나 물 흐름 등 현장 여건 변화에 따른 다양한 변수에 대처하면서 복원하기 어려워진다. 특히, 수위나 토성 등과 같은 대상지의 환경 변화에 따라 식물 생육이 지속가능하지 않고 변형되거나 외래종으로 변화될 수 있다. 특정 장소의 비오톱과 생태계의 기초 생산자가 되는 식생이 지속적으로 건강하지 못하면 생태 복원의 목표에도 도달될 수 없다. 또한 수생태환경 복원의 경우 식물 한 주씩의 '식생' 단위보다는, 식생과 현장의 수리, 수문, 미기후, 지형, 토양, 경사, 야생 동식물 등의 생태계(ecosystem)를 고려한 '식재 시스템'으로 이해하고, 설계와 시공 역시 시스템적으로 수행하는 것이 바람직하다. 따라서 생태적수질정화비오톱의 습지식물 관련 특허나 환경 신기술 역시, 건설산업기본법 방식으로는 생태 환경적 기능·효율을 도출할 수 없었기에, 식재 시스템의 특허(신기술)를 개발하게 되었다. 생태적수질정화비오톱의 식재 시스템은 생태적 수질 정화의 복합적 기능을 달성하기 위한 특허(신기술) 시스템 중 필수 요소로써, 대상지의 생태·환경공학적 특성을 고려하여 식재해야 한다. 특히 식재 시스템의 식생은 정수 식물에 따른 토양의 종류와도 밀접한 관련이 있다. 또한 생태적수질정화비오톱에서 식재 시스템은 생태적 수질 정화를 위한 미생물 작용, 호기성, 혐기성 토양 등의 조건을 고려해야 한다. 식재 시스템은 수처리 환경에 내성이 강하고 현장 생태환경에 적용될 수 있는 종을 도입하기 위해 경년에 걸쳐 생육시킨 것을 식재하는 것이 바람직하다. 특히, 수질 정화 효능이 있는 수생식물, 식물의 공급, 관리의 용이성, 지역 자생 여부 등을 고려하여 식재하는 것이 바람직하다. 식재 종으로, 정수 식물로는 갈대, 부들류, 줄, 달뿌리풀, 창포, 그리고 부엽식물인 수련, 노랑어리연꽃 등과 기타 침수식물류와 부유식물류 등에서 현지 자생 수종을 선정한다. 더 나아가 위에서 강조한 생태적 기능, 수처리 효율을 고려하는 것 외에도 치수 공학적 기능이나 친수 경관을 고려하여

그림 6.14 | 신정 저류지 생태적수질정화비오톱에 식재된 노랑어리연꽃(왼쪽)과 매노천에 식재된 줄(오른쪽) 등으로 구성된 식재 시스템. 현장 생태계에 시스템적으로 수행한 식재 설계와 시공을 통해 복원 후에도 정수 식물 군락이 우점하여 지속가능한 기초 생산자로서의 역할은 물론 수처리 효율의 기반을 제공한다.

시스템적으로 식재하는 것이 바람직하다.

셋째, 생태적수질정화투수조절제(SSPC, Sustainable Structured Permeability Controller)는 생태적수질정화비오톱에서 환경공학적인 차수 기능은 물론, 투수 조절 능력을 갖는 생태공학 시스템 특허 중 하나[12]이다. 생태적수질정화투수조절제(SSPC)는 투수조절 능력(10^{-6} cm/s)을 고려하여 차수의 기능을 수행하면서도, 차수재의 방근(防根)의 한계를 극복하여 생태적 측면에서 식재 시스템의 식물 뿌리 활착 기능까지 도모할 수 있다. 생태적수질정화투수조절제는 다기능 투수 조절제로써 생태적수질정화비오톱 내에 초기 고농도 오염원이 유입될 경우에는 차수 효과를 높인다. 하지만 비교적 맑은 물이 흐르는 유출 구간은 차수 기능은 줄이고, 식물의 뿌리 활착을 유도하여 최적의 생태복원 기능을 도모할 뿐만 아니라 식물의 뿌리 활착을 통해 하상이나 호안사면의 안정성을 도모하며 급유속에서도 유실 피해를 경감시킨다(그림 6.15). 본 시스템은 차수와 투수 조절 기능과 적용 지역의 토양의 특성에 따라 유형별 조합이 가능하다. 생태적수질정화투수조절제는 주로 생태적수질정화비오톱의 생태수로, 침강지, 연못/습지 및 생태호안 등에 주로 사용된다(그림 6.16).

넷째, 산발식복합기능어도여울(SSFS, Sustainable Structured Fish Way) 시스템[13]은 생태 통로 역할을 하면서도 소형보(check-dam)역할을 하여 생태적수질정화비오톱의 시스템 시설 중 주요 수생태 환경적 기반이 된다. 흔히, 인위적인 보나 댐 등을 조

12 특허시스템 제10-04440972호 생태공원으로 활용가능한 점, 비점오염원 처리용 다단계 셀인 공습지 시스템 및 오염원 처리방법 내에 특허 시스템 제10-0809104호 생태적수질정화 투수조절제로 구성됨.

13 특허 시스템 제10-04440972호 생태공원으로 활용가능한 점, 비점오염원 처리용 다단계 셀 인공습지 시스템 및 오염원 처리방법의 수생태환경복원 기능을 보강하는 특허 시스템 제10-0839660호 자연형 어도보를 갖는 하천.

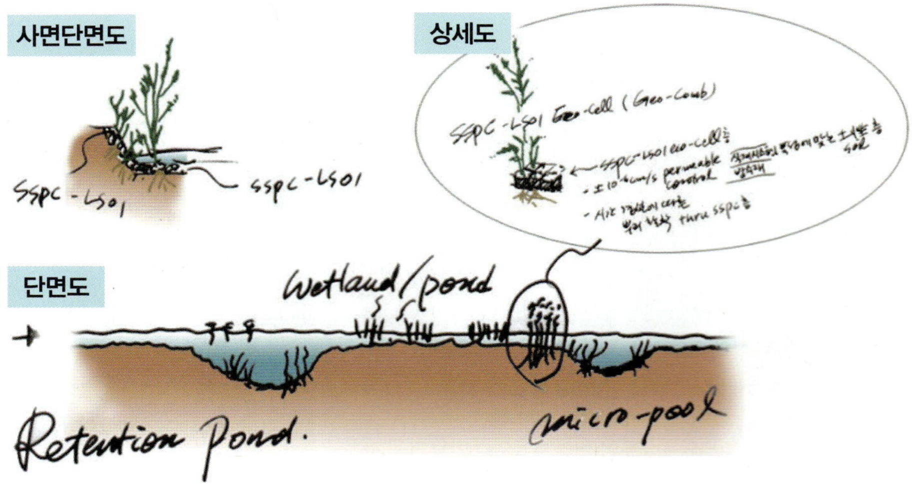

그림 6.15 | 생태적수질정화투수조절제(SSPC). 에코디자인(© 변찬우, 2009).

그림 6.16 | 생태적수질정화투수조절제(SSPC)가 주로 적용되는 생태적수질정화비오톱 내 생태수. 침강지, 연못/습지 및 생태호안 사례.

성하면 어류 통로는 막혀 버린다. 하지만 산발식 어도보의 경우, 보의 역할을 수행하지만 기존 보가 가진 단점인 생태적 단절을 극복하여 생태 통로를 조성하면서도 생태적인 수질 정화 기능까지 갖는다. 산발식복합기능어도보는 다음과 같은 네 가지 시스템적 특징을 갖도록 개발되었다. 산발식복합기능어도여울(SSFS)의 첫 번째 기능은 홍수기의 안정성은 물론 갈수기에도 마르지 않는 유지 용수 확보이다. 하천의 홍수시에는 생태하천이나 인공습지로의 월류 기능 등을 갖게 함으로써 치수적 안정성을 갖는다. 또한 갈수기에는 유지 용수를 위해 물을 담수하고 적정 수위를

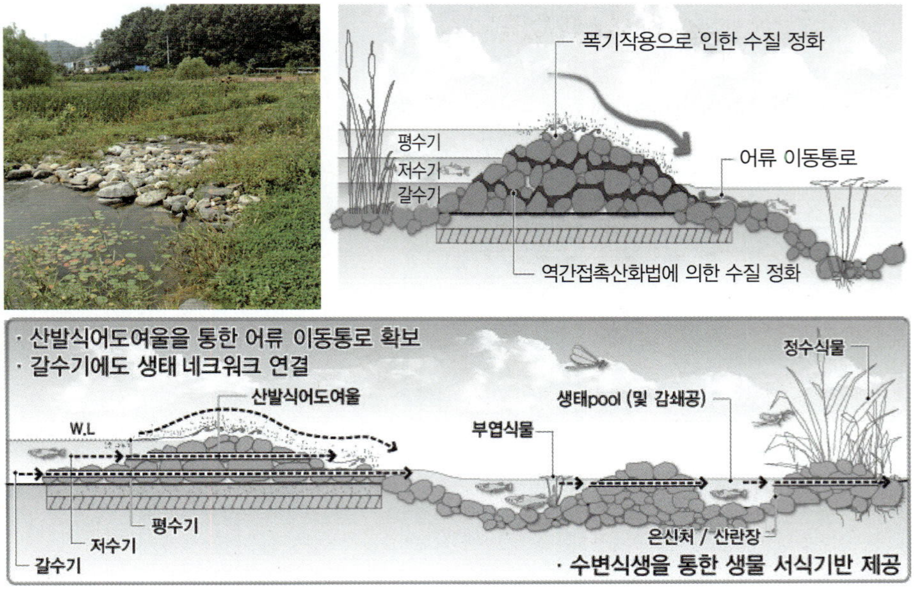

그림 6.17 | **자연석, 호박돌 등 자연재료를 활용한 산발식어도여울 조성.** 자연형의 여울소를 조성하고 거석 간의 공극을 활용하여 어류, 수서곤충 등의 이동통로 역할을 한다.

유지하는 보의 역할을 수행한다. 본 시스템은 하천에 적용된 다양한 사례들(그림 6.17)을 통해 대상지 특성에 맞게 하천의 생태공학적(치수적 안정성 + 생태학) 안정성이 입증되었다. 산발식복합기능어도여울(SSFS)의 두 번째 기능은 어도 조성과 어류 서식처의 기능까지도 수행할 수 있도록 개발된 것이다. 기존의 콘크리트 보에서는 해결하기 어려운 자연스러운 수심 조절을 통해 어류 서식처 조성하고, 어도통로 기능을 갖게 하기 위해, 물의 너비와 깊이 등을 자연 상태와 같이 조성할 수 있다. 산발식 어도여울 내 수로는 거석, 자갈, 쇄석 등으로 조성하여 어도 기능뿐만 아니라 공극을 이용한 어류 산란장, 서식처 기능을 할 수 있다. 특히 갈수기에는 수위 조절을 통해 식물 생육은 물론 생물 서식처 기능을 유지한다. 산발식복합기능어도여울(SSFS)의 세 번째 기능은 수질 환경 개선이다. 산발식복합기능여울은 생태하천 복원은 물론 생태적수질정화비오톱 내 침강지 및 침전지, 습지/연못 구간에 적용되어 수리학적 체류 시간(hydraulic retention time) 조절 기능과 접촉산화법[14], 폭기[15] 작용을 활용하여 오염원을 생태적으로 수질 정화한다(그림 6.18). 산발식복합기능어도여울(SSFS)의 네 번째 기능은 다양한 규격의 자연재료를 활용하여 하천 구조에 맞

14 생태적수질정화미디어 등 접촉재와 자연소재를 이용해 오염원을 접촉 침전, 흡착, 산화, 분해를 촉진하는 접촉산화법으로 자연형 하천 정화 기법 중 하나.

15 물속에 공기를 불어 넣어 물속의 산소를 증가시킴과 동시에 물속에서 나오기 어려운 과잉의 유해한 이산화탄소나 질소를 빼내거나 물을 공기 속에 분무시키는 일.

그림 6.18 | **매노천 Fish-way 복원사업(왼쪽), 왕포천 생태하천(오른쪽)에 설치된 산발식어도여울.** 홍수시 치수적 안정성과 갈수기에도 생태적수질정화비오톱으로 원활한 유지 용수 공급과 초기 우수에 대한 적정차집 기능뿐만 아니라 한국고유종(참종개, 돌마자, 참갈겨니, 동사리등) 어류들의 이동통로 역할도 수행하는 생태적수질정화비오톱시스템의 필수적인 핵심 시설임.

그림 6.19 | **안터 생태적수질정화비오톱(왼쪽)과 제민천 생태적수질정화비오톱(오른쪽).** 생태계 안정성 보장을 위한 갈수기 유지 용수 확보와 하천에서 홍수 발생시 습지의 구조적 안정성을 강화하기 위한 구조인 산발식복합기능여울은 생태적수질정화비오톱 시스템의 일부로 습지/연못 구간, 침강지 및 침전지에 적용될 수 있고, 복합적인 기능을 고려하여 조성되었다.

춰 설치함으로써 명소 경관을 창출하는 것이다. 특히 어도 통로 위쪽 보행로는 지역민이나 방문객은 물론, 차량도 다닐 수 있도록 조성하여 사람들에게 사랑받는 서비스 공간을 제공한다. 자연 경관적으로 향상시킨 산발식복합기능어도여울(SSFS)는 인위적인 댐이나 보와는 달리 항상 대상 지역에 명소 경관을 제공할 수 있다(그림 6.19).

우리 원형 풍경과 전통 기술로 생태공학적 기능을 달성한 생태목틀[16]

16 생태하천 조성을 위한 생태적수질정화비오톱 시스템의 생태목틀의 주요 특허/신기술 해당 목록은 다음과 같다. ① 특허 시스템 제10-04440972호, ② 특허 시스템 제10-0809104호 생태환경 복원을 위한 수변방틀.

앞서 소개한 생태적수질정화비오톱과 그 관련 수생태환경 복원 특허, 신기술 등은 우리 풍토, 지역, 장소에 맞게 개발된 원천 기술들이다. 다음과 같이 본서의 제2부에서 살펴 본 우리나라 원형 풍경과 전통적인 목재 체결 기술을 연구하여 개발한 생태하천 복원 시스템의 대표 사례로써 생태목틀을 소개한다. 생태목틀은 목재방틀형 소재가 갖는 수충부 안정성은 물론, 수생태계의 복원 기능과 생태적으로 수질환경을 복원시키는 생태 호안의 기능을 도모한다. 생태목틀은 생태공학적으로 가장 중요한 하천 저수호안의 추이대(eco-tone)를 생태·환경적으로 복원함으로써 다음과 같은 구조적 특징을 지닌다.

첫째, 생태목틀은 이미 2부에서 살펴보았듯이 우리 전통 풍경에서 보여지는 하천 풍경에서 도출된 수평, 수직 구조를 응용하였다. 그림 6.20의 겸재 정선의 한강 풍경의 「진경산수화」, 「금성평사」, 「행호관어」에서 보듯이, 우리나라 하천의 하상에 쌓인 모래톱은 조류의 서식처로 활용되고 완만한 유속이 형성된다. 여기에 다양한

그림 6.20 | 겸재의 「금성평사」와 「행호관어」에서 보여지는 한국적 하천 경관의 원형.

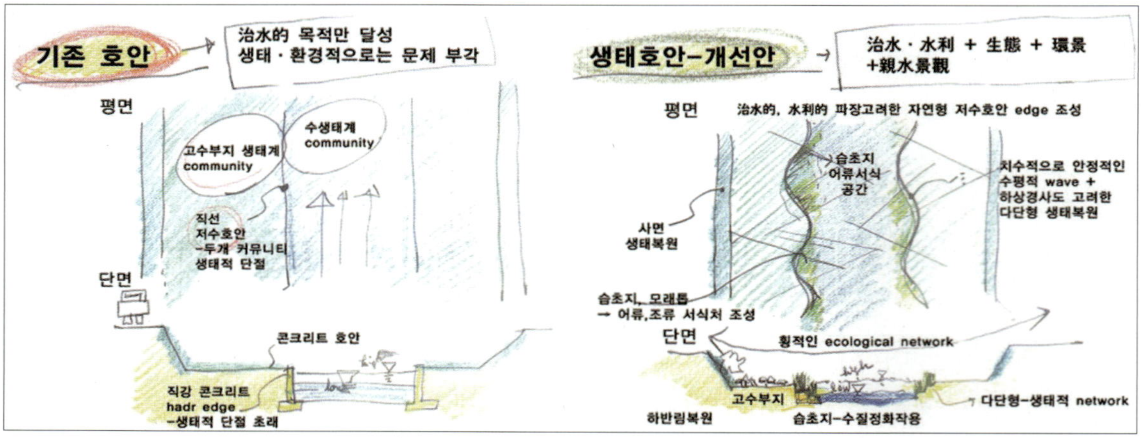

그림 6.21 | 생태목틀 개발을 위한 호안 구조 연구 에코디자인(© 변찬우, 2006).

어류 등이 서식처로 조성되는 등 자연스러운 생태적 구조를 지니고 있다. 특히, 수면 위로 자연스럽게 올라오는 모래톱은 자연적 하천 경관을 형성한다. 그림 6.21에서처럼 생태목틀 개발시 기존의 방틀 형태는 경관의 수평적 구조(horizontal structure)를 볼 때에 직선형이지만, 생태목틀은 곡류 형태를 자유롭게 조성할 수 있어서 자연스러운 풍경을 연출함은 물론 어류 서식처 기능과 수질 정화 효과를 도모할 수 있다. 경관의 수직적 구조(vertical structure) 역시 기존의 콘크리트 호안이나 방틀의 구조는 직벽이나 생태목틀의 경우 다단 형태로써 스카이라인이 형성된다. 생태목틀의 수직적 구조에 있어서도 자연스러운 풍경 연출은 물론 하반림(riparian vegitation)의 생태적으로 종다양성이 높은 구조를 조성할 수 있다.

둘째, 우리나라 전통기술로 개발된 생태목틀은 우리나라 전통 건축물 특징인 목재 〈연목법〉에 기초를 둔다. 각 재료의 연결 부위가 일본의 방틀 소재들이나, 이를 모방·응용한 기존의 방틀류와 다르다. 특히 〈연목법〉이란 목재 결구법을 의미한다. 그 짜임 등은 조선시대의 화가 김홍도의 「평생도」에서 보여지는 것처럼 전통 건축물의 공포, 마루 부분에서 전통 목재 이음법으로 구성되었다. 한동안 일본 제품들을 모방한 국내 방틀류 대부분은 목재와 목재 이음 방식이 쇠봉이나 꺽쇠 등을 활용하고 있어서 환경적으로나 경관적으로 개선이 필요하였다. 따라서 생태목틀은 그림 6.22에서 보듯이, 우리나라 전통 건축물 특징인 목재 체결의 결구법인 다

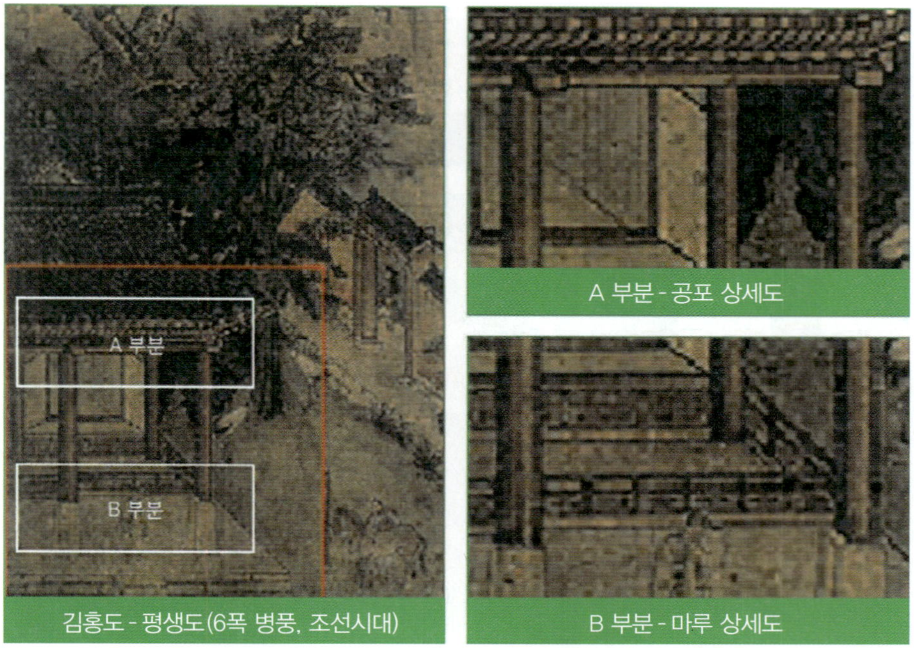

그림 6.22 | 김홍도의 「평생도」에서 보여지는 전통 목재 이음법인 〈연목법〉.

보법이라고 일컫는 〈연목법〉에 기초를 두고서 개발된 것이다.

생태목틀은 한국적 생태하천 조성을 위해, 전통적인 목재 이음법, 평면, 입면 구조를 연구하여 에코디자인을 통해 각 하천 현장에 맞게 창안되고 순응 관리(adaptive management)되면서 만들어졌다. 생태목틀의 세부적인 구조를 살펴보면, 특성상 각괘, 경결재 등이 모두 목재로 구성되어 있다. 따라서 하천 생태계에 미치는 영향이 적고, 독립적으로 설치가 가능하며 부분 훼손시 훼손 부위만 보수 및 교체가 가능하여 조성 및 유지관리가 용이하다. 게다가 다양한 형태로 변형 및 조합이 가능하므로 호안 특성에 따른 적용이 가능하다. 특히 전통적인 목재 결구법을 통해 생태·환경공학적 특성에 맞게 조성되어 하천에서 친환경적이고 소류력에 강한 구조를 갖게 되었다. 게다가 안정적인 결구 방법에 따라 직선형, 곡류형의 구조 조성까지 개발이 가능하게 되었다(그림 6.23).

다음은 하천이나 저류지, 간척지 등 수생태환경 복원을 위해 도입될 경우 공통적으로 강조되는 생태목틀의 주요 네 가지 기능[17]에 대해 살펴보자. 생태목틀의 기

17 본 네 가지 기능은 변찬우(2010) 「우리풍토에 맞는 생태하천: 치수안정성, 수질정화, 생태계 복원, 친수경관향상」에서 강조된 바와 같으므로 생태하천 복원을 위해서는 위 책을 참고 바람.

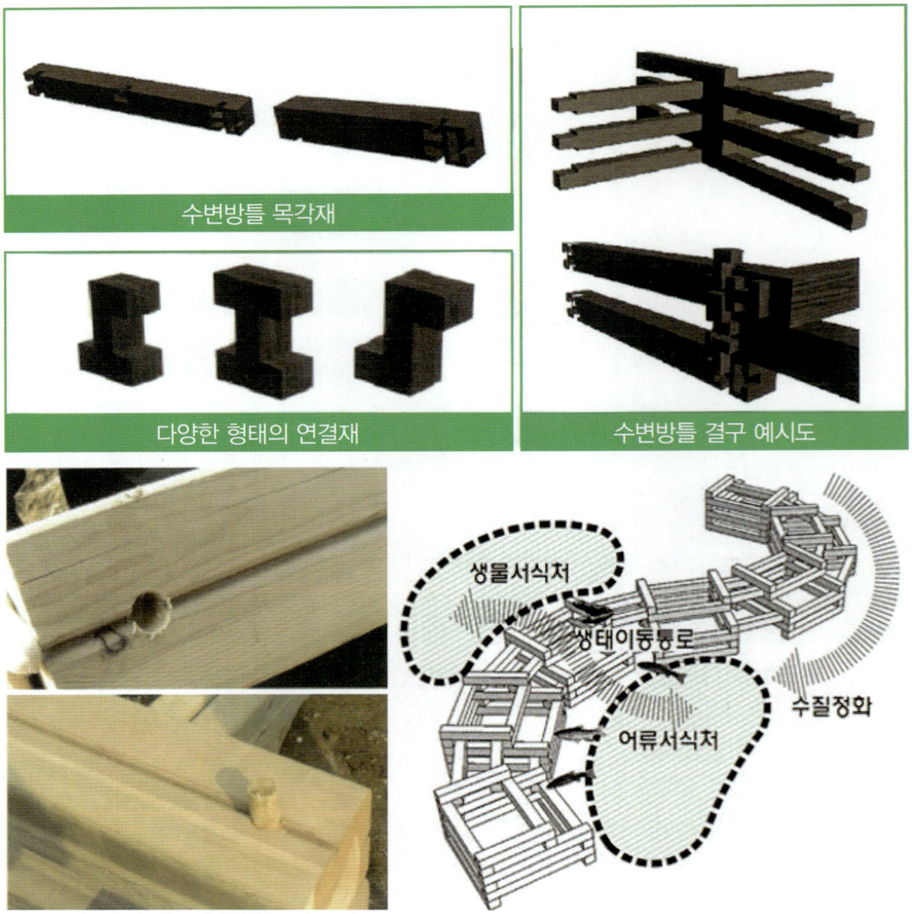

그림 6.23 | 다보법에 의한 다양한 결구 형태. 가로, 세로 목각재를 연결재로 연결하는 구조로서 흔히 사용되는 쇠붙이를 쓰지 아니함으로써 친환경적이고, 소류력에 강하여 구조적으로 안정적인 측면이 있다. 다음과 같이 가로 방향의 목각재와 연결재로 결구를 형성, 연결한다.

능 역시 치수적 안전성 보장, 생태계 복원, 생태적 수질 정화, 친수 경관 조성으로 다음과 같이 분류하여 설명할 수 있다.

첫째, 생태목틀은 하천 저수호안의 치수적 안정성을 보장한다. 우선, 소류력이 높은 호안이나 수층부의 침식 및 세굴을 방지한다. 일례로, 그림 6.24처럼 10여 년 전까지 불안정적이었던 하천 고수부지가 그림 6.25에서와 같이 신정3지구 주택 개발지구 내에 위치한 생태환경 저류지에 생태목틀이 설치된 이후 홍수기에도 안정

그림 6.24 | **금학천 생태목틀 시공 전(왼쪽)과 시공 직후(오른쪽) 전경**(© 변찬우, 2009). 2009년 이전에 콘크리트 구조물로 단절되었던 금학천에 생태목틀은 재해(홍수 등)에 저수 호안이 안정화 할 수 있도록 조성되었고, 하천생태계의 전이지대의 생태적 연결성을 복원하여 다양한 생물들이 이동할 수 있는 생태 통로 기능이 부여하였다.

그림 6.25 | **신정 생태환경 저류지 내 집중호우 발생시(왼쪽) 생태환경 수로와 발생 이후(오른쪽) 전경.**

적으로 유지되었다. 따라서 생태목틀은 강한 소류력에 의한 시설 훼손 방지 기능이 수많은 설치 사례에서 입증되었다.

둘째, 생태목틀은 생태계 복원을 통한 생물 이동통로 조성 및 서식처를 조성한다. 생태목틀은 하천의 저수 호안 사면이나 하상 모래톱 등에 설치하여 생물 서식처를 조성할 수 있다. 특히 생태목틀의 평면적 굴곡이나 내부에 충진된 흙과 돌의 공극을 통한 어류 서식처와 양서 파충류 등의 서식처 조성이 가능하다. 어류의 산란, 치어 보호 장소 등을 제공한다. 이는 하천생태계를 단절시키는 기존 홍수 방지용 콘크리트 제방과 다르게 생물 이동통로의 역할도 수행한다. 또한 생태목틀은 수변 식생대 조성을 통한 생태적 증진이 용이하다. 예를 들어 그림 6.26에서와 같이 광교 신도시 생태 하천에 적용된 생태목틀은 자연형 호안으로 조성되어 생태계 역동성을 회복할 수 있었다.

그림 6.26 | **광교 신도시 생태 하천에 설치된 생태목틀 전경**(© 변찬우, 2009). 자연 소재를 활용하여 치수 · 이수 + 생태적 + 환경 + 친수 경관을 복합적으로 고려한 생태목틀을 생태 호안으로 적용하였다.

그림 6.27 | **매노천 Fish-Way 복원사업 중 현장에서 생태목틀 등 호안 구간의 직접 설계 과정.** 매노천 생태 하천에 적용한 생태목틀은 호안의 안전성을 보장하고 생태목틀 내부 채움재를 활용하여 생태적수질정화 기능을 보강하였다(© 변찬우, 2014).

셋째, 생태적 수질 정화 기능이다. 그림 6.27처럼 생태목틀의 평면상 굴곡으로 인한 비표면적 증대나 목틀 내 사석 공극들을 통해 침전, 흡착, 흡수, 분해 기능의 촉진을 통해 자정 작용을 도모할 수 있다. 또한 증진된 흙과 돌에 부착된 미생물들의 활동을 통한 역간 접촉 산화 방식에 의한 수질 정화 효과를 도모한다.

그림 6.28 | 제민천 상류 하천 구간 생태적수질정화비오톱 시설 내 생태목틀을 적용하여 하상과 저수호안의 세굴을 방지하고 홍수 등 높은 소류력에 대해 호안의 안전성을 높였다. 또한 내부 채움재 사이 공극을 활용하여 소생물 서식처의 역할을 수행하는 등 생태환경 효과를 도모하였다. 자연스러운 선형을 연출하고 다단형으로 조성함으로써 전이 지대를 복원하였다(© 변찬우, 2009).

넷째, 생태목틀의 친수 경관 기능이다. 생태목틀은 제2부의 우리 풍경에서 유추된 구조를 지니고 있기에 한국적 하천의 원형을 엿볼 수 있는 수면 위로 자연스럽게 올라오는 모래톱 등을 연출할 수 있다. 그림 6.28처럼 제민천 상류지역의 저류지 밑의 콘크리트 도수로를 헐고 조성된 생태목틀의 경우에도 자연생태적 하천 경관을 형성하며 그 경관 기능이 크게 향상되었다.

생태적수질정화비오톱을 통한 네 가지 시스템적 기능 도출

앞서 에코디자인의 실천 전략을 위해 개발된 우리나라 토종 수생태환경 복원의 원천 기술인 생태적수질정화비오톱 시스템과 그 하부의 다양한 생태환경 시스템 특허(신기술)들을 살펴보았다. 이들의 특징 및 효과를 종합하면 다음의 네 가지로 요약될 수 있다. 첫 번째는 수생태환경 복원에서 가장 중요한 치수적 안정성이다. 하천이나 저류지의 재해 시에도 안전하고, 홍수시 물을 저류하고 갈수기에는 수생태계를 유지하기 위한 유지 용수 공급 역할 등 치수 및 이수 역할을 수행해야 한다. 이에 관해서는 기존의 토목(수자원) 분야에서 워낙 많이 다루어 왔다. 생태적수질정화비오톱 시스템에서는 생태계와 치수 공학을 융합한 생태 공학적 안정성을 달성한다. 두 번째는 생태적 수질 정화 효과이다. 생태적수질정화비오톱 시스템에서는 수질처리 효율이 높은 생태·환경적 구조를 통해, 수처리 효율이 높게 나타난다. 그

그림 6.29 | 제민천 생태적수질정화비오톱에 적용된 생태적수질정화미디어(SSM)(© 변찬우, 2008). 대상지 특성을 고려하여 생태계 복원을 통한 수처리효율은 물론, 유속 저하, 유지 용수 확보, 유로 조절, 치수적 안정성 확보 등의 기능을 수행할 수 있도록 시스템적 구조로 설치하였다.

그림 6.30 | 매노천 생태적수질정화비오톱에 적용된 배석형 생태적수질정화미디어(SSM) 조성 이후 전경(© 변찬우, 2015). SSM-수제형은 수생태·환경 복원의 4가지 기능중, 수처리효율증진 효과가 중요하다.

간 시공된 수생태환경 기술 사례는 정량적으로 수처리 효율이 검증되었다. 제4부에서 예시한 바와 같이, 처리 습지(treatment wetland)로 적용된 제민천 생태적수질정화비오톱의 경우, 조성 후 2009년부터 2013년까지 모니터링한 결과 BOD 57.0%, T-N 37%, T-P 51.0%의 처리 효율이 측정되었다. 이는, 그림 6.29의 생태적수질정화미디어(SSM)-수제형 등의 시스템 특허들이 제기능을 했기 때문이다. 한편, 그림 6.30과 같이 SSM-수제형 등을 보완하여 환경부의 생태 하천 콘테스트에서 우수 사례로 선정된 매노천 생태적수질정화비오톱의 경우 BOD 64.3%, T-N 47.2%, T-P 80.7%의 처리효율을 나타냈다. 세 번째는 생태계 복원 기능이다. 생태 하천이나 인공습지 복원시 생태적수질정화비오톱 시스템을 적용하여 생태적으로 복원하고 다양한 야생 동·식물이 서식할 수 있는 서식처로 조성할 수 있다. 깃대종인 지표종, 향토종은 물론 천연기념물(수달, 원앙), 멸종위기 야생동물들이 시공 사례들에서 복원되었다. 최근, 부여 왕포천 생태적수질정화비오톱 시스템(생태적수질정화미디어 등) 조성 후 그림 6.31에서 보듯이 왕포천의 지표종인 얼룩 동사리를 비롯하여 멸종위기 야생동물 1급이자 천연기념물 제330호인 수달 등이 발견되었다. 또한 매노천 생태적수질정화비오톱의 경우 수질 2급수에 서식하는 자생종 참종개, 돌마자 등이 복원되었다. 네 번째는 친수 경관 향상 효과이다. 습지 셀에 조성되는 밀도 높은

그림 6.31 | 왕포천 생태적수질정화비오톱에서 복원된 참종개, 돌마자, 수달 등.

수생식물 군락은 개방 수면과 어우러져 수려한 수경관을 창출할 수 있다. 또한, 이러한 생태환경이 어우러진 공간은 생태환경 교육장으로도 활용이 가능하다.

진정한 수생태환경 복원은 외형뿐만 아니라 자연의 일부로써 다양성, 순환성, 자립성, 안정성의 특성을 가지도록 생태적 구조나 기능을 향상시킬 수 있어야 한다. 생태적수질정화비오톱시스템을 통한 수생태 환경 복원에 있어서 우선 생태적 구조를 복원하면서도 생태하천의 보이지 않는 생태적 기능과 (특히, 수질) 환경 문제까지도 효율적으로 처리할 수 있는 첨단의 생태환경 복원 기능을 갖도록 할 수 있었다. 국내 수생태환경 복원사업의 주요한 부문인 생태하천 복원에 있어서도 위의 네 가지의 생태환경 시스템적 기능은 매우 중요하다.

이러한 맥락에서 그림 6.32는 10여 년 전, 필자가 생태하천 복원을 위한 네 가지 시스템적 기능을 일반인들이 보다 이해하기 쉽게 우리 인체의 건강성과 비교하여 예시한 것이다.[18] 국가적으로 4대강 추진을 앞 둔 당시에는 도시와 농촌을 막론하고 가장 중요한 수생태환경이 하천이었기 때문에 대표적인 수생태환경 복원의 대상을 생태 하천으로 예시하였다. 그러므로 이 개념은 생태 하천뿐만 아니라 제4부의 예시와 같이 인공습지, 생태환경 저류지 복원, 간척지 복원처럼 수생태환경 복원 전반에 적용될 수 있다. 수생태환경 복원의 주요 네트워크가 되는 우리 풍토에 맞는 생태 하천 복원 기능을 그림에서와 같이 인체에 비유하여 크게 네 가지 범주로 나누어 설명함으로써 수생태환경 복원의 네 가지 기능을 보다 쉽게 이해하도록 했다.

첫째, 그림에서 보듯이, 수생태환경 복원에서 치수·이수 기능은 인간을 비유할 경우 인체에 있어서 생존 환경(Environment)과 유사하다. 사람을 둘러싼 공기, 땅, 기후 등과 같이 수환경(water environment)은 사람이 살아가면서 없어서는 안 되는

18 변찬우, 우리풍토에 맞는 생태하천, 나무도시, 2010.

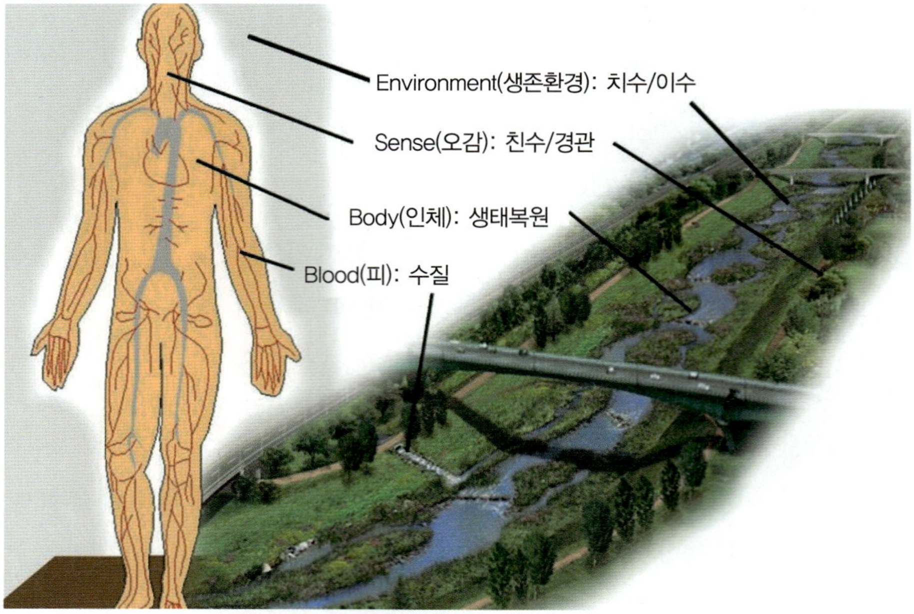

그림 6.32 | 인체와 비교한 생태 하천 복원 방향(© 변찬우, 2006).

중요한 생존 기반(infrastructure)이다. 이와 같은 기반 환경이 없으면 인간이 살 수 없는 것처럼 하천과 같은 수생태계의 주요 기능인 치수·이수 기능이 없다면 하천 역시 인간생활에 존재할 수가 없는 것이다. 오히려 이때의 하천은 인간생활에 큰 재앙거리가 되고 말 것이다. 따라서 토목에서도 수자원 분야의 치수공학적 접근은 홍수와 같이 도시민의 생명과 직결된 내용이기에 가장 중요한 요소이다. 게다가 농업용수 공급 등의 이수 기능 역시 전통적인 인간의 먹을거리와 관련되는 중요한 기능이라고 볼 수 있다. 하지만 환경 오염이 심각한 현대에도 그렇다고 하천이나 저류지 등의 존재 이유를 치수·이수 기능에만 국한해서는 안 된다. 아직까지도 하천은 치수·이수 기능 위주로만 다루어 왔기 때문에 하천 생태계가 파괴되었고, 도시 오염원의 배출구 역할만을 담당해 왔다. 따라서 생물과 사람들에게 친근한 하천이 되기 위해서는 치수·이수 기능은 물론 수생태환경을 복원할 수 있는 생태공학적 접근이 필요하다. 하지만 생태공학적 측면에서 안정적이면서 국내 하천 특성에 맞게 생태·환경을 복원할 수 있는 소재나 공법의 연구 개발, 설계, 시공 결과가 매우 부족한 실정이다. 그러므로 생태공학적 접근을 위해서는, 외국 소재나 공법의 무분별한 차용(借用)에서 벗어나 우리하천 생태계에 안정적인 소재와 생태환경의 시스템적으로 검증된 공법 개발이 필요하다.

둘째, 수생태·환경 복원에서 수질은 인체의 혈액(Blood)과 같다. 인간의 건강은 혈액의 순환과 건강성에 큰 영향을 받듯이 수질 환경은 수생태계의 건강성에 치명적인 요소가 된다. 즉, 하천과 같은 수생태환경의 건강은 수질 상태에 달렸다고 해도 과언이 아닐 정도로 생태계의 건강성에 중요 요인이 된다. 따라서 수생태환경을 복원하면서 가장 이슈가 되고 있는 요소가 바로 수질이다. 수질이 보장되지 않는 하천, 연못, 인공습지, 저류지 등은 생태계가 복원되었다고 할 수 없다. 인간이 자연 생태계에 영향을 주는 요인 중에서 수질은 생태계에서 생물 고유의 역할이나 기능에 관한 생태적 지위(ecological niche)를 제한하는 가장 치명적인 요소가 된다. 수질 환경은 건강한 수생태계에 가장 나쁜 영향을 미치는 제한 요인(limiting factor) 중 하나이다. 4대강의 생태 하천을 거론할 때, 수질 문제, 특히 과다한 영양염류로 인한 녹조 발생을 운운한 것도 이 때문이다. 이에 대한 해결 방안으로 필자의 경우 오래 전부터 우리 풍토에 맞는 생태적인 수질 정화 시스템인, 앞 절에서 소개한 바 있는 생태적수질정화비오톱 시스템을 개발하였다. 생태적수질정화비오톱은 수질처리 효율이 높은 수생식물(갈대, 부들, 줄 등)을 도입하여 생태적 수질처리 효율을 제고하였고, 처리수에 포함되어 있는 오염원(토사, 침전물 등)을 제거하도록 개발된 생태·환경 시스템이다. 단순히 수질 정화 인공습지 식물뿐만 아니라, 수리학적 부하율, 체류 시간, 유입 수질의 성상인, BOD, SS, T-N, T-P, DO, pH 등의 수질 특성을 고려한다. 더 나아가 생물 다양성, 맑은 물 지표종, 향토종 등에 대한 목표종이 창출적으로 복원될 수 있는 비오톱을 조성하는 생태환경 시스템이다. 또한 산발식 어도보 등에 의한 폭기 작용[19] 및 수질처리 효율이 높은 자생 수종을 이용한 습지와 개방 수면을 혼합한 구조로써 좁은 면적에서의 수처리 효율이 높은 기술로 개발되었다. 따라서 하천수, 하수처리장수, 우수 및 오수의 재활용은 물론 유역에서 발생하는 점·비점 오염원을 생태·환경적으로 처리 가능하다. 그리고 이에 대한 모니터링 결과, 생태적수질정화비오톱을 적용했던 다양한 사례에서 수질 정화 기능에 대한 높고 안정적인 실측치를 보여주고 있다.

셋째, 생태환경 복원에서 생물 다양성이나 목표종·깃대종을 복원하는 생태계

19 물에 공기를 불어넣어 물속의 산소를 증가시킴과 동시에 물에서 나오기 어려운 과잉의 유해한 이산화탄소나 질소를 빼내거나 물을 공기 속에 분무시키는 일.

복원은 인체(Body)의 뼈와 살과 같다. 인간의 몸에서 뼈와 살처럼 생태계 복원이 되어야 진정 건강한 수생태계 환경이 될 수 있다. 이때 생태계 복원이란 인체의 외형만을 복원하는 것과 같은 생태계와 구조뿐만 아니라, 인체의 뼈와 살이 잘 자라게 하는 생태적 기능도 함께 회복해야 한다. 즉, 수생태·환경의 생태계 복원이란 각 대상지 특성에 맞는 생태계의 구조와 기능을 건강하게 회복시키는 것이다. 생태 복원을 위해서는 대상지의 생태 조사를 토대로 대상지 목표종 선정이 먼저 이루어져야 한다. 그래야 그에 맞는 생물서식처 기법을 도입할 수 있기 때문이다. 특히, 생태 복원에 있어 하천이나 습지 등의 수생태계 추이대는 조류, 어류, 양서파충류, 곤충류 등의 산란처가 되므로 그 중요성이 더욱 커지고 있다. 더 나아가 다양한 생물의 서식처에 대한 많은 연구와 그에 맞는 공법 개발, 설계, 시공 등이 각 장소에 맞게 이루어져 생태 복원에 이용할 수 있도록 해야 한다. 수생태환경의 생태 복원은 생물 서식 공간의 조성, 생물 이동통로 조성 등이 포함되는데, 생물 서식 공간을 조성할 때는 특히 다음과 같은 생태적 원칙 다섯 가지를 준수하는 것이 바람직하다. 첫째, 생태적 연속성. 이는 생물의 이동 및 서식을 위해 수생태 환경의 종횡적 네트워크를 포괄한 3차원적인 연속성을 확보하는 일이다. 둘째, 생태적 순환성. 이는 생물의 생태적 순환성 확보, 또한 수문학적 순환, 물질 순환을 확보하는 것이다. 셋째, 생태적 자연성. 이는 물, 돌, 나무, 식생, 모래 등 자연에서 볼 수 있는 소재를 사용하는 것이다. 넷째, 생태적 다양성. 이는 평면적, 입체적 구조에서 다양한 소재, 지역적 기후에 맞는 식생을 도입하고 서식 환경에 맞는 야생 동식물 등 생물 종 다양성 추구하는 것이다. 다섯째, 생태적 안정성. 이는 생태적 구조와 기능을 계획하여 생태적 안정성을 확보하는 것이다. 특히, 생태환경 복원의 핵심으로써 위에서 주로 제시하는 수변 식생의 복원과 다양한 동물의 서식처 조성은 앞서 언급한 생태계의 자기 설계 능력을 기반으로 생태환경 복원 후 일정기간이 지나면서 건전한 생태계 먹이사슬을 형성하게 해야 한다.

넷째, 생태환경 복원 중 친수 경관은 인체의 오감(Sense)과 같다. 인간의 몸은 건강해야 오감이 제대로 발휘된다. 이때 오감에 따른 감정을 느낄 수 있고, 건강한 자연에 대해서도 감상할 수 있는 여유를 갖게 된다. 하천도 이미 앞서 언급한 세 가지 기능인 생존을 위한 환경(치수, 이수)이 안전하고, 건강한 피(수질)가 흐르고, 건강한 뼈와 살(생태 복원)을 지녀야 좋은 경관을 이룰 수 있다. 그 결과는 도시민에

그림 6.33 | 도심의 주요 커뮤니티 공간 및 환경생태 교육의 장으로 활용되고 있는 신정 생태적수질정화비오톱(2013).

게 쾌적한 친수 공간을 제공해 왔고 각 지역의 명소가 되었다. 특히 생태환경 복원에서도 난이도가 가장 높고 중요한 수생태환경 복원 대상지인 도심 하천, 인공습지, 저류지, 간척지 등의 경우 시민의 접근이 자유롭고, 물을 만지며 자연을 즐길 수 있다면 친수 공간의 명소화는 물론 환경 학습 효과도 더욱 커진다. 이를 위해 단순히 시각적으로 바라보기만 하는 공원이 아니라, 물소리, 새소리를 듣고, 5감을 통해 자연과 접촉하는 명소 경관을 제공하는 명소화 전략이 필요하다. 탐방로 자전거 도로, 수변 생태공원, 친환경 주차장 및 광장 등도 함께 계획하는 경우가 많다. 하천 등 수공간은 자연 생태계의 일부이므로, 자연 경관을 조성하여 도심 미관 향상에 기여할 수 있도록 설계되는 것이 바람직하다. 생태적 친수 공간의 조성은 환경생태 교육 장소 및 지역 커뮤니티 공간으로도 활용이 가능하다. 지금까지 생태적 수질정화비오톱을 적용한 수생태환경 복원 사례들 대부분이, 특별히 인공시설을 도입하지 않고도 그 지역의 명소 3경, 8경, 12경 등으로 지정되고 사랑받고 있는 것은 앞의 3가지 기능이 성공적이었기 때문임을 명심해야 한다.

생태적수질정화비오톱을 통한 수생태환경 복원의 다섯 가지 유형

앞 절에서는 우리 풍토에서 개발된 수생태환경 복원 기술을 통한 네 가지 기능을 중점적으로 살펴보았다. 생물이 가장 다양하게 서식하는 비오톱 창출과 비오톱 공간을 통해 인간이 훼손한 수질 오염을 제어할 수 있는 수질 환경 개선은 생태공학에서 가장 중요한 과제이다. 그간 제도적으로 정착되지 않은 상황에서 실무와 이론의 연구개발을 통해 개발하는 과정에서 어려움이 많았다. 하지만 최근에 정부 차원에서 물 통합 관리가 추진되고 있는 혁신적인 변화를 살펴보면, 이제 수생태환경 복원 관련 내용들도 이론과 실무적 방안 마련이 필요한 시기이다. 우리나라는 1991년 낙동강 페놀 사태를 계기로 물 환경 분야의 중요성에 대한 인식과 환경부의 조직 체계의 확대와 제도적 발전이 일대 혁신을 이루게 되었다. 그로부터 27년이 지난 2018년 5월 28일에 국회를 통과한 물기술산업법을 통해 수량, 수질, 재해 예방의 통합 물 관리가 개시되었다. 지금까지 부처별로 제각각 달리 해왔던 물 관리 정책 중, 특히 국토교통부 주관의 수자원 보전·이용 및 개발에 관한 업무를 환경부로 이관하게 되었다. 이제부터 지속가능한 물 순환 체계를 환경부 중심으로 일원화하여 추진하게 된 것은 물의 양적 관리에서 질적 관리로 넘어가는 혁신적 개선이다. '물 관리 일원화 3법' 중 하나인 「물관리기본법」은 물 순환 관리, 생태환경의 보전, 유역별 관리, 통합 물 관리 등 기본 원칙을 마련하고, 물과 관련된 법률에 대해 상위법을 제정해야 한다. 이는 관련 부처 간의 이기주의와 중복됐던 정책을 없애고 불필요한 예산 낭비를 방지하며, 구조물 중심의 사고에서 생태공학적 사고와 연결된 수질·생태·방재·친수 등의 삶의 질 향상에 목적을 둔 우리나라 환경 분야의 일대 혁신으로 볼 수 있다.[20] 하지만, 국내의 경우, 생태공학을 통한 수생태환경 복원에 대한 이해도나 인식이 아직도 낮은 단계이다. 하지만 물 통합 관리에 관한 방향은 우리 풍토에서 연구 개발된 위의 네 가지 기능을 담는 앞서 소개된 수생태환경 복원기술이 물 통합 시대의 궁극적 지향점으로 다가갈 수 있는 가장 효과적인 방안이라고 볼 수 있을 것이다.[21] 물 관리 일원화의 양적 관리는 물론 질적 관리의 지향점이라고 볼 수도 있는 수생태환경 복원의 유형을 다음과 같이 정립해 보았다.

20 환경부, 2018.「물관리 일원화 정부조직법 개정, 통합물관리 개시」

21 변찬우, 2018.08, 「INTERVIEW」 p. 24~31.

앞서 우리 풍토에 맞게 개발한 생태환경 복원 기술에 대한 그간의 이론 개발과 실무의 전체 공정을 그림 6.34와 같이 다섯 가지의 대표 유형별로 모식화하였다. 이

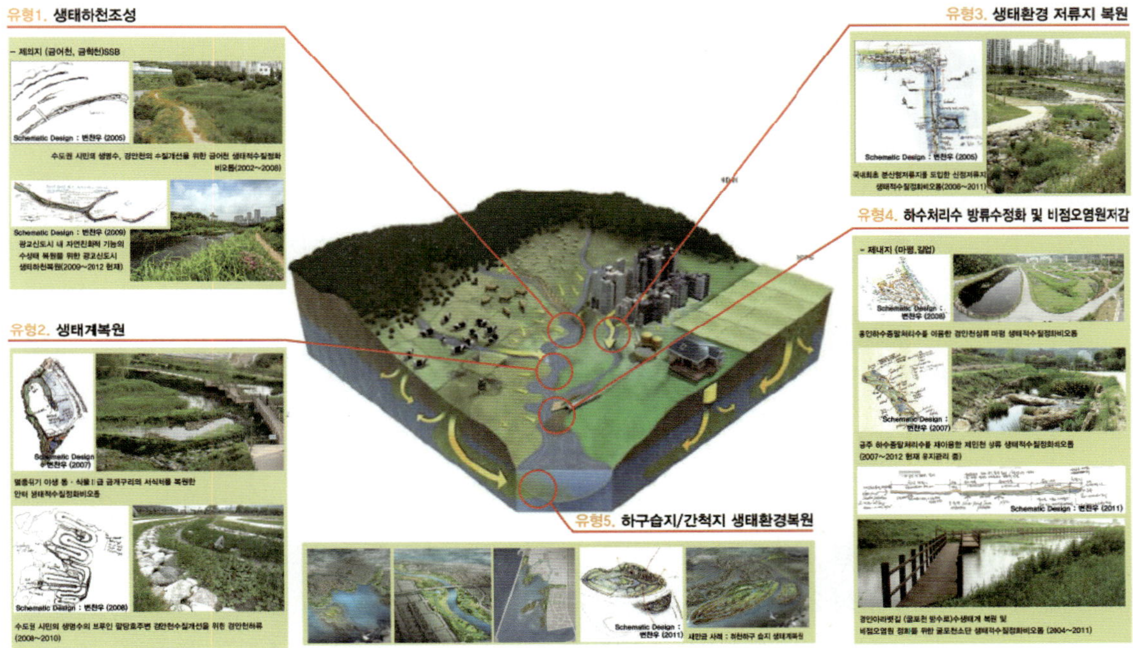

그림 6.34 | **융합생태환경 복원의 유형별 모식화**(© 변찬우, 2013). 에코디자인과 복원을 수행했던 대표 유형들을 대표적인 생태환경 복원 유형이라고 볼 수 있다. 이는 유역적 차원에서 모식화하였다. 도시지역이든 자연지역이든 유역 차원에서 생태적수질정화비오톱이 적용된다.

는 생태환경의 핵심이라고 볼 수 있는 수생태환경 복원에 관한 최고 난이도의 30여 개의 수생태환경 복원 사례들을 수행한 후 대표적 유형으로 정립한 모식도이다. 즉, 앞서 소개한 생태환경 특허 및 신기술로 구성된 전략적 시스템인 생태적수질정화비오톱을 적용한 사례들을 토대로 그 특성 별로 크게 다섯 가지로 유형화하였다. 이 다섯 가지 유형들은 생태환경 복원에 대한 계획·설계·시공·유지 관리·모니터링 전체 공정을 직접 수행한 결과를 통해 만들어졌다. 특히 제4부에서 제시하듯이, 국내·외 다양한 각 분야에서 가장 권위 있는 논문으로 유지 관리 모니터링을 통한 정량적 결과가 검증되었다. 앞서 제5장의 그림 5.23과 제6장의 그림 6.9에서 살펴본 바와 같이 생태적 구조인 먹이 피라미드에서 맑은 물 지표종이나 생물 다양성을 위한 목표종을 설정하여 악화된 수질을 생태적으로 정화하고 목표종의 서식지를 창출적으로 복원하였다. 이는 생태계의 구조와 기능을 창출적으로 복원한 사례들로써 제4부에서 각각을 세부적으로 다룰 예정이다. 이들을 통해 생태환경 복원에 관한 이미 소개된 4가지 주요 기능, 즉 치수적 안정성, 생태적 수질 정화, 생태 복원, 친수 경관 등의 효과를 검증하여 제시할 것이다. 이는 이론만이 아닌 실천을 통해 생태환경 복원을 실현할 수 있는 산증거가 될 것이다. 각 지역이나 장소의 생태환경 특성을 살려 복원된 성공 모델은 오늘날 선진국에서도 찾아보기 힘들기에, 우리나라는 물론 외국의 생태환경 복원에도 도움이 될 수 있을 것이다. 특히 급격한 경제력 향상을 하면서도 수생태계와 수질 환경 문제가 심각한 개발도상국 또는 중진국들이 생태공학을 통한 수생태환경 복원 시도나 지속가능한 개발(SD, Sustainable Development)을 시도할 때에 표준적으로 참고할 만한 사례 대상지(reference site)가 될 수 있으리라 기대한다.

위의 유형 1, 2, 3, 4, 5의 해당 내용은 이어질 제4부의 7~12장을 통해 상세히 소개할 것이다.

유형 1. 생태하천·습지 복원 → 제4부 7장, 8장에서 소개
유형 2. 생태계의 창출적 복원 → 제4부 9장에서 소개
유형 3. 저류시설의 생태환경 복원 → 제4부 10장에서 소개
유형 4. 하수처리수 및 하천 비점처리 습지 → 제4부 11장에서 소개
유형 5. 간척지 생태환경 창출적 복원 → 제4부 12장에서 소개

PART 04

생태공학을 통한 생태환경 복원 (사례편)

제4부에서는 '우리 풍토에 맞는 생태공학'이 키워드이다. 이를 위해 수생태계 창출을 통한 생태환경 복원 유형들을 중심으로 필자가 모든 공정을 직접 수행해 온 사례들을 예시한다. 특히 제4부의 주요한 5개 장이 되는 7~11장의 세 가지 공통점은 다음과 같다. 첫째, 국내 최초로 검증된 생태환경 시스템 특허들과 환경 신기술 등으로 직접 연구개발한 것들을 우리나라 각 유형별 대상지에 맞게 적용하여 계획-설계-시공-유지관리 · 모니터링까지 직접 지휘하면서 수행해 온 결과물이다. 이는 생태환경 복원지 조성에 관한 전 공정을 최소 5년 이상 통합관리하면서, 성공적으로 수생태환경 복원 효과가 모니터링된 사례들이다. 둘째, 이들 모니터링 결과 국내 · 외의 관련 분야에서 저명한 학술지인 국제 생태수리학회 논문, 세계 생물다양성 및 보전학회, 국제생태복원학회지, 대한토목학회지, 환경영향평가학회지, 한국환경복원기술학회지, 방재학회지 등에 다양한 분야별 논문으로 투고하여 개제되었다. 따라서 과학적이고 공학적으로 생태 복원 기능과 환경 복원 효과가 검증된 사례이다. 셋째, 이처럼 다양한 전공 분야 학회지에서 검증되어 실린 논문에서 생태환경 복원 관련 융합적 접근을 통해 생태환경이 복원된 결과물을 다학제적인 시각으로 이해할 수 있도록 했다. 다만 논문 형식 그대로 옮길 경우 읽혀지기 어려울 수 있으므로, 본 저서의 흐름에 맞게 수정 · 편집하였다. 마지막 장인 제12장은 새만금 생태환경용지에서 직접 진행한 기본 계획 단계에 대한 소개이다. 워낙 큰 국가적 사업의 계획 단계이다보니, 이전 5개 장과 달리, 아직 계획 단계에 머물러 있는 상태의 것을 실었다. 추후 설계-시공-유지관리 · 모니터링까지 직접 수행하여 세계적인 성공 사례를 만들어낼 수 있기를 바란다.

제7장에서는 하천 생태환경의 보전 및 창출과 관련해서 생태하천 및 하천 습지 복원에 관한 대표적인 사례 두 가지를 예시한다.

제8장에서는 생태 하천 Fish-Way 복원과 관련해서 매노천 Fish-Way 및 목표종 서식지 창출 사례를 제시한다.

제9장에서는 생태계의 창출적 복원과 관련해서 국내 최초로 금개구리 서식처를 창출 · 복원한 안터 저수지 생태공원 사례를 제시한다.

제10장에서는 국내 최초로 조성된 분산형 생태환경 저류지 시스템의 모니터링 결과에 대한 홍수 저감과 생태환경 효과를 분석하여 평가하고, 신정3지구 생태환경 저류지 사례를 예시한다.

제11장에서는 처리 습지 및 도시 상류 하천 재이용수 활용과 관련해서 생태적수질정화비오톱(SSB) 시스템을 이용한 제민천 내 하수처리수 생태적 수질 정화와 생태계 복원 사례를 제시한다.

제12장에서는 간척지 생태환경의 창출적 복원 계획에서의 기본 계획과 관련해서 새만금 생태환경용지 사례를 제시한다.

07 하천 생태환경의 보전과 창출

생태 하천·습지 복원을 위한 전략[1]

1 본 내용은 국제 생태수리학회지에서 발표 후 SCIE급인 토목공학회지 영문판에 실린 논문인 "Chan Woo Byeon, Ecological Restoration of Rivers and Wetlands with a Sustainable Structured Wetland Biotop(SSB), KSCE: Journal of Cilvil Engineering, 2012."의 원전을 본 저서에 맞게 각색하였음.

개요

본 사례 장에서는 수도권에 거주하는 2,600만 명의 식수원을 위협했던 경안천 상하류의 생태 하천 복원(한때 오염 하천 정화사업)과 광교신도시의 생태 하천 복원사업을 진행하면서 드러난 수생태환경 복원의 핵심 이슈를 살펴보고자 한다. 대표적인 두 가지 생태 하천 복원사례를 통해 우리나라 풍토에 맞는 생태 하천·습지 복원을 위한 주요 요소들인 치수 안전성, 생태계 복원과 생태적 수질 정화 및 친수 경관 향상에 이르기까지 가능한 방법론들을 제안한다.

성공적인 생태 하천·습지 복원 결과를 도출하기 위해서는 다섯 가지 요소를 고려해야 한다. 첫째, 생태적 복원은 각 지역이나 장소의 생태환경적 특성을 살려야 한다. 둘째, 하천의 생태환경 복원은 생태·환경공학적 원칙들을 준수해야 한다. 셋째, 계획·설계·시공·유지관리를 포함한 생태환경 복원 과정은 지침을 준수하고, 수질 정화 효율, 생태계 복원 등 정량적 자료를 주기적으로 모니터링하면서 진행해야 한다. 넷째, 토목공학, 조경학, 환경공학과 같은 건설·공학·기술적 측면과 생태학, 생물학, 환경학과 같은 과학적 지식, 현장의 특성을 이해하고 통합 디자인할 수 있는 융복합적 능력을 필요로 한다. 다섯째, 지역적 특성에 맞는 생태적 복원을 위한 법률, 제도 및 사업 특성 유형별 지침과 매뉴얼 체계가 확립되어야 한다.

핵심 용어: 생태 하천, 인공습지, 생태적수질정화비오톱(SSB) 시스템, 생태적 수질 정화, 생태환경 복원

서론

최근 기후 변화로 인한 홍수와 가뭄은 물론, 급증하는 도시 개발로 과거 자연 상태의 수생태계가 대부분 훼손되었다. 특히, 4대강을 제외한 전국 중소 하천 중 55%에 해당하는 14,722 km가 생태적으로 훼손되었다.[2] 현재 국가사업으로 진행 중인 '4대강 살리기 사업'이 궁극적으로 성공하기 위해서는 4대강과 연계된 국가하천 규모 이하의 지방하천 및 소하천과 유역에 대한 점·비점오염원 유입과 수생태계 훼손을 줄이고 복원하는 것이 시급하다. 따라서 생태 하천과 습지 복원에 있어서 가장 심각하게 대두되는 이슈는 수질 문제 개선과 수생태계 복원이다.[3] 그러나 현실은 생태 하천과 습지 조성을 위한 제도적, 법적 장치나 연구, 교육과 같은 이론적·실무적 기반이 부족한 실정이다.

국가하천 규모 이하의 지방 및 소하천과 유역에서 생태 하천 및 습지의 복원 방향은 우리나라 하천 특성을 고려한 치수 안정성, 수질 환경 개선, 생태계 복원, 친수 경관 등 복합적 기능을 갖게 하는 것이 바람직하다.[4] 이를 위해 무엇보다도 중요한 것은 성공적으로 조성된 다양한 생태 하천과 습지의 표준(reference site)을 만드는 것이다. 이에 본 연구는 통합적 프로세스를 통해 수질 개선 및 생태 복원이 성공적으로 조성된 대표적인 표준 하천(reference site)들을 제시하고자 한다. 이를 통해 우리나라 실정과 여건에 맞는 생태 하천 및 습지 복원 이론과 방법론 정립에 기여하고자 한다.

2 환경부, 지속가능한 생태하천복원사업을 위한 사후관리 및 평가체계 구축 연구: 최종보고서, 2014.

3 환경부, 지속가능한 생태하천복원사업을 위한 사후관리 및 평가체계 구축 연구: 최종보고서, 2014.

4 변찬우, 저류지 생태공원 설계 모형 개발에 관한 연구, 한국환경복원녹화기술학회, 2006.
변찬우, 자유수면형 인공습지 환경, 생태공원 설계-생태적 수질정화비오톱 공원의 구조설계를 중심으로, 한국환경복원녹화기술학회, 2006.

재료 및 방법

재료: 표준대상지 및 생태적수질정화비오톱(SSB) 시스템

최근 국내 중소하천 수계 및 하천 유역을 계획, 설계, 시공, 유지 관리, 모니터링까지 필자가 직접 체계화하여 복원한 성공 사례로서 다음 두 가지 사례를 예시로 살펴볼 것이다.

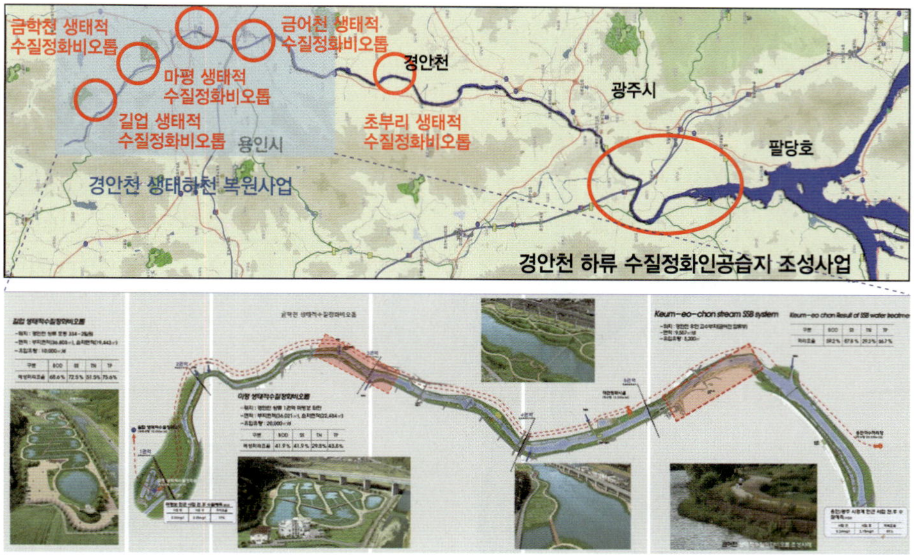

그림 7.1 | 경기도 경안천의 생태 하천 및 습지 복원 사례 위치도 및 용인시 생태 하천 조성 구간(© 변찬우, 2008).

첫 번째는 한강 상류 유역에 속하는 국가하천 및 지방하천으로 구성된 경기도 경안천의 총연장 49.3 km 중에서 상·중류 및 하류의 일부 생태 하천 및 습지를 복원 조성한 사례이다(그림 7.1). 두 번째는 하천의 상류 유역에 해당되는 대표적인 도시 하천인 광교신도시의 생태 하천(총연장 15.8 km)을 복원한 사례이다(그림 7.2).

위 사례들에 적용된 SSB(Sustainable Structured wetland Biotop) 시스템은 국내 하천과 같은 대상 지역 각각의 수문학적 특성에 맞게 개발된 자유수면형(FWS, Free Water Surface) 인공습지(constructed wetland)이다. SSB 시스템은 하천 환경 복원 관련 특허들과 한국 유일의 환경신기술(제258호)로 국내의 다양한 하천(rivers), 수로(channels), 범람원(floodplain)에 적용함으로써 그 수질 정화 효율과 수생태계 복원 기능을 검증받아 왔다. 생태 하천이나 인공습지에 적용되는 특허나 환경 신기술은 소위 재현성(再現性)이 매우 낮다. 소위 공장에서 찍어내듯이 적용하면, 그 기능과 효율이 도출되기 어렵고, 현장마다 다른 생태계를 고려해야 하는 어려움이 있다. 따라서 사업 초기에 단순히 돈벌이만을 위한 목적으로 특허나 신기술을 적용하여 공장에서 복제품을 만드는 방식의 재생산(reproduction)이나 상품화하는 방식을 지양하였다. 대신에 각각의 하천이 지니고 있는 생태계(ecosystem)에 맞게 맞춤형으로

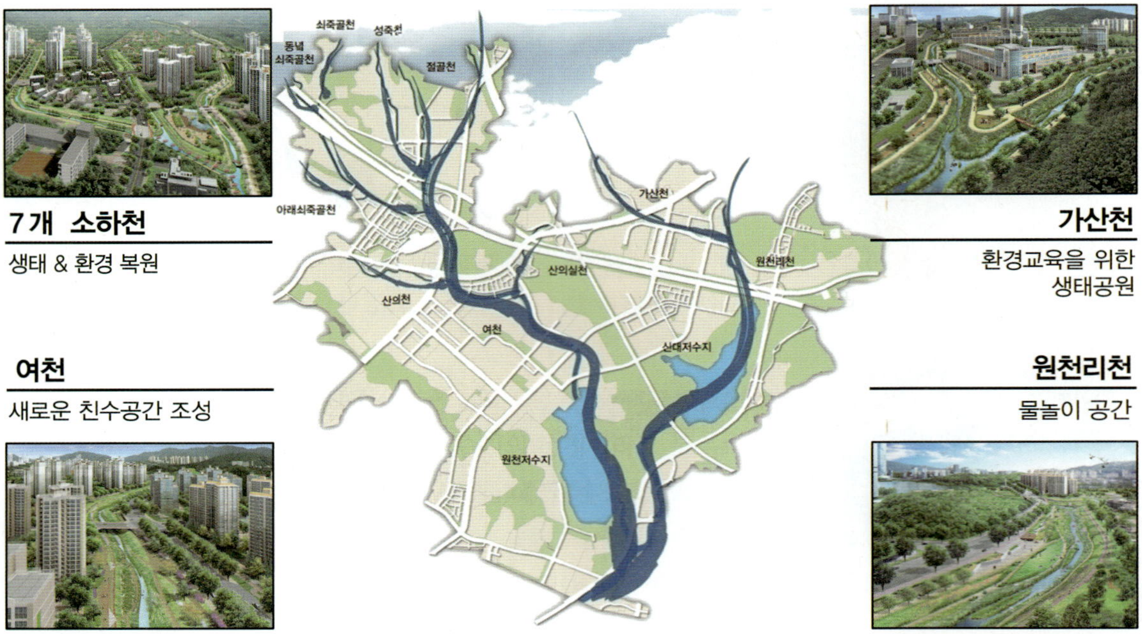

그림 7.2 | **광교 신도시 경안천 생태복원 디자인**(© 변찬우, 2008).

도입하여 성공적인 모니터링 데이터를 확보하는 데 주력하였다. 그 결과 한국 풍토에서 가장 적합하고 성공적인 생태 하천과 습지 복원 사례를 만들게 되었다.

방법: 생태환경 모니터링

대상 지역의 복잡한 생태적, 사회적, 경제적, 정치적 시스템에 맞게 이를 개선할 수 있는 기술과 지식을 모니터링 및 평가 결과에 따라 단계별로 적용하는 것을 순응적 관리 전략이라고 한다(그림 6.4 참고). 우리나라 하천 및 유역 관리의 경우에 있어서도 장소 특성에 맞는 순응적 관리기법이 개발되어야 대상지를 고려한 생태·환경공학적 접근을 통해 수생태계 복원과 수질 환경 개선이 성공적으로 이루어질 수 있다. 이는 생태환경적 복원을 위한 정책 입안 과정에서부터 계획, 설계, 시공, 유지 관리 등 통합적 과정에 이르기까지 지속적인 생태·환경공학적 특성을 모니터링하는 것과도 관련된다.

또한, 이를 통해 생태적 수질 정화 습지의 생태적 복원 효과 및 기능을 판단하고, 수생태계 시스템에 대한 이해는 물론 모니터링 결과를 바탕으로 최적의 생태환경 복원이 이루어지도록 할 수 있다(변찬우, 2010b). 수생태 복원 과정은 불안정하고 훼손된 생태계와 환경을 대상으로 이루어지므로 타당성에서 계획, 설계, 시공, 유지관리에 이르기까지 전 과정에 걸쳐 생태환경적 모니터링과 평가가 이루어져야 한다(그림 6.5 참고). 특히, 국내 건설산업기본법으로 수행할 수 없었던 수생태환경의 모니터링 과정을 환경신기술 제258호인 생태적수질정화비오톱(SSB) 시스템을 통해 수행함으로써 수질 개선 및 생태계 복원의 효과를 성공적으로 이룰 수 있었다(변찬우, 2010c).

따라서 R&D와 생태환경 모니터링은 생태계 복원의 선진국 전문가들이 주장해오던 순응적 관리의 필요성을 충족시키는 과정이라고 볼 수 있다(그림 6.5 참고). 좌측의 각 프로세스에 통합하는 모니터링 과정은 계획, 설계, 시공 과정에서 어떻게 표현될 수 있을까? 본문에서 설명하는 계획, 설계부터 시공 과정에 이르기까지의 생태환경 복원 모니터링 작업은 에코디자인(ecological design)을 그 도구로 활용하였음을 밝힌다.

결과 및 토의

국가하천 및 지방하천인 경안천 생태 하천 복원 사례

경기도 경안천은 남한강과 북한강이 만나는 자연하천으로 수도권 인구 2,400만 명의 상수원인 팔당호를 오염시키는 주범으로 인식되어 왔다. 따라서 수질개선사업에 있어서 환경부와 경기도의 최대 역점 사업 대상 하천이었으며, 국내 최초로 오염총량제를 시행한 하천이다.

주요 하천수계를 복원하기 위해서는 무엇보다 이와 연계된 지류 및 지천의 복원이 우선적이다. 이에 필자는 전체 경안천 49.3 km 중에서 중상류 8.9 km 구간(면적 128,100 m^2)에 지천(금어천, 금학천 등)을 포함하는 기본 계획을 수립하여, 인공습지 및 하천의 자정작용을 이용한 하수처리수 정화와 오염 하천 복원사업을 통해 수질을 개선하고, 하천생태계를 복원하고자 하였다. 기본 계획 수립 단계부터 경안천의 지형, 식생, 식재 밀도, 토양, 미기후, 동물상 등과 같은 생태공학적 요소들과 부지 면적, 처리 유량, 용량, 유속, 수리학적 체류시간, 배치 및 형태 등과 같은 환경공학적 요소들을 총체적으로 고려하여 대상지 특성(Site-specific)이 반영되도록 했다.

먼저, 2000년대 초반의 계획·설계 과정에서부터 경안천 상류 하천과 만나는 지류 중 가장 오염 농도가 높은 지천인 금어천과 금학천을 살리고자 하였다. 이를 위해 금어천과 금학천의 각 지천과 만나는 경안천 본류 홍수터 하단부에 국내 최초로 검증된 신기술인 SSB(환경신기술 제258호) 공법을 도입하였다. 이를 통해 지천 점·비점오염원의 생태적 수질 정화를 통한 수질 개선뿐만 아니라, 생물 서식처 및 생물 서식 기반의 보전·복원을 위한 수생태 복원과 자연학습, 생태공원 등의 기능

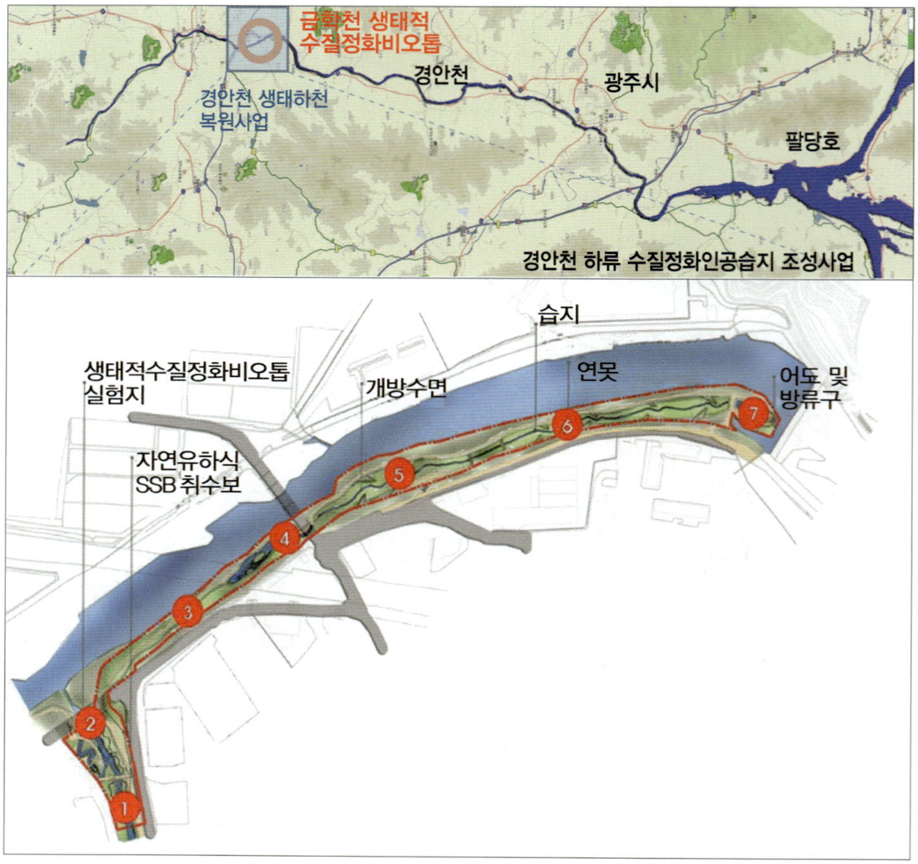

그림 7.3 | 금어천 생태적수질정화비오톱 복원 사례 위치도 및 조성 구간.

그림 7.4 | 금어천 생태적수질정화비오톱(SSB) 생태환경 복원 에코디자인-1 (© 변찬우, 2005).

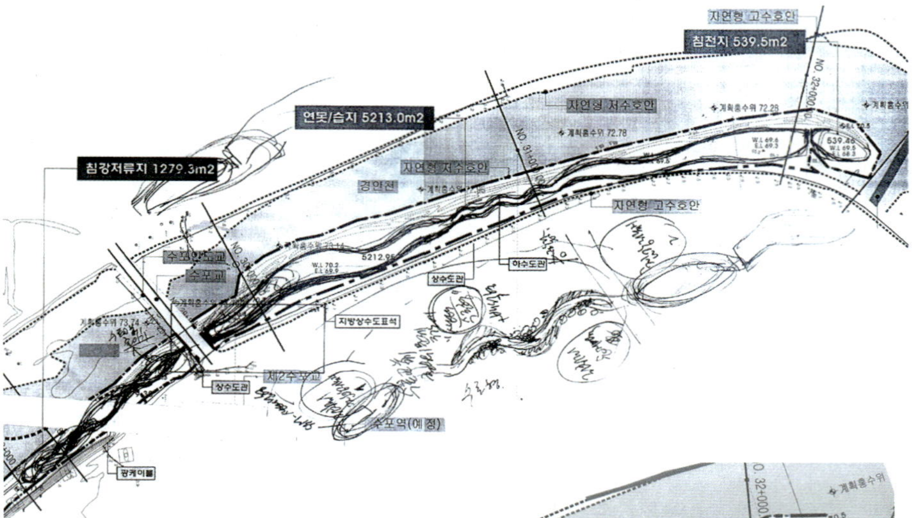

그림 7.5 | 금어천 생태적수질정화비오톱(SSB) 생태환경 복원 에코디자인-2 (© 변찬우, 2005).

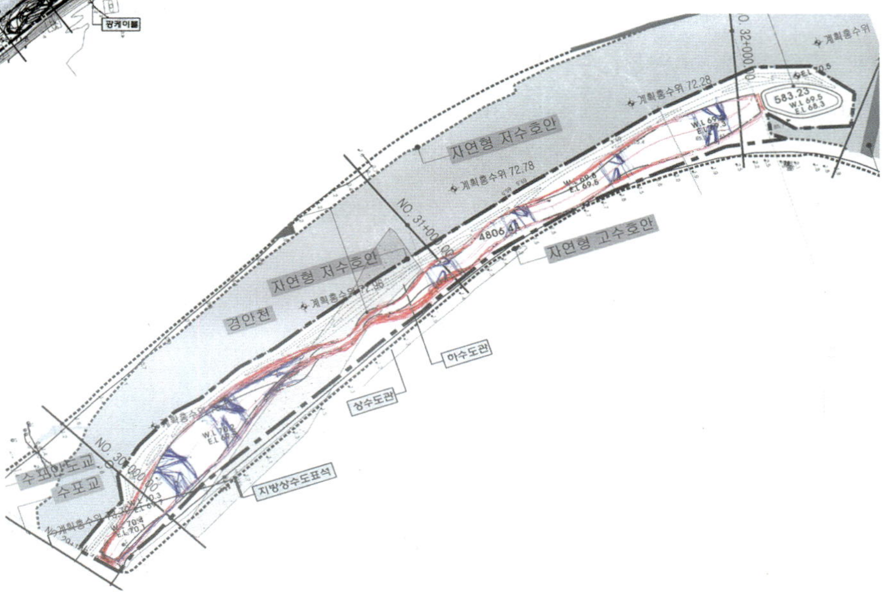

그림 7.6 | 금어천 생태적수질정화비오톱(SSB) 생태환경 복원 에코디자인-3 (© 변찬우, 2005).

그림 7.7 | 하천수를 유입시켜 수질을 정화하는 자연 정화 시설. 금어천 생태적수질정화비오톱 전경(2007).

을 복합적으로 수행하는 친수경관의 향상을 도모하였다(그림 7.3).

경안천 지천 중에서도 비점오염원 수질 문제가 심각했던 금학천에는 특허(신기술)로 생태·환경 기능이 검증된 생태적수질정화비오톱을 통한 생태환경 복원 설계와 시공을 수행했다. 경안천 상류 지천 특성을 고려하여 콘크리트 구조물로 단절된 생태계를 복원함으로써 치수 안전성뿐만 아니라 수질 개선을 도모하고 친수 공간 조성을 통해 지역민의 생태 체험 공간으로서의 복합적인 기능을 수행하도록 실시 설계상의 에코디자인을 확정했다(그림 7.8). 시공 과정에 있어서는 그림 7.9처럼 하천 보의 수위가 변화될 경우에도 유입수와 유출수 간의 수두차(水頭差)에 따른 체류 시간과 어로 조성을 위해 샵드로잉 방식의 에코디자인을 진행했다.

금어천 SSB의 경우에 복원 이후 수질 모니터링 결과(2007.1~2008.12), 전체 평균수질처리 효율은 BOD 62.7%, SS 88.6% T-N 36.3%, T-P 72.6%로 높은 수질 효율을 보였다(그림 7.11의 2007년 모니터링 자료 참조). 생태 복원을 모니터링한 결과, 식물상은 총 21과 33종으로 식재종 중심으로 점차적으로 순군집의 형태로 변화되었으며, 갈대,

그림 7.8 | 금학천 생태적수질정화비오톱 복원 사례 위치도 및 조성 구간 에코디자인(© 변찬우, 2007).

부들 등 수질 정화 효율이 높은 정수 식물이 우점하였다. 동물상의 경우, 조사된 어류종은 총 5과 15종으로, 상류부에서 하류부로 갈수록 출현종의 수가 많았고, 금어천에서 유입되는 물과 함께 흘러드는 어란 및 치어들과 경안천에서 소상하는 어류들이 본 습지에 서식하고 있어 다양한 생물상이 복원되는 것으로 판단되었다. 양서·파충류는 총 4목 7과의 11종으로, 그 중에서 수질 1등급 수에서 알을 낳고 생육을 하는 도롱뇽 등이 발견되었다. 생태환경 복원 효과를 모니터링한 결과, 나지로 방치되었던 홍수터에 지역 자생종들은 물론, 그보다 더욱 다양한 지역 생태계가 복원·창출(creation)됨을 알 수 있었다.

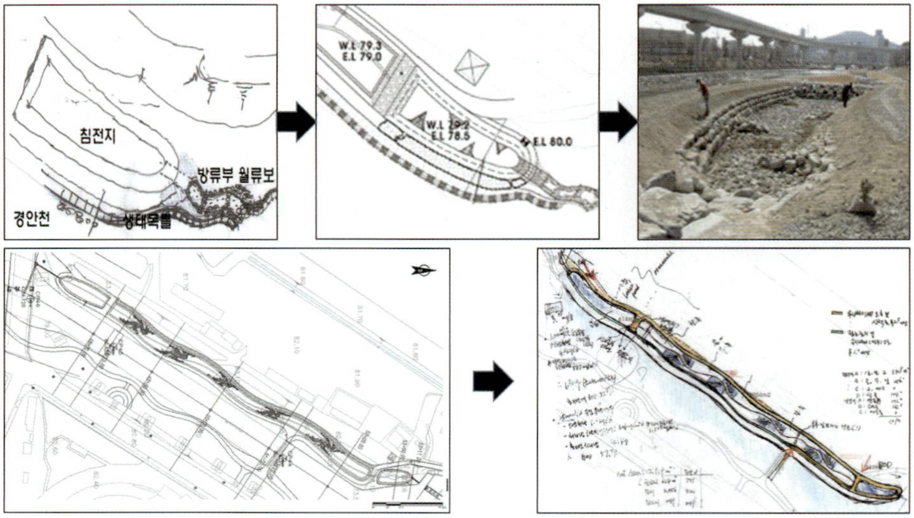

그림 7.9 | 금학천 생태적수질정화비오톱(SSB) 시공시 에코디자인 도면. 시공 현장 여건 변화(하천 방류 수위)에 따라, 하천 고수부지에 조성된 인공습지의 수두차와 체류 시간을 맞추기 위해 설계를 변경하는 에코디자인 과정의 한 가지 사례이다(© 변찬우, 2008).

그림 7.10 금학천 생태적수질정화비오톱(SSB) 조성 이후 전경(2014).

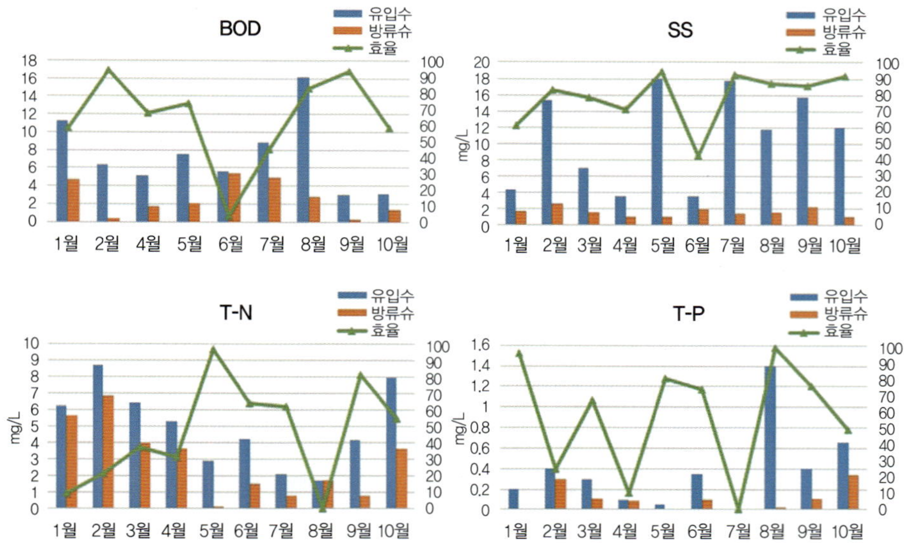

그림 7.11 | 금어천 생태적수질정화비오톱(SSB) BOD, SS, T–N, T–P 월별 처리효율(Monthly Water Treatment Efficiency of Geumeo Stream SSB, Byeon 2010a).

그림 7.12 | 경안천 하류 생태적수질정화비오톱 복원 사례 위치도 및 조성 구간(2010).

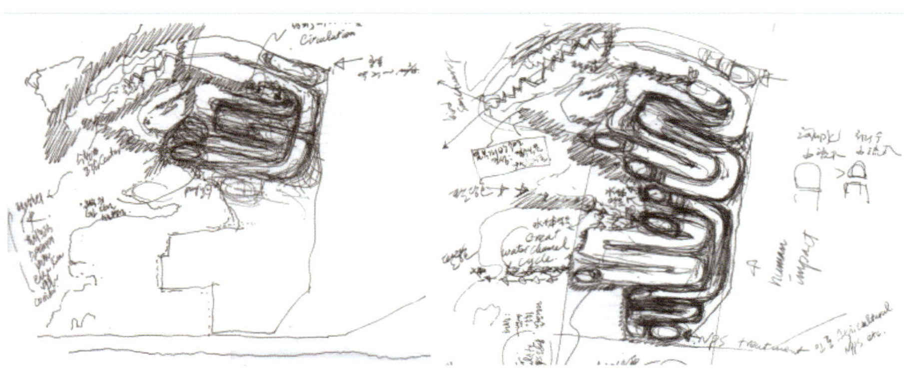

그림 7.13 | 경안천 생태적수질정화비오톱(SSB) 생태환경 복원 에코디자인(© 변찬우, 2008~2010).

한편 2000년 대초까지 경안천 상류의 오염된 지천인 금학천 하류와 만나는 경안천의 홍수터에 생태적수질정화비오톱(SSB)이 조성된 후 수질을 모니터링한 결과(2009년 6월~2013년 8월), BOD 64.6%, SS 96.2%, T-N 18.8%, T-P 49.2%로 토출됨으로써 수년간 안정적인 수처리 효율을 보였다. 또한 한국 고유종인 얼룩동사리, 돌마자를 포함한 다양한 생물종이 복원되었고, 지역주민들의 생태 체험 공간으로써 활용되고 있다.

또한, 그림 7.12의 위치도와 같이 경안천 하류에도 팔당상수원의 생태적 수질 정화를 위해 앞선 성공 사례를 표준 하천으로 하여 생태적수질정화비오톱(SSB) 공법을 적용하였다. 게다가, 앞서 강조한 대로 경안천 하류의 생태적수질정화비오톱(SSB)의 경우에 있어서도, 팔당호와 인접한 오염 하천의 생태적 수질 정화 및 교란된 수생태계 복원 그리고 훼손된 경관의 체계적인 개선을 위해, 각각의 대상지 특성(Site-specific)을 고려하여 계획, 설계, 시공, 모니터링은 물론 에코디자인이 통합적으로 수행되었다(그림 7.13). 경안천 하류의 수질 개선, 생태 복원, 치수 안정성은 물론 주변 습지를 연계한 자연형 습지를 생태공원으로 조성하여 불량한 하천 생태 환경과 경관을 복원하였다(그림 7.14). 복원 이전에 대상지 주변으로 유입되는 마을 하수처리장 수, 상류의 농촌 비점오염원, 그리고 정체된 팔당호소의 정체수(靜水: lentic) 등과 같은 생태계의 오염수들을 생태적으로 정화하는 것을 목표로 복원하였다. 따라서 경안천 하류를 SSB로 복원한 직후(2010. 6.~10.) 유입수와 유출수의 수질을 모니터링한 결과, 전체 평균수질효율은 BOD 44.3%, SS 66.0%, T-N 19.5%, T-P 38.5%로 양호한 수질 효율을 보였다.

생태복원 이후 모니터링 결과, 유수(流水: lotic) 생태계로 변화된 생태적수질정화비오톱(SSB)내 관찰된 식물종은 총 28과 65종이며, 출현한 어종은 총 4과 8종 95개체로 그 중 한국 특산종(한반도 고유종)에 속하는 얼룩동사리 1종이 조사되었다. 포유류는 두더지, 고라니 등 4종이 발견되었으며, 조류는 7과 16속 27종으로 백로류가 우점하고 물총새와 청호반새 등이 관찰되어 풍부한 조류 서식 환경이 조성되었다. 또한, 양서파충류는 생태공원 부지 일대를 포함한 5개 조사 지역에서 7과 8속 13종 67개체 이상이 관찰되었으며, 전체 13종 중에서 환경부 법적보호종인 맹꽁이가 발견되었다.

특히, 마을 하수처리수를 생태적으로 정화하고 생태계를 복원한 SSB의 수질 개선 결과, SSB 시스템의 유입부인 침강지와 습지·연못 구간에는 유기물 오염에 내

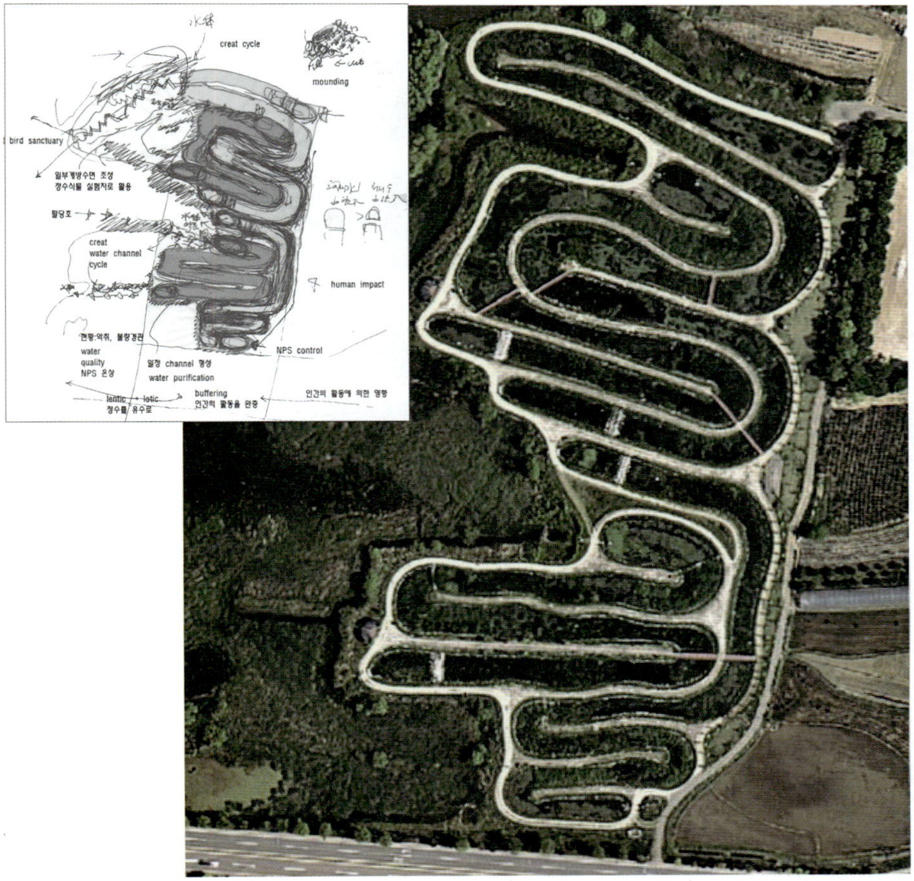

그림 7.14 | **경안천 생태적수질정화비오톱(SSB) 에코디자인(2009)과 생태환경 복원 후 위성사진**(Ecological restoration process of downstream SSB of Kyeongan Stream, Byeon C.W., 2008~2010).

성이 강한 어종인 미꾸라지, 붕어, 버들매치 등 수질 2~3등급 지표종이 조사된 반면에, 유출부 쪽에는 침전지에는 밀어, 갈문망둑 등 수질 1~2등급 지표종 서식이 조사되었다. 이처럼 SSB 유입부인 침강지에서 유출부인 침전지까지 전체적인 수질정화 기능과 단계적인 수질지표종이 확인됨에 따라 안정적인 먹이사슬 및 수질지표종이 복원된 것으로 모니터링되었다.

다만, 최근 시간당 100 mm가 넘는 폭우로 인해 팔당댐의 수위가 급상승하고, 상류인 경안천 하류가 범람하는 재해가 잦기 때문에 각별한 전문적인 유지관리가 요구된다. 따라서 복원 이후 평상시뿐만 아니라 재해도 대비할 수 있도록 치수적

그림 7.15 | 불법 농경지 등으로 인해 수질 정화 환경이 악화된 금어천 하류 전경(좌)과 대조되는 금어천 생태적수질정화비오톱 조성 후 복원된 생태계와 향상된 자연 경관(우).

안정성은 물론 생태적(수리, 수문, 토양, 식생, 미기후, 어류, 동물상 등) 측면과 환경적(용량, 유속, 수리학적 체류 시간, BOD 및 겨울철 처리 효율, 배치 및 형태, 배수 및 수위, 식재 밀도, 토양 등) 측면을 충분히 고려해서 철저한 모니터링을 토대로 한 전문적인 유지관리를 수행해야지만 지속적인 생태·환경적 기능과 효율을 유지시킬 수 있다. 특히 생태환경 복원 대상지는 각각 지역과 장소에 따라 그 특성이 다르다. 따라서 생태·환경적 유형에 따라 다른 각각의 특성을 고려하여 유지관리 매뉴얼이 작성되기 전까지, 성공적으로 조성한 생태환경 복원 대상지는 그 대상지를 성공적으로 설계 및 복원 시공한 생태환경 복원 전문가가 반드시 참여해야 한다. 그러한 속에서 대상지가 갖는 장소성, 생태·환경공학적 특성을 지속적으로 모니터링하여 유지관리함으로써 안정적이고 복합적인 기능을 수행할 수 있다.

수생태환경 복원을 통해 생태 하천이 조성된 이후에는 인위적인 공원 시설 등이 도입되지 않아야 한다. 맑은물이 흐르고 다양한 생물이 찾아오면, 쾌적성(Amenity)이 높은 하천의 자연경관을 즐길 수 있는 시민의 명소가 될 것이다(그림 7.15).

지방하천 및 소하천 사례인 광교 신도시 생태 하천 복원 사례

중소하천 수계 및 유역을 복원하는 데 있어서 신도시나 택지개발 지역의 유역적 차원의 생태 하천 및 습지 등의 복원은 중요하다. 유역적 차원의 생태 하천 복원은 대

그림 7.16 | **광교 신도시 생태 하천 위치도**(Key map of rivers in Gwanggyo New Town).

상 유역과 지역만의 풍토에 맞는 디자인 계획을 세워 대상지의 자연 자원 및 역사와 생태, 환경, 문화 등에 융복합적으로 접근하여 맞춤형 생태 하천을 조성해야 한다. 그 대표 사례로 필자가 코디네이팅 디자인했던 광교 신도시 생태 하천의 경우에 있어서도 과거와 현재에 이르는 광교만의 역사와 풍토에 부합하는 치수 안전성 회복과 더불어, 수질 환경 개선, 생태복원 친수경관이라는 측면을 고려하여 통합 설계하였다.

광교 신도시는 행정복합도시 및 자족형 신도시로, 국내 최초로 중앙 정부가 아닌 지방자치단체인 경기도가 주체가 돼서 지역의 발전을 도모하기 위해 조성되었다. 이에 광교 신도시 하천을 명품 생태하천이라는 모티브로 조성하기로 하였다. 광교 신도시 생태 하천은 총하천 15.75 km(지방하천 8.68 km + 소하천 7.07 km)로 지방하천인 원천리천, 여천, 가산천 3개의 하천과 절골천, 성죽천, 쇠죽골천, 동녘쇠죽골천, 아래쇠죽골천, 산의천, 산의실천 등 7개의 소하천으로 이루어져 있다(그림 7.16).

광교 신도시 생태하천 복원을 위해 전체 10개 하천을 코디네이팅 디자인하면서 각 하천 중에서도 수질 문제와 생태계 복원이 가장 이슈가 되는 지방 하천 등에는 SSB 시스템을 도입·적용하였다. 특히, 초기 강우시 비점오염원으로 수질 악화 우

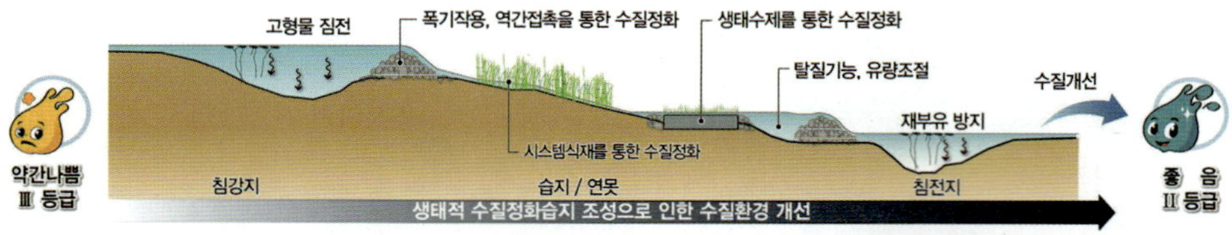

그림 7.17 | 광교 신도시 생태적수질정화비오톱(SSB)의 생태계 복원 및 수질 정화 시스템(Water treatment system of SSB in Gwanggyo New Town).

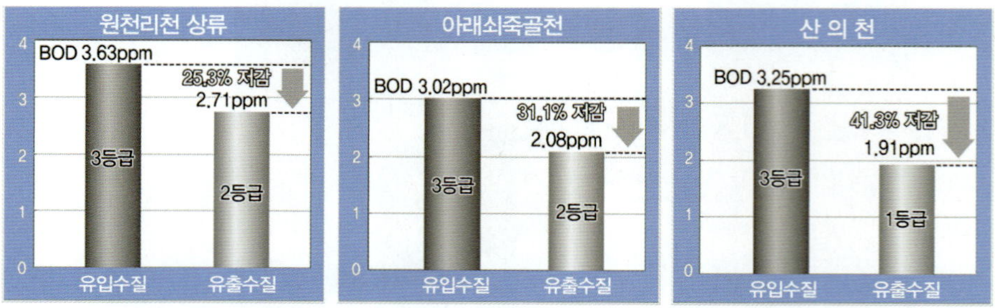

그림 7.18 | 광교 신도시 생태적수질정화비오톱(SSB) 평균예상처리효율(Predicted Water Treatment Efficiency of SSB system in Gwanggyo New Town).

려가 있는 원천리천, 아래쇠죽골천, 산의천에 검증된 환경 신기술인 생태적수질정화비오톱을 중점적으로 적용해서 하천 생태계를 복원하면서 수질도 정화하도록 디자인되었다. 이에 3개 생태 하천의 BOD 평균 예상처리효율은 산의천 41.3%, 아래쇠죽골천 31.1%, 원천리천 상류는 25.3%로 산정되었다(그림 7.17, 18).

대표적으로 원천리천 하류의 경우, 광교 신도시 택지지구의 진입부로서의 상징성을 지닌 하천으로 복원하는 것을 목표로 에코디자인하였다. 우선 자연에 가까운 하천 형상 복원 및 생태적 기능을 복원하기 위해, SSB 시스템으로 생태적 수질 정화와 생물 서식처를 조성하고자 에코디자인하였다(그림 7.19).

광교 신도시의 10개 전체 하천을 생물 서식이 가능한 청정 하천으로 조성하기 위해서 하천 수질을 3등급 수에서 1~2등급수로 개선되게 설계하였다. 무엇보다 유역 내 비점오염원으로 수질 오염이 예상되는 수체계를 생태적으로 정화한 후 이를 다시 순환시킴으로써 하천 유지 용수를 공급하고 자정 능력을 강화시켜서 자연적 수질 환경 개선 기능이 커질 수 있게 하였다.

광교 신도시 내에 복원된 생태하천의 경우와 같이 중소하천의 생태 복원은 주변

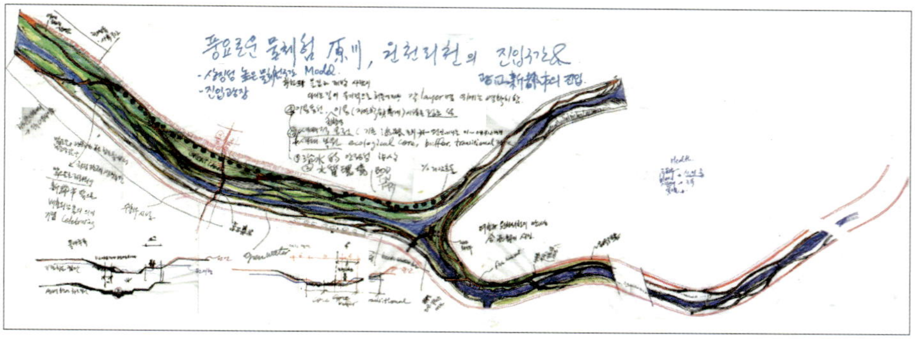

그림 7.19 | 광교 신도시 원천리천의 치수, 친수, 수질, 생태 복원을 고려한 일부 구간의 에코디자인(© 변찬우, 2009).

산의 서식종들 중 복원 가치가 높은 종을 복원하는 것이 바람직하다. 소위 메타 개체군(Metapopulation) 개념을 통해 수체계 및 수생태계 복원 목표를 정했다(그림 7.20). 광교산과 생태 하천, 주변 녹지의 생태적 연결성을 확보한 후, 서식처 복원을 통한 생물종 복원과 먹이 피라미드를 고려하여 수질이 나쁜 곳에는 생태적으로 SSB 시

그림 7.20 | 광교 신도시 내 생태 하천 및 생태적수질정화비오톱(SSB)을 통한 맑은 물 지표종 및 생태계 복원 목표.

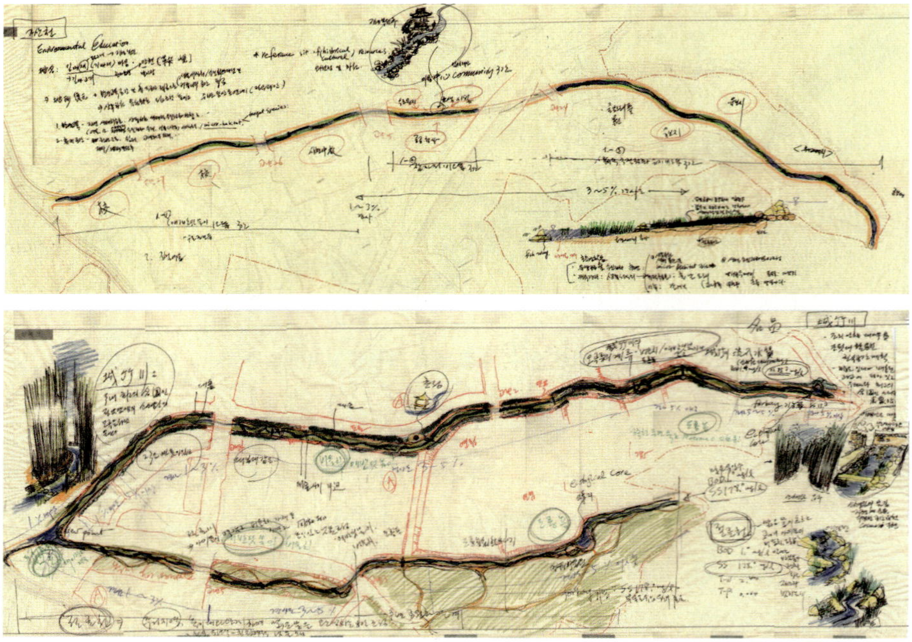

그림 7.21 | 광교 신도시 가산천, 절골천의 치수, 친수, 수질, 생태 복원을 향상시킨 바 있던 에코디자인(© 변찬우, 2009).

스템을 통한 수질 정화로 맑은 물이 흐르는 하천이 되게끔 소하천마다 달리 에코디자인해서(그림 7.21) 복원하였다(그림 7.22).

또한 수질 개선을 통한 수서곤충 서식지, 나비 및 잠자리 관찰 학습원을 조성하여 생태교육적인 기능이 가능하게 하였다. 광교 신도시 지역민들이 자연과 인간이 상생하는 하천을 통해, 맑은 물이 흘러 다양한 생물 서식처가 복원되는 자연 형성 과정을 학습하고 쾌적한 하천 경관을 사계절 즐길 수 있도록 설계하였다(그림 7.23).

결론

국내 중소하천 수계 및 유역을 복원한 대표 사례로서, 경안천 수계의 다양한 생태하천 복원 사례와 광교 신도시 유역의 생태 하천 설계 사례에서 얻은 결과는 다음

그림 7.22 | **에코디자인 및 생태공학적** 수질 정화, 생태 복원, 친수경관 기능이 복원된 광교 신도시 생태하천 (2017).

그림 7.23 | 광교 신도시 내 생태하천 및 생태적수질정화비오톱(SSB)을 통한 4계절 경관 시뮬레이션.

과 같다.

먼저, 대표적인 오염 하천인 경안천 복원 사례의 경우, 복원 전·중·후 생태환경 모니터링 조사 결과를 바탕으로 해서, 하천수계를 생태 하천인 살아 있는 하천으로 복원하기 위해 오염 농도가 높은 경안천 중하류 홍수터에 SSB 공법을 도입하였다. 홍수기의 하천수 범람에 안정성을 유지하면서도 생태적 복원에 성공함으로써 생태공학적 기능이 검증되었다. 특히 오염된 기류 지천의 최초 복원 사례인 금어천 SSB의 경우 평균 수질효율(2007.1~2008.12)이 BOD 62.7%, SS 88.6% T-N 36.3%, T-P 72.6%로 높은 수질효율을 보이고 있었으며, 나지로 방치되었던 홍수터에 지역 자생종들은 물론, 그보다 더욱 다양한 지역 생태계가 창출되어 복원됨을 확인할 수 있었다(Byeon, 2010a). 각각의 대상지 특성을 고려하여 경안천 하류에 조성된 1지역 SSB, 2지역 SSB, 6지역 SSB는 복원 직후에 수질을 모니터링한 결과(2010.6~10, 2지

그림 7.24 | 자연 자정 능력을 높이고, 생태 복원을 통해 자연 생태계의 이용자들에게 모두 유익한 광교의 고유한 하천 풍경 복원.

역), 평균 수치가 BOD 44.3%, SS 66.0% T-N 19.5%, T-P 38.5%로 높은 수질 효율을 보였다. 또한, SSB의 전체적인 수질정화 기능에 따라 갈겨니, 밀어 등 수질지표종이 나타나는 등 수생태 복원 기능이 연계됨에 따라 안정적인 먹이사슬 및 수질지표종의 복원이 이루어졌다.

한편, 도시 및 택지개발 지역 유역내 중소하천의 대표 사례로서 광교 신도시 생태 하천의 경우, 광교의 현황 및 역사, 생태 분석을 통해 광교 생태 하천만이 가지는 풍토를 고려한 설계를 수행하였다. 광교 하천변을 따라 주요 하천에는 광교 지역성, 장소성, 역사성 체험할 수 있도록 했고, 치수 안정성뿐만 아니라 수질 환경 개선, 생태 복원 친수경관이라는 측면을 고려한 통합적인 에코디자인과 생태공학적인 복원 시공을 수행하였다. 특히 SSB 공법을 적용하여 생물 서식이 가능한 청정 하천을 조성하기 위해 광교 신도시에 있는 10개의 전체 하천에서 수질이 좋지 않은 원천리천, 산의천, 아래쇠죽골천 등을 2등급 이내로 조성하고 수생태계를 복원하였다.

국내 중소하천 수계 및 유역의 생태하천 및 습지 복원을 성공적으로 수행하기 위해 앞서 조성된 경안천 사례와 설계를 통해 복원 시공된 광교 신도시 생태 하천 사례를 통해 다음과 같은 사항이 반드시 고려되어야 함을 강조하고자 한다.

첫째, 한국적 풍토에 맞고, 대상지의 생태적, 환경적, 경관적 특성에 맞게 접근되어야 한다. 둘째, 중소하천 수계 및 유역의 자연생태계를 복원하기 위해서는 치수적 안정성과 생태계를 동시에 고려하는 생태공학적(ecological engineering) 접근과 지속적인 생태적 수질 정화가 이루어지는 환경공학적(environmental engineering) 접근을 토대로 조성해야 한다. 셋째, 계획, 설계, 시공, 유지관리 등의 전 프로세스에 걸쳐 생태·환경공학적 모니터링이 수행되어야 한다. 넷째, 토목, 조경, 환경, 생태, 예술, 디자인 등 다학제적(multi-disciplinary)이고 전공 간의 융복합적인 접근이 필요하다. 다섯째, 위의 내용들을 수행할 수 있도록 하는 법률의 제도화가 이뤄져야 한다. 우선적으로 국내 여건에 맞는 다양한 유형의 생태환경 복원과 관련된 실무 지침 및 매뉴얼이 필요하다. 여섯째, 국내 생태환경 복원 관련 제도가 미흡하고 유지와 관련한 전문 지식이 부족한 현 상황을 극복하고, 미래의 급격한 기후 변화나 재해에 전문적으로 대처할 수 있어야 한다. 이를 위해서는 복원 이후에도 대상지가 갖는 장소성, 생태·환경공학적 특성을 지속적으로 모니터링하여 유지관리하는 것이 중요하다.

참고문헌

Byeon, W. I, "A Study on the Development of Design Model of Ecological Park as Stormwater Storage Facilities", The Korea Society of Environmental Restoration Technology. 9(3)(2006a):1~16.

Byeon, W. I, "A Study on Constructed Wetland Ecological Park Design with Multiple-cell FWS Layout-Focus on Structural Design of Sustainable Structured wetland Biotope (SSB) Park", The Korea Society of Environmental Restoration Technology. 9(5)(2006b):1~9.

Byeon, C. W, "Water Purification and Ecological Restoration Effects of the Keumeo Stream Sustainable Structured wetland Biotop(SSB) System Established on the Floodplain of Kyungan Stream", The Korea Society of Environmental Restoration Technology.13(3)(2010a): 23~35.

Byeon, C. W, "Ecological River Fitting Natural Features: for restoration of ecological rivers with structural stability", environmental water quality improvement, ecological restoration, water-friendly landscape. Seoul, Korea: Namudosi publishers, 2010b.

Byeon, C. W, "Water Quality Purification and Ecological Restoration Effects of Sustainable Structured wetland Biotop(SSB) System established in the Habitat of the Endangered Species, Gold-spotted Pond Frog: exemplified by An-teo Reservior Ecological Park", The Korea Society of Environmental Restoration Technology, 13(6)(2010c): 145~159.

Ministry of Environment korea, 생태하천 복원사업 중장기 추진계획, 2010a.

Ministry of Environment korea, A Development of Ecological Restoration, Creation and Enhancement Technology in Urban Housing Site, 2010b.

United States Department of Agriculture, Forest Service(USDA), Adaptive Management of Natural Resources: Theory, Concepts, and Management Institutions, Pacific Northwest Research Station, General technical report PNW-GTR-654, 2005, pp.2~4

08 생태하천 Fish-Way 복원

매노천 Fish-Way 및 목표종 서식지 창출[1, 2]

1 본 내용은 한국영향평가학회지에 실린 논문 '변찬우, 김용민. 매노천에서 생태적수질정화비오톱(SSB)으로 창출된 생태어도 및 홍수터 배후습지의 생태계 복원과 생태적 수질정화효과. 한국환경영향평가지, 2017'의 원전을 본 저서에 맞게 각색하였음.

2 환경부 2015년 생태하천 콘테스트에서 우수상 수상.

개요

본 장에서는 생태하천 복원에서 하천의 수리, 수문, 지질, 토양, 식생, 야생동물, 미기후 등을 고려하여 실제 맑은 물에 사는 향토 어류종의 서식처를 조성하고 어도를 성공적으로 조성한 사례를 중심으로 살펴본다. 이를 위해 매노천 생태하천 복원을 위한 생태적수질정화비오톱 시스템과 생태어도(Fish-Way) 등의 적용 대상지를 중심으로 생태하천 복원 전·후를 모니터링하였다. 어류는 복원 전 서식이 확인되지 않았던 장소에 생태적수질정화비오톱 습지 조성 후 총 11종 191개체가 창출 복원된 것으로 조사되었다. 특히 복원 목표종인 돌마자와 참종개가 생태적수질정화비오톱 습지에서 서식하는 것이 모니터링됨으로써, 미소서식처와 건전한 Fish-Way가 창출되었음을 확인할 수 있었다. 양서류는 복원 후 활동성이 높은 3차 조사 시기에 습지와 그 주변에서 다수의 참개구리 서식으로 복원되었음이 확인되었다. 포유류는 수달이 습지와 Fish-Way를 서식 영역으로 활용하는 것이 확인되어 환경부 멸종위기 제1급이자 천연기념물인 수달 서식지가 복원된 것으로 조사되었다. 식물상의 경우 조사 지역에 출현하는 관속식물은 복원 전 총 7과 13종, 복원 직후 15과 19종, 복원 후 총 22과 33종으로 증가되었다. 복원 후 식생은 달뿌리풀 군락 등 다양한 생태계의 기초 생산자이자 수질 정화에 기여하는 식재종인 정수 식물 군락이 형성된 것으로 조사되었다. 이처럼 생태계 복원과 함께 수질 개선 효과 역시 다음과 같이 나타났다. 수질을 모니터링한 결과, 평균적으로 BOD 64.3%, T-N 47.2%,

T-P 80.7%의 수질효율을 나타내었다. 생태계를 교란하는 제한 요인(limiting factor)이 되는 비점오염원이 성공적으로 처리됨으로써 1, 2급수에 서식하는 목표종이 창출적으로 복원되었다.

핵심 용어: 생태적수질정화비오톱, 생태 어도, 수질 정화, 생태 복원

서론

최근 각 지역별 생태하천 복원사업의 환경영향평가 업무가 활발히 추진되고 있다. 1990년 제정·시행되었던 "수질환경보전법"은 2006년부터 "수질 및 수생태계 보전에 관한 법률"라는 새로운 이름으로 바뀌었다. 이는 BOD 등 유기물질 중심의 수질 관리뿐만 아니라 수생태계 복원과 수질 위해성 관리에 대한 제도적 틀을 마련하게 된 계기가 되었다(환경부 2007). 하지만 수질 정화, 어도와 습지 조성을 통한 해당 지역의 전반적인 생물 서식처 복원 등 융합적 목적을 달성한 연구 개발이나 실제 생태환경 복원 사례는 우리나라의 경안천 하천 및 습지 복원(Byeon 2012) 외에 선진국에서도 극히 드물다.

생태하천 사업의 환경영향평가에서도 가장 중요한 부문은 수생태계 및 수질환경 복원의 모니터링이라고 볼 수 있다. 일본의 자연재생추진법 제3조 제4항은 자연재생 사업의 착수 이후 자연재생 상황을 모니터링해야 한다고 명시하고 있다. 우리나라의 경우 생태하천 복원사업의 모니터링 항목은 "주로 복원사업을 통한 수질 개선, 생물 다양성 증대, 생태계 건강성 등에 초점을 맞춤(환경부 2011)"이라고 명시한 바와 같이, 육안 검사, 물리적 요인, 수질 요인, 생물 요인, 수생태계 건강성 요인이 제시(환경부 2014)되어 있다.

그러나 아직까지는 대부분 통합 관리가 아닌 재해 방지나 수질 정화 등 특정 목적에 중점을 두는 토목공사 방식 및 설계와 시공을 분리 발주하는(Ji et al, 2006 ; Choi et al 2008) 일반적인 건설 방식을 따르기에, 생태 하천을 조성하기에는 수생태계 복원 기능이나 생태적 수질 정화 효율이 모니터링되기 어려운 실정이다. 이러한

그림 8.1 | 매노천 Fish-Way 생태하천 복원 전의 농경용 보 조성과 비효율적인 어류 통로로 인한 수생태계 단절 등 기형적 상태의 대전 매노천 전경(2014).

그림 8.2 | 매노천 Fish-Way 생태하천 복원 후 다양한 생물종이 출현하는 등 생태계, 친수 기능, 생태적 수질 개선 및 친수적 기능 복원에 성공한 매노천 Fish Way 전경.

상황에서 개발된 생태적수질정화비오톱 시스템이나 산발식 어도여울 등은 국내 하천의 특성과 풍토에 맞는 생태환경 복원 기술을 토대로 만들어졌다. 약 15여 년 동안 연구 개발하여 실제 다양한 하천, 저류지 등의 현장에 적용하고 모니터링함으로써 국내 여건에 맞는 생태하천 복원 방안을 제시해 왔다(Byeon 2006; 2010a; 2010c; 2014).

생태 하천의 구조나 그 배후 습지는 수질 정화 기능이 정량적으로 검증되어야 한다. 생태적수질정화비오톱을 통해 창출된 하천의 배후 습지는 자연습지와 유사한 기능과 구조를 가지도록 현장 맞춤형 설계를 통해 적용해야 한다. 이는 자연습지와 달리 거의 모든 장소에서 조성이 가능하다(Mitsch 1993; Kadlec & Knight, 1996; US EPA 1999). 또한, 목표종 복원과 생물 다양성 증진을 위해서는 생태복원 기능의 향상은 물론 치수와 친수 기능까지 충족시킬 수 있는 구조와 기능으로 복원되어야 한다. 이러한 복합 기능을 수행하기 위해서 생태·환경 공학(Ecological Environmental Eengineering)에 기초하여 계획, 설계 및 시공을 수행해야 한다. 또한 이때는 풍토와 대상지의 장소성을 고려하여 조성해야 한다(Byeon 2006; 2010a; 2010b; 2012; 2014). 이러한 결과는 우리나라 생태하천 보전과 복원의 효과에 관한 환경 평가의 기준이 될 수 있다. 특히, 과거에 설치된 농경용 보에 조성된 비효율적인 어류 통로는 대부분 어도의 기능을 하지 못하고 있다(그림 8.1).

어도는 "하천에 어류의 이동을 곤란 또는 불가능하게 하는 장애물이 있을 경우 이를 해소할 수 있도록 만들어진 수로 또는 장치(Ministry of Homeland and Maritime

Affairs 2009; 2011, http://www.fishway.go.kr)"로 정의한다. 과거의 어도는 경제성이 우선시 되었으나 현재는 어류, 저서동물 등의 수생생물과 양서·파충류, 포유류 등의 서식 공간 역할 등 모든 동물을 위한 생태환경 보전 어도가 적용되고 있다(Kim et al. 2015). 최근 어도나 생태 통로 등에 생물을 위한 시설물의 도입이 생태공학적 측면에서 지속적으로 연구되고 있다. 하천설계기준(2009)에 의하면, 어도의 형식은 풀 형식, 수로 형식, 조작 형식으로 구분된다. 세부적으로 풀 형식은 계단식, 버티컬 슬롯식, 아이스 하버식으로 구분되고, 수로 형식은 도벽식, 인공하도식, 데닐식으로 구분되며, 조작 형식은 갑문식, 리프트식, 트럭식으로 구분된다(Ministry of Homeland and Maritime Affairs 2009). 본 연구에 적용된 Zigzag 형태의 Fish-Way는 이들 형식 중 수로 형식 어도를 현장 여건에 적합하도록 고안된 자연형 어도의 한 유형이다(그림 8.2). 본 연구에서도 어도를 이용하는 어류의 이동 패턴과 어도의 구조, 기능 등에 주안점을 둔 것뿐만 아니라, 치수, 이수 등의 공학적 측면을 고려함으로써 생태공학적 관점에서 접근하였다.

앞서 제3부에서 언급하였듯이, 순응 관리란 생태계의 형성 과정에 순응하여 관리하는 방식(Gwangju Development Institute, 2009)으로 생태계의 시·공간적 변동성을 고려하여 어느 정도의 변화를 허용(Lee JH & Sung HC, 2013)하고, 공사 후 현지의 생태계 변화를 허용하는 관리 방식이다.

건설 분야에서 통합관리의 필요성은 주로 건축 분야에서 활발히 추진되고 있는데, "초기에 설정된 목표를 설계-시공-운영-철거 단계까지 지속적, 구체적으로 적용해야 함(Kang S.H. & Kim W. 2013)"을 주장하고 있다. 일본의 경우 건설 프로젝트를 기획 및 설계 단계부터 건설사업관리를 도입하여 수행(Yoon et al. 2015)하고 있다. 우리나라의 경우 생태하천 복원의 계획-설계-시공-유지 관리에 이르는 모든 과정을 모니터링하여 필요한 생태·환경공학적 지식과 기술을 통합관리해야 함을 강조하고 있다(Byeon 2010b, c; 2012 ; 2014).

이에 본 연구는 계획, 설계, 복원 시공 및 모니터링 과정의 통합관리 체계를 통해, 매노천 중하류에서 생태적수질정화비오톱(Sustainable Structured wetland Biotop:SSB)으로 창출된 홍수터 배후 습지 및 생태적 Fish-Way(산발식 어도여울: Sustainable Structured Fish-Way)의 생태계 복원 및 생태적 수질 정화 효과를 모니터링하는 데 목적이 있다.

재료 및 방법

연구 대상지

■ 일반 현황

매노천은 대전광역시 서구 일원에 위치하고 있으며, 금강수계의 갑천 지류에 해당되는 하천으로 갑천(국가하천)의 하구로부터 약 32 km 떨어진 상류지점에 해당한다. 유역 면적 17.64 km^2, 유로연장 10.27 km이고, 동경 127819′38″~127°21′59″, 북위 36°10′58″~36°15′36″ 사이에 위치하며, 유향은 북서방향으로 흐른다. 또한 유역 형상은 수지상 유역으로 유역 평균 폭은 1.72 km이고, 형상계수는 0.17이다. 본 매노천 유역의 평균 고도는 EL.198.2 m, 유역 평균 경사는 중·상류 46.04~49.49%, 하류 39.03%로 급한 편이고, 하상 경사는 중류부 1/72, 하류부 1/119 정도이다. 연구대상인 매노천 연장은 3.82 km이며, 그중 생태공학적 복원을 위한 주요 시설(습지,

그림 8.3 | 대상지 위치도.

Zigzag 형태 Fish-Way, 자연형 어도여울)이 위치한 구간은 중류부이다(그림 8.3).

■ 자료 수집

본 연구 대상지인 매노천의 기초 자료는 "매노·성전·삼성천 하천기본계획보고서, 2011, 대전광역시"를 토대로 해서 하천의 연장, 하폭, 하상의 상태, 하천 횡단형, 수질 및 생물 서식 현황과 주변 여건 등을 조사하였다.

본 대상지인 매노천은 한때 갑천 상류의 생태적 네트워크와 거점이 될 수 있는 참종개, 돌마자, 참갈겨니, 쉬리 등 우리나라 특산종 및 자생종이 서식하는 주요 공간이었다. 그러나 1960~1970년대 하천 내에 이미 조성된 인공 콘크리트 보를 비롯한 토목 구조물이 다수 설치되어, 좁아진 하도 형상을 지니게 되었다. 또한 계획 착수기에 상류 개발로 인해 본 대상지 우안 홍수터에는 토사 퇴적이 극심하게 이루어져 좌안 일부에 편향된 물 흐름을 보이는 하상 구조를 지녔기에, 생태적으로나 치수적으로 매우 불안정한 상태였다. 게다가 대상 지역인 중·하류부는 주변에서 불규칙하게 방류되는 생활하수 및 농경지 비점오염원 등으로 인해 수질 3등급 이상의 하천 수질 악화 및 생물 서식처 훼손이 이루어지는 하천이었다. 수리·수문적으로는 갈수기 및 홍수기에 따라서 유량이 유동적으로 유입되며, 수질 환경적으로는 비점오염원 유입 등 수질 1~4등급 변동이 있었다. 따라서 매노천 유역의 수리 수문을 고려한 생태적 수질 정화 습지 및 친환경 어도여울을 설치하고자 하였다. 생태적 수질정화비오톱의 습지를 통해 2급수 이상의 맑은 수질로 개선하고 사라진 돌마자, 참종개가 되돌아오는 생태적 구조와 기능을 지닌 미소서식처를 창출적으

그림 8.4 | **매노천 복원 전 대상지의 홍수터(고수부지) 전경.** 홍수터에 흙이 쌓인 후 잡풀이 우거짐으로써, 하천의 물 흐름이 전혀 없는 황량한 모습을 볼 수 있다(2013).

로 복원하고, 상·하류 간의 단절을 방지하는 Fish-Way를 조성하였다.

생태하천 복원 및 통합 모니터링 과정

■ 계획·설계 및 복원 시공

2013년 본 연구의 대상지인 매노천에 문헌조사 및 현장조사 결과를 토대로 하천의 생태·환경공학적 특성을 고려하고, 수리·수문 검토를 통한 타당성 조사를 기초로

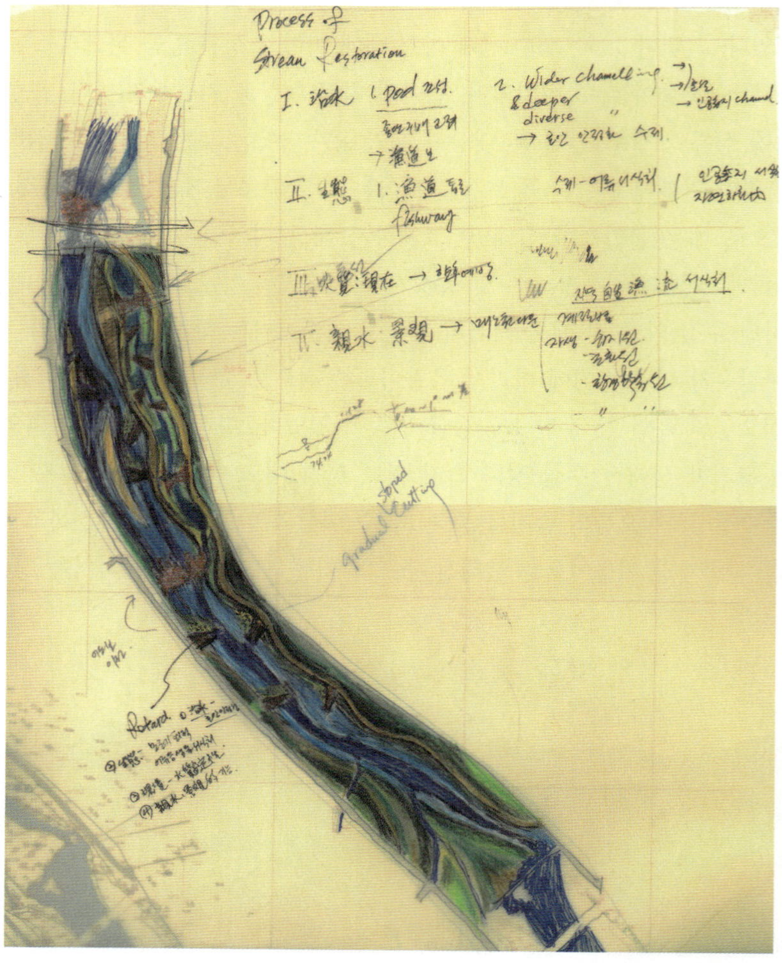

그림 8.5 | 생태하천 복원을 위해 생태·환경공학적으로 기능과 효율이 검증된 생태적수질정화비오톱(SSB)를 적용한 매노천 생태 하천 에코디자인(© 변찬우, 2013).

그림 8.6 | 하천 홍수터에 많은 흙이 쌓인 후 잡풀이 우거져서 하천의 좌안에 간헐적인 수로 외에는 물 흐름이 거의 없는 황량한 상태의 매노천 복원 전 현황의 위성사진(2011).

그림 8.7 | 에코디자인과 생태공학적 접근을 통한, 생태적수질정화비오톱(SSB)을 조성하여 창출된 다양한 생물 서식처가 된 매노천 복원 후의 위성사진(2015). 농업용 보인 하류쪽에 쌓인 하천 홍수터 흙은 모두 절토하고 침전지, 습자·연못, 침강지를 조성하여 하천 통수능을 넓혀주고 지속적인 하천 비점유지용수를 생태공학적으로 복원함.

그림 8.8 | **생태적수질정화비오톱 시스템을 통한 복원 시공 직후 조성된 배후 습지 전경**(2014).

그림 8.9 | **생태적수질정화비오톱 시스템을 통해 복원된 하천의 물길.** 생물에게 뿐만 아니라 지역민들에게도 가장 사랑받는 명소로 탈바꿈 되었다(2015).

치수·이수를 보장하는 범위 내에서 계획, 설계 및 복원 시공을 통합적인 모니터링을 통해 시행하였다.

■ 생태 모니터링

매노천 생태하천 복원을 위한 Fish-Way 및 생태적수질정화비오톱의 생태 복원 효과를 분석하기 위해서 복원 공사 착공 전(2013년 11월), 복원 공사 준공 직후(2014년 4월), 복원 공사 6개월 후(2014년 9월) 등 총 3회에 걸쳐 모니터링을 시행하였다. 각 분류군별 서식 환경 및 반경, 조사 방법을 고려하여 대상지를 중심으로 그림 8.10의 습지 조성 지점(B-w)과 하천의 상류 지점(B-us), 하류 지점(B-ds), 어도 지점(B-fw) 등에 대한 현장 조사를 시행하였다(Ministry of Environment 2002).

① 포유류

조사 지역의 포유류는 직접관찰 방법(성체목측)과 야생동물의 서식이나 이동 흔적을 찾는 간접조사 방법(굴 흔적, 족적, 사체, 먹이 섭식 흔적, 배설물, 은신처, 털) 등을 분석하여 서식종을 판단하였다.

② 양서·파충류

양서·파충류의 생태 특성을 고려하여 파충류의 경우, 초지, 하천 주변, 돌 밑 등

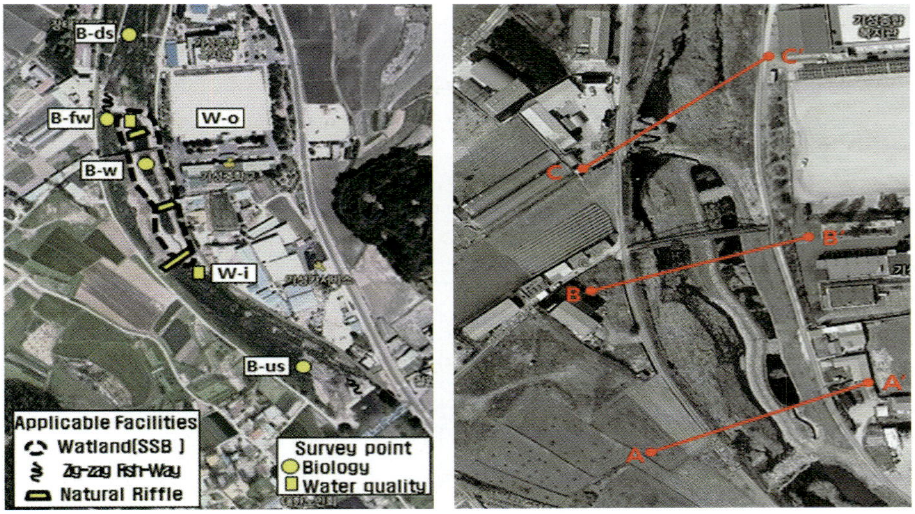

그림 8.10 | 생태 모니터링 조사 지점(좌)과 대상지 식생 조사 지점(우).

을 확인하였고, 양서류는 습지와 저수로, 주변의 웅덩이, 경작지 등을 조사하였다.

③ 어류

담수어류의 채집은 족대(망목 3 mm × 3 mm, 4 mm × 4 mm), 투망(망목 10 mm × 10 mm) 등을 이용하여 채집하였고, 채집한 어류는 동정, 촬영, 개체 수 확인 후 방류하였다.

④ 식물상

식물상은 하천 구역 및 습지 조성 지역을 도보로 이동하면서 조사하여 종을 동정하였으며, 식재에 의한 식재종과 자연 정착에 의한 침입종 등 수질 정화 등에 기여하는 정수 식물류의 서식 여부를 모니터링하였다.

⑤ 식생

식생은 2015년에 생태하천 복원 공사 후 수변 식물 군락의 안정적 형성 여부를 파악하고자 연구 대상 지역에서 그림 8.9와 같이 3개소를 선정하여 하천 단면의 식물 군락 분포 현황을 조사하였다.

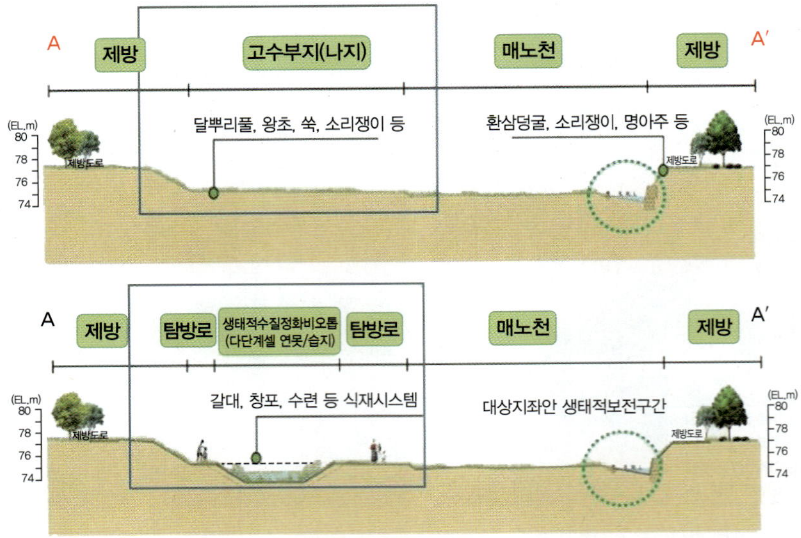

그림 8.11 | 매노천 생태하천 구간 생태적수질정화비오톱 및 생태하천 복원 전(위), 후(아래) 단면도.

■ 수질 모니터링

매노천 생태적수질정화비오톱의 수질 처리 효과를 분석하기 위해서 그림 8.10(좌)에 제시된 습지의 유입부(W-i)와 유출부(W-o)를 채수 지점으로 선정해서 정화 효과를 분석하였다. 수질 분석을 위한 샘플링은 모니터링을 통해 2013년 10월, 12월, 2014년 6월, 9월에 걸쳐 총 6회 조사하였고, 수처리 효과를 분석하기 위해서 주요 수질 측정 항목인 BOD5, T-N, T-P 등을 수질오염공정 시험기준에 따라 분석하였다(Ministry of Environment 2012).

생태적수질정화비오톱 및 Fish-Way의 구조와 기능

생태적수질정화비오톱(SSB)은 자연수면형 인공습지로서 다양한 특허들로 구성되어 있고, 환경신기술(제258호)로 수처리 효율과 생태복원 기능이 검증되었다(Byeon 2006; 2010a). 생태적수질정화비오톱의 구조는 침강지(forbay Retention)와 습지(wetland), 연못(pond)이 반복되는 다단계 셀(multi-cell) 및 침전지(micropool-Retention)로 이루어진다(Byeon 2006; 2010a). 본 연구 대상지와 같이 생태적으로 교란된 하천의 경우도 맞춤형 설계로 적용될 경우 자유수면형 습지에서 도출될 수 있는 고효율의 생태계 복원 기능과 수질처리 효율이 창출·복원될 수 있다(Byeon 2010a; 2010b; 2012).

일반적인 어도가 대부분 콘크리트 구조물로 형성된 것과 달리, Zigzag 형태 Fish-Way는 기존 보의 기능을 유지시키면서 보의 일부분에 어류의 이동이 가능하도록 경사로를 형성한다. 자연 재료인 돌을 활용하여 매노천 현장 여건에 최적의 형상으로 설계한 생태공학적 구조물이다.

자연형 어도여울(산발식 어도여울: Sustainable Structured Fish-Way)은 대상 하천의 장소적 특성(site-specific)에 맞게 설계·시공됨으로써 보나 여울·소의 기능을 충족시키면서 이수·치수적, 생태적, 경관적으로 향상시킨 생태공학적 시설물이다(그림 8.12, 13). 전면부에 보에 의한 소(pool)를 조성하여 생태계 안정성 보장을 위한 갈수기 유지 용수 확보와 홍수 발생시 하천의 구조적 안정성을 강화하기 위한 구조로 되어 있다. 본 자연형 어도여울의 경우 접촉 산화법, 폭기 작용을 활용한 수질 환경 개선 및 갈수기에도 저서성 어류의 통로를 위한 생태적 연결성, 소생물 서식처를 확보하였다. 또한, 하천 구조에 맞춰 다양한 규격의 자연재료를 활용하였기에 경관성이 뛰어난 하천이다.

통합관리를 통한 계획·설계·복원 시공 및 모니터링 과정

통합관리 구축

통합관리(integrated management)는 생태 복원 목표를 고려하여 계획부터 설계, 시공까지 모니터링하여 필요한 생태·환경공학적 지식과 기술을 통합적으로 진행하는 것이다(Byeon 2010b, c; 2012; 2014). 따라서 전통적인 건설 방식에서는 단절된 계획, 설계, 시공, 유지관리, 모니터링 등의 단계를 통합적으로 연계하여, 시공 과정에서도 개별 현장의 생태적 변화 과정에 순응적으로 대처하면서 통합적으로 관리하였다.

즉, 자연 스스로가 대상지의 주변 환경과 동화되어 적응하게 하는 순응 관리를 시행하고, 현장에서 발생되는 다양한 환경 변화(강우, 유량, 수질, 생물상 등)에 대응하여 시간적, 공간적 여건에 따라 생태공학적 측면의 공정, 공종 등을 조정하면서 공사를 통합적으로 시행하였다. 이는 생태공학 시스템으로 개발한 특허들을 상업적 목적으로만 활용함을 지양하고, 모니터링을 목적으로 통합관리의 수단으로 활용함으로써 성공적인 통합관리가 될 수 있었다(Byeon 2012).

계획 및 설계 과정

본 연구 대상지인 매노천의 생태공학 및 환경공학적 접근으로 체류 시간, 겨울철 처리효율, 식재 밀도, 토양 등을 철저히 고려하여, 홍수터 퇴적부에 생태습지 조성과 하도내 보를 개선하는 계획을 수립하였다. 주요 복원 대상지의 생태하천 복원 계획은 생태적수질정화비오톱 구역, 자연형 어도여울 구역과 생태하천 복원 구역, 기존 하천 보전 구역으로 구분하였다.

Zigzag 형태의 Fish-Way는 하천 설계 기준에서 제시하는 어도의 설계 기준(경사 1/20 이하, 수심 0.2 m 이상, 유속 0.5 m/s~1.0 m/s)로 제시하고 있는 내용을 준수하여 설계 및 시공하였다. 그림 8.12와 같이 보의 상단 표고 El. 73.73 m, 하단 표고 El. 71.44 m로 단차가 2.29 m이므로 1/20 경사에 의한 어도 설치시 연장 45.8 m의 장대 어도를 조성하여야 하나, 현지 여건상 실제 조성하고자 하는 어도의 위치 조건은 기존 설치되어 있는 어도와 같은 약 21 m 정도였다. 이러한 현지의 한계 조건을 극복하여 현장을 생태공학적 접근 방식에 의한 Zigzag 형태의 어도를 설계해서 어도내 수로 연장을 49 m로 함으로써, 1/20보다 완만한 경사의 어도를 시공하였다.

하천 생태 네트워크를 보장하기 위한 Fish-Way의 일반적 기준이 되는 재현성(再現性) 높은 부분은 국가적으로 공인된 자연형 어도여울[산발식 어도여울; 특허 제10-0839660호(자연형 어도보를 갖는 하천)]을 설치하여 생태 하천으로 복원 설계를 진행하였다.

한편 생태적으로 지속가능하고, 높은 수처리 효율이 도출되는 생태적수질정화비오톱(SSB) 시스템을 도입하여 습지를 조성하였다. 하천 우안 홍수터의 상습 침사 퇴적 지역에 습지 면적 1,800 m^2(부지 면적 10,000 m^2), 체류시간 약 14.6 hr(0.6 day) 규모의 생태적수질정화비오톱 시스템을 현지 맞춤형 설계를 통해 조성하였다. 표 8.1과 같이

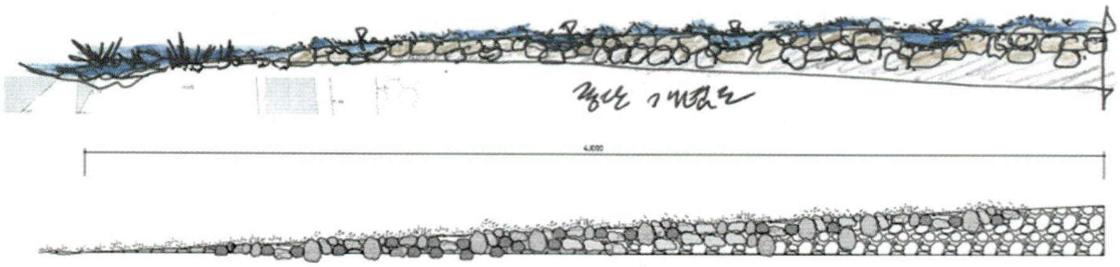

그림 8.12 | 매노천 Fish-Way 종단 에코디자인(© 변찬우, 2014).

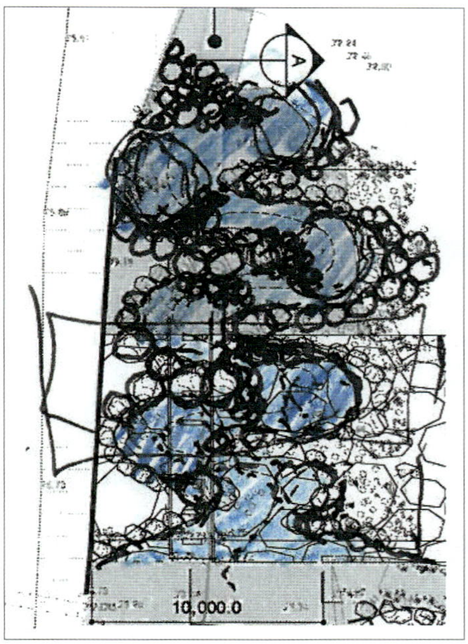

그림 8.13 | 매노천 Fish-Way 에코디자인(© 변찬우, 2014).

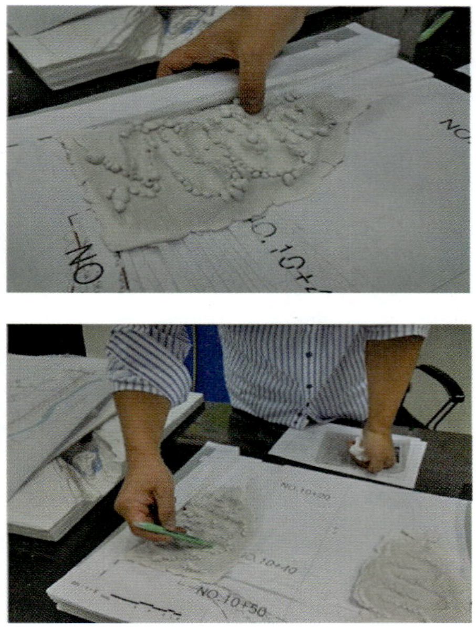

그림 8.14 | Zigzag 형태 어도의 설계 및 모형 제작 과정(© 변찬우, 특허 제10-0839660).

표 8.1 다단계 셀 체류 시간

분류	용량(m^2)	체류 시간(hr)	유량(m/hr)	수심 (m)
침강 저류지	409	4.6	9.9	0.6
습지/연못	1,145	7.7	14.9	0.2~0.8
침전지	242	2.3	10.4	0.6

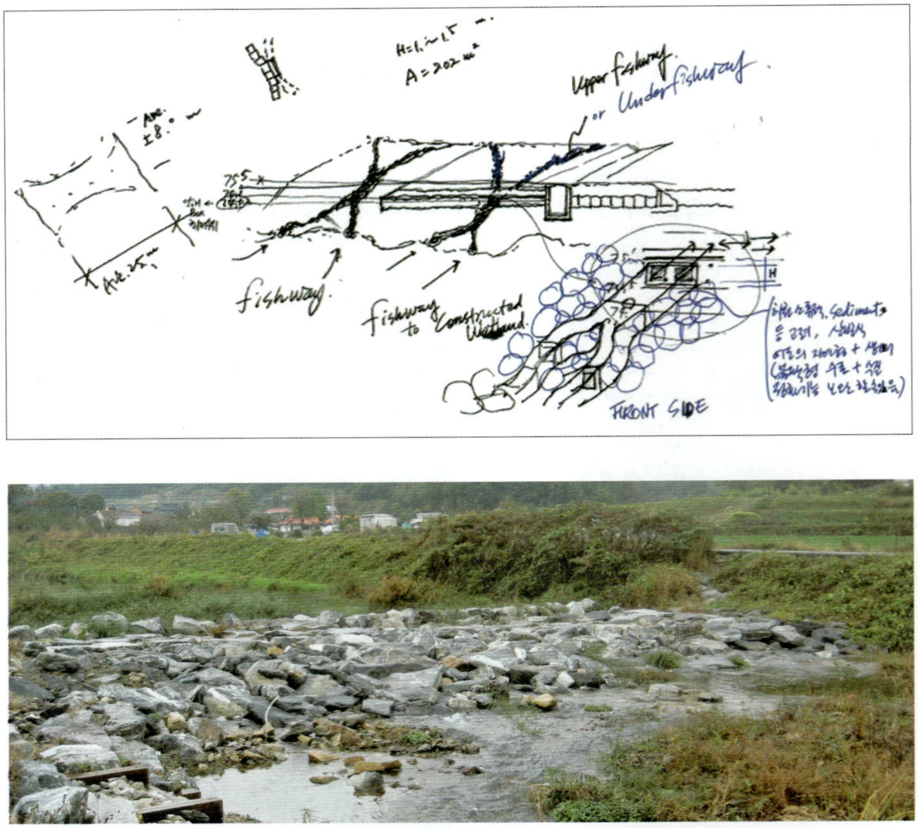

그림 8.15 | **산발식 어도여울 에코디자인 및 조성 후 전경**(© 변찬우, 2016).

본 시스템의 다단계 셀 구성은 침강 저류지(forebay), 습지/연못(wetland/pond), 침전지(micropool) 등 크게 3개의 영역으로 나뉘며, 각각의 체류 시간은 4.6 hr, 7.7 hr, 2.3 hr로 설계하였다.

시계열적 생태환경 복원 시공 과정

2013년에 생태 습지와 Zigzag 형태 Fish-Way를 조성하고, 2014년 이후에 생태하천 복원 공사와 Fish-Way(자연형 어도여울)를 중심으로 생태환경 복원 시공을 수행하였다. 복원 시공 중 현장의 수질, 수위, 토양, 동식물상 등 생태공학·환경공학적인 요소의 변화를 모니터링하면서 복원 공사를 시행하였다. 특히 통합관리 방식으로

그림 8.16 | 매노천 자연형 어도여울 구간 홍수기 전경(2016).

그림 8.17 | 매노천 자연형 어도여울 구간 홍수 후 전경(2017).

모니터링 과정을 통하여 복원 시공 중에도, 특히 하천의 수리·수문적 변화를 고려한 미지형, 수생태, 수질 환경 등의 자연 형성 과정(natural process)를 반영해서, 최적의 복원이 되도록 지속적으로 습지와 Zigzag 형태 Fish-Way 및 자연형 어도여울의 구조 및 형태를 모니터링하여 조정하였다.

또한 Zigzag 형태 Fish-Way는 2017년까지 3개년 동안 홍수기를 거쳤음에도 어도의 퇴적, 봉쇄 등으로 인한 어도 기능 상실이 나타나지 않아 수리적으로 안정성이 확보된 상태이다(그림 8.17). 어도 관리는 해당 시설물의 관리기관에서 하천시설물 유지관리시 전체적인 유지관리를 시행하도록 하였다.

그 결과 기존에 망초, 쑥, 소리쟁이 등이 무성한 퇴사지였던 곳이 복원 시공 이후 맑은 물 확보를 통해 달뿌리풀, 창포, 수련 등 다양한 수생식물이 자리잡고 참종개, 수달 등 자생종들이 서식하는 주요 생태환경 거점으로 탈바꿈하였다. 2014년 이후 기존 퇴사부 현황을 고려하여 하천 중심을 흘렀던 중심 수로를 창출적으로 복원하였다. 또한, 기존 하천 흐름을 보전하면서 여울, 소 등을 활용하여 하천 흐름 및 통수를 원활히 하고, 수질 및 생태계를 개선하였다.

공사 중 및 공사 직후 시운전 및 모니터링 수행을 통해 생태적수질정화 습지가 안정적으로 운영되도록 유지관리 측면의 유입 수위, 유량 등에 대한 시설물의 보완을 시행하였다. 이러한 과정을 통해서 생태적, 환경공학적 측면의 생물종 서식환경 형성과 안정적 수환경 개선이 이루어질 수 있도록 조정하고 통합관리를 시행하였다.

생태환경 및 수질환경 모니터링 결과 및 고찰

동물상

■ 목표종 복원인 어류

복원 전·후 현지 조사시 조사지역에서 관찰되는 어류를 표 8.2와 같이 매노천 생태적수질정화비오톱 복원 구역과 Fish-Way(Zigzag 형태 Fish-Way, 자연형 어도여울)가 조성된 하천 구역으로 구분해서 조사하였다. 그 결과, 매노천 생태적수질정화비오톱 구역의 경우, 공사 착공시 습지 예상 구간에서 어류는 확인되지 않았고, 복원 후 조사에서 총 11종 191개체가 조사되었다. 특히 복원 후 6개월 경과 시점의 조사 결과 습지의 대부분 지역(침강지, 습지/연못, 침전지 등)에서 다양한 종의 담수어류가 서식하는 것으로 조사되었다. 또한 표 8.2에서 보는 바와 같이, 하천 구역에서도 복원 시공 이전보다 총출현 개체수가 90개체에서 142개체로 증가되었다. 생물의 상하류 연속성 확보를 위해 조성된 Zigzag 형태 Fish-Way 및 자연형 어도여울에서 다양한 어류들의 이동과 창출적 복원이 증명된 것이다.

돌마자(Microphysogobio yaluensis)는 본 연구와 관련한 복원 사업의 복원 목표종으로써 2010년 하천기본계획 수립시 탐문 조사에서 서식하고 있던 것으로 기록되고 있으나(Daejeon Metropolitan City, 2011), 복원 사업 시행 전(2013. 3) 현장 조사에서는 서식이 확인되지 않았다. 이는 농촌형 비점오염원과 단절된 생태 통로 부재가 주된 원인이었다. 또한 복원 사업 공사 착공시 및 복원 직후에도 서식이 확인되지 않았다. 하지만 복원 사업 완료 6개월 후 매노천 본류와 생태적수질정화비오톱 구역에서 돌마자와 참종개 등이 발견됨으로써 목표종의 미소서식처가 성공적으로 조성된 것으로 확인되었다.

이번 연구에서 Zigzag 형태 Fish-Way를 이용하는 어류의 이동성에 대한 조사는 이루어지지 않았다. 하지만 Fish-Way 지점을 비롯한 전체적인 하천 구간과 습지 조성 구역에 대한 조사를 시행하여, 돌마자, 참종개의 미소서식처 비오톱의 창출 여부를 모니터링하였다. 향후 Fish-Way 어류 이용 현황에 대한 추가 조사를 하는 것이 바람직할 것으로 판단된다.

표 8.2 매노천 생태적수질정화비오톱의 어류 조사 결과

No.	과 (Family)	종명(Species)		2010	2013.3	공사 착공 (2013.11)		복원 직후 (2014.4)		복원 후 6개월 (2014.9)					비고
		학명	국명			매노천 중류	습지 (침강지 습지/연못 침전지)	매노천 중류	SSB	매노천 중류 Fish Way	매노천 중류 상류	매노천 중류 하류	매노천 중류 합계	SSB	
1	잉어과 (Cyprinidae)	*Pseudorasbora parva*	참붕어			8					2		2		
2		*Carassius auratus*	붕어	○	1	5	1					4	4		
3		*Acheilognathus lanceolatus*	납자루	○											
4		*Pseudogobio esocinus*	모래무지	○	12	4				3	6		9	22	
5		*Hemibarbus longirostris*	참마자		9	1								3	
6		*Pungtungia herzi*	돌고기	○	23	13		13	4		7	14	21	19	
7		*Squalidus gracilis majimae*	긴몰개	○	14										
8		*Microphysogobio yaluensis*	돌마자	○						6			6	52	특
9		*Rhynchocypris oxycephalus*	버들치			4			2	4			4	5	
10		*Zacco koreanus*	참갈겨니		78	27		42	8	22	14	25	61	37	특
11		*Zacco temminckii*	갈겨니	○	23										
12		*Zacco platypus*	피라미	○	24	9		10				7	7	15	
13	미꾸라지과 (Cobitidae)	*Misgurnus anguillicaudatus*	미꾸리		1	1								1	
14		*Iksookimia koreensis*	참종개	○	13	3		1			4		4	14	특
15	동자개과 (Bagridae)	*Pseudobagrus koreanus*	눈동자개		3	3				1			1		특
16	동사리과 (Odontobuti-dae)	*Odontobutis platycephala*	동사리	○	7	4						2	2	1	특
17	검정우럭과 Centrarchidae)	*Micropterus salmoides*	큰입우럭										9		외,교
18	망둑어과 (Gobiidae)	*Rhinogobius brunneus*	밀어		4	7		2		4	3	5	12	8	
총계		종 명				13		6	3	13				11	
		개체수				90		68	14	142				177	

주 1) 특: 한반도 고유종(특산종), 외: 외래종

주 2) 교:"생물다양성보전 · 이용에 관한법률" 제23조(환경부고시 2013-12호) 환경부 지정 생태계 교란 생물

주 3) 2010년 조사는 매노천 하천기본계획에 수록된 자료로써 당시 탐문 조사된 내용임. (Daejeon Metropolitan City, 2011, Maeno stream · Seongjeon stream · Samseong stream River basics plan)

주 4) 2013.3 조사는 공사 착공 전 실시설계시 조사된 내용임.

주 5) 2014.9 조사는 (Daejeon seogu, 2014.09, Ecological river Fish-Way Restoration business(Secondary) Restoration construction monitoring report, p.106)에 수록된 내용임.

그림 8.18 | 매노천 어류 현황(왼쪽 위부터 참종개, 버들치, 참갈겨니, 돌마자).

■ 양서 · 파충류

양서·파충류 모니터링 결과, 복원 전후 관찰된 양서류는 표 8.3과 같이 공사 착공 시(2013.11) 양서류는 1과 2종이 조사되었고, 복원 후(2014. 4 및 2014. 9) 조사에서 참

표 8.3 매노천 생태적수질정화비오톱의 양서 · 파충류 조사 결과

No.	과(Family)	종명(Species)		공사 착공 (2013.11)		복원 직후 (2014.4)	복원 후 6개월 (2014.9)	비고
		학명	국명	매노천 중류	습지 (침강지, 습지/연못, 침전지)			
1	개구리과 (Ranidae)	*Rana nigromaculata*	참개구리				성체	
2		*Rana rugosa*	옴개구리	성체		성체	성체, 올챙이	
3		*Rana temporaria dybowskii*	북방산 개구리	성체				
4	뱀과 (Colubridae)	*Rhabdophis tigrinus lateralis*	유혈목이				성체	
총 계종명		과(Families)		1		1	2	
		종명(Species)		2		1	3	

개구리, 옴개구리 등 양서류 2종과 파충류 1종이 각각 조사되었다. 1, 2차 조사 기간 모두 비교적 기온이 낮은 시기로써, 변온동물의 생태 특성상 활동성이 낮아 옴개구리, 북방산개구리 2종이 조사되었지만 많은 개체가 확인되지는 않았다. 그러나 3차(2014. 9) 조사 시기에는 양서류의 활동성이 높은 시기로 다수의 참개구리가 생태적수질정화비오톱 등 창출·복원된 습지를 중심으로 그 주변 지역까지 폭넓게 서식하는 것이 확인되었다.

■ 포유류

포유류의 모니터링 결과, 복원 전후 관찰된 포유류는 표 8.4와 같이 1차 조사(복원 전)에서 4과 4종, 2차, 3차(복원 후) 4과 4종으로 종수는 동일하나 복원 전에 관찰되었던 생쥐가 복원 후에는 관찰되지 않았고, 추가로 야생화된 고양이의 서식이 확인되었다. 한편 복원 후 매노천을 따라 이동하는 수달, 고라니, 너구리 등이 습지를 활동 영역으로 이용하는 것으로 조사되었다. 또한 2013년 1차 조사에서 매노천 수변부에서 확인된 수달(환경부 지정 멸종위기 야생생물 I 급, 천연기념물 제330호)이 2014년

표 8.4 매노천 생태적수질정화비오톱의 포유류 조사 결과

No.	과(Family)	종명(Species)		공사 착공(2013.11)		복원 직후 (2014.4)	복원 후 6개월 (2014.9)	비고
		학명	국명	매노천 중류	습지 (침강지, 습지/연못, 침전지)			
1	개과 (Canidae)	*Nyctereutes procyonoides koreensis*	너구리	족적	족적	족적	족적	
2	족제비과 (Mustelidae)	*Lutra lutra lutra*	수달	배설물		배설물	배설물	천,멸
3	고양이과 (Felidae)	*Felis catus*	고양이			watch	watch	
4	사슴과 (Cervidae)	*Hydropotes inermis argynopus*	고라니	족적	배설물	족적, 배설물	족적, 배설물	
5	쥐과 (Muridae)	*Musmusculus yamashinai*	생쥐	육안				
총 계		과(Families)		4		4	4	
		종명(Species)		4		4	4	

2~3차 조사 결과, 습지내 바위와 Fish-Way 주변에서 수달의 배설물이 생태적수질정화비오톱 습지를 거점으로 확인되었다. 특히, 수달의 먹이원이 되는 어류가 유입되었고 서식 환경이 안정화되면서 수달의 휴식 및 먹이 공급처로 이용되는 것으로 분석된다.

식물상 및 식생

■ 식물상

표 8.5와 같이 생태적수질정화비오톱 및 생태하천 복원 지역내 식재종과 유입종을 조사하였다. 식물상의 경우 복원 전후 모니터링 결과를 분석하였다. 현장 조사 결과 조사지역에 출현하는 관속식물은 1차 복원 전(2013. 11) 7과 13종, 2차 복원 직후(2014. 4) 15과 19종, 3차 복원 후(2014. 9) 22과 33종으로 조사되었고, 법정보호종은 확인되지 않았다. 대상지내 생태적수질정화비오톱을 중심으로 복원된 식재종인 갈대, 부들, 줄, 노랑꽃창포 등이 우점하며, 초장이 거의 1.5 m 이상으로 생육 상태가 양호하고 뿌리 활착률도 높아 적응도가 높은 상태였다. 유입종은 주로 식재된 정수식물인 고마리, 달뿌리풀 군락 등이 우점하고 있다.

■ 식생

연구 대상지는 복원 이전 만곡부에 반복적이고 연속적인 토사 퇴적에 의해 고수부로 형성된 지역이며, 식생 군락은 주로 제방부의 환삼덩굴로 단순한 식생이며, 고수부지의 경작 활동으로 자연 식생 군락이 빈약하여 생물 서식 공간으로서의 기능을 다하지 못한 상태였다.

생태적수질정화비오톱 복원 이후 식생 군락의 분포를 확인한 결과, 식재 시스템의 식재 의도대로 습지에 산소를 공급하는 통기 조직을 가지고 있는 정수 식물인 달뿌리풀, 부들, 창포, 연꽃 등이 군락을 이루어 우점하고 있다. 특히 이는 하천의 종다양성에 지대한 역할을 미치는 기초 생산자로서 하천 배후습지 생육의 안정적 기반 형성은 물론, 비점오염원 수질 정화 기능에 큰 회복력을 부여하고 있었다.

▲ 노란꽃창포

▲ 수련

▲ 갈대

▲ 줄

▲ 기생초

▲ 산괴불주머니

▲ 수련

▲ 수염패랭이꽃

그림 8.19 | 매노천 생태적수질정화비오톱 식물상 조사결과.

표 8.5 매노천 생태적수질정화비오톱의 식생 조사

No.	과(Family)	종명(Species)		공사 착공 (2013.11)		복원 직후 (2014.04)		복원 후 6개월(2014.09)	
		학명	국명	식재종	침입 수종	식재종	침입 수종	식재종	침입 수종
1	벼과(Gramineae)	*Phragmites communis*	갈대			◎		◎	
2		*Zizania latifolia*	줄			◎		◎	
3	붓꽃과(Iridaceae)	*Iris pseudoacorus L.*	노란꽃창포			◎		◎	
4		*ris ensata var. spontanea*	꽃창포			◎		◎	
5	조름나물과 (Menyanthaceae)	*Nymphoides peltata*	노랑어리연꽃			◎		◎	
6	부들과 (Typhaceae)	*Typha orientalis*	부들			◎		◎	
7		*Typha angustata*	애기부들			◎		◎	
8	수련과 (Nymphaeaceae)	*Nymphaea tetragona*	수련			◎		◎	
9	마디풀과 (Polygonaceae)	*Persicaria thunbergii*	고마리			◎		◎	
10	사초과 (Cyperaceae)	*Scirpus triqueter*	세모고랭이			◎		◎	
11	벼과(Gramineae)	*Phragmites japonica*	달뿌리풀		◎		◎		◎
12	은행나무과 (Ginkgophyta)	*Ginkgo biloba*	은행나무				◎		◎
13	꿀풀과(Labiatae)	*Leonurus sibiricus*	익모초				◎		◎
14		*Orthodon punctulatum*	들깨풀						◎
15	국화과 (Asteraceae)	*Erigeron annuus*	개망초		◎		◎		◎
16		*Erigeron canadensis L*	망초		◎				
17		*Tagetes patula*	메리골드				◎		◎
18		*Artemisia princeps var. orientalis*	쑥		◎		◎		◎
19		*Tagetes erecta*	천수국						◎
20		*Cosmos bipinnatus*	코스모스						◎
21		*Bidens bipinnata*	도깨비바늘		◎				◎
22		*Bidens frondosa*	미국가막사리		◎				
23		*Ambrosia artemisiifolia*	돼지풀		◎				
24		*Lactuca indica*	왕고들빼기						◎

No.	과(Family)	종명(Species)		공사 착공 (2013.11)		복원 직후 (2014.04)		복원 후 6개월(2014.09)	
		학명	국명	식재종	침입수종	식재종	침입수종	식재종	침입수종
25	콩과(Fabaceae)	*Pueraria thunbergiana*	칡		◎		◎		◎
26		*Trifolium pratense*	붉은토끼풀						◎
27	속새과 (Equisetaceae)	*Equisetum arvense*	쇠뜨기		◎		◎		◎
28	비름과 (Amaranthaceae)	*Chenopodium album*	명아주		◎				
29	삼과 (Cannabaceae)	*Humulus japonicus*	환삼덩굴		◎		◎		◎
30	마디풀과 (Polygonaceae)	*Persicaria thunbergii*	고마리		◎				
31		*Rumex crispus*	소리쟁이		◎				
32		*Polygonum longisetum*	개여뀌						◎
33	마디풀과 (Primulaceae)	*Trientails europaea L.*	참기생꽃						◎
34	메꽃과 (Convolvulaceae)	*Ipomoea nil*	나팔꽃						◎
35	닭의장풀과 (Commelinaceae)	*Commelina communis*	닭의장풀						◎
36	비름과 (Amaranthaceae)	*Chenopodium album var. centrorubrum*	명아주						◎
37	봉선화과 (Balsaminaceae)	*Impatiens balsamina*	봉선화						◎
38	화본과(Poaceae)	*Pennisetum alopecuroides*	수크령						◎
39		*Arthraxon hispidus*	조개풀						◎
총 계		과(Families)			7	8	7	8	14
		종명(Species)			13	10	9	10	23

st.1 지점은 그림 8.20과 같이 달뿌리풀 군락이 우점하고 있고, 유로를 따라 개방수역이 형성되어 있으며, 제방사면은 주기적으로 하천 범람의 영향을 받는 단경혼생초지가 형성되어 있다.

st.2 지점은 그림 8.21과 같이 인공습지가 조성된 구간으로 기존에 형성되어 있던 좌안의 유로를 따라 달뿌리풀 군락과 달뿌리풀-환삼덩굴-쑥이 우점하는 혼생 군락

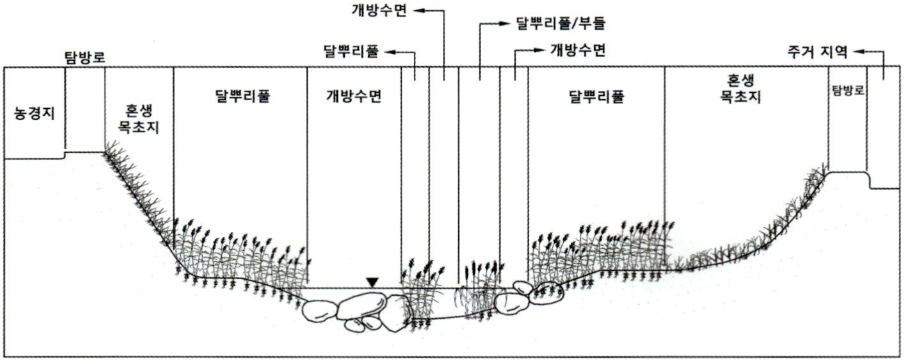

그림 8.20 | 복원 후 식생단면도(st.1 A-A').

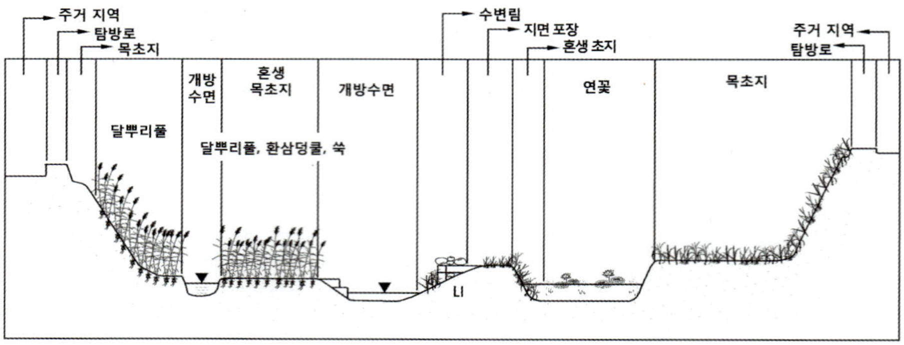

그림 8.21 | 복원 후 식생단면도(st.2 B-B').

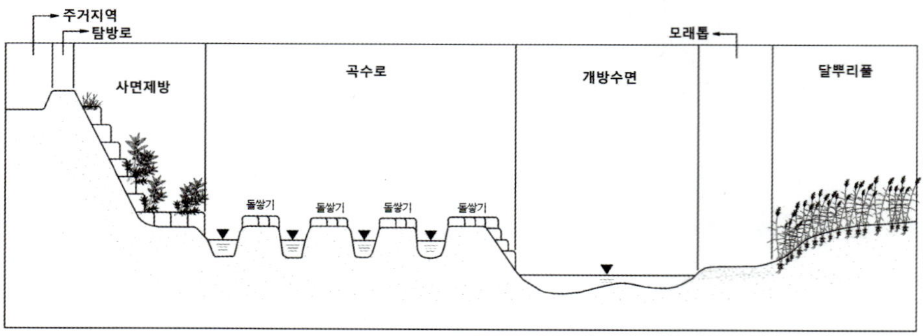

그림 8.22 | 복원 후 식생단면도(st.3 C-C').

이 분포하고 있다. 또한 인공습지 호안부는 줄, 창포류, 부들 등의 수변식생 군락이 형성되어 있으며, 습지 내부 수련과 검정말과 같은 수생식물이 밀생하고 있어 수생동물의 서식지를 제공하고 있다.

st.3 지점은 곡류 형태의 완경사의 수로로 하상은 큰돌 등을 이용하여 여울이 형성되어 물속에 산소의 공급을 원활히 하고, 그림 8.22와 같이 수로 끝 지점에 형성된 정체 수역의 개방 수면의 유속을 자연적으로 조절하여 수변부를 따라 달뿌리풀 군락이 발달하였고, Salix류가 점상의 형태로 분포하고 있다. 또한 곡류형 수로는 물의 흐름을 다양하게 하여 공기와의 접촉 단면적을 증가시키는 기능을 수행하고 있다.

수질

매노천은 계절별 유량 차이가 크고 수질 오염의 정도가 심한 지방하천으로써 일시적으로 유입되는 비점오염원은 어류 생태계 등의 제한 요인(limiting factor)이다. 유입수로에서 생태적수질정화비오톱 시스템으로 유입된 BOD 농도 범위와 평균 농도는 각각 1.2 mg/L~120 mg/L(23.8 mg/L), T-N 농도 범위와 평균 농도는 각각 1.470 mg/L~12.388 mg/L(4.911 mg/L), T-P 농도 범위와 평균 농도는 각각 0.020 mg/L~5.319 mg/L(1.152 mg/L)로 측정되었다.

매노천의 수질은 BOD 기준으로 수질 1b등급에서 6등급 사이로 조사시기 별로 수질 변화가 심한 것이 특징이다. 특히 2013년 12월 23일에는 유입 수질 농도가 비정상적으로 높은 것은 해당 조사 시기에 일시적으로 고농도의 오염원이 유입된 것으로 판단되었다.

매노천의 점·비점오염원을 내포한 평수량에 대한 매노천 생태적수질정화비오톱의 처리효율은 BOD의 경우 평균 유입 농도가 23.8 mg/L, 평균 유출 농도가 1.2 mg/L로 처리효율의 평균치는 64.3%를 보였다. 또한 T-N은 평균 유입 농도가 4.911 mg/L,평균 유출 농도가 2.070 mg/L로 처리효율 평균치는 47.2%을 보였고, T-P는 평균 유입 농도가 1.152 mg/L, 평균 유출 농도가 0.414 mg/L로 처리효율 평균치는 80.7%의 처리율을 보였다.

■ BOD

BOD 평균 제거효율은 64.3%이며, 조사기간 동안 제거효율은 2013년 12월 23일에 99.3%로 가장 높았고, 2013년 12월 16일에 25.0%로 가장 낮았다.

■ T-N

T-N 평균 제거효율은 47.2%이며, 조사기간 동안에는 2013년 12월 24일에 제거효율이 79.8%로 가장 높았으며, 2013년 12월 16일에는 유입 수질보다 유출 수질이 더 높게 나타나 시설물 초기에 습지내 침전되었던 오염 부하가 함께 유출된 것으로 추정되었다.

■ T-P

T-P 평균 제거효율은 80.7%이며, 조사기간 동안에는 2013년 12월 23일에 제거효율이 94.2%로 가장 높았으며, 조성 직후인 2013년 10월 31일 및 2013년 12월 16일에 유입 수질보다 유출 수질이 더 높게 나타나 시설물 초기에 습지내 침전되었던 오염 부하가 함께 유출된 것으로 분석된다.

매노천 생태적수질정화비오톱의 모니터링 결과, 시설물 설치 후 초기에는 T-N, T-P가 일시적으로 악화된 조사 결과도 나타났으나, 이후 안정적인 수질 처리효율을 보여 처리 습지가 안정화 단계로 가고 있음을 알 수 있었다.

결론

계획, 설계, 시공, 모니터링의 통합관리 시행을 통해 조성된 금강 수계 매노천 생태하천 복원을 위한 Fish-Way 및 인공습지의 생태환경 효과를 모니터링하였다. 통합관리를 통하여 계획, 설계시의 의도와 시공시 현장 여건의 변화에 적절하게 대응하는 등 선진 사례에서 언급된 순응관리를 한국적 상황에 맞게 시행함으로써 생태환경 복원의 목표를 달성할 수 있었다.

생태적수질정화비오톱 시스템과 Zigzag 형태 Fish-Way 및 자연형 어도여울 등이 적용된 대상지를 중심으로 시행한 생태하천 착공시(2013. 11), 복원 직후(2014. 4), 복원 6개월 후(2014. 9) 생태환경 변화에 관한 모니터링 결과는 다음과 같다. 우선, 어류의 경우 공사 착공시(2013. 11)에는 총 13종 90개체로써 대부분은 매노천 본류에서 관찰되고 습지 예정지에서는 관찰되지 않았다. 하지만 복원 직후(2014. 4)에는 생태적수질정화비오톱 습지에서 총 11종 191개체가 창출 복원된 것이 조사되었다. 특히 생태적수질정화비오톱 습지 지역에서 한국 특산종인 돌마자, 참종개 등 다양한 종의 담수어류가 높은 종 풍부도를 보임으로써 건전한 Fish-Way와 미소서식지가 창출된 것이 확인되었다. 특히 돌마자(Microphysogobio yaluensis)의 경우 본 연구와 관련한 복원 사업의 복원 목표종으로써 복원사업 시행 전, 복원공사 착공시 및 복원 직후에도 서식이 확인되지 않았다가, 복원사업 완료 6개월 후 매노천 본류와 생태적수질정화비오톱 구역에서 서식이 확인되었다. 맑은 물 지표종의 모니터링을 통해 생태적인 수질 정화 기능은 물론, 참마자, 참종개 등 목표종의 미소서식처 조성으로 생태환경 복원의 성공을 확인하였다. 양서류는 복원공사 착공시(2013.11) 조사에서 1과 2종이 조사되었고, 복원 6개월 후(2014. 9) 조사에서 양서류 1과 2종, 파충류 1과 1종이 각각 조사되었다. 특히 3차 복원 후 조사 시기에는 양서류의 활동성이 높은 시기로 습지와 주변에서 다수의 참개구리가 습지를 중심으로 서식하는 것으로 확인되었다. 복원 이후 포유류는 수달(환경부 지정 멸종위기 야생생물 1급, 천연기념물 제330호)을 포함한 고라니, 너구리 등 총 5과 5종이 서식하는 것으로 조사되었다. 식물상의 경우 조사지역에 출현하는 복원 공사 착공시(2013.11)에는 총 7과 13종, 복원 직후(2014. 4)에는 총 15과 19종, 복원 6개월 후(2014. 9)에는 총 22과 33종으로 증가되었다.

수질 모니터링 결과, 복원 전후 매노천의 점·비점오염원을 내포한 평수량에 대한 생태적수질정화비오톱의 처리효율은 BOD의 경우에 평균 유입 농도 23.8 mg/L, 평균 유출 농도 1.2 mg/L이며, 처리효율 평균 64.3%의 처리효율을 보였다. 또한 T-N은 평균 유입 농도 4.911 mg/L, 평균 유출 농도 2.070 mg/L로 처리효율 평균 47.2%을 보였고, T-P는 평균 유입 농도 1.152 mg/L, 평균 유출 농도 0.414 mg/L 평균 처리효율은 80.7%로 조사되었다. 2013년 12월 조성 직후부터 2014년 9월까지 높고 안정적인 수처리 효율을 보이고 있다. 결론적으로 생태적수질정화비오톱 복원을 통해 본 대상 지역은 일시적으로 유입되는 고농도의 농촌 비점오염원을 생태적으로 정화함과 동시에 과거 1, 2등급 수에서 서식하던 참종개, 돌마자, 참갈겨니, 동사리 등 다양한 담수어류의 서식 기반이 조성되고 생태적 수질 정화 습지를 기반으로 하는 미소서식처가 창출 복원된 것으로 모니터링되었다. 이상과 같이 생태환경적 복원이 가능한 것은 계획·설계-시공-유지관리의 통합 과정에서 현장 특성에 맞는 에코디자인을 수행한 것과, 홍수시 3 m/sec 이상의 유속에도 견딜 수 있는 생태공학적 접근 때문이다. 특히, 생태적수질정화비오톱 구간 상단에는 홍수기의 토사를 일시 완충할 수 있는 산발식 어도여울이 조성되어 복원 후 일시적인 홍수기에도 상습 퇴사가 방지되었다. 물과 흙과 돌과 습지식물, 생태계 모두가 대상지 특성(site-specific)에 맞게 설계, 시공되어 에너지 투입이 최소화되면서 치수적으로도 매우 안정적인 상태를 유지할 수 있었다.

참고문헌

Byeon C.W, "A Study on Constructed Wetland Ecological Park Design with Multiple-cell FWS Layout: focus on Structural Design of Sustainable Structured wetland Biotop(SSB) Park", Journal of the Korean Society for Environmental Restoration and Revegetation Technology, 9(5)(2006): 1-9. [Korean Literature]

Byeon C.W, "Water Purification and Ecological Restoration Effects of the Keumeo Stream Sustainable Structured wetland biotop (SSB) System Established on the Floodplain of Kyungan Stream", Journal of the Korean Society for Environmental Restoration and Revegetation Technology, 13(3)(2010a): 1-13. [Korean Literature]

Byeon C.W, Ecological River Restoration. Gyeonggi-do: Namudosi Publishers, 2010b.

Byeon C.W, "Water Quality Purification and Ecological Restoration Effects of Sustainable Structured wetland Biotope(SSB) System Established in the Habitat of the Endangered Species, Goldspotted Pond Frog: Examplified by An-teo Reservior Ecological Park", The Korea Society of Environmental Restoration Technology. 13(6)(2010c): 145-159. [Korean Literature]

Byeon C.W, "Ecological Restoration of the Rivers and Wetlands with Sustainable Structured Wetland biotop (SSB) System", KSCE Journal of Civil Engineering, 16(2)

(2012): 255-263. [Korean Literature]

Byeon C.W, "An Ecological Restoration of Treatment Wetland and Urban Upper Stream for Reusing Sewage Treatment Water: In the case of Sustainable Structured wetland Biotop system at Upper part of Jaemin stream in Gongju-si, Korea". Journal of the Korean Society for Environmental Restoration and Revegetation Technology. 17(5) (2014): 65-77. [Korean Literature]

Choi EA, Kim H, Park SY, Cho HJ, Lee SB, The Improvement Plan of Project Delivery Systems in the Public Construction Projects, Proceedings of the Korean Institute Of Construction Engineering and Management(2008); 509-512. [Korean Literature]

Daejeon Metropolitan City, Maeno stream·Seongjeon stream·Samseong stream River basics plan, 2011.

Ecological river restoration project technical guidebook; 2011, Chapter 6.5.1 Post-monitoring; p. 253-256.

Ecological river restoration project technical guidebook; 2014, Ministry of Environment Chapter 6.5.3 Post-monitoring; p. 353-366.

Gwangju Development Institute, A Study on the Maintenance and Management of Gwangju River, 2009, p. 129

Ji SH, Lee HS, Park MS, Song SH, "Improvement of Public Construction Delivery System & Award Method in Korea; Comparison with Cases of U.S., U.K., Japan", Proceedings of the Korean Institute Of Construction Engineering and Management, 2006, pp 367-372.[Korean Literature]

Kadlec R.H, & Knight R.L, Treatment wetlands, CRC Press/Lewis publishers. Florida, USA, 1996.

Kang S.H. & Kim W, "Integrated construction management plan for eco-friendly buildings", Construction Engineering and Management 14(3)(2013): 38-43. [Korean Literature]

Kim YD, Paek KO, Park MH, Ku YH, Fish-Way design standard, Water for Future 48(4) (2015): 65-73. [Korean Literature]

Korea Rural Community Corporation, National Fish-Way Information System in Korea, 2010. (http://www.fishway.go.kr)

Lee JH & Sung HC, "A Study on the Post-management and Improvement of Ecosystem Conservation Fund Return Projects", Journal of the Korea Society of Environmental Restoration Technology 16(.2)(2013): 1-12. [Korean Literature]

Ministry of Environment, Research on River Restoration Guideline, 2002, Chapter 7

Ministry of Environment, Environmental Standard for Water Quality, 2012.

Ministry of Homeland and Maritime Affairs, River design standard, Chapter 29 Fish-Way, 2009, p. 431-453.

Ministry of Homeland and Maritime Affairs, Dam design standard, Chapter 10 Attached hydraulic structure, 2011, p. 193

Mitsch W.J, Landscape design and the role of created, restored, and natural riparian wetlands in controlling nonpoint source pollution, In Olson R. K.(ed). Created and NaturalWetlands for controlling nonpoint source pollution, 1993.

United States Environmental Protection Agency (US EPA), Storm water technology fact sheet: storm water wetlands, Washington, D.C.: Office of Water. EPA 832-F-99-025, 1999.

Wiegleb G, Bröring U, Choi GW, Dahms HU, Kanongdate K, Byeon CW, Ler LG, "Ecological restoration as precaution and not as restitutional compensation", Biodiversity and Conservation 22(2013); 1931-1948

Yoon KC, On JK, Jang HS, "Status of construction and construction management in Japan", Construction Engineering and Management 16(4)(2015): 24-26. [Korean Literature]

09 생태계의 창출적 복원

국내 최초로 금개구리 서식처를 창출·복원한 안터저수지 생태공원 사례[1]

1 내용은 환경복원기술학회지에 실린 논문 "변찬우, 멸종위기종 서식처에 조성된 생태적 수질정화비오톱 시스템의 수질정화 및 생태복원 효과, 한국환경복원기술학회지, 2010"의 원전을 본 저서에 맞게 각색하였음.

개요

안터저수지는 환경부 멸종위기 야생동식물 2급인 금개구리가 서식하는 지역이지만, 주변 토지개발로 인해 수질 환경이 악화되어 생태계가 위협받았던 곳이다. 이곳의 수질환경을 생태적으로 개선하기 위해 생태적수질정화비오톱(SSB) 시스템을 적용하여 계획-설계-시공-유지관리를 통합적으로 시행하였다. 생태적수질정화비오톱 시스템을 적용한 생태환경 복원 이후 2009년 12월부터 2010년 8월까지 월별 BOD5, SS, T-N, T-P 유입 농도와 유출 농도를 측정하였다. 측정 결과, BOD5는 평균 유입 농도가 2.9 mg/L, 평균 유출 농도가 1.0 mg/L로 67%의 처리효율이 측정되었다. SS는 평균 유입 농도가 18.1 mg/L, 평균 유출 농도가 2.5 mg/L로 86%의 처리효율이 측정되었으며, T-N은 평균 유입 농도가 0.426 mg/L, 평균 유출 농도가 0.147 mg/L로 66%의 처리효율이 측정되었다. T-P는 평균 유입 농도가 0.071 mg/L, 평균 유출 농도가 0.022 mg/L로 68%의 처리효율이 측정되었다. 생태환경 모니터링 결과, 멸종위기종인 금개구리를 포함해서 양서·파충류 4와 7종이 확인되었으며, 침입수종 26종이 관찰되었지만 식재종이 우점종으로 조성되어 있어 군락을 형성하지 못하였다. 멸종위기종 야생동식물 2급으로 지정된 가시연꽃과 산림청 희귀 식충식물인 통발이 자생하였음이 확인되었다.

다만 복원에 성공한 후 특허권자(신시술자)가 유지관리했던 위의 시기 이후 부터, 지자체 관리를 통해 비전문적으로 유지관리가 수행되고 있는 현재에 이르기까지,

전문적인 유지관리에 대한 지속성이 결여되면서 금개구리 서식처 복원과 더불어 수처리 효율을 도출할 수 없는 현실이 안타깝다.

핵심 용어 : 생태적수질정화비오톱, 금개구리, 서식처 복원, 생태적 수질 정화

서론

최근 제한된 토지에서 과도한 개발과 고밀도화, 도시화가 이루어지면서, 생물 서식처가 단절 및 훼손되고, 저수지, 하천 등 수 공간으로의 비점오염원 유입이 계속되면서 생물종 및 개체 수가 급격히 감소되고 있다. 이에 비점오염원 등 오염물질의 제거뿐만 아니라 홍수 조절 능력, 경관적 가치, 야생 서식지로서의 역할을 하는 인공습지가 효과적인 비점오염원 관리기법 중 하나로 제시되고 있다(환경부, 2008). 이 중 자유수면형 인공습지를 생태공학적 접근을 통해 자연 습지와 유사하게 조성함으로써, 오염되고 훼손된 수환경에서 다양하게 적용되고 있다(Kadlec, 2009; Vymazal, 2010). 그간 국내에 맞는 자유수면형 인공습지의 성공사례가 거의 없었으나, 생태적수질정화비오톱 시스템이 개발되어 국내 환경 조건에 적합한 비점오염원 관리 및 생태 복원기법의 성공적 사례로서 다양한 적용 사례가 제시된 바 있다(변우일, 2006a; 2006b; Byeon, 2010; 변찬우, 2010a).

광명시의 안터저수지는 한때 도시민의 휴식을 위한 지역민의 근린공원으로 지정되어 단순한 휴식 공간으로 개발될 뻔했다. 하지만 환경부 법적 보호종이면서 멸종위기 야생동물 2급인 금개구리가 서식하고 있었고, 이에 따라 내륙 습지의 보전을 주장하는 환경단체와 많은 마찰을 빚으면서 공원 조성이 무기한 유예되었다. 그러는 동안 저수지 주변의 고물상, 쓰레기 매립물 투기, 불법 농경지 같은 비점오염원으로 인해 안터저수지의 수질 환경이 급격히 악화되었고, 금개구리의 서식 생태환경에 치명적인 문제가 발생하게 되었다(그림 9.1).

이에 따라 개정된 생태계보전협력금 반환 사업의 일환으로 생태공원 조성사업이 추진되었고, 생태적으로 수질 정화가 검증된 자유수면(free water surface)형 인공

그림 9.1 | 생태환경 복원 전, 생태환경적으로는 물론, 인간의 거주 환경으로도 열악한 당시의 현장 모습.

습지(constructed wetland)로 금개구리가 서식하는 습지 서식처를 확장하는 보전·복원 계획이 동시에 수립되었다. 그간 건설산업기본법(대한건설협회, 2005)에 의한 방법으로는 설계, 시공, 유지관리에 이르는 전체 공정에서 생태 환경 모니터링을 시행하지 못했기에, 생태환경적 보전·복원 사업의 성공을 기대하기 어려웠다. 따라서 본 사업에서는 환경부 신기술 제258호인 생태적수질정화비오톱(SSB, Sustainable Structured wetland Biotop) 시스템을 도입하였고, 비로서 생태환경 복원 계획, 설계, 시공, 유지관리 등에 관한 일련의 공정을 모니터링하게 되었다. 또한 생태환경 복원을 위해 전체 공정을 통합하여 시행함으로써, 안터저수지 생태공원에 조성된 생태적수질정화비오톱은 최근 정비된 생태계보전협력금 반환사업(환경부, 2007)의 일환으로 조성된 것 중 가장 성공적인 생태환경 복원 사례로 평가받고 있다.[2]

본 연구는 안터저수지를 수질 환경 개선 및 멸종위기종 서식처로 복원한 자유수면형 인공습지인 생태적수질정화비오톱의 계획·설계·시공·유지관리·모니터링 과

2 환경부에서 지원하고 LH공사가 생태계보전협력금 사업의 주체가 되어 광명시에서 조성하였다. 필자와 (주)LS생태환경복원이 설계, 복원시공, 유지관리 모니터링을 시행하였다. 최근 환경부 및 환경계획조성협회가 주관한 자연환경대상에서 우수상을 수상함.

정을 통합적으로 고찰하고, 이를 바탕으로 아직 개척 단계인 생태·환경 복원 분야에 이론과 실무적 기초 자료를 제공하는 데 그 목적이 있다.

이론적 고찰

생태계보전협력금 반환사업 등을 위해 도시지역에서 서식처를 복원하는 것은 대부분 훼손된 서식처를 복구하거나 사라진 서식처를 재창출(creation)하는 것이다(환경부, 2010a). 특히 도시지역은 택지 개발로 인한 환경 변화의 적응성을 고려하여 생물종, 대체종을 선정하고 서식처와 생태계를 종합적으로 선별 복원하며, 복원 실험지의 주변 지형, 수리·수문, 수질, 토양, 식생 등 생태·환경공학적 특성 대상지 현황을 모두 파악하여 생물 서식 환경을 조성해야 한다(환경부, 2010b).

생물 서식처의 다양성과 생태계 향상은 자연습지나 인공습지를 보전·복원함으로써 성공적으로 개선될 수 있다. 그중 자유수면형 인공습지는 수질환경을 개선하면서 서식처 가치 및 복원 기능을 최대화한다(US EPA, 1993; 1999a). 또한, 이는 자연습지와 유사한 기능과 구조를 가지고 있으며, 자연습지와 달리 거의 모든 장소에 조성이 가능하다(Kadlec and Knight, 1996; US EPA, 1999b; Kadlec, 2009).

본 연구 대상지에 적용된 생태적수질정화비오톱(SSB: Sustainable Structured wetland Biotop)은 다단계 셀을 도입한 자유수면형 인공습지 시스템으로서 생태적 수질정화 및 대상지의 현황과 장소성에 맞게 다양한 생물 서식 환경을 복원한다. 또한 도심지 홍수 조절 기능 및 경관 향상 기능을 수행하는 동시에 생태환경 체험 공간 등으로 활용함으로써, 도시지역의 서식 환경을 복원하고 토지를 효율적으로 이용할 수 있다(변우일, 2005a; 2006b). 이러한 복합 기능을 수행하기 위해서는 설계와 시공을 환경공학(environmental engineering)과 생태공학(ecological engineering)에 기초하여 수행하여야 하며, 그 대상지의 풍토와 장소성을 고려해서 조성해야 한다(Byeon, 2010; 변찬우, 2010a). 생태적수질정화비오톱 시스템을 도입하여 수질 정화 및 생물 서식처를 복원한 사례는 주암호 인공습지 Bio-Park 조성 프로젝트부터(환경관리공단, 2002) 최근 경안천 하류에 조성된 대규모 인공습지에 이르기까지 다양하다. 특히 생태하천 제내지와 제외지, 택지개발 지역내 저류지, 하수종말처리수 재처리 등에 다양하게 도입돼서 대상지 특성에 맞게 수질 정화 효율 및 생태 복원 기능 등이 검증되어 왔다(Byeon, 2010; 변찬우, 2010b).

연구 범위 및 방법

대상지 특성

본 연구 대상지인 안터저수지는 광명시 하안 1동 327-3번지 일원(20,294 m²)으로 '국토의 계획 및 이용에 관한 법률'에 따른 지역·지구, '자연환경보전지역', '생태계보존지구', '근린공원', '개발제한구역' 등으로 지정되어 있는 지역이다. 안터저수지는 그림 9.1과 같이 택지개발 지역 내에서 불안정하게 보전되어 왔던 내륙 습지 중 하나로 분류되었다. 특히 환경부 멸종위기 야생동물 2급인 금개구리가 서식하는 지역으로 보전 가치가 높았으나, 주거 밀도가 높은 택지지역에 접해 있어 복원 당시 무분별한 토지 이용과 비점오염원 유입으로 인해 금개구리 서식 생태계와 수질 환경이 위협받고 있었다(그림 9.2).

그림 9.2 | **조성 전 생태적수질정화비오톱안터저수지 전경**(2008년 7월 14일).

생태적수질정화비오톱의 특성

본 대상 저수지의 악화되는 수질을 정화하고, 금개구리 등의 서식처를 확장하며, 지역민의 휴식 공간 마련을 위해 도입된 생태적수질정화비오톱(SSB: Sustainable Structured wetland Biotop)의 구조는 크게 침강 저류지(forebay)와 습지(wetland) 및 연못(pond)으로 이루어진 다단계 셀(multi-cell), 침전지(micro-pool) 등 3개의 영역으로 나뉜다. 기본적인 수처리 및 생태 복원은 1차적으로 생태적 핵심 지역인 침강 저류지에 생태 연못을 조성함으로써 고형 물질을 침전시키고 유속을 저하시키는 방식으로 이루어진다. 영양물질이 풍부하고 생산성이 높은 수생식물 습지·연못으로 유입된 후 시스템적으로 생태적 수질 정화 기작을 거친다. 마지막으로 침전지 내에 산소 공급 및 재부유·방지 등의 기작을 통해서, 수질 정화는 물론 자연발생적인

그림 9.3 | 안터 생태적수질정화비오톱의 복원 전 대상지 주변 현황 및 오염원 유입 현황 분석 관련 에코디자인 (© 변찬우, 2010).

전이지대와 다양한 생물을 위한 서식처를 조성한다(변우일, 2006a). SSB 시스템은 환경부에서 인증된 환경신기술 제258호이면서 경년에 걸쳐 기능과 효율을 개선하기 위한 세부 특허를 등록하여, 한국적 풍토와 생태적 특성에 맞도록 다양한 대상지에 맞춤형으로 적용(그림 9.3. 안터 대상지 현황 분석 에코디자인 참조)해 온 시스템이다. 특히, 본 대상지와 같이 멸종위기종을 복원하는 사업에 있어 건설산업기본법에 의해서는 행하기 어려운 모니터링을 시스템적으로 시행함으로써, 수생태계 및 생물 서식처 복원 기능과 수질처리 효율이 성공적으로 도출될 수 있었다(변찬우, 2010a; 2010b).

연구 방법

본 연구는 우리나라 풍토에 맞게 개발된 자유수면형 인공습지로서, 생태적수질정화비오톱 시스템을 적용하여 멸종위기 야생동·식물을 복원한 안터저수지 생태공원의 수질환경 개선 및 생태환경 복원 방안을 고찰하였다. 이에 안터저수지의 장소 및 생태환경적 특성, 복원 목표에 맞게 계획, 설계, 시공, 유지관리 및 모니터링한 전 과정을 제시한다.

■ 생태환경 계획 · 설계 · 시공 과정

2007년 12월부터 2008년 5월까지, 시공 전 본 연구의 대상지인 안터저수지에 관한 문헌 조사와 수질, 금개구리뿐만 아니라 주변 생물상의 모니터링을 통해 타당성 조사를 수행하였다. 특히 금개구리 서식처 복원의 핵심인 생태적수질정화비오톱 시스템뿐만 아니라, 이를 교란할 수 있는 안터저수지 생태공원(근린공원) 전체를 '자연과 인간의 공생'이라는 주제로 계획, 설계하였다. 안터저수지 생물서식처 조성 및 생태공원 조성을 위한 구상 및 설계 과정은, 대상지내 점·비점오염원의 성상별(BOD, T-N, T-P, SS 등) 유입 농도 및 체류 시간, 수리학적 부하율(HLR) 등을 고려하였다. 특히, 수질환경을 공학적이고 정량적으로 개선하는 환경공학적(Environmental engineering) 접근과 수리·수문, 토양, 습지식생, 지질, (미)기후, 야생동물 등의 생태적 구조와 기능을 향상시키는 생태공학적(Ecological engineering) 접근을 통해 금개구리 서식처를 복원하기 위한 주요 설계 과정을 에코디자인에 담고 있다.

복원 시공은 2008년 6월에서 2009년 5월까지, 생태적수질정화비오톱을 중심으로 생태환경 복원을 수행하였다. 현장의 수질 환경은 물론, 지하 및 지표 수위, 토양, 동식물상 등 생태공학·환경공학적인 요소를 모니터링하면서 복원 시공하였다.

■ 유지관리·모니터링

조성 직후인 2009년 9월부터 2010년 8월까지 정기적인 모니터링을 통해 생태적수질정화비오톱의 동식물상 등 소생물 서식처 복원 효과와 수질 정화 효과를 조사하였다.

안터 생태공원 내 생태적수질정화비오톱의 수질 처리 효과를 모니터링하기 위해서 분석에 의한 방법(analytical monitoring)으로 수행하였다(환경부, 2008). 2009년 9월부터 2010년 8월까지 시스템 유입부와 유출부 2곳에서 월 1회 이상 시행하였으며, 수질오염공정시험법에 따라 현장에서 시료를 채취하였다. 수질 측정 항목은 주로 BOD5, SS, T-N, T-P 등이었고, 환경부 등록 대행기관에서 분석하였으며, 수위, 수온, 유량 등은 현장에서 간이수질측정기와 유량계로 측정하였다.

안터 생태적수질정화비오톱의 식물상은 식재종 및 침입종의 변화를 2009년 9월부터 2010년 8월까지 월 1회를 원칙으로 저수지 및 생태적수질정화비오톱내 현지조사를 통해 지속적으로 모니터링하였는데, 강우 등으로 조사가 불가능한 경우를 제외하고는 조사 시기를 준수하였다. 식물종의 동정과 분류는 「대한식물도감」(이창복, 1985)과 「야생식물생태도감」(고경식, 1993)을 참고하여 정리하였다. 같은 시기에 양서파충류에 대한 모니터링을 2회 시행하였으며, 직접 확인 방법(direct survey), 간접 확인 방법(indirect survey)으로 생태적수질정화비오톱 시스템이 적용된 구간에서 금개구리를 포함한 다양한 야생 동식물의 복원 효과를 분석하였다.

생태환경 계획·설계 과정

대상지 복원 전 현황

본 연구 대상지는 환경부 멸종위기 야생동식물 2급인 금개구리가 서식하는 생태계보전 지구이면서도, 근린공원으로 지정되는 등 인간의 무분별한 토지 이용으로 인해 생물종(금개구리)의 서식 환경이 위협을 받고 있던 지역이었다. 특히 택지 개발로 인해 생태계가 파편화되었으며, 주변 토지 이용에 따른 비점오염원의 악영향으로 수질 환경이 악화되고 있었다. 그에 따라 금개구리 및 자생종의 개체수가 감소하였고, 연구 대상지에서 멸종할 위기에 처해 있었다(광명시, 2003; 2004).

안터저수지의 상시 유지용수로는 2개의 지하 용출수가 깨끗한 수질로 유입되고 있었다. 하지만 주변의 무분별한 토지 이용으로 인한 비점오염원이 대상지의 자정능력을 이미 초과하여 유입되고 있었다. 대상지의 주요 오염원은 대상지 동측 제방 주차장, 북측 불법농경지, 서측 사면부 불법농경지, 남측 고물상 부지 등 사방에 위치해 있었다. 특히 주변을 감싸고 흐르는 도랑에 BOD 70 mg/L 이상의 고농도 생활하수가 방류되었고, 도로(주차장)와 고물상 부지에서 BOD 30 mg/L 이상의 고농도 비점오염원과 중금속 등이 발생하여 안터저수지의 생태계를 위협하였다. 또한 저수지 내에는 애기부들, 갈대 군락이 발달하여 겨울철에 수생식물이 죽으면 수질 오염의 우려가 높은 상황이었다. 조성 전 안터저수지내 BOD 수질환경 분석 결과, 2001년 10월 BOD 농도는 1.31 mg/L로 하천 수질환경 기준에서는 좋음(Ib) 등급이었으나, 2005년 9월에는 6.76 mg/L로 약간 나쁨(IV) 등급으로 수질이 급속도로 악화되었으며, 조성 직전 조사 자료인 2007년 12월에는 4.4 mg/L 보통 (3) 등급으로 조사되었다(그림 9.4). 양서파충류 전문가의 모니터링 수행 결과에서, 2003년 6월 300개체, 2007년 5월 22개체, 2008년 5월 15개체로 추정되는 등 수질 환경 악화 등의 생태환경적 문제로 인해 금개구리의 개체수가 급격히 감소했고, 본 사업의 착수 당시에는 거의 멸절위기에 처한 상황이었다.

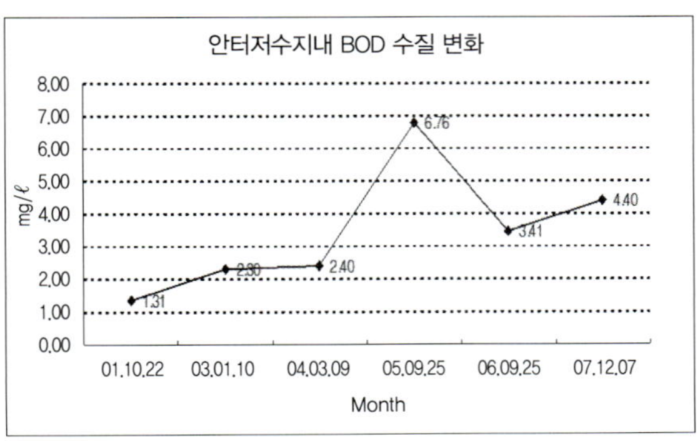

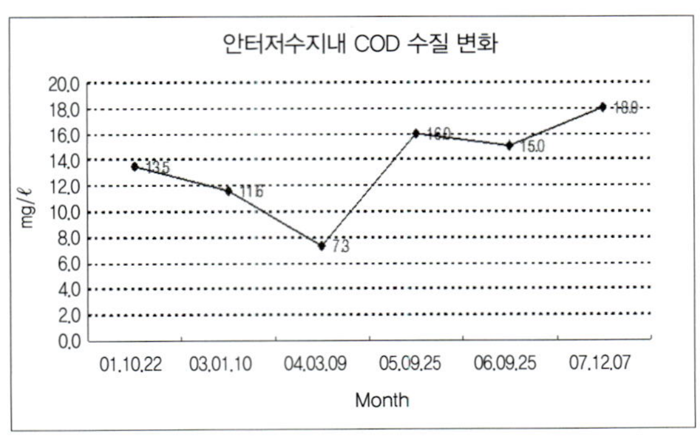

그림 9.4 | 안터저수지 내 BOD와 COD 수질 변화 그래프.

안터저수지 생태공원 계획 및 설계 과정

연구 대상지는 금개구리가 서식하는 내륙 습지로서의 가치가 높은 생태계이지만, 법적으로는 택지로 둘러싸인 근린공원 부지였다. 따라서 인간 활동에 의한 교란을 최소화하면서도 지역민들이 휴식과 생태환경 학습을 도모하는 두 가지의 상충된 목표를 달성하고자 하였다. 대상지에 고물상 부지와 불법 투기된 성토지역 등의 훼손지를 활용한 생태적수질정화비오톱(SSB: Sustainable Structured wetland Biotop) 시스템을 도입 적용하였다.

먼저, 생태공학적(수리, 수문, 토양, 식생, 미기후, 어류, 동물상 등) 특성 및 환경공학적[평면 구조, 처리유량, 목표 처리 농도, 용량 및 유속, 수리학적 체류 시간, 수리학적 부하율, 배치 및 형태, 길이/넓이비(AR), 배수 및 수위, 식재밀도, 토양 등] 특성을 고려하여 안터저수지의 수질 환경을 개선시키고, 금개구리 등이 서식할 수 있는 대체 서식처를 복원하고자 계획하였다. 또한 SSB 시스템 주변으로 생물의 생육 및 산란에 영향이 없도록 관찰 데크, visitor center 등을 설치하여 주민들의 휴식과 자연생태 학습이 이루어질 수 있도록 하였다.

본 생태환경계획 과정은 다음과 같이 4단계에 걸쳐 수행되었다.

■ 구상안 도출 1단계

구상안 도출 1단계는 대상지의 현황 특성과 문제점을 분석하고, 주변의 환경적 영향을 고려하여 도시화 및 유지용수 부족에 따른 육화를 막기 위해 수생태계를 복원하였다. 택지내 고립된 수생태계를 주변의 구름산, 도덕산 등으로 연결할 수 있는 생태 네트워크 방안을 큰 맥락에서 구상하였고, 주변 농경지의 비점오염원 유출 현황을 분석한 후, 이를 바탕으로 사면 완충녹지대를 생태적으로 복원함으로써 주변 지역이 미치는 생태환경적 악영향을 완충시키고자 하였다(그림 9.5).

■ 구상안 도출 2단계

구상안 도출 2단계는 구상안 도출 1단계의 설계안을 구체화해서, 생물 서식처와 인간 영향(human impact)을 고려한 자연습지(natural wetland), 완충 구간(buffering zone), 생태적수질정화비오톱(SSB) 구간, 친수 및 자연생태 학습 구간으로 구분한

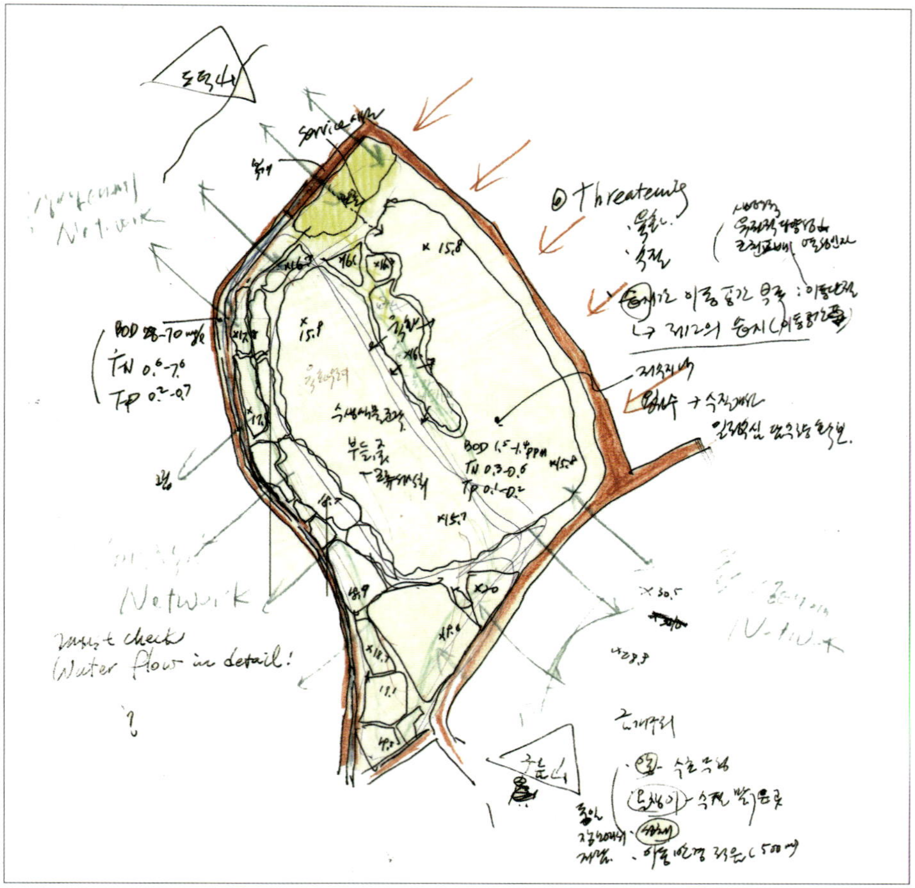

그림 9.5 | 안터저수지 생태적수질정화비오톱(SSB) 구상안 도출 1단계 에코디자인(© 변찬우, 2010).

후, 체계적인 생태적 토지이용계획(ecological land use planning)을 구상하였다.

자연습지(natural wetland) 구간은 기존 금개구리 등 다양한 생물들이 서식하는 자연습지로 육화가 진행된 일부 훼손된 구간은 주변 생태계와 동일한 원형경관(archetypical landscape)을 토대로 복원해 주고, 주변 지역의 완충을 통해서 최대한 핵심 서식처를 보전하는 방향으로 계획하였다. 또한 인간의 활동으로 인해 생물 서식환경에 악영향을 미칠 가능성이 높으므로 근린공원으로서의 이용을 부분적으로 제한하였다.

완충 구간(buffering zone)은 주택지역과 근접한 구간, 농경지 등에서 발생한 오염원의 유입 등 인간의 활동에 의한 악영향으로부터 완충해 주는 지역인 주택지역과 근접한 구간에 차폐, 완충 식재를 통해서 생물 서식처를 보전·복원하였다. 완충지대의 사면부는 육상생태계 및 습지생태계의 전이지대로서, 다양한 생물들이 이동할 수 있는 생태 통로 기능을 부여해서 생태적 연결성을 복원하였다.

생태적수질정화비오톱(SSB) 구간은 생태환경 복원의 핵심 지역으로, 대상지 오염원의 온상이 되었던 고물상 부지, 불법 투기 매립지, 불법 경작지, 육화된 곳 등 생태적 가치가 낮은 곳을 재활용하여 안터저수지의 수질 환경을 개선한 후, 훼손된 습지 내 생물 서식처로 복원하였다. 복원 당시 금개구리의 서식 환경으로 맞지 않는 방향으로 천이가 진행되고 있었기에, 금개구리가 서식할 수 있는 생태환경과 대체 서식처를 확장하는 방향으로 복원하였다(그림 9.6).

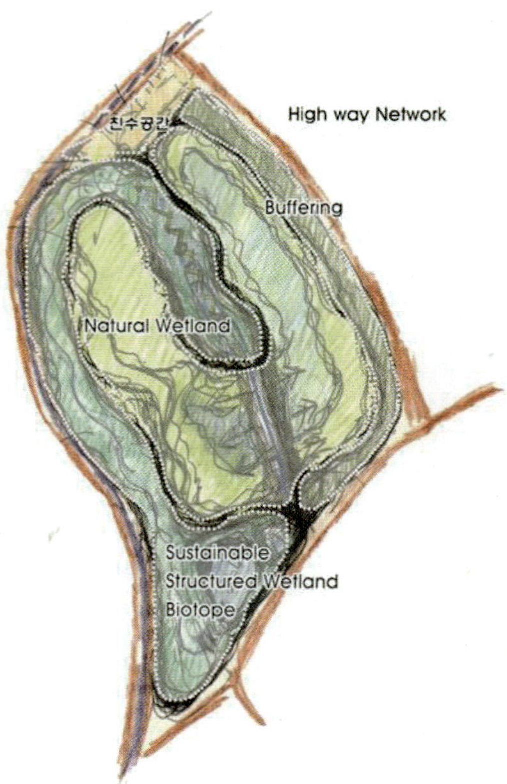

그림 9.6 | 안터저수지 생태적수질정화비오톱(SSB) 구상안 도출 2단계 에코디자인(© 변찬우, 2010).

■ 구상안 도출 3단계

구상안 도출 3단계는 구상안 도출 2단계의 설계안을 구체화해서, 안터저수지 생태계 최대 교란 요인인 사람의 접근을 차단할 목적으로 중심부로 이동하는 동선을 제거하고, 대체 습지를 조성하였다. 점차 악화되는 안터저수지의 수질을 개선하기 위해 주변 지형 수위차와 수문학적 특성을 고려한 자연 유하 방식으로 생태적수질정화비오톱 시스템을 설계하였다. 이를 통해 기존 금개구리 서식처의 원형을 도입한 대체 습지를 조성함으로써 금개구리 서식처를 확대하고 개체수가 늘어날 수 있도록 하였다.

또한 친수 및 자연생태 학습 시설에는 다양한 프로그램을 지원관리하기 위한 Visitor Center, 안내판, 해설판, 휴게 공간 등 이용객의 편의를 도모하는 시설을 배치하고, 이용객의 활동을 제한하는 공간 계획을 수립하였다. 안터저수지 내 생물

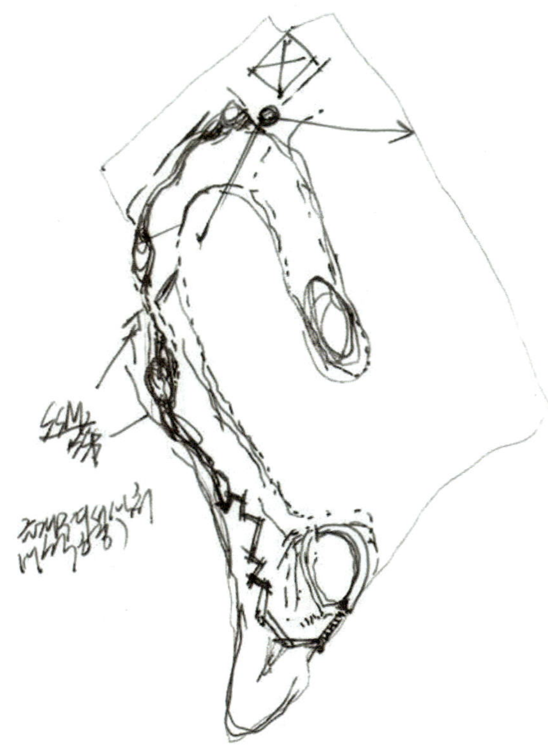

그림 9.7 | 안터저수지 생태적수질정화비오톱(SSB) 구상안 도출 3단계 에코디자인(© 변찬우, 2010).

서식처의 영향이 적은 공간에 친수 공간을 배치하였고, 습지의 생태계에 악영향을 최소화할 수 있는 목교 등을 활용한 동선 체계를 구상하였다. 자연생태학습원으로 활용할 수 있는 생태학습, 관찰, 체험 등의 공간을 도입하는 한편, 주택단지와 근접한 구간에 완충지역을 두고서 생태적으로 에코디자인하였다(그림 9.7).

■ 최종 구상안 도출

구상안 도출 4단계인 최종안 도출은 기존 안을 구체화하고, 시설 및 동선 체계를 확정하여 대체 습지의 자유수면 형태, 생태적 수질 정화 기능 등을 부여하고, 적절

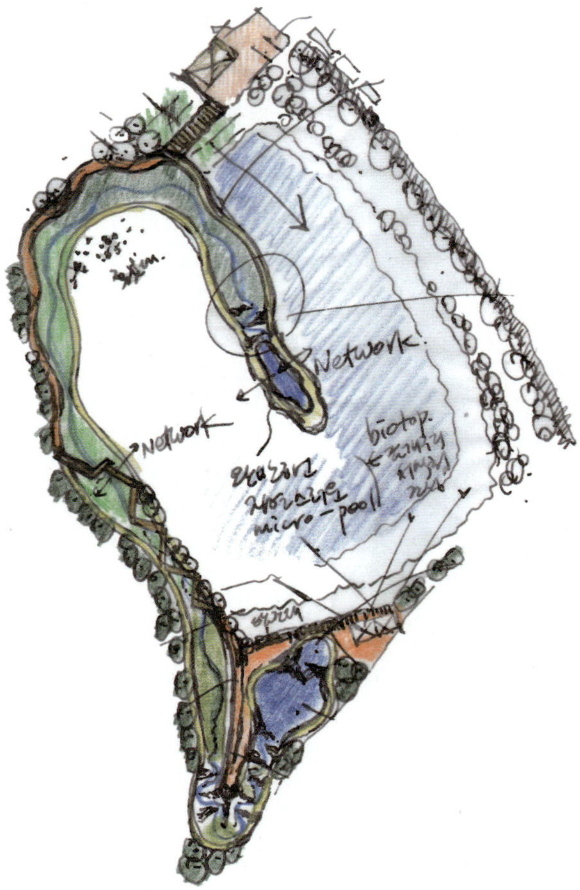

그림 9.8 | 안터저수지 생태적수질정화비오톱(SSB) 구상안 도출 4단계 에코디자인(© 변찬우, 2010).

한 생태 통로의 위치를 판단하여 조성하였다. 금개구리 대체 서식처로 습지식물 식재 및 생태적 어도보를 조성하여 습지내 금개구리가 종횡으로 이동할 수 있는 환경을 만들고, 주동선 외곽에 완충지대를 설치해서 경관적, 생태적 악영향을 저감하였다. 동측 제방사면 급경사부는 경사를 완화하고, 다층식재를 적용하여 생육 터전을 늘렸다(그림 9.8).

생태환경 복원 시공 과정

시공 과정에서는 본 연구의 목표종인 금개구리 서식 환경을 모니터링하고, 그를 통한 수질 환경 개선 및 자연 생태계 복원 연구가 실현되어야 한다. 이에 따라, 현장의 생태·환경공학적 특성을 모니터링한 뒤 복원 시공을 수행하였다. 특히 복원 시공 과정에서는 안터저수지 생태공원에 관한 공원 조성 공사 전체 중에서 생태환경 복원의 핵심 지역인 생태적수질정화비오톱 시스템을 중심으로 진행되었다.

복원 시공을 위한 모니터링에서는 수문, 토양, 식생 등 습지의 주요 요소를 조사·분석하여 복원 공사시 현장 특성을 반영할 수 있게 했다. 특히 생태적 수질 정화 습지는 수질 환경 개선을 통한 서식 환경 조성에 그 목적이 있으므로, 지하 수위 등 대상지의 수리·수문적 특성을 면밀히 고려하여 지하수와 오염수 간에 악영향이 발생하지 않도록 복원 시공하였다. 연구 대상지 주변의 고물상으로 활용된 토양에 대해 오염도 등을 판단하고, 추후 수질 환경 개선에 영향이 없는지 현장에서 조사·분석하여 복원 시공에 적용하였다(그림 9.9). 연구 대상지의 습지 특성을 판단하기 위해 육화로 인해 훼손도가 크고, 불법 농경지 등으로 활용된 특성을 조사·분석하였고, 이를 토대로 육화된 습지생태계를 수생태계로 복원하였다(그림 9.10).

설계도서와 현장 모니터링 결과를 토대로 복원 시공을 착수해서, 기반 공사, 시설물 공사, 식재 공사 순으로 연구 대상지의 복원 공사를 실시하였다. 기반 공사는 모니터링된 수리·수문 특성을 고려하여 자연스러운 물 흐름이 이루어질 수 있도록 자유수면형 습지 형태로 공사를 수행하였다. 조성된 기반 공사 상부에 생물 서식처 및 생태적 수질 정화 시설을 설치하였다. 특히 생태수제 등은 주요 핵심 복원종인

그림 9.9 | 생태적수질정화비오톱 시스템 조성 전 주변 지역이 개발되고 불법 경작이 늘어 생태환경이 급격히 악화된 광명 안터저수지의 인공위성 사진(2008).

그림 9.10 | 저수지 일대에 생태적으로 물을 정화하고 목표종인 금개구리 복원과 다양한 생물이 서식할 수 있는 생태적수질정화비오톱 시스템 조성 후 빠른 속도로 옛 모습을 되찾아가고 있는 광명 안터저수지의 인공위성 사진(2011).

금개구리의 서식 환경을 고려한 대표 서식지로서, 육화로 인해 훼손된 구간에 개방 수면을 조성하고, 양서파충류 전문가 자문을 받아 금개구리 생활사에 필요한 산란 장소, 활동 및 휴식 장소, 동면 장소가 시스템 내에 존재하는 최적의 서식 조건으로 조성되었다. 또한 자연형 여울과 소, 횃대, 사면 저수 호안, 생태 통로 등의 생태환경 시설을 연구 대상지 특성에 맞춰 설치하였다.

연구 대상지의 복원 공사가 진행된 후 생물종 서식 환경 및 수질 환경의 안정화 및 문제점 등을 분석하기 위해 생태·환경공학 전문가로서 필자가 직접 시운전 및 모니터링을 수행하였다. 특히 훼손되었던 육지생태계를 수생태계로 변환하면서 다양한 개선 방안을 도출하였다. 연구 대상지에서는 수량 유지 및 환경오염 시설의 지하수 거동을 막기 위해 생태적 차수를 하였고, 월류보 등이 제기능을 수행하기 어려운 구간이 발생함에 따라 이를 보완하기 위해 보완 공사를 여러 차례 실시하였다. 공사

그림 9.11 | 안터저수지 생태적수질정화비오톱(SSB) 조성 전 · 중 · 후.

전, 공사 중, 그리고 공사 직후, 생태·환경공학적 측면에서 시운전 및 모니터링 수행을 통해서 생태적 수질정화 습지의 구조를 안정적으로 보완하였다. 이 과정에서 생물종 서식 환경을 개선하고, 안정적 수질 환경 개선이 이루어질 수 있도록 조절하였다 (그림 9.11).

수질환경 모니터링 결과 및 고찰

수질

■ 월별 및 평균처리효율

안터 생태공원을 생태적수질정화비오톱으로 복원 후 2009년 9월부터 2010년 8월까지 수질 환경 모니터링을 수행하여 유입수와 유출수의 BOD5, SS, T-N, T-P 등 수질을 분석하였다(표 9.1).

그 결과, BOD5는 평균 유입 농도 2.9 mg/L, 평균 유출 농도 1.0 mg/L로 67%의 처리효율을 보였고, SS은 평균 유입 농도 18.1 mg/L, 평균 유출 농도 2.5 mg/L로 86%의 처리효율을 나타냈으며, T-N는 평균 유입 농도 0.426 mg/L, 평균 유출 농도 0.147 mg/L로 66%의 처리효율, T-P는 평균 유입 농도 0.071 mg/L, 평균 유출 농도 0.022 mg/L로 68%의 처리효율로 측정되었다. 복원 후 짧은 기간 동안 습지 내의 안정화가 이루어져 수처리효율이 평균 60% 이상으로 높게 측정되었다. 향후 습지가 더욱 안정적으로 정착되고, 전문적인 유지관리가 수행될 경우 수질 정화 효율은 시간이 지날수록 더 높아질 것으로 분석되었다.

BOD5는 평균 유입 농도 2.9 mg/L, 평균 유출 농도 1.0 mg/L로 67%의 처리효율을 보였고, 2009년 10월에 97%로 가장 높은 제거율을 나타냈으며, 2010년 5월이 21%로 제거율이 가장 낮게 측정되었다. SS의 평균 제거효율은 유입 18.1 mg/L, 유출 2.5 mg/L로 약 86%의 제거율이 측정되었다. 조사기간 동안에는 2010년 8월에 유입 14.0 mg/L, 유출 1.0 mg/L로 93%의 가장 높은 제거율이 조사되었으며, 2010년 3월에 유입 4.4 mg/L, 유출 2.2 mg/L로 50%의 가장 낮은 제거율이 조사되었다.

표 9.1 안터 생태적수질정화비오톱 월별 수질 분석 결과

일자	BOD5(mg/L)			SS(mg/L)			T-N(mg/L)			T-P(mg/L)		
	유입수	유출수	효율(%)	유입수	유출수	효율(%)	유입수	유출수	효율(%)	유입수	유출수	효율(%)
09.09	2.2	1.0	55	14.4	3.8	74	불검출	불검출	–	0.035	0.024	31
09.10	6.9	0.2	97	75.5	5.2	93	1.096	0.232	79	0.228	0.035	85
09.11	2.2	1.0	55	33.2	5.2	84	0.267	0.285	−7	0.079	0.031	61
09.12	2.7	1.2	56	2.6	1.0	62	0.319	0.044	86	0.060	0.025	58
10.01	4.6	1.0	78	7.4	0.8	89	0.297	불검출	–	0.033	0.010	70
10.02	2.3	1.2	48	8.2	1.8	78	0.032	불검출	–	0.022	0.016	27
10.03	1.5	0.2	87	4.4	2.2	50	불검출	불검출	–	0.014	0.015	-7
10.04	2.6	1.9	27	6.0	2.0	67	0.330	불검출	–	0.045	0.021	53
10.05	1.4	1.1	21	11.8	2.2	81	0.449	0.025	94	–	–	–
10.06	4.8	1.5	69	31.5	4.5	86	0.615	불검출	–	0.111	0.024	78
10.07	1.7	0.8	53	8.2	0.8	90	불검출	불검출	–	0.085	0.022	74
10.08	2.4	0.4	83	14.0	1.0	93	불검출	불검출	–	0.083	0.022	73
평균	2.9	1.0	67	18.1	2.5	86	0.426	0.147	66	0.071	0.022	68

※ T-N의 '불검출'은 영양물질인 총 질소(T-N)가 수질 내에서 검출되지 않음을 의미함. T-N, T-P를 나타내는 총 질소나 총 인의 경우 녹색조류의 생성물질로 이러한 영양물질이 낮을수록 수질이 깨끗한 것이며, T-N의 '불검출'은 영양물질이 거의 없는 양호한 수질을 뜻함.

T-N의 경우에는 평균 유입 농도 0.426 mg/L, 평균 유출 농도 0.147 mg/L로 66%의 처리효율을 보였고, 2010년 5월에는 유입 0.449 mg/L, 유출 0.025 mg/L로 94%의 처리효율을 나타냈으나, 2009년 11월에는 유입 0.267 mg/L, 유출 0.285 mg/L로 유입보다 유출 농도가 높게 나타났다. 이는 갈수기로 인하여 습지 내에서 물리·화학·생물학적 기작이 충분히 이루지지 않아서 생긴 결과로 판단되었다. 하지만 2009년 9월에는 유입과 유출에서 총질소가 검출되지 않았다. T-P는 평균 유입 농도 0.071 mg/L, 평균 유출 농도 0.022 mg/L로, 평균 제거효율은 약 68%로 조사되었으며, 조사기간 동안에는 2009년 10월에 유입 0.228 mg/L, 유출 0.035 mg/L로 85%로 가장 높았고, 2010년 3월에 −7%로 가장 낮게 조사되었다.

복원 후 습지의 안정화가 진행되고 있는 상태로 판단되었고, 향후 전문적인 유

지관리와 습지의 완전한 자연화가 이루어지면 더 높은 수질 제거율이 도출될 것으로 예상되었다.

■ 계절별 수질처리효율

2009년 9월부터 2010년 8월까지 수질 환경 모니터링을 수행하여 봄, 여름, 가을, 겨울 등 계절별 수질처리효율을 분석하였다(그림 9.12).

BOD 처리효율은 봄철 64.6%, 여름철 41.8%, 가을철 69.7%, 겨울철 80.5%를 보였다. 조사 결과 여름철이 가장 낮은 제거효율을 보이고 있는데, 이는 채수 당시 저수지 내 증발산량이 많고 여름철 가뭄에 의해서 유입유량이 줄어들어 수질 농도가 높아진 것이 그 원인이 분석된다. 선진 사례의 분석 지표를 보더라도 인공습지는 생태적 기작을 통해 수질을 정화하는 시설이므로, 정수 식물 및 기타 미생물의 생장 활동이 활발한 봄·여름·가을철에는 상대적으로 높은 처리효율을 보이고, 생

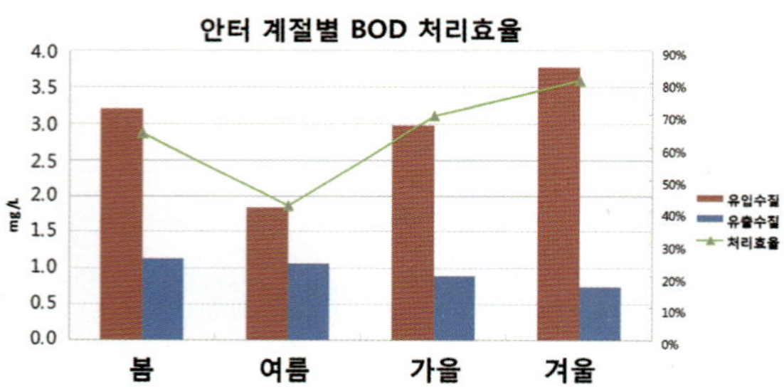

BOD 계절별 처리효율

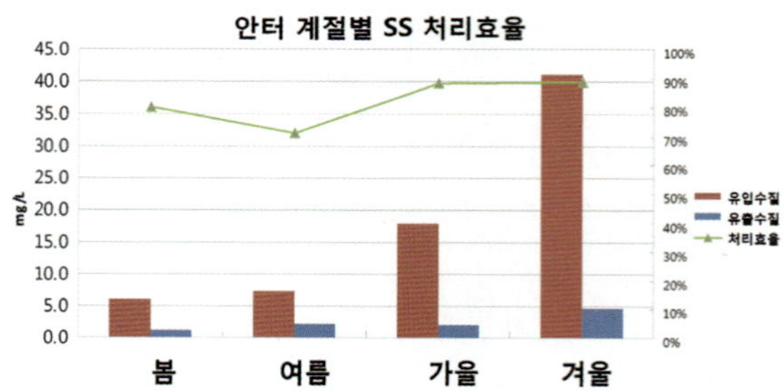

SS 계절별 처리효율

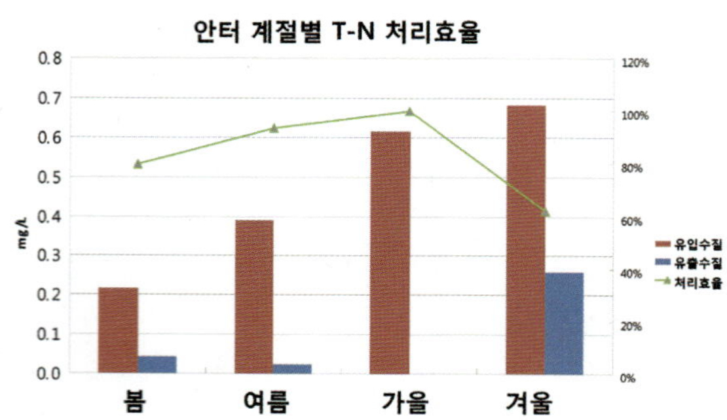

T-N 계절별 처리효율

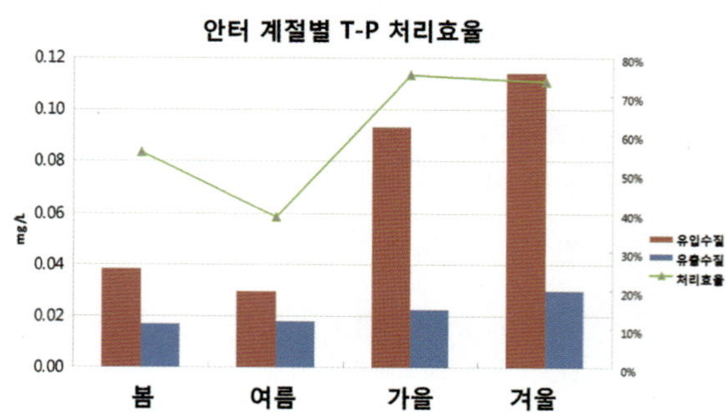

T-P 계절별 처리효율

그림 9.12 | 안터저수지 생태적수질정화비오톱의 BOD5, SS, T–N, T–P 계절별 처리효율.

장 활동이 느려지거나 거의 없는 겨울철에는 상대적으로 낮은 처리효율을 나타내는 것이 일반적인 특징이다. 하지만 본 연구 대상지에 적용된 생태적수질정화비오톱(SSB) 시스템에서는 생태적수질정화비오톱 시스템을 보완한 생태적수질정화미디어(SSM) 시스템 등을 통해 겨울철 처리효율을 보완함에 따라 겨울철에도 80.5%라는 높은 BOD 처리효율이 도출되었다.

SS 처리효율은 봄철 80.2%, 여름철 71.2%, 가을철 88.3%, 겨울철 88.5%를 나타냈다. 사계절 SS 처리효율은 평균 70~80% 이상으로 안정화 단계로 진행된 것으로 판단된다. T-N 처리효율은 봄철 79.6%, 여름철 93.6%, 가을철 90.0%, 겨울철 62.1%를 보였다. 겨울철 처리효율의 경우 62.1%로 타계절에 비하여 전반적으로 60% 이상의 높은 수처리효율이 조사되었다. T-P 처리효율은 봄철 55.7%, 여름철 39.0%, 가을철 75.6%, 겨울철 73.7%를 나타냈다. 여름철이 가장 낮은 제거효율을 보이고 있지만 이미 조성된 금어천 사례 등에서(변찬우, 2010a) 보여지는 생태적수질정화비오톱 시스템의 인처리 효율을 고려해 볼 때, 금번 모니터링 기간의 갈수기 때 유량이 줄어드는 등의 일시적 환경 요인들이 좋아지고 안정화될 경우 높은 효율을 보일 것으로 예상되었다.

생태환경 모니터링 결과 및 고찰

식생

■ 식재종

생태적수질정화비오톱에 식재된 수생식물은 수처리 효율이 검증된 것은 물론, 수문적 특성, 토양, 지질, 식물 등 생태적 특성을 고려하여 시스템적으로 식재되었으며, 총 7과 11종으로 갈대, 달뿌리풀, 노랑꽃창포, 부들, 애기부들, 줄, 고마리, 수련, 노랑어리연꽃, 마름 등으로 구성되었다(표 9.2). 조성 초기에는 다른 수생식물의 침입을 허용하였으나, 점차적으로 순군집을 이루며 구간별로 우점하고 있다. 우점종 순은 달뿌리풀 〉 노랑꽃창포 〉 부들 〉 고마리 순으로 수질정화효율이 높다고

표 9.2 안터저수지 생태적수질정화비오톱의 식재종과 침입수종

식재종	
마디풀과	고마리(*Persicaria thunbergii (Siebold & Zucc.) H.Gross ex Nakai*)
마름과	마름(*Trapa japonica Flerow*)
부들과	부들(*Typha orientalis C.Presl*)
	애기부들(*Typha angustifolia L.*)
붓꽃과	노랑꽃창포(*Iris pseudacorus L.*)
수련과	수련(*Nymphaea tetragona Georgi*)
	가시연꽃(*Euryale ferox Salisb.*)
벼과	갈대(*Phragmites communis Trin.*)
	줄(*Zizania latifolia (Griseb.) Turcz. ex Stapf*)
	달뿌리풀(*Phragmites japonica Steud.*)
조름나물과	노랑어리연꽃(*Nymphoides peltata (J. G. Gmelin) Kuntze*)
총 계	7과 11종

침입수종	
붕어마름과	붕어마름(*Ceratophyllum demersum L. var. demersum*)
명아주과	명아주(*Chenopodium album var. centrorubrum Makino*)
물옥잠과	물달개비(*Monochoria vaginalis var. plantaginea (Roxb.) Solms*)
가래과	가래(*Potamogeton distincuts A.Benn.*)
콩과	토끼풀(*Trifolium repens L.*)
	붉은토끼풀(*Trifolium pratense L.*)
삼과	환삼덩굴(*Humulus japonicus Sieboid & Zucc.*)
국화과	씀바귀(*Ixeridium dentatum (Thunb. ex Mori) Tzvelev*)
	미국가막사리(*Persicaria sagittata (L.) H.Gross ex Nakai*)
	돼지풀(*Ambrosia artemisiifolia L.*)
	쑥(*Artemisia princeps Pamp.*)
	망초(*Conyza canadensis (L.) Cronquist*)
	개망초(*Erigeron annuus (L.) Pers.*)
	고들빼기(*Crepidiastrum sonchifolium (Bunge) Pak & Kawano*)
	한련초(*Eclipta prostrata (L.) L.*)
꿀풀과	들깨(*Perilla frutescens var. japonica (Hassk.) Hara*)
마디풀과	여뀌(*Persicaria hydropiper (L.) Spach var. hydropiper*),
	소리쟁이(*Rumex crispus L.*)
택사과	택사(*Alisma canaliculatum A.Br. & Bouche*)
사초과	방동사니(*Cyperus amuricus Maxim.*)
벼과	뚝새풀(*Alopecurus aequalis var. amurensis*)
	미국개기장(*Panicum dichotomiflorum Michx.*)
	돌피(*Echinochloa crusgalli (L.) P.Beauv. var. crusgalli*)
	강아지풀(*Setaria viridis (L.) P.Beauv. var. viridis*)
	왕바랭이(*Eleusine indica (L.) Gaertn.*)
통발과	통발(*Utricularia vulgaris var. japonica Tamura*)
총 계	13과 26종

알려진 식물들이 우점되었다.

복원 전 SSB가 감싸고 있던 저수지의 모니터링 결과, 대상지내 멸종위기종 야생동식물 2급으로 지정된 가시연꽃(환경부 시행규칙 제2조 관련, 법정관리종)이 식재되어 자생하고 있음이 관찰되었다(그림 9.13). 가시연꽃은 우리나라는 물론 일본에서도 천연기념물로 보존하고 있으며, 1속 1종만 분포하는 동아시아 특산물이다. 한해살이 식물로 오직 종자에 의해서만 번식하며, 발아율 또한 평균 4% 이하로 매우 낮은 편이라 자생지 보존을 최우선적으로 보호하고 있는 종이다. 비록 저수지 내에 종자를 뿌린 것이라 해도 생육 조건이 맞지 않으면 서식이 불가능한 수종이기에 당시 서식 상태로 확인한 바로는 안터저수지 및 생태적수질정화비오톱은 우리나라 가시

그림 9.13 | 생태모니터링중 관찰된 가시연꽃(왼쪽, 2010년 8월 31일)과 멸종위기종 야생동식물 2급인 가시연꽃(오른쪽, 2010년 8월 31일).

그림 9.14 | 식물상 복원 전경(2012).

연꽃의 자생지가 될 수 있는 가능성이 높다고 판단되었고, 이를 보전·복원하기로 한 후 그 목표를 달성하였다.

■ 침입수종

생태적수질정화비오톱에 침입한 종은 총 13과 26여 종으로, 붕어마름, 명아주, 물달개비, 가래, 씀바귀, 미국가막사리, 돼지풀, 쑥, 망초, 개망초, 고들빼기, 한련초, 토끼풀, 붉은토끼풀, 들깨, 여뀌, 소리쟁이, 환삼덩굴, 택사, 방동사니, 뚝새풀, 미국개기장, 돌피, 강아지풀, 왕바랭이 등이 관찰되었다(표 9.2). 수생식물 간의 상호경쟁에서 우세한 식재종이 우점종으로 조성되어 있어 대부분의 침입식물은 개체수가 적고 군락을 형성하지 못하였다. 다만, 습지생태계에 악영향을 미칠 수 있는 침입수종인 미국가막사리, 돼지풀, 환삼덩굴 등은 주기적인 유지관리를 통해서 제거 작업을 수행하였다.

또한, 안터 생태적수질정화비오톱 내에 산림청 희귀 식충식물로 알려진 통발이 자생하고 있음이 확인되었다. 통발은 연못이나 물웅덩이에서 자라며, 뿌리 없이 연못에 떠다니면서 포충낭으로 곤충을 잡아 소화하는 다년생 식충식물로, 통발이 많으면 용존산소가 많이 발생하여 수질이 좋아지고 생물 서식처로서도 큰 역할을 한다. 당시에도 안터 생태적수질정화비오톱 내에 전반적으로 서식하였는데, 특히 1차 습지/연못 구간에 많이 서식하고 있었다. 통발의 존재는 시스템 내 복원 기능이 원활하고 생태계 구조가 건강하며, 다양하게 연계되어 있는 것으로 해석될 수 있었다.

양서·파충류

본 연구의 복원 목표종인 금개구리 서식처 복원 전·후 모니터링 결과, 기존 2004년 조성 전 당시 금개구리 개체수가 300개체에 달하였지만 불법 농경지와 각종 비점오염원의 유입과 수질 악화로 인해 2008년 5월 금개구리의 개체 수는 15개체가 확인되어 멸종위기를 맞이하였다. 이후 금개구리 생태 및 서식 환경을 고려한 SSB의 생태습지를 조성한 후, 안터저수지 내 수질을 생태적으로 정화하고 맑은 수질 환경을 조성함으로써 대상지에는 30개체 이상의 금개구리 서식 환경이 복원되었다.

그림 9.15 | 생태 모니터링 중 관찰된 한국산개구리(왼쪽, 2010년 8월 31일)**와 멸종위기종 야생동식물 2급인 금개구리**(오른쪽, 2010년 7월 17일).

그림 9.16 | 복원된 금개구리.

2009년 생태 복원 이후 양서파충류 모니터링 결과, 총 5과 9종이 확인되었는데 이 중에서 양서류는 금개구리, 참개구리, 한국산개구리 등 3과 6종이 발견되었고(그림 9.15), 파충류는 붉은귀거북, 아무르장지뱀 등 2과 3종이 확인되었다(표 9.3). 복원 후에는 복원 전보다 두 배 이상의 금개구리 개체가 복원 서식하는 것으로 조사

표 9.3 양서 · 파충류 모니터링 조사 결과

No.	과(Family)	종명(Species)		확인방법			비고
		학명	국명	서식 확인	산란지 확인	청문 확인	
1	Bufonidae	*Bufo bufo gaugauizans*	두꺼비	●			
2	Hylidae	*Hyla japonica*	청개구리	●		●	
3	Ranidae	*Rana nigromaculata*	참개구리	●			
		Rana amuriensis coreana	한국산개구리	●			
		Rana chosenica	금개구리	●		●	
		Rana amurensis coreana	아무르산개구리	●			
4	Testudinidae	*Trachemys scripta elegans*	붉은귀거북	●			외래종
5	Larcertilidae	*Takydromus amurensis*	아무르장지뱀	●			
		Takydromus wolteri	줄장지뱀	●			
7과		5과 9종					

되는 등 금개구리 서식 환경이 최상으로 개선되었다. 하지만 여름철 갈수기의 저수지 유량 부족에 따른 육화 현상 및 대형 정수식물의 과도한 증가, 위협종인 조류, 가물치, 잉어 등 증가로 인해 금개구리 개체수 감소가 우려되기도 하였다.

그림 9.17 | 생태환경 교육 프로그램에 참여 중인 학생들(2011).

그림 9.18 | 저수지 수질 개선 및 멸종위기의 금개구리를 복원하고 지역 명소(광명 3경)를 조성한 안터 생태적수질정화비오톱 안내판.

결론

본 연구는 생태계보전협력금 사업의 지원을 통해 저수지 내 악화된 수질환경을 개선해서, 금개구리(멸종위기 야생동식물 2급) 등 다양한 생물의 서식환경을 복원하고 생태학습공원으로 조성하는 것이 목적이다.

대상지 특성(Site-specific)에 맞게 안터저수지 생태적수질정화비오톱(SSB: Sustainable Structured wetland Biotope) 시스템을 적용하여 생태·환경공학적 에코디자인과 생태공학적 복원 시공을 수행한 결과, 성공적인 금개구리 서식처 복원 효과 및 수질환경 개선 효과를 도출할 수 있었다. 또한 생태계에 교란을 줄이면서도 도시 내 근린공원으로서 친수공원의 이용성을 도모할 수 있었다. 지속적인 모니터링과 대상지의 특성에 맞는 복원 시공 및 유지관리를 함으로써, 실제로 본 대상지의 원형에 가까운 동식물상 복원의 기능과 효율이 나타났다.

그림 9.19 | 안터 생태적수질정화비오톱 조성 이후, 생태환경 학습 탐방 모습(위) 및 광명시의 3번째 명소로 지정된 광명 3경 지정 내용(아래).

멸종위기종인 금개구리의 서식을 위협하였던 저수지내 수질과 택지내 비점오염원 정화를 위해 조성한 생태적수질정화비오톱(2009년 5월 준공) 시스템의 경우, 2009년 9월부터 2010년 8월까지 수질을 모니터링하여 월별 평균처리효율을 검토한 결과, BOD5는 유입 2.9 mg/L, 유출 1.0 mg/L로 67%, SS는 유입 18.1 mg/L, 유출 2.5 mg/L로 86%, T-N은 유입 0.426 mg/L, 유출 0.147 mg/L로 66%, T-P는 유입 0.071 mg/L, 유출 0.022 mg/L로 68%의 처리효율을 나타냈다. 모니터링과 에코디자인 및 생태공학적 복원 시공을 수행한 결과, 비교적 짧은 기간임에도 통상 인공습지에서 미생물 작용이 미미한 겨울철조차도 처리 효율이 가장 높게 나오는 등 지속적이고 높은 수처리효율이 도출되었다. 이는 안터 SSB 조성을 통해서 현장변화에 따른 수생태계 대상지 내 수질환경의 안정화가 이루어진 결과로 분석된다.

식물상의 경우 당초 시스템에 식재한 식생은 점차적으로 순군집을 이루며, 달뿌리풀 〉 노랑꽃창포 〉 부들 〉 고마리 순으로 우점되었다. 특히, 대상지내 멸종위기종 야생동식물 2급으로 지정된 가시연꽃과 보호종인 식충식물 통발이 서식하고 있음이 모니터링되었다. 양서파충류의 경우 총 5과 9종으로 이중 양서류는 멸종위기 야생동식물 2급인 금개구리 등 3과 6종, 파충류는 붉은귀거북, 아무르장지뱀 등 2과 3종이 확인되었다.

이처럼 복원 이후 모니터링 결과에서, 서식 환경 악화와 무분별한 토지 이용으로 인해 멸종위기에 처했던 금개구리 등 지역 자생종들은 물론, 다양한 생태계가 안터저수지에 창출(creation) 복원되었음을 확인할 수 있었다. 이는 에코디자인과 생태공학적 접근을 통해 적용된 생태적수질정화비오톱 시스템으로 조성된 인공습지가 수질 환경을 맑게 하면서도 자연습지에 버금가는 생태 복원 기능을 할 수 있었기 때문이다. 이처럼 생태환경 복원이 성공하기 위해서는 생태환경적으로 전문적인 복원 설계, 시공, 유지관리 모니터링 등의 통합적 접근이 있었음을 간과해서는 안 되며, 향후 복원관련 법 제도의 지침이 되어야 한다.

이전까지 생태환경 복원을 위한 인공습지 기법과 연구는 비점오염원 처리에 치중되었기에 자연습지에 비해 생물다양성이 매우 떨어졌으며, 그에 대한 연구와 사례가 부족하였다(환경부, 2008; Vymazal, 2010). 이에 본 연구는 택지내 비점오염원 유입 등을 고려한 수질환경 개선뿐만 아니라 멸종위기종 등 소생물 서식처 조성을 위한 수생태계 복원을 계획·설계·시공·유지관리·모니터링을 통합적으로 수행한 사례로, 아직 개척 단계인 국내 생태·환경 복원사업에 실질적인 기초 자료를 제공하고 있다. 특히, 건설산업기본법 중심의 공사업으로는 수행할 수 없었던 수생태 환경의 모니터링 과정과 멸종위기종인 금개구리 서식처 복원을 환경신기술로 검증된 바 있는 생태적수질정화비오톱(SSB) 시스템을 통해 수행함으로써 수질 개선 및 생태계 복원의 효과를 성공적으로 이룰 수 있었다. 따라서 추후 생태환경 복원을 위한 모니터링과 에코디자인 및 생태공학적 복원 과정을 보장하는 복원사업 신설 등 제도적 개선이 이루어져야 한다.

본 연구의 경우 금개구리 서식 환경은 시스템적으로 잘 개선되었으나 여름철 갈수기에 나타났던 저수지 유량 부족 및 대형 정수식물의 과도한 증가로 인한 육화 현상, 금개구리 위협종인 조류, 가물치, 잉어 등의 개체수 증가로 인한 문제점은 생태·환경공학 전문가의 유지관리와 모니터링을 통해 추후 자연형성 과정에 따른 지속적인 맞춤형 관리와 고찰이 필요할 것으로 판단되었다.

참고문헌

광명시. 안터저수지 생태학습장 조성사업 사전환경성검토서. 2003.

광명시. 안터저수지 도시계획시설 환경성검토서. 2004.

대한건설협회. 건설산업기본법령집. 2005.

변우일, "자유수면형 인공습지 생태공원설계에 관한 구조적 연구-생태적 수질정화비오톱(SSB)공법 적용을 중심으로", 한국환경복원녹화기술학회 춘계학술발표회, 2005a, pp.63-70.

변우일, "저류지 생태공원 설계모형 개발에 관한 연구", 한국환경복원녹화기술학회지 9 (3) (2006a.): 1-16.

변우일, "자유수면형 인공습지 환경·생태공원 설계-생태적 수질정화비오톱 공원의 구조설계를 중심으로-", 한국환경복원녹화기술학회지 9(5)(2006b): 1-9.

변찬우, "경안천 고수부지에 조성한 금어천 생태적수질정화비오톱 시스템의 수질정화 및 생태복원 효과", 한국환경복원녹화기술학회지 13(3)(2010a): 1-13

변찬우, 우리풍토에 맞는 생태하천, 나무도시, 2010b, pp.134-157.

환경관리공단, 주암호 인공습지(Biopark) 운영결과보고서, 2005.

환경부, 생태계보전협력금제도 개선을 위한 연구, 2007.

환경부, 비점오염저감시설의 설치 및 관리 운영 매뉴얼, 2008, pp.86-186.

환경부, 생태계보전협력금 반환사업 가이드라인, 2010a, p.72.

환경부, 택지개발지역에서의 훼손된 수생태계 복원, 창출, 향상 기술 개발 최종보고서, 2010b, pp.134-283.

Byeon, C. W, "Ecological Restoration of the Rivers and Wetlands with Sustainable Structured wetland Biotop (SSB) system", the 8th International Symposium on ECOHYDRAULICS (ISE 2010), 2010.

Kadlec, R. H, and Knight, R. L. "Treatment wetlands", CRC Press/Lewis publishers, Florida, USA, 1996.

Kadlec, R. H, "Comparison of free water and horizontal subsurface treatment wetlands", Ecological Engineering, 35(2009): 159-174.

Vymazal, J, "Constructed Wetlands for Wastewater Treatment", Water 2010, 2: 530-549.

United States Environmental Protection Agency (US EPA), Constructed wetlands for Wastewater Treatment and Wildlife Habitat, Washington, D.C.: Office of Water, EPA 832-F-93-005, 1993, p.11.

United States Environmental Protection Agency (US EPA), Free Water Surface Wetlands for Wastewater Treatment, Washington, D.C.: Office of Water, EPA 832-F-99-002, 1999a, p.5-5.

United States Environmental Protection Agency (US EPA), Storm water technology fact sheet: storm water wetlands, Washing- ton, D.C.: Office of Water, EPA 832-F-99-025, 1999b.

10(1) 저류시설의 생태환경 복원

첫 번째 : 홍수 저감·방재를 중심으로[1]

1 본 내용은 한국방재학회지에 실린 논문 "변찬우, 박현주, 이희창, 택지내 분산형 저류지 시스템의 홍수 저감 및 생태 · 환경 효과 모니터링, 한국방재학회지, 2013"의 원전을 본 저서에 맞게 각색하였음.

개요

본 장에서는 방재용 법정 저류지에 국내 최초로 조성된 분산형 생태환경 저류지 시스템의 모니터링 결과를 제시한다. 특히 홍수 저감과 생태환경 효과를 분석하고 평가한다. 생태환경 복원 시공 후 수리·수문 모니터링 결과에서, 서울 지역 재현기간 10년의 강우량과 홍수량에서 첨두홍수량은 12% 감소하고, 20분의 지체 효과를 보였다. 수리적으로 가장 우려되었던 생태환경 수로는 생태목틀과 자연석 순으로 그 안정성이 모니터링되었다. 생태 복원 효과로서 식물상의 경우, 저류지 내 식재종은 총 11과 15종으로 정수 식물 군락인 고마리, 부들, 노랑꽃창포, 갈대, 달뿌리풀 등이 우점하였으며, 동물상의 경우 양서류는 총 3과 4종으로, 멸종위기종인 맹꽁이, 참개구리, 청개구리, 한국산개구리 등 다양한 생물 서식이 확인되었다. 유입수의 수질 정화 효과는 BOD의 경우에 유입 농도 1.2 mg/L, 유출 농도 0.7~0.8 mg/L이었으며, SS는 유입 농도 6.3 mg/L, 유출 농도 5.0 mg/L로써 매우 맑은 물이 유지되는 것으로 모니터링되었다.

핵심 용어: 분산형 저류지, 생태적수질정화비오톱, 첨두 유출 저감, 생태환경 복원, 생태적 수질 정화

서론

기후 변화에 의한 집중호우 증가와 급속한 도시화 및 산업화, 인구밀도 증가에 따른 불투수층 면적의 증가는 유출 총량과 첨두 유량의 증대 및 도달 시간의 감소로 재해 증가를 초래했다. 이로 인한 홍수 피해를 줄일 수 있는 대안으로 지표면에 홍수를 지체시키는 저류 시설이 제시되었다(Kamelduski, 1979). 미국에서는 도시 내 개발로 인한 수문 변화의 영향을 최소화하기 위하여 주택 단지 개발 초기 단계부터 저류지를 계획하고 설치하여 집중호우시 도시지역의 홍수 조절에 이용하기 시작하였다(APWA, 1981; 우창호, 2004). 선진 외국의 경우 단순한 홍수 방재용 시설뿐만 아니라 저류지의 친환경적 활용 사례가 증가되는 경향이 있다(변찬우, 2010). 국내에도 「도시공원 내 저류시설의 설치 및 운영지침」(건설교통부, 2000) 계획 기준에 따라 대규모 개발사업은 증가된 홍수 유출량과 토사 유출량의 저감 기능을 충족하면서도 친환경적인 저류지 조성 방안을 연구하게 되었다(변우일, 2006).

국내 방재용 저류지의 친환경적 활용성에 대해 우창호(2004)가 저류지의 기하학적 구조에 따른 수질 향상에 대한 이론적 연구를 통해 설계 표준을 설정해서 적용한 사례를 발표한 후, 변우일(2006)은 이전 치수 목적의 저류 및 공원 기능에 상시 저류(retention)를 도입하였다. 이는 홍수 방어는 물론, 수자원 확보, 초기 강우 비점오염원 유출 억제, 도심지의 저류지를 이용 가능한 공간으로 활용, 환경 정비 및 친수경관 향상, 환경생태(보전) 복원 등의 다목적으로 활용 가능한 생태환경 저류지 설계 모형을 개발하고, 생태 보전·복원을 위한 상시저류지의 수환경 유지관리 방안을 제시하였다(한국토지공사, 2006).

이용민(2009)은 비점오염물질 저감을 위한 저류형 인공습지에서 침수식물의 기능과 도입에 관하여, 그리고 김희진(2010)은 유수지의 활용 가능성을 고려하여 비점오염 저감 시설로 변경하는 기술적 대안을 제시하였고, 곽재원 등(2010)은 천변 저류지 조성에 따른 홍수 조절과 생태적인 효과를 분석하였다. 이후 택지내 저류지의 정체된 물의 수질 문제를 개선하기 위해 생태적수질정화 시스템과 환경신기술 제258호인 생태적수질정화비오톱을 기반으로 하여 물을 순환시켜 수질 환경 및 생태계를 개선할 수 있는 생태환경 저류지에 대한 연구가 제시되었다(환경부, 2010).

본 연구의 목적은 국내 최초의 분산형 저류지를 활용하여 대상지 특성에 맞게 홍수 조절 방재 기능뿐만 아니라 저류지내 상시 저류 연못 구간의 수질 문제와 초기 강우 유입시 비점오염원에 대한 생태적 수질 정화 효과, 생태 복원을 통한 생물 서식처 복원 기능, 친수 경관 기능 등이 융합된 다양한 기능의 생태환경 저류지의 모니터링 결과를 제시하는 것이다. 본 연구가 서울시 신정3지구의 택지개발 지구의 사례라고 할지라도, 보다 궁극적인 목적은 국내 유역 특성에 맞는 생태환경 저류지나 생태 하천 조성 등 수 생태환경 복원의 생태공학적 접근을 위한 기초 자료가 될 수 있도록 하는 데 있다.

재료 및 방법

재료 : 표준 대상지 및 SSB system

■ **연구 대상지 유역 현황**

서울특별시 양천구 783번지 일원 신정3지구 국민임대 주택단지 내의 법정저류지와

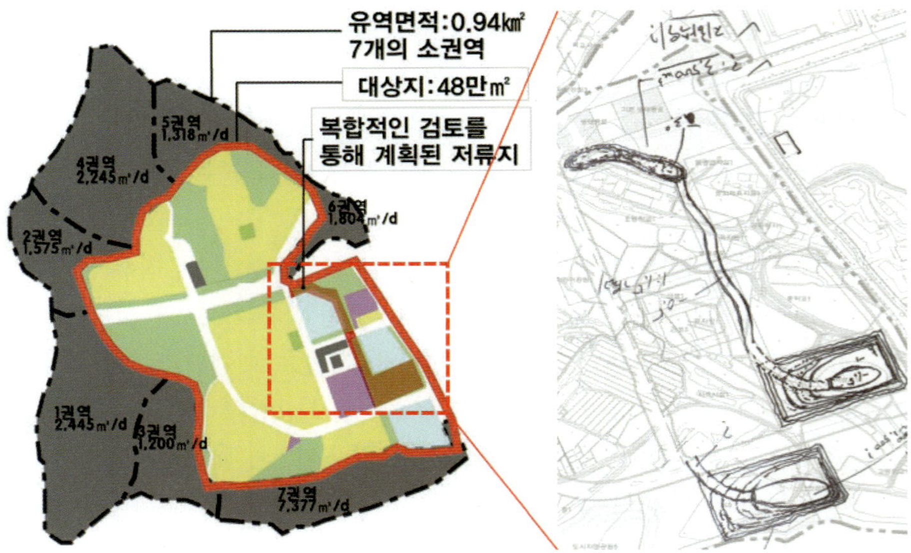

그림 10.1 | 신정 생태환경 저류지 조성 사례 위치도(유역 면적) 및 초기 구상 에코디자인(© 변찬우, 2008).

근린공원 일부를 포함한 대상 지역의 유역 전체 면적은 0.94 km^2, 유로 연장은 1.58 km, 유로 경사는 1/15, 유역 평균 폭은 0.594 km 그리고 형상계수는 0.377이다(그림 10.1).

■ 분산형 생태환경 저류지 시스템 조성 배경

신정3지구 택지개발지역은 환경부 멸종위기종 야생동물 2급인 맹꽁이가 서식하는 지역으로 생태계 보전이 요구되는 지역이었다. 맹꽁이 서식처 복원을 위해서는 그림 10.2와 같이 주변 택지에서 유입되는 초기 강우에 포함된 우·오수의 비점오염원 처리가 필요하였다. 이와 같은 조건을 해결하기 위해 택지 내 토지 활용도가 낮은 기존의 법정 방재 저류지와 공원 부지의 일부 공간을 활용하여 방재 기능에서 가장 중요한 홍수 조절 기능, 생태계 복원 기능, 생태적 수질 정화를 통해 비점오염

그림 10.2 | 택지개발 공사 지역과 주변에서 우수 및 오수가 유입되었던 기존 저류지 상황(왼쪽 위)(2008.12), 에코디자인(오른쪽 위) 복원 이후 전경(아래)(© 변찬우, 2015).

처리 효율, 그리고 친수 공간 조성이라는 통합적 기능을 목표로 에코디자인하였다.

■ 분산형 생태환경 저류지 시스템 특성과 구성 및 제원

초기에 계획된 저류지는 재해방재용 기능만 고려하였기에, 그림 10.3의 a와 같이 근린공원 내에 단일 시설(28,337 m^3)로 설계되어 있었다. 그러나 그림 10.3의 b처럼 택지 내 토지 활용도가 낮은 주변 녹지 및 공원에 또 하나의 저류지를 추가 조성하여 저류 기능을 분산·증대시켰다. 그 결과 생태환경 저류지의 총저류 용량은 초기의 재해 평가 용량보다 약 5,269 m^3가 증가된 33,606 m^3가 되었다. 방재 저류지 유형 중 on-line, off-site(이순탁 외, 2003) 형식의 분산형 생태환경 저류지 시스템을 앞의 그림 10.1의 오른쪽 그림처럼 에코디자인하여 완성된 결과였다(변찬우, 2007; SH공사, 2007a).

a. 신정3지구 택지개발지구 내 초기 단계 단일저류지 계획 및 공사 중 저류 상태 전경.

b. 신정3지구 내 기본 계획의 변경된 분산형 저류지 계획 및 조성 이후 SSB 침전지와 습지 · 연못 주변의 전경.

그림 10.3 | 신정3지구 택지개발지구 내 분산형 저류지 확장 계획(© 변찬우, 2012).

그리고 앞에서 언급된 다목적 기능을 도모하기 위해 분산된 2개의 저류지를 연결하는 생태환경 수로를 택지개발계획 중 녹지대로 된 공간을 활용하여 SSB의 습지·연못 구간으로 조성하였다. 그 결과, 평상시(비강우시) 생태환경저류지 시스템 내의 정체된 물을 순환시키면서, 수질 정화와 생태 복원을 위한 생태적수질정화비오톱(SSB) 시스템을 설치해서 생태환경적 기능을 발휘하도록 조성하였다(SH공사, 2007b; 환경부, 2010).

그림 10.4는 기존 녹지대를 이용하여 상부에 위치한 SSB의 침강(제1) 저류지와 하부 SSB의 침전(제2) 저류지를 연결한 수로를 보여주고 있다. 본 연구로 수로는 비교적

그림 10.4 | 기존 녹지대에 조성된, 침강 저류지와 침전 저류지를 연결하는 생태환경 수로(© 변찬우, 2018)는 생물 이동 통로 및 서식처 조성 효과가 입증된 생태목틀을 설치하여 본래의 재해 방재 기능을 수행할 뿐만 아니라, 수질 개선, 생태계 복원, 친수 공간으로 활용하고 지역민을 대상으로 생태 교육을 실시되고 있어 지역민의 만족도가 매우 높다.

습경사지로서 약 7 m의 수두차에 따른 SSB 시스템의 체류 시간을 고려한 셀 습지가 연속적인 계단으로 형성된 생태환경 구조를 갖도록 에코디자인되었다. 저수로 평균 10 m 폭에 수로 길이 200 m의 평균 하상경사가 1/20로 유하 시간이 짧은 직선 수로로 조성되었다. 이 생태환경 수로는 평상시(비강우시)에는 저류수를 순환시켜 수질 개선을 도모하면서 복원된 생태계를 건강하게 유지시킬 수 있게 에코디자인되었다.

연구 대상의 분산형 생태환경 저류지 시스템에 대해 요약하면 다음과 같다. 물 순환 기능을 위한 물리적 구조는 침강(제1) 저류지와 연결 수로 그리고 침전(제2) 저류지로 구성되는 등 저류지로서의 방재 기능을 확장시켜 주면서도 생태환경적 기능을 보장하는 생태적수질정화비오톱 시스템으로 구성되었다. 이를 정리하여 각 구성 요소의 제원과 함께 표 10.1에 제시하였다.

표 10.1 분산형 생태환경 저류지 시스템의 기능과 구조

물 순환 기능을 위한 물리적 구조						생태환경적 기능
침강(제1) 저류지		생태환경 수로(습지 · 연못 구간)		침전(제2) 저류지		생태적수질정화비오톱 시스템
면적(m^2)	용량(m^3)	길이(m)	하천 종단	면적(m^2)	용량(m^3)	
9,432	6,468	200	1/20	8,946	27,138	

방법 : 수리 · 수문 및 생태환경 모니터링

■ 최대호우사상 선정

2010년 9월부터 2011년 7월까지 모니터링 기간 동안 두 차례의 집중호우가 발생하였다. 구로구 궁동의 자동기상관측장비(Automatic Weather System, AWS)의 상세 관측자료로부터 일일 최대강우량, 1시간 지속 최대강우량 그리고 15분 지속 최대강우량을 조사하여 표 10.2에 제시하였다. 연구 대상지역은 도심지 소유역으로 유로 연

표 10.2 구로구 궁동 상세 강우 자료

집중호우	일일 최다강우량(mm)	시간당 최다강우량(mm)	15분 최다강우량(mm)
2010. 09. 21. 11:56~ 2010. 09. 21. 21:54	229.5	78.0	29.5
2011. 07. 26. 16:51~ 2011. 07. 28. 10:32	266.5	62.0	24.5

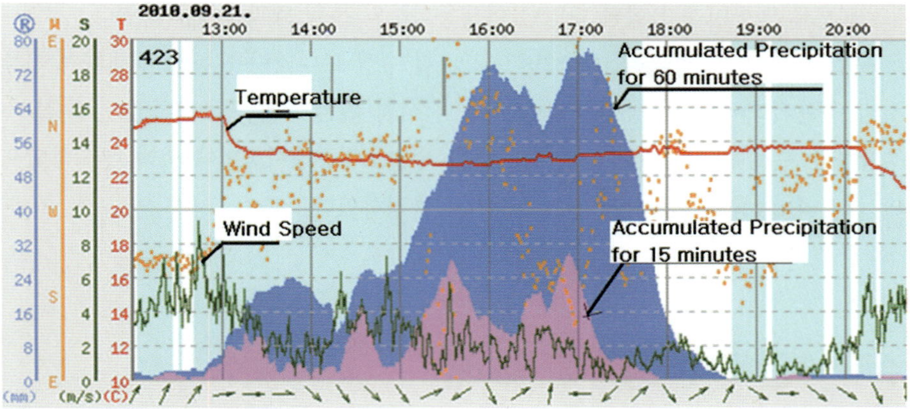

그림 10.5 | **집중호우 분포도**(구로구 궁동, 2010. 09. 21).

장이 짧고 첨두 홍수 유출 시간이 적음에 따라 15분 지속 최대강우량이 큰 호우사상을 채택하기로 하였다. 표 10.2의 구로구 궁동의 상세 강우 자료를 비교 분석하여 연구 대상지에 적용할 최대강우사상은 2010년 9월 21일 발생한 것으로 확인하였다. 수문·수리 해석에 채택된 강우의 특성은 1시간 지속 최대강우량 78.0 mm, 15분 지속 최대강우량 29.5 mm이며, 선정된 구로구 궁동 AWS 집중호우 분포는 그림 10.5의 내용을 참고하였다.

■ 생태환경 수로의 수리 모니터링

생태환경 수로의 수위-유량 곡선을 개발하기 위해 모니터링 기간 동안 수로 상류부에서 수위와 유속을 측정하였다. 그리고 집중호우가 끝난 후에 현장 조사를 실시하여 생태환경 수로 하상과 호안의 세굴을 방지하기 위해 적용된 주요 공법인 SSB 시스템과 그 주변의 수리적 안정성을 확인하였다.

■ 생태환경 모니터링

분산형 생태환경 저류지 시스템의 생물상 중 식물상은 식재종 및 침입종의 변화를 2009년 9월부터 지속적으로 모니터링하였으며, 강우 등으로 조사가 불가능한 경우를 제외하고는 조사 시기를 준수하였다. 같은 시기에 멸종위기종인 맹꽁이 등 양서파충류 모니터링을 시행하였으며, 직접 확인 방법(Direct survey), 간접 확인 방법(Indirect survey)으로 맹꽁이를 포함한 다양한 야생동식물의 복원 효과를 분석하였다.

수질 효과는 복원 직후인 2012년 9월 14일 수질 모니터링을 통해 생태환경 저류지의 수질 정화 효과와 동식물상 등 생물 서식처 복원 효과를 조사하였다. 수질 측정항목은 주로 BOD5, SS, T-N, T-P 등을 수질오염공정시험법에 따라 분석하였으며, pH, 수온 등은 현장에서 수질측정기로 측정하였다.

수리·수문 모니터링 결과 및 고찰

집중호우의 재현기간 분석

연구대상 지역의 수문·수리 해석에 채택된 강우사상의 1시간 지속 최대강우량인 78.0 mm는 **표 10.3**에서 알 수 있듯이, 서울 지역의 재현기간 10년 강우량 75.7 mm보다 약간 큰 값을 보이고 있다(SH공사, 2007a). 모니터링 기간 중 발생한 최대 집중호우의 확률 강우량은 서울 지역의 재현기간 10년에 해당된다고 판단된다.

표 10.3 시간당 강우량 비교

구 분	1시간 지속 최대강우량	재현기간
서울관측소 확률 강우량	75.7 mm	10년
2010년 9월 21일 집중호우	78.0 mm	

분산형 생태환경 저류지 시스템의 홍수 저감 효과

택지가 완전히 개발된 상태에서, 분산형 생태환경 저류지 시스템을 설치하기 전과 설치 후의 분산형 저류지 시스템 하류부에서의 방류 수문 곡선을 **그림 10.6**에 실강우분포 주상도와 함께 나타내어 비교·분석하였다.

택지에 단지가 개발된 상태에서 분산형 생태환경 저류지 시스템이 설치되기 전의 첨두 유출량은 20.7 CMS인데, 이를 재해 영향 평가시 제시된 SCS 방법에 의한

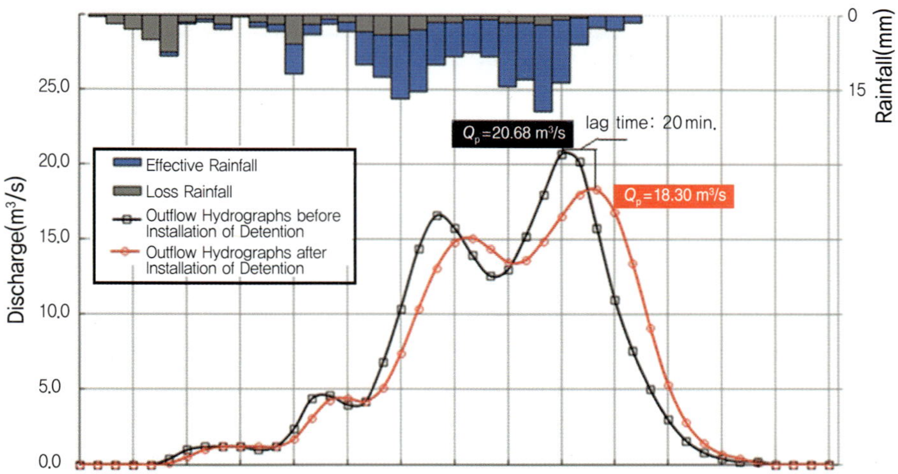

그림 10.6 | 신정3지구 택지개발지구 내 분산형 생태환경 저류지 시스템 설치 이후 방류 수문 곡선.

빈도별 홍수량 자료와 비교하면 재현기간 10년의 확률 홍수량이 된다. 분산형 저류지 시스템이 설치된 후 분산형 생태환경 저류지 시스템의 하류부 방류 수문 곡선의 첨두 유출량은 18.3 CMS이며, 재현 기간 6년의 확률 홍수량으로 감소했다. 그림 10.6에서 생태환경 저류지 시스템 설치 전과 후의 방류 수문 곡선을 비교·분석한 결과, 계획 빈도 10년에 해당하는 설치 전의 첨두 유출량은 생태환경 저류지 시스템에 의해 20분간 지체되고, 첨두 유출량은 2.4 CMS(약 12%) 감소하여 홍수 저감 효과가 있음을 알 수 있다.

생태환경 수로의 수리학적 특성 분석 및 검토

생태환경 수로 상류부에서 유속을 실측하여 수위-유량 곡선을 개발하였다. 상관식은 $Q = 35.91224h^{3.26329}$과 같고 그래프는 그림 10.7에 제시하였다. 개발된 그림 10.7의 수위-유량관계 곡선은 실강우 자료를 HEC-HMS 모형으로 모의한 유량 결과와 일치하였다.

서울 지역 재현기간 10년 강우량에 의한 생태환경 수로의 첨두 홍수량 20.7 CMS를 입력하여 HEC-RAS로 모의 해석한 홍수위와 계획 홍수위(50년 빈도)에 대한

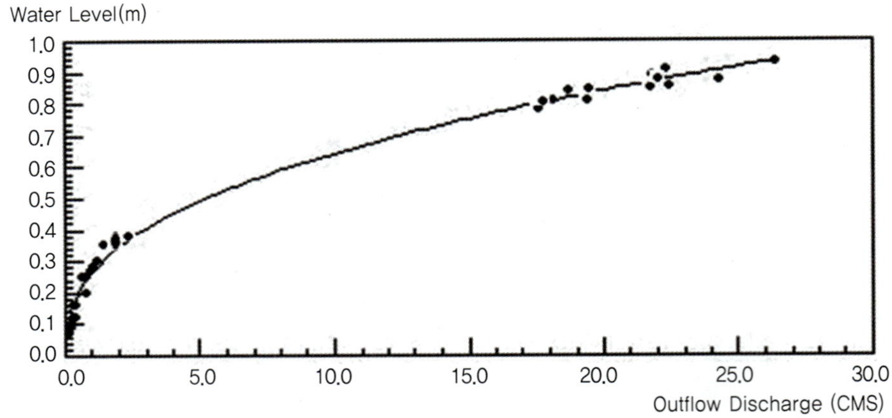

그림 10.7 | 생태환경 수로의 수위 · 유량 관계 곡선.

제방고를 비교하여 그림 10.8에 나타내었다. 검토 결과에서, 여유고는 상류부에서 2.3 m 그리고 하류부에서 3.8 m 정도 확보되어 있음을 확인하였다.

첨두 홍수량에 의한 HEC-RAS 해석 결과 생태환경 수로의 유속과 Fr. 그리고 평균 소류력을 구간별로 정리한 생태환경 수로의 수리 특성을 표 10.4에 나타내었다. 평균 소류력은 sta.7에서 최소치 86.29 N/m², 그리고 박스 교량 하류부 sta.6에서

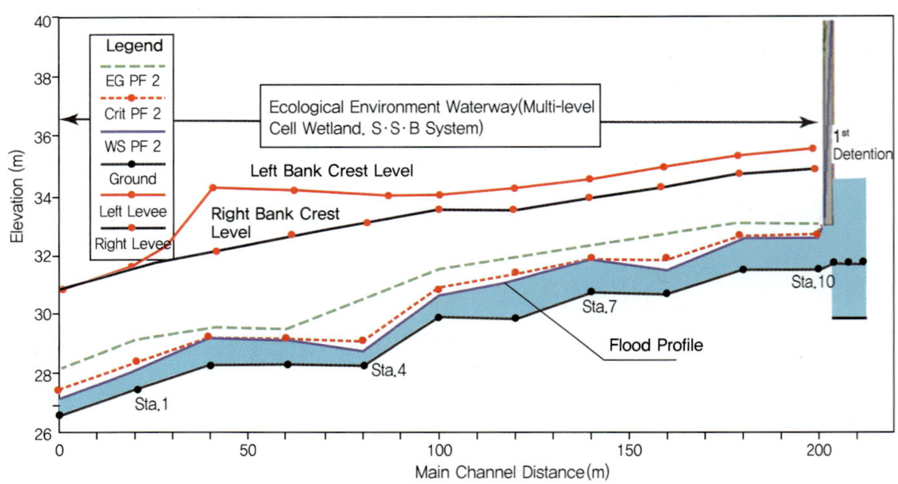

그림 10.8 | 생태환경 수로(다단계 셀 습지, SSB 시스템)의 모의 홍수위(첨두 홍수량)와 계획 홍수위에 대한 제방고 비교.

표 10.4 생태환경 수로의 수리 특성

구분	sta. No.	유속(m/s)	Fr.	하상 평균 소류력(N/m²)
C: 생태환경수로 하류부	4	3.28	1.74	133.94
	5	3.86	2.22	195.45
B: 교량 하부	6	5.11	3.38	376.18
	7	2.76	1.27	86.29
	8	3.81	1.57	154.80
	9	4.18	2.03	206.19
A: 상부침강지방류구 수충부	10+1	10.07	3.72	131.94

최대치 376.18 N/m²로 나타났다(표 10.4).

생태환경 수로 하상과 호안의 세굴을 방지하기 위해 적용된 주요 적용공법을 그림 10.9에 나타내었다. 홍수시 상부 침강 저류지의 유입량이 급증하면 수위가 높아지고 방류 암거의 흐름이 일시적으로 압력에 지배되면서, 방류구 출구(그림 10.9의 A) 흐름은 사류 상태(Fr.=3.72, 유속 10.07 m/s, 그림 10.10 참고)가 된다. 이 흐름 에너지로 인한 하상 주변과 저수호안 수충부의 세굴을 방지하기 위해 자연석과 SSB 시스템의 한 구성요소인 생태목틀로 감세공(apron)을 조성하였다. 특히 생태환경 효과와 하상 세굴 방지를 위해 생태목틀을 이용한 둔덕 여울이 설치되었다.

박스 형태의 교량 하부(그림 10.9의 B) 위치에서는 수로 단면 수축과 하상 경사의 증가로 유속이 증가하는 구간이다. 이 구간에도 하상과 저수호안의 세굴을 방지하기 위해 수로호안은 물론, 교량 하단부의 생태공학적 목적을 위해 생태목틀이 설치되었다. 교량 하류 부분에서 C 사이 구간은 자연석으로 저류 호안과 여울과 소를 조성한 다단계 셀 습지·연못(SSB 시스템)으로 구성되었다.

2011년 7월 27일의 집중호우에 의한 홍수가 발생하였을 때 수위와 유속 관측을 실시하였으며, 그림 10.9에는 상부 1차 저류지 방류구에서 유출하는 홍수 흐름의 형상을, 그림 10.10에는 홍수가 다단계 셀 습지를 급속으로 유하하는 모습을 촬영하여 제시하였다.

생태환경 수로에 적용된 공법인 SSB 시스템과 하천 설계 기준의 허용 소류력과 실강우에 의한 HEC-RAS로 모의 해석한 하상 평균 소류력 그리고 현장 조사결과를

그림 10.9 | 생태환경 수로 바닥과 저수호안 보호를 위한 공법.

그림 10.10 | 집중호우 발생시 생태환경 수로 전경.

그림 10.11 | 집중호우 발생 후 생태환경 수로 전경.

정리하여 표 10.5에 나타내었다. 표 10.5에서 생태목틀은 HEC-RAS 해석 소류력이 195.45 N/m² 이상, 376.18 N/m² 이하 범위의 수충부와 저수호안 보호 및 밑다짐 그리고 하상 세굴이 우려되는 부분에 적용되어 있으며, 하상과 저수호안 보호용 자연석은 소류력이 133.94 N/m² 이하인 구간에 적용되었다. 이는 HEC-RAS로 모의한 수리 특성과 부합하고 있으며, 서울 지역의 재현기간 10년 강우에 안전함을 알 수 있었다. 집중호우 발생 직후 현장 조사를 통해 계단형의 여울과 소에 대한 물리적 구조의 안정성을 확인하였다. 여울을 구성하는 자연석의 전도, 활동, 침하 여부에 대해 조사하고, 평상시에는 이들의 침투(파이핑 현상)에 대한 수로의 손상 여부를 조사하였다(소하천설계기준, 2012). 모니터링 결과 여울 재료인 자연석의 이탈이나 자연

표 10.5 생태환경 수로 보호공의 수리적 비교

공법	용도 (적용 구간)	하천 공사 표준시방서 허용소류력(N/m²)	실강우에 의한 HEC-RAS 해석 소류력(N/m²)	현장 조사
생태 목틀	하상세굴 방지(sta.5) 저수호안 보호(sta.4-sta.10) 둔덕여울(sta.6, sta.10)	1470 (150 kg/m²)	195.45-376.18 범위에 적용	안정
자연석	하상세굴 방지(sta.10)/ 여울 · 소: 다단계 셀(sta.0-sta.4) 저수호안 (sta.0-sta.4)	235.2 (24.0 kg/m²)	133.94 이하 구간에 적용	안정

석 주변 하상 세굴과 토사의 퇴적이 발생하지 않았고, 식생은 물론 다양한 생물 서식처가 복원되어 생태적으로 안정화되었다(그림 10.11).

한편, 평균 입경 150 mm 이상의 사석으로 충진된 생태목틀의 속채움석은 전 구간에서 이탈되지 않고 안정적으로 기능을 유지하고 있었다. 이는 생태목틀과 동일한 정사각형 모양의 콘크리트 블록 TTG의 수리 모형 실험결과에서 채움사석의 평균 입경이 125 mm 이상일 때 안정성이 입증된 결과와 일치하고 있었다(박현주 외, 2010).

갈수 시 생태환경 유지용수

생태환경 용수를 유지하고 순환시켜 생태환경 수로의 생태계를 유지하기 위해서는 안전하게 공급되는 유지용수가 필요하다. 총면적이 2,405 m^2인 생태환경 수로는 갈수기 때 연못의 수심을 0.6 m, 습지의 수심을 0.2 m로 유지시키기 위해 필요한 생태환경 유량은 1,265 m^3/d로 설계되었다. 생태환경 유량의 안정성은 준공 후 갈수기 생태환경 모니터링 결과를 통해 확인하였다. 당초 에코디자인에서 제시된 대로 평상시(비강우시) 물 순환 시스템이 원활히 작용함으로써, 초기 강우 비점오염원의 생태적 수질 정화 습지 기능을 유지하고 생태환경 유지용수를 안정적으로 공급하여 수로 생태계의 건강성을 확보하고 있음이 확인되었다.

생태환경 모니터링 결과

식생

택지개발지의 대상지 유역내 산림식생은 대표적으로 아까시나무 식재림이며, 그 외 리기다소나무림, 스트로브잣나무 식재림으로 구성되어 있으나, 택지개발로 인해 전체적으로 축소·훼손되어 있었다.

생태환경저류지의 SSB 시스템에 식재된 수생식물은 수문적 특성, 토양, 지질,

그림 10.12 | 신정 생태환경 저류지에 식재된 식생 전경(© 변찬우, 2015).

식물 등 생태적 특성과 수처리 효율을 고려하여 조성되었다. 복원 후 모니터링된 습지식물은 총 11과 15종으로 고마리, 부들, 노랑꽃창포, 갈대, 달뿌리풀 등이다. 갈대, 달뿌리풀, 노랑꽃창포 등이 우점하며, 초장이 거의 1.5 m 이상으로 생육 상태가 양호하고 뿌리 활착률도 높았다. 생태환경 저류지에 유입한 수종은 총 9과 23종으로 개여뀌, 털부처꽃, 쑥부쟁이, 닭의장풀, 명아주, 쑥, 토끼풀, 망초 등이 관찰되었다(표 10.6).

분산형 생태환경 저류지 시스템의 수생식물 시스템 중 당초 생태환경 기능 효율을 고려하여 식재된 갈대, 달뿌리풀, 노랑꽃창포 등은 수처리 기능이나 수생식물 간의 상호경쟁에서 우세한 식물들이기에 우점종으로 유지되었다. 따라서 대부분의 유입식물은 수체계 내에 군락을 형성하지 못하였다. 특히 대상지 주변에 망초, 환삼덩굴 등이 유입할 경우 생태환경 저류지 생태계에 부정적 영향을 미칠 수 있었지만, 체계적인 유지용수 공급으로 유지관리를 했음이 모니터링되었다.

표 10.6 생태환경 저류지 내 식물상 조사 결과

식재종

과(Family)	학명	국명
마디풀과	*Persicaria thunbergii (Siebold & Zucc.) H.Gross ex Nakai*	고마리
부들과	*Typha orientalis C.Presl*	부들
붓꽃과	*Iris pseudacorus L.*	노랑꽃창포
	Iris ensata var. spontanea NaKai	꽃창포
	Iris sanguinea Donn ex Horn	붓꽃
수련과	*Nymphaea tetragona Georgi*	수련
벼과	*Phragmites communis Trin.*	갈대
	Zizania latifolia (Griseb.) Turcz. ex Stapf	줄
조름나물과	*Phragmites japonica Steud.*	달뿌리풀
	Nymphoides peltata (J.G.Gmelin) Kuntze	노랑어리연꽃
버드나무과	*Salix graciliglans Nakai*	눈갯버들
산형과	*Oenanthe javamica DC*	미나리
인동과	*Lonicera japonica Thunb.*	인동덩굴
노박덩굴과	*Euonymus fortunei var. radicans Rehder*	줄사철
미나리아재비과	*Clematis hybrida grandiflora Hort.*	클레마티스
총계	11과 15종	

유입수종

과(Family)	학명	국명
닭의장풀과	*Commelina communis L.*	닭의장풀
명아주과	*Chenopodium album var. centrorubrum Makino*	명아주
부처꽃과	*Lythrum salicaria*	털부처꽃
콩과	*Trifolium repens L.*	토끼풀
	Trifolium pratense L.	붉은토끼풀
	Lespedeza cyrtobotrya MIQ.	참싸리
	Humulus japonicus Sieboid & Zucc.	환삼덩굴
고사리삼과	*Artemisia princeps Pamp.*	쑥
국화과	*Conyza canadensis (L.) Cronquist*	망초
	Erigeron annuus (L.) Pers.	개망초
	Bidens frondosa L.	미국가막사리
	Crepidiastrum sonchifolium(Bunge) Pak & Kawano	고들빼기
	Rumex crispus L.	소리쟁이
	Aster yomena Makino	쑥부쟁이
	Alisma canaliculatum A.Br. & Bouche	택사
마디풀과	*Persicaria perfoliata (L.) H.Gross*	며느리배꼽
사초과	*Persicaria blumei Gross*	개여뀌
	Cyperus amuricus Maxim.	방동사니
	Scirpus triqueter L.	세모고랭이
벼과	*Alopecurus aequalis var. amurensis*	뚝새풀
	Panicum dichotomiflorum Michx.	미국개기장
	Setaria viridis (L.) P.Beauv. var. viridis	강아지풀
	Eleusine indica (L.) Gaertn.	왕바랭이
총계		9과 23종

양서 · 파충류

저류지 내 인공습지 조성으로 인한 생물 다양성 및 생태계 복원 효과의 가장 대표 종은 양서·파충류라고 볼 수 있다. 특히 2009년 7월 신정 택지공사 개발지역 공사 중 맹꽁이의 서식 확인으로 맹꽁이 보존을 위한 대체 서식지 조성이 요구되었다. 국내 양서·파충류 전문가와 SSB 시스템 및 신기술(특허권)자인 필자가 협력하여 분산형 생태환경 저류지 시스템인 생태적수질정화비오톱에 맹꽁이의 번식(산란)과 서식할 수 있는 포획·이주 및 대체 서식지 조성 계획을 세웠다. 그 결과 1차년도(2009년)에는 신정 맹꽁이 서식처 현황 조사 및 분석을 기준으로 분산형 생태환경 저류지 시스템 내 맹꽁이 대체 서식처 적지를 분석하고 에코디자인을 수행하여, 포획시 임시 서식할 수 있는 가서식처를 조성하였다. 2차년도(2010년)에는, 1차년도 결과에 따라 분산형 생태환경 저류지 시스템의 저류지 및 연못습지 내 대체 서식지를 복원 조성하고, 신정지구에 서식하는 맹꽁이를 포획하여 대체 서식지로 이주시켰다. 3차년도 수행(2011년)에서는, 분산형 생태환경 저류지 시스템 내 영구 대체 서식지로 이주시킨 맹꽁이 및 양서·파충류에 대해 모니터링을 수행하여 대체 서식처의 현황을 점검한 후, 그 결과에 따라 경고판, 펜스 등을 설치해서 성공적으로 복원된 맹꽁이 서식처에 대한 운영관리를 수행하였다.

표 10.7 생태환경저류지 내 양서 · 파충류 조사 결과(2011. 05)

No.	과 (Family)	종명(Species)		확인방법				비고
		학명	국명	서식 확인 (성체/개체)	산란지 확인 올챙이(개)	산란지 확인 알(개)	청문 확인 (개체)	
1	두꺼비과 (Bufonidae)	*Kaloula borealis*	맹꽁이	–	–	–	–	
2	청개구리과 (Hylidae)	*Hyla japonica*	청개구리	3	600+α	100+α	11	
3	개구리과 (Ranidae)	*Rana nigromaculata*	참개구리	16	500+α	700+α	4	
		Rana amuriensis coreana	한국산개구리	–	–	–	–	
소계		3과 4종						

표 10.8 생태환경저류지 내 양서 · 파충류 조사 결과(2011. 06) (계속)

No.	과 (Family)	종명(Species)		확인방법				비고
		학명	국명	서식 확인 (성체/개체)	산란지 확인 올챙이(개)	산란지 확인 알(개)	청문 확인 (개체)	
1	두꺼비과 (Bufonidae)	*Kaloula borealis*	맹꽁이	1	–	–	1	
2	청개구리과 (Hylidae)	*Hyla japonica*	청개구리	2(새끼)	1050 + α	–	10	
3	개구리과 (Ranidae)	*Rana nigromaculata*	참개구리	10	550 + α	–	–	
		Rana amuriensis coreana	한국산개구리	30(새끼)	–	–	–	
소계		3과 4종						

표 10.9 생태환경저류지 내 양서 · 파충류 조사 결과(2011. 07) (계속)

No.	과 (Family)	종명(Species)		확인 방법				비고
		학명	국명	서식 확인 (성체/개체)	산란지 확인 올챙이(개)	산란지 확인 알(개)	청문 확인 (개체)	
1	두꺼비과 (Bufonidae)	*Kaloula borealis*	맹꽁이	–	10 + α	–	1	
2	청개구리과 (Hylidae)	*Hyla japonica*	청개구리	–	150 + α	–	16	
3	개구리과 (Ranidae)	*Rana nigromaculata*	참개구리	10	125 + α	–	10	
		Rana amuriensis coreana	한국산 개구리	–	–	–	–	
소계		3과 4종						
총계		총 3과 4종으로, 맹꽁이(성체 1개체, 올챙이 10 + α), 참개구리(성체 28개체, 올챙이 1,000개체 이상), 청개구리(성체 31개체, 올챙이 1,500개체 이상), 한국산개구리(새끼 30개체 이상) 총 4종의 양서류를 확인하였다.						

표 10.7, 표 10.8, 표 10.9와 같이 생태복원 직후인 2011년 5~7월 기간 중 양서·파충류 모니터링에 의하면, 총 3과 4종이 복원된 것이 모니터링되었다. 특히 멸종위기종인 맹꽁이(성체 1개체, 올챙이 10 + α)뿐만 아니라, 참개구리(성체 28개체, 올챙이 1,000개체 이상), 청개구리(성체 31개체, 올챙이 1,500개체 이상), 한국산개구리(새끼 30개

체 이상) 등 다양한 양서류의 서식이 확인됨으로써 에코디자인을 통한 서식처가 창출적으로 복원됨을 확인하였다.

이처럼 생태환경 저류지에서 SSB 시스템의 복원 공사 과정에서 3개년에 걸친 신정3지구 맹꽁이 포획·이주 및 대체 서식처 조성사업을 통해 신정3지구 택지개발 부지 내 서식하고 있는 맹꽁이(환경부 지정 멸종위기 야생동물 2급)의 보존 계획을 성공적으로 수행하였다. 하지만 조성 후에도 지속적인 맹꽁이 서식처 모니터링 및 전문적인 운영관리가 요구되었다.

비점오염 처리 및 생태적 수질 개선 효과

본 택지 내 고농도의 비점오염원이 집중되는 분산형 저류지에, 앞서 제3부에서 생태·환경적으로 검증된 것으로 제시한 바 있는 생태적수질정화비오톱 시스템을 상시저류 습지 연못 구역에 맞춤형으로 도입하고 에코디자인하였다. 이에 복원 직후인 2012년 12월에 수질 환경 모니터링을 수행하여 BOD5, SS, T-N, T-P 등을 수질오염공정시험법에 따른 유입수와 유출수의 수질을 분석하였다. 그 결과 표 10.9와 같이 수온의 경우 유입은 8.4°C, 유출은 0.4~5.8°C이었고, BOD의 경우 유입 농도 1.2 mg/L, 유출 농도 0.7~0.8 mg/L이었으며, SS는 유입 농도 6.3 mg/L, 유출 농도 5.0mg/L이었다. 또한 T-N은 유입 농도 1.105 mg/L, 유출 농도 1.13 mg/L이었고, T-P는 유입 농도 0.005 mg/L, 유출 농도 0.006 mg/L으로 나타났다. 본 생태환경 저류지의 유입부(1차 저류지)와 유출부 1(다단계 셀 습지), 유출부 1과 유출부 2(2차 저류지) 사이에 택지내 생활하수, 도로 비점오염원 같은 오염원 유입부들이 있었다. 하지만

표 10.9 신정3지구 생태적수질정화비오톱(SSB) 시스템 수질 모니터링 결과(2012.12)

구분	수온(°C)	BOD5(mg/L)	SS(mg/L)	T-N(mg/L)	T-P(mg/L)
유입수 (침강 저류지)	8.4	1.2	6.3	1.105	0.005
유출수 1 (다단계 셀 습지)	0.4	0.8	5.0	1.13	0.006
유출수2 (침전 저류지)	5.8	0.7	5.0	1.13	0.006

그림 10.13 | 연의 생태공원 타이틀로 방문객의 생태학습 명소로 활용되고 있는 신정 생태환경저류지 공원.

공사 준공 직후에 생태환경공학적으로 전문적인 유지관리가 되지 않아 유출부 쪽에 침전물 퇴적 등의 영향을 받았다. 그럼에도 불구하고 에코디자인과 생태공학적인 접근으로 조성되었기에 전반적으로 수질 1등급 수를 유지함에 따라 매우 맑은 물이 순환하여 흐르고 있었으며, 통상의 방재 저류지에서는 발견할 수 없는 다양한 생물 서식이 모니터링되었다. 그 결과 생태환경 저류지 홍보관의 생태 해설사들이 많은 생태학습 방문객들을 안내하는 등 지역의 명소로 자리매김하였다(그림 10.13).

결론

2009년부터 2012년에 걸친 수리·수문 및 생태환경 모니터링을 통해 국내 최초로 분산형 생태환경 저류지 시스템의 홍수 저감과 생태환경 효과를 분석하고 평가하여 얻은 결론은 다음과 같다.

첫째, 택지개발지구 내 법정 방재 저류지에 생태적수질정화비오톱(SSB)을 에코디자인하여 생태공학적 안정성을 도모한 결과는 다음과 같다. 서울 지역의 재현기간 10년 강우량에 해당하는 1시간 지속 최대 강우 78.0 mm는 생태환경 저류지 시스템에 의해 첨두 유출량은 2.4 CMS(약 12%)만큼 감소하고, 20분간 지체되어 홍수저감 효과가 있음을 알 수 있다. 생태환경 수로의 홍수위는 제방 여유고가 상류부에서 2.3 m 그리고 하류부에서 3.8 m 정도 확보되어 있으며, 하상 평균 소류력의 범위는 86.29~376.18 N/m², 유속의 범위는 2.76~10.07 m/s(여기서 10.07 m/s 유속은 상부 침강저류지 방류구 유출수에 대한 관측치임)로 나타났다. 생태목틀은 소류력이 195.45 N/m² 이상 그리고 376.18 N/m² 이하 범위의 수충부와 저수호안 및 밑다짐 그리고 하상 세굴이 우려되는 부분에, 하상 보호용 자연석은 소류력 133.94 N/m² 이하 구간에 적용되었다. 소류력이 큰 곳에는 생태목틀이, 소류력이 적은 구간에는 자연석으로 적용된 수로가 수리 특성에 적합하고, 서울 지역의 재현기간 10년 강우량에서도 안전함을 알 수 있었다. 여울 재료인 자연석의 이탈 그리고 자연석 주변 하상 세굴과 토사의 퇴적이 발생하지 않았음을 확인하였다. 연결 수로의 수심을 0.6 m, 습지의 수심을 0.2 m 유지하기 위한 갈수기 생태환경 유량은 1,265 m³/d로 설계되었다. SSB 시스템의 유지용수 공급을 위해 순환형 시스템을 적용하여 초기강우 비점오염원의 생태적 수질 정화 습지 기능을 유지하면서 갈수기 때 생태환경 수로의 안정성을 확보하고 있다.

둘째, 생태계 복원 효과를 모니터링한 결과는 다음과 같다. 식물상의 경우, 식재종은 총 11과 15종으로 SSB 시스템의 정수 식물 군락인 고마리, 부들, 노랑꽃창포, 갈대, 달뿌리풀 등이 우점하였다. 유입종은 총 9과 23종으로 개여뀌, 털부처꽃, 쑥부쟁이, 닭의장풀, 명아주, 쑥, 토끼풀, 망초 등이 관찰되었다. 대표적으로 조사된 동물상의 경우 양서·파충류는 총 3과 4종으로, 멸종위기종인 맹꽁이(성체 1개체, 올챙이 10+α)뿐만 아니라, 참개구리(성체 28개체, 올챙이 1,000개체 이상), 청개구리(성체 31개체, 올챙이 1,500개체 이상), 한국산개구리(새끼 30개체 이상) 등 다양한 양서류의 서식이 모니터링되었다. 이는 필자가 양서파충류 전문가(고 심재한 박사)의 자문을 받아 생태공학적인 에코디자인을 통해 성공적으로 수행된 결과이다. 특히 구체적인 성공요인은 2009~2011년에 걸친 신정3지구 맹꽁이 포획·이주 및 대체 서식처 조성 사업과 신정3지구 택지개발 부지 내 서식하고 있는 맹꽁이(환경부 지정 멸종위기 야생동물 2급)의 서식처가 창출적으로 복원된 결과로 모니터링되었다.

셋째, 복원 직후인 2012년 9월에 수질 환경 모니터링을 수행하여 BOD5, SS, T-N, T-P 등을 수질오염공정시험법에 따른 유입수와 유출수의 수질을 분석하였다. 그 결과 BOD의 경우에 유입 농도 1.2 mg/L, 유출 농도 0.7~0.8 mg/L이었으며, SS는 유입 농도 6.3 mg/L, 유출 농도 5.0 mg/L이었다. 또한 T-N은 유입 농도 1.105 mg/L, 유출 농도 1.13 mg/L이었고, T-P는 유입 농도 0.005 mg/L, 유출 농도 0.006 mg/L으로 나타났다. 본 생태환경 저류지의 유입부(침강 저류지)에서 유출부 1(다단계 셀 습지), 유출부 2(침전 저류지) 사이에 택지 내 생활하수, 도로 비점오염원 등 오염원 유입부들이 있었고, 공사 직후에 생태환경공학적 유지관리가 전문적으로 되지 않아 퇴적물들이 침전지에 영향을 주고 있었음에도 수질 1등급 수를 유지함으로써 생태적수질정화비오톱의 처리 효과는 안정적으로 나타났다.

이상을 통해 생태환경 저류지 시스템의 홍수 저감 효과와 생태환경 수로 및 저류지의 안정성, 그리고 생태 복원 및 수질 정화 효능을 모니터링하였다. 이는 국내 융합적인 기능의 생태환경 저류지나 생태 하천의 표준화와 적용에 있어서 중요한 기준을 확립하는 데 기여할 수 있을 것이다. 다만 국내 최초로 조성된 생태환경 저류지 시스템을 조성한 이후, 생태 환경적으로 안정화되는 기간은 적어도 2년 이상이라고 볼 수 있다. 따라서 이 기간 동안 생태환경 저류지를 연구개발한 전문가의 전문적인 유지관리 참여와 모니터링 과정이 필수적이다.

에코디자인과 생태공학적 접근을 통해 성공적으로 조성된 신정 생태환경 저류지를 모니터링한 결과, 기존의 치수(治水) 중심의 방재 시설에도 치수목적뿐만 아니라 해법(NBS: Nature Based Solution)이 도출될 수 있음을 확인할 수 있었다.

참고문헌

APWA Research Foundation, Urban Stormwater Management, America Public Works Assoc., 1313 East 60th St. Chicago. Il, 1981.

Kameldusky, Gregory E. and Richard H. McCuen, "Evaluation of Alternative Stormwater Detention Policies", Journal of the Water Resource Planning and Management Division ASCE. 105(WR2), 1979, pp.171-186.

Chan-Woo Byeon, "Ecological Restoration of the Rivers and Wetlands with Sustainable Structured Wetland Biotop (SSB) System", KSCE Journal of Civil Engineering, Vol.16-No.2, 2012, pp.255-263.

곽재원, 김재근, 김형수, 유병국, "천변저류지 조성에 따른 효과분석", 대한토목학회논문집 제30권 제1B호, 2010, pp.13-21.

김희진, "비점오염원 저감을 위한 유수지 설계 : 개봉1 유수지(빗물펌프장)을 중심으로", 홍익대 석사학위논문, 2010.

박현주, 지정한, "TTG블록의 교각국부세굴에 대한 수리모형 성능평가", 한국방재학회논문집, 한국방재학회, 제10권, 제6호, 2010, pp. 165-174.

변우일, "자연형하천 복원설계-굴포천방수로 2단계 건설사업 제3공구 생태방수로 설계사례를 중심으로", 한국환경복원녹화기술학회 추계학술발표회, 2005b, pp.45-60.

변우일, "저류지 생태공원 설계모형 개발에 관한 연구", 한국환경복원녹화기술학회지 9(3)(2006a) : 1-16.

변우일, "자유수면형 인공습지 환경·생태공원 설계-생태적 수질정화비오톱 공원의 구조설계를 중심으로-", 한국환경복원녹화기술학회지 9(5)(2006b) : 1-9.

변찬우, "경안천 고수부지에 조성한 금어천 생태적수질정화비오톱 시스템의 수질정화 및 생태복원 효과", 한국환경복원녹화기술학회지 13(3)(2010a) : 1~13.

변찬우, 우리풍토에 맞는 생태하천, 나무도시, 2010b, pp. 134~157.

변찬우, "분산형 저류지 조성을 통한 생태환경복원 설계 : 신정3지구 택지지역의 생태환경 저류지에 적용된 생태적수질정화비오톱(SSB)시스템을 중심으로", 한국환경복원녹화기술학회지 13(3)(2012) : 1~13.

서울시정개발연구원, 우수유출률 저감대책, 1995.

서울시정개발연구원, 서울시 비오톱 유형 특성과 생물다양성 증진 방안, 2004.

국립방재연구원, 소하천설계기준, 소방방재청, 2012, p.164.

신상영, 이석민, 박민규, “서울의 침수피해특성과 수방정책방향”, 한국방재학회지 Vol.11, No.3, 2011, pp.4-10.

에스에이치공사, 서울 신정3 국민임대주택단지 조성사업 재해영향평가서(재협의/최종), 2007a.

에스에이치공사, 신정3지구 조경실시설계심의 보고서. 서울 신정3 국민임대주택단지 조성사업 저류지 생태환경공원, 2007b.

우창호, “다목적 저류지의 수질개선을 위한 설계과정 및 적용에 관한 연구 -남악 신도시 개발지를 대상으로”, 한국환경복원녹화기술학회지, 7(1)(2004):97-109.

유인표, 도시공원 내 저류시설의 생태적활용을 위한 계획 및 설계요소에 관한 연구, 2004.

이순탁,한형근, 개발사업에 따른 재해의 효율적 저감방안 연구-저류지 유형별(on-line/off-line) 채택 방안, 2003.

이용민, 비점오염물질 저감을 위한 저류형 인공습지에서 침수식물의 기능과 도입에 관한 연구, 2009.

하천공사표준시방서, 건설교통부, 1994, pp.162-164.

하천설계기준·해설, 한국수자원학회, 2009, p.332.

한국토지공사, 저류지공원 조성계획에 관한 연구, LEED 환경연구원, 2006.

환경부, 택지개발지역에서의 훼손된 수생태계 복원, 창출, 향상 기술 개발 3차년도 보고서, 2010.

10(2) 저류시설의 생태환경 복원

두 번째 : 도시 내 비점오염원 처리 및 생태계 복원을 위한 에코디자인 과정[1]

1 본 내용은 한국방재학회지에 실린 논문 "변찬우 · 분산형 저류지 조성을 통한 생태환경 복원 설계: 신정 3지구 택지지역의 생태환경저류지에 적용된 생태적 수질정화 비오톱(SSB) 시스템을 중심으로, 한국환경복원 기술학회지, 2012"의 원전을 본 저서에 맞게 각색하였음.

개요

본 장의 후반부(2) 내용은 분산형 생태환경 저류지 조성에 관한 전반부(1)에서 다룬 생태공학적 방재시설이 되기 위해 비점오염원 처리 및 생태계 조성 과정을 위한 에코디자인 과정에 촛점을 둔다. 신정3지구 주택 개발지구 내에 위치한 생태환경 저류지의 에코디자인 과정은 3단계로 구분할 수 있다. 1단계에서는 최초 계획된 저류지 옆에 새로 설계된 분산형 저류지가 조성되었다. 100년 빈도 강우량을 저류할 수 있도록 또 다른 저류지를 인근 녹지와 공원으로 확대 분산함으로써 조성된 저류지의 저류 용량을 28,337 m^3/d에서 33,606 m^3/d로 증가시켰다. 또한 환경부에서 검증된 신기술(제258호)인 생태적수질정화비오톱(SSB)을 생태환경적으로 적용하여 수질 정화 효율은 물론 생물 다양성 기능을 증진시켰다. 2단계에서는 초기 강우에 포함되어 있는 저류지 상류 유역의 비점오염원을 수질 정화하도록 하고 평상시에는 상하류 저류지의 물 순환 시스템 특허 기술을 시스템적으로 본 저류지에 도입해서 에코디자인하였다. 3단계에서는 맑은 물에 서식하는 다양한 생물상을 복원할 수 있는 모니터링과 에코디자인 과정을 제시한다.

핵심 용어: 생태환경 저류지, 분산형 저류지, 생태적수질정화비오톱(SSB) 시스템, 서식처 복원, 생태적 수질 정화

서론

저류지(貯流池)란 자연재해대책법에 의거 하천 유역에 대규모의 개발이 일어나는 경우, 개발에 따른 홍수 유출량의 증가 및 수해의 위험을 방지하고, 홍수 조절, 저류 기능, 안전성과 친수성 향상을 주목적으로 설치하는 시설이다(Lee and Han, 2003). 「도시공원내 저류시설의 설치 및 운영지침」(Ministry of Construction Transportation in korea, 2000) 제3조에서는 주변 지형, 지질 및 수리수문학적 조건 등을 종합적으로 고려하여 도시공원으로서의 기능과 방재 시설로서의 기능을 모두 발휘할 수 있는 장소에 입지하도록 규정하고 있다.

일본의 경우, 저류지 공원 조성을 위해 홍수 빈도가 잦은 저지대에 연못을 조성한 사례가 있다(Byeon, 2006a). 하지만 이 경우 정체 수역의 수질 문제가 유지관리상 가장 어려운 문제를 분석되었다. 북미 등지에서는 수질 정화와 저류 기능을 수행하는 연못, 습지, 숲, 초지 등이 포함된 공원을 조성하거나 유역에서 발생하는 토사와 영양 물질을 제어하기 위해 저류 기능을 겸한 습지를 조성하고 있다(Shutes, 2001; Mitsch, 1993). 국내에서는 수문학적 저류지 연구에 집중되어 있으며(Shin et al., 2008; Lee et al., 2008), 저류 시설을 이용한 친수공원 기능을 지침화하거나(Ministry of Construction Transportation in Korea, 2000), 저류지 생태공원을 위한 홍수 관리에 한정된 연구(Jeong, 2011)가 일부 시도되어 왔다. 하지만 실제 조성 사례는 대부분의 경우, 평상시 운동 공간으로 활용하다가 홍수시 저류를 안전하게 저장할 수 있는 콘크리트 구조물과 같은 비생태적인 시설로 구성되는 것이 대부분이다.

국내에서 생태환경적인 저류지 조성을 위한 본격적인 이론 연구로서 저류지의 홍수 방어와 수생태계 복원, 초기 강우 비점오염원 유출 제어, 친수공원으로 활용 및 경관 향상 기능 등을 제시한 바 있다(Korea Land and Housing Corporation, 2006). 위의 연구를 진행한 변찬우(2006a)는 다양한 기능을 가진 생태환경 저류지 설계 모형 개발 및 그 설계 방향과 구조 및 시설 유형을 만들어 제시한 바 있다.

본 연구는 생태환경 저류지 조성을 위한 선행 연구의 테스트-베드의 역할을 하는 이론 개발 및 실무 사례라고 볼 수 있다. 특히, 분산형 저류지의 생태환경 복원 사례인 본 연구는 그간 연구된 저류지의 치수 방재 기능 외에도 도시 및 택지개발

지역에서 훼손된 수생태계를 복원, 창출, 향상하는 환경 기술로 제공되기도 하였다 (Ministry of Environment in Korea, 2010). 저류지 생태환경 복원에 있어서도 설계는 그 성공 여부의 출발점이다. 따라서 본 연구의 목적은 분산형 저류지 사례를 통한 저류지의 생태환경 복원 설계방법론으로서, 주로 에코디자인 과정을 제공하는 것이다.

대상지 특성 및 생태환경 복원 방안

대상지 특성

본 연구 대상지인 생태환경 저류지(12,147 m²)는 그림 10.13과 같이 서울특별시 양천구 783번지 일원 신정3지구 국민임대 주택단지 근린공원 내에 위치한다. 신정3지

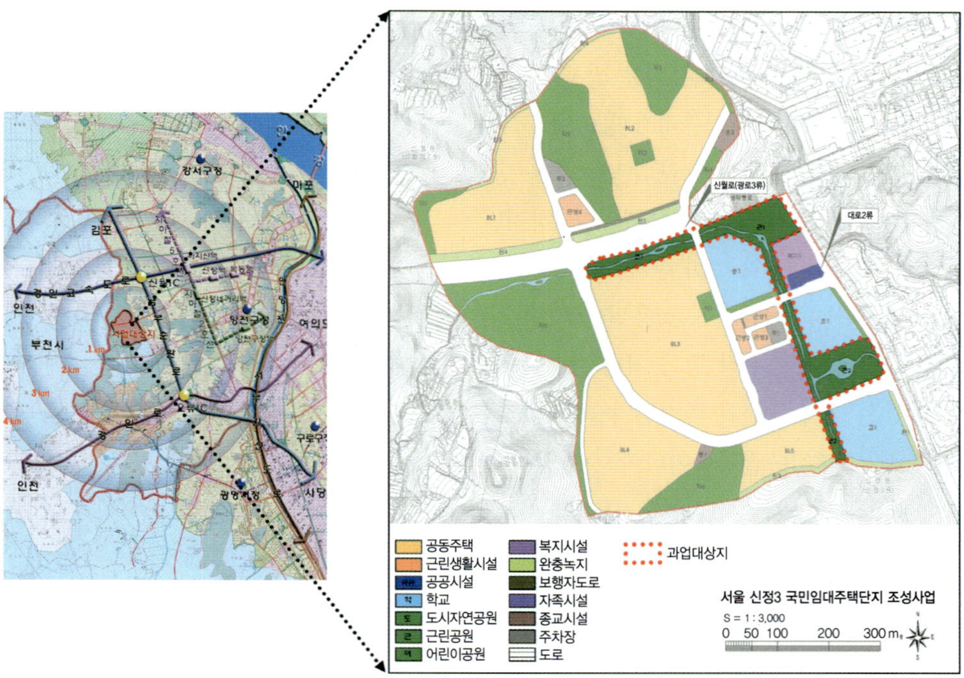

그림 10.13 | 대상지 위치도.

구에 계획된 저류지는 「도시공원내 저류시설의 설치 및 운영지침」(Ministry of Construction Transportation in Korea, 2000) 계획 기준(제5조)에 의거, '도시공원 저류지'로 지정되어 있는 지역으로, 연중 활용 빈도가 낮고 담수 상태가 지속되면서 수질 오염이 발생하여 도시 미관을 저해할 우려가 있었다. 계획 초기 저류지는 단조로운 box형의 구조물로 설계되어 있었다. 기존의 저류지를 생태환경 복원하기 위해서 상류의 공원 지역에 또 다른 저류지를 조성하여 분산형 저류지로 발전시켰다. 상하류 저류지를 이어주는 중간 녹지지역에는 생태수로를 조성하였다. 이를 통해 택지 개발 지역 내 생태환경 저류지 공원으로 계획했다(SH공사, 2007).

특히 신정 택지개발 공사가 진행 중이던 2009년 7월에는 택지개발 지역 내 환경부 지정 멸종위기 야생동물 2급인 맹꽁이의 서식이 확인되면서 택지개발 공사가 중지된 적 있었으나, 본 저류지에 그 대체 서식지를 조성함으로써 공사가 재개되었다.

연구재료 및 방법

지금까지 조성된 저류지는 방재 기능을 주목적으로 조성된 것이 대부분이다. 때때로 홍수 이후 유지관리가 용이한 저류지 공원이 조성된 경우도 있었다. 또한 생태연못 등을 조성하여 앞의 단조로운 방재 및 친수 공간 기능에 생태적 기능을 도모하고자 한 시도도 일부 있었다. 하지만 이들 대부분은 홍수기 이후 관리 문제라든가 수질 환경의 악화 문제, 그리고 주변 지역과의 생태적 단절 등이 문제시되었다. 본 분산형 저류지에 적용된 생태적수질정화비오톱(SSB) 시스템은 그 생태 복원 기능과 생태적 수질 정화 처리 효율 등이 이미 다양한 국책 사업을 통해서 검증된 바 있는 국가 공인된 환경신기술(제258호)이다. 또한 본 신기술 시스템 내부는 어류 통로, 생태적수질정화미디어(SSM) 등 다양한 세부 특허들로 구성되어 있다. 이에 수생식물에 의한 다단계 셀 구조의 수질 정화 기능뿐만 아니라, 생물 서식처 및 생태 공원화할 수 있는 시스템으로 선정되었다(Byeon, 2012). 생태적수질정화비오톱 시스템은 초기 강우시 유역에서 발생하는 점·비점오염원 처리를 위한 다단계셀 습지 시스템으로서 홍수 조절을 통한 재해 방지 기능을 수행하며, 평면 구조, 처리 유량, 목표 처리 농도, 용량 및 유속, 수리학적 체류 시간, 배치 및 형태, 배수 및 수위, 식재 밀도, 토양 등을 고려하여 에코디자인하였다(Byeon, 2006b; 2010a). 또한 하천 유역과 택지 및 산림에서 발생하는 비점오염원의 생태적 수질 정화뿐만 아니라, 다양한 생물 서식처를 제공하고, 멸종위기종 복원, 하수 처리, 방류수 처리, 생태공원 기능 등도 수행한다(Byeon, 2006b; 2010b).

대부분의 저류지는 홍수시에만 일시 저류(de-tention)하는 개념이었으나, 본 저류지에서는 그 하상부에 인공습지를 도입하여 상시 저류(re-tention)하는 개념으로 전환하였다. 즉, 국내 생태환경 복원 사례에서 그 기능과 효율이 성공적으로 모니터링된 인공습지인 생태적수질정화비오톱 시스템을 분산형 저류지 각각과 이를 잇는 수로에 도입하여 에코디자인하였다(Byeon, 2006a). 이를 통해 강우시에는 초기 강우에 포함되어 있는 저류지 상류 유역의 비점오염원을 수질 정화하도록 하고, 평상시(비강우시)에는 상하류 저류지의 물순환 시스템 특허 기술을 시스템적으로 가동할 수 있도록 본 저류지에 도입하는 것을 목표로 설계하였다. 이처럼 생태환경 물순환 시스템에서 맑은 물을 유지하면서도 다양한 생물 서식처가 있도록 에코디자인하였다.

신정 택지개발 지역의 생태환경 저류지 계획·설계 기간은 2006년 6월부터 2008년 12월까지이다. 생태환경 모니터링은 본 설계 과정뿐만 아니라 시공 과정에서도 수행하였다. 신정 생태환경 저류지의 수질 측정 항목은 주로 BOD5, SS, T-N, T-P 등을 수질오염공정시험법에 따라 환경부 공인기관에서 분석하였으며, pH, 수온 등은 현장에서 수질측정기로 측정하였다. 참고로, 시공 기간 중(2009년~2011년) 발견되어 현장 설계 변경을 통해 복원된 멸종위기종인 맹꽁이와 양서·파충류에 대한 모니터링은 복원 시공 과정에서 양서·파충류 전문가(고 심재한 박사팀)와 시행하였다.

방재저류지도 생태환경 복원하는 에코디자인 과정

기존 저류지의 생태환경 현황과 문제점들을 극복하고 국내 풍토에 맞는 융합적인 기능을 지니도록 조성된 신정 생태환경 저류지의 초기 단계 에코디자인은 그림 10.14와 같고, 다음과 같이 총 3단계로 나뉜다.

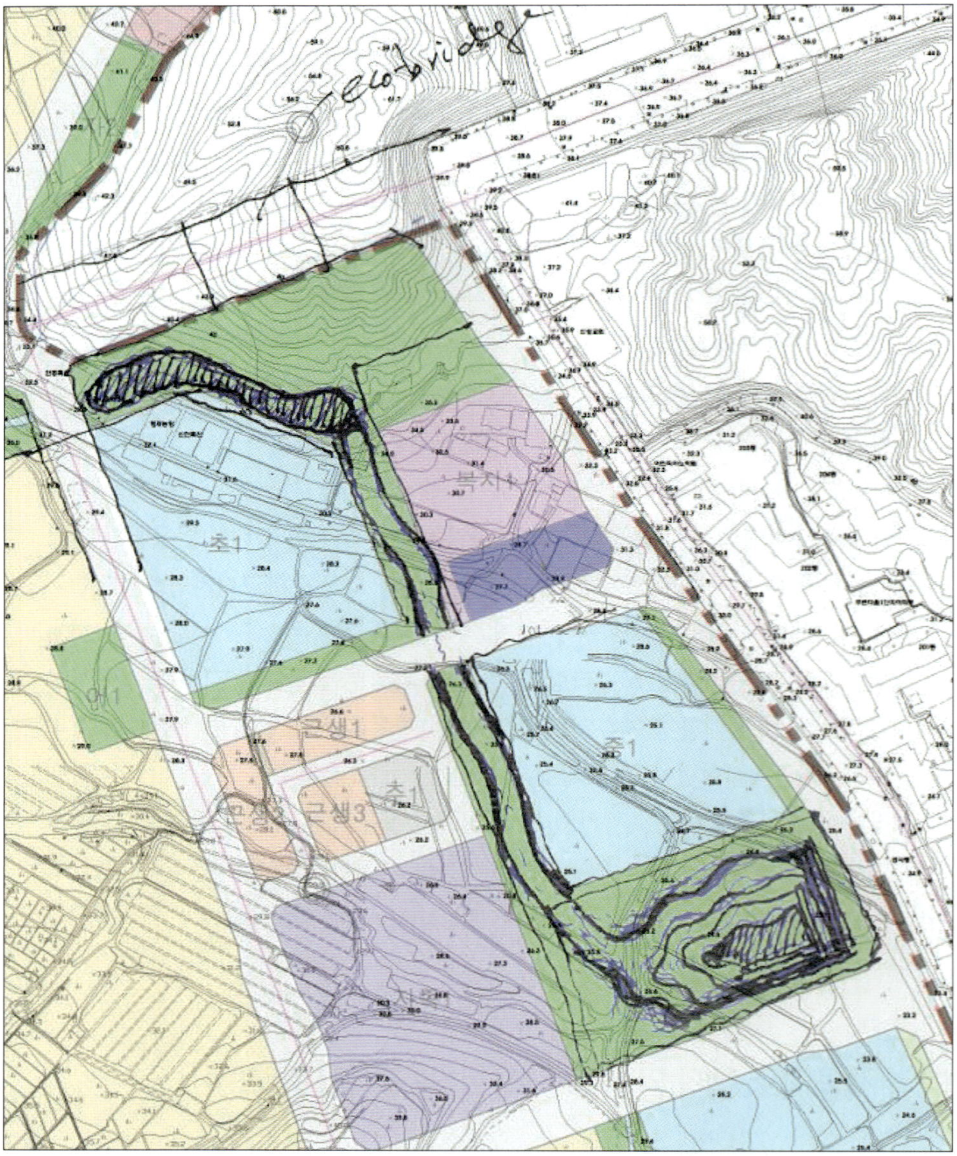

그림 10.14 | **분산형 저류지 생태환경 복원 에코디자인-1단계**(© 변찬우, 2008).

에코디자인 1단계: 치수 중심의 방재 저류지를 생태환경 저류지로 변환

제1단계에서는 분산형 저류지 조성 전, 즉 저류지에 생태환경 계획하기 전 택지 내에서 일반적으로 조성되는 방재저류지의 계획에 관한 내용을 우선 살펴 보았다. 본 계획 이전인 당시 저류지 역시 일반적인 저류지 설계 방식에 따라 재해 영향 평가를 토대로 저류지의 수리·수문학적 용량 및 면적을 검토하여 계획하였다. 즉, 그림 10.15의 a와 같이 재해 방재용 기능을 지닌 저류지가 신정3지구 국민임대 주택단지의 홍수량을 고려하여 근린공원 내에 단일시설로 설계되어 있었다. 저류지의 초기 형태는 off-site, on-line 유형의 일반적 기능으로써 단순히 재해를 주목적으로 하는 시설이었다. 재해 영향 평가상, 당시의 저류량은 28,337m^3/d이 담수될 수 있도록 계획되어 있었다. 이를 본 생태환경 저류지 계획에서는 그림 10.15의 b와 같이 생태공학적 특성을 반영하여 추이대를 완만하게 하고, 상시저류(retention)형 습지와 연못 구조를 조성하는 에코디자인을 수행하였다.

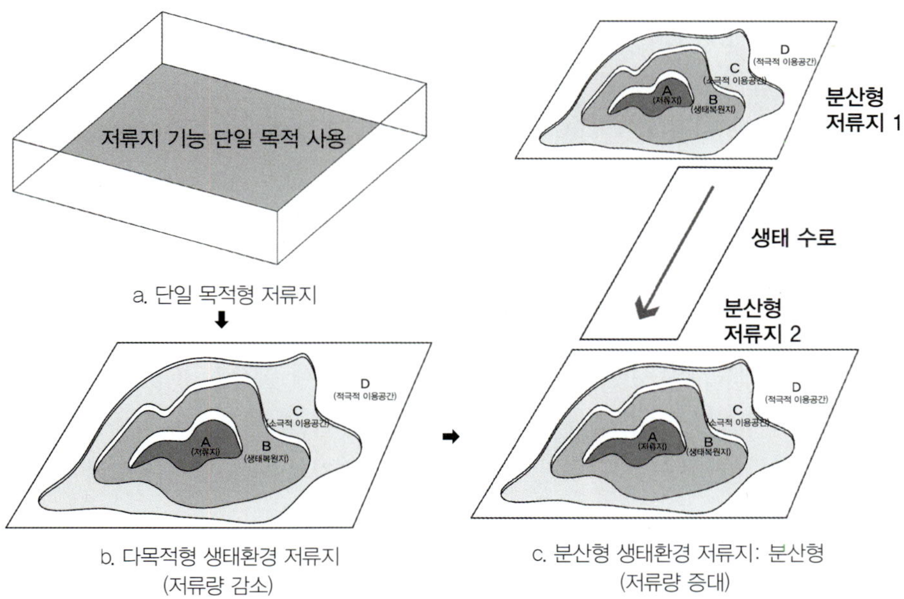

그림 10.15 | 생태환경 저류지의 초기(© 변찬우, 2006) **구조에서 분산형 생태환경 저류지**(© 변찬우, 2008) **로의 구조적 발전 단계.**

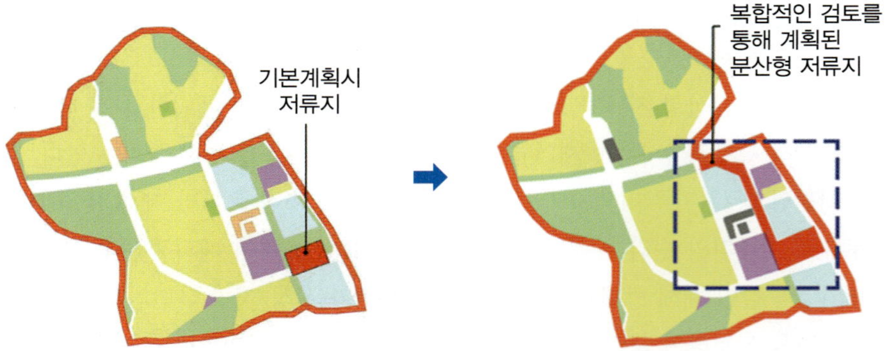

a. 신정3지구 기본 계획의 초기 단계 단일 저류지 계획

b. 신정3지구 기본 계획의 변경된 분산형 저류지 계획

그림 10.16 | 신정 택지개발 지역내 분산형 저류지 확장 계획.

하지만 이 경우에 저류지의 저류량이 축소되는 문제가 따른다. 또한 습지와 연못내의 정체된 수질이 악화될 우려가 있다. 따라서 초기 저류지 구조인 그림 10.15의 a를 그림 10.15의 b와 같이 유기적인 저류지 구조 연구(Byeon, 2006a)를 바탕으로 하여, 그림 10.15의 c와 같은 분산형 저류지 구조로 발전시켰다. 이는 결국 그림 10.16의 b처럼 주변 녹지 및 공원으로 확장시키는 또 다른 저류지를 조성함으로써 저류 기능을 분산시켰다. 따라서 기존 대상지 내의 수체계를 고려하고, 100년 빈도 홍수시 초기 우수에 대한 비점오염원 유출량까지 산정하여(계획 설계 2단계에서 상세히 다룰 것임) 저류지의 면적 및 용량을 선정하였다. 본 저류지 기본 계획 수립시 검토한 우수 유출량은 총 37.93 m^3/sec(3,274,560 m^3/d)이고, 재해 영향 평가에서 분산형 저류지로 조성하여 검토한 생태환경 저류지의 총저류 용량은 33,606 m^3/d이다. 이는 분산형 저류지의 상시 저류 생태복원 시설로 인해 약간의 용량이 축소된 것을 감안한 수치이다. 상부 저류지 신설과 하부 저류지 옆 저류조의 저류량 증가분을 더할 경우 분산형 저류지의 전체 저류 규모는 초기의 재해 평가 용량에 비해서도 약 5,000 m^3/d이 증가되었다. 결과적으로 재해 영향 평가상의 100년 빈도 강우량(33,606 m^3/d)을 저류할 수 있도록 하여 저류지 1(침강 저류지), 저류지 2(침전 저류지), 저류 탱크의 용량을 모두 합쳐서 33,606 m^3/d이 저류될 수 있도록 조성하였다. 특히, 기존 저류지들의 일시 저류(de-tention) 방식과 달리 상시 저류(re-tention)

시스템을 도입하여 각 저류지에 인공습지(constructed wetland)를 조성였다. 특히, 환경부에서 검증된 신기술(제 258호)인 생태적수질정화비오톱(SSB)을 생태환경적으로 적용하여 수질 정화 효율은 물론 생물 다양성(biological diversity) 기능을 증진시켰다. 이를 통해 저류량을 증대시키는 것과 동시에 정체된 수질을 정화하고, 주변 육상생태계와 연계된 수생태계의 복원을 도모하며, 생태공원 프로그램을 제시할 수 있게 계획하였다. 이러한 설계의 세부 과정은 생태·환경공학적 기준에 따라 다음의 2, 3단계에서 보다 구체적으로 진행하였다.

에코디자인 2단계: 비점오염원 유입수와 저류지 정체수의 오염방지를 위한 생태적 수질 정화

에코디자인 2단계에서는, 1단계에서 마련된 생태공학적(치수+생태) 바탕 위에 수질환경을 생태적으로 맑게 하는 방안을 제시한다. 분산형 저류지의 상시 저류 인공습지 기능을 통해 초기 강우시 유역에서 내려오는 비점오염원과 평상시 하상에 도입된 상시 저류 인공습지의 수질을 생태적으로 정화하기 위한 방안을 중점적으로 설계하였다(그림 10.17). 이를 위해 저류지로 유입되는 강우의 초기 비점오염원 처리 방안을 수립하고, 평수기에는 분산형 저류지에 물순환 체계를 도입하였다. 분산형 저류지의 상시 저류 구간은 이미 다양한 수생태계와 수환경 복원을 통해 성공적으로 모니터링돼서 그 성능과 효율이 검증된 환경신기술(제 258호)인 생태적수질정화비오톱(SSB)을 적용하여 대상지 특성에 맞게 에코디자인하였다.

대상지로 유입되는 유역내 초기 비점오염원 처리 방안을 다음과 같이 도출하였다. 그림 10.18에 보이듯이, 유역 차원의 초기 강우 유입으로 인한 비점오염원 처리를 위한 신정지구 유역현황 및 생태환경저류지계획을 먼저 살펴본다. 그림 10.18의 a에서는 신정3지구 택지개발 이전의 우수 흐름 및 지형, 지질, 경사, 토양, 야생동식물 등 생태적 요소와 수질 환경을 분석하고 저류지 입지 현황을 살펴보았다. 그림 10.18의 b에서는 재해 영향 평가의 재검토를 통해 조성한 분산형 생태환경 저류지 계획안을 주변 하천 및 공원과 구릉지를 연계한 생태 네트워크 연결과 7개의 소권역을 연계하면서 유역적 차원의 수체계를 분석하였다. 특히, 단지내 저류지에 유입되는 주변 하천과의 연계성을 생태환경적 측면에서 분석하였다. 이처럼 방재 저

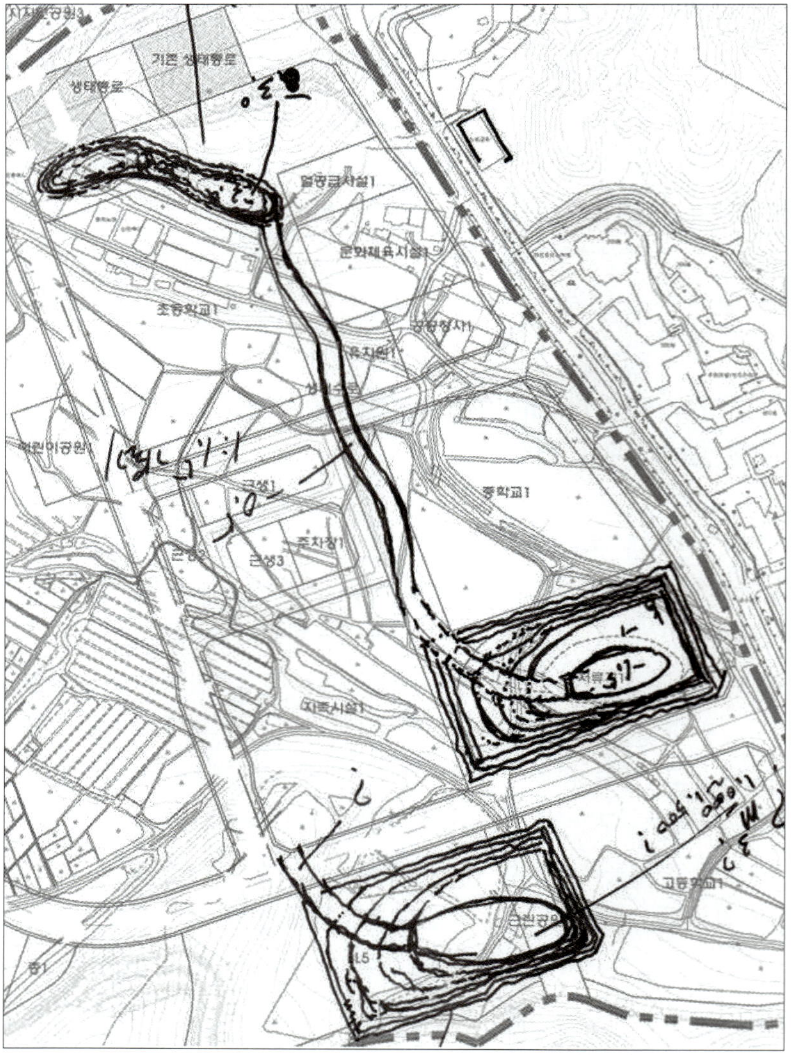

그림 10.17 | 분산형 저류지 생태환경 복원 에코디자인-2단계(© 변찬우, 2008).

류지에서 생태환경 저류지로 복원하기 위해 유역 차원의 수체계를 포함하여 생태공학적(수리, 수문, 토양, 식생, 미기후, 어류, 동물상 등) 특성을 우선적으로 고려하였다. 생태공학적 바탕 위에 대상지에 맞는 환경공학적[평면 구조, 처리 유량, 목표 처리 농도, 용량 및 유속, 수리학적 체류 시간, 수리학적 부하율, 배치 및 형태, 길이/넓이비(AR), 배수 및 수위, 식재 밀도, 토양 등] 특성을 고려해서, 수생태환경에 대해 다양한 검증 사례가 있는 생

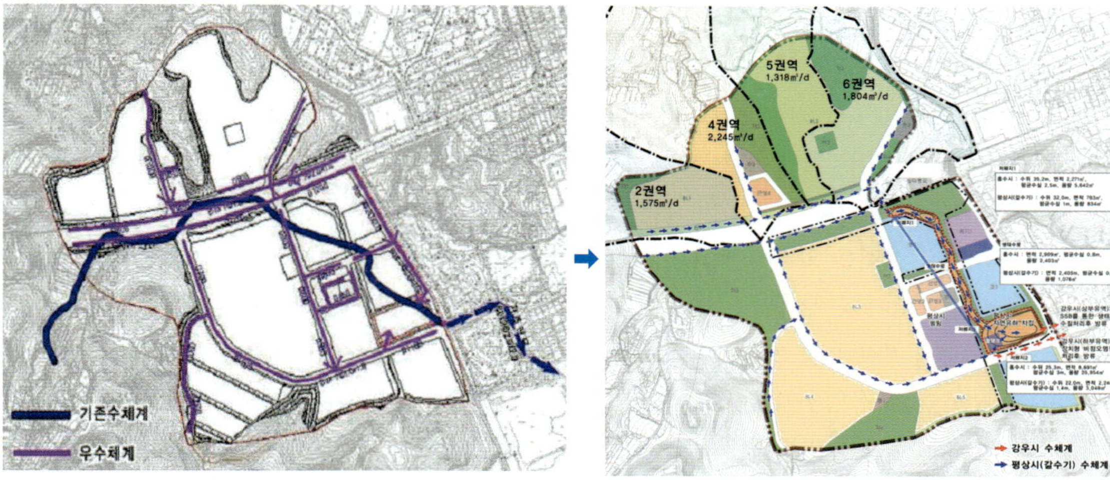

a. 주변 하천과의 연계성 및 우수 유입 방향을 고려한 저류지 입지 현황

b. 재해 영향 평가의 재검토를 통해 조성한 분산형 생태환경 저류지 계획안

그림 10.18 | 유역적 차원의 수체계를 고려한 생태환경 저류지.

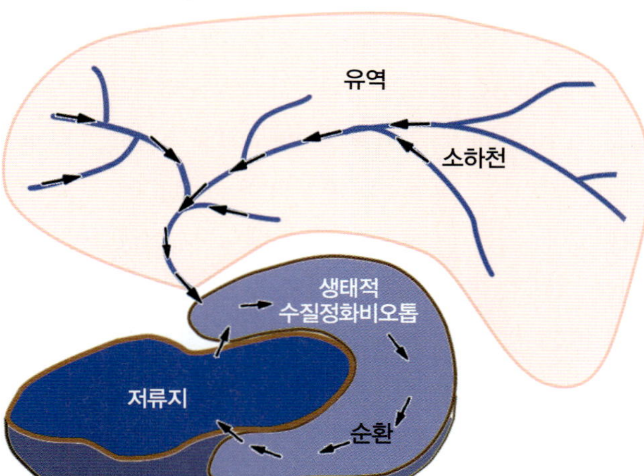

그림 10.19 | 생태적수질정화비오톱(SSB) 물순환 시스템.

태적수질정화비오톱(SSB) 시스템을 적용하여 에코디자인하였다.

다음으로 에코디자인 2단계를 보다 상세히 설명한다. 저류지로 유입되는 초기 강우 30 mm/d에 해당하는 비점오염원은 SCS법으로 초기 강우량을 산정하였다. 그 결과 저류지 상류와 연결된 7개의 소유역에서 내려오는 초기 강우 발생 비점오염원은 11,699 m^3/d로 산정되었다. 전체 유역에서 발생하는 비점오염원 11,699 m^3/d을 처리할 수 있는 SSB 시스템을 기반으로 한 복합적 기능의 분산형 저류지를 에코디자인하였다. 특히, 본 사업과 가장 유사한 생태적수질정화비오톱(SSB) 모델 적용 사례를 고려하여 택지 내의 수질 환경을 생태환경 저류지의 생물학적산소요구량(BOD), 부유물질(SS), 총 질소(T-N), 총 인(T-P)을 중심으로 유입 수질, 유출 수질, 처리량 및 예상 처리효율을 정량적으로 산정하였다. 택지 개발 후, 도시의 오염 하천 유입수에 SSB 시스템을 적용하여 처리된 결과를 본 대상지에 적용했을 경우, 그 목표 처리효율이 BOD 60%, SS 90%, T-N 30%, T-P 60%로 산정되었다. 다만, 설계 당시 택지에서 우려되었던 것은 고농도의 하수처리수가 유입될 경우였다. 주민들이 상시 이용할 수 있는 생태공원으로의 역할을 하는 생태환경 저류지로 조성할 경우, 고농도의 수질이 가장 문제가 될 수 있다. 이에 하수종말처리장에서 적용된 SSB시스템의 수처리 산정 방식을 적용하여 처리할 때의 유입, 유출 수질 및 그 처리효율과 유입 오염원량을 산정하였다. 이 경우, 평균 처리효율은 BOD 73.6%, SS 41.0%, T-N 46.2%, T-P 44.4%로 산정되었다. 본 처리효율은 생태환경 저류지로 BOD 10.0 mg/L, SS 10.0 mg/L, T-N 20.0 mg/L, T-P 2.0 mg/L의 오염수가 유입될 경우에, BOD 2.6 mg/L, SS 5.9 mg/L, T-N 10.8 mg/L, T-P 1.121 mg/L로 유출될 수 있다고 예상되었다. 기본적으로 저류지내 생태적수질정화비오톱 물 순환 시스템의 배치 방안을 그림 10.20과 같이 배치할 수 있었다.(Ministry of Environment of Korea, 2010). 그림 10.21은 지금까지의 과정들을 총체적으로 담은 에코디자인이다.

생태적수질정화비오톱 시스템을 기반으로 한 저류지 물 순환 시스템은 저류지 1구간(침강 저류지) → 다단계 셀 생태 습지 → 저류지 2구간(침전 저류지)로 자연 유하되도록 그림 10.21과 같이 계획하였다. 특히 그림 10.20에서와 같이, 비강우시에는 저류지까지 자연유하된 우수 등을 저류조에 모았다가 그중 약간의 물을 상류로 압송하여 물을 순환시킴으로써, 우수를 저장하고, 재활용하여 습지 시스템이 항시 청정 유지용수를 확보할 수 있도록 설계하였다. 이처럼 맑은 물이 생태·환경적으로 점화되면 다음 단계에서 설명할 생태계 복원에 관한 서식처 조성이 가능해진다.

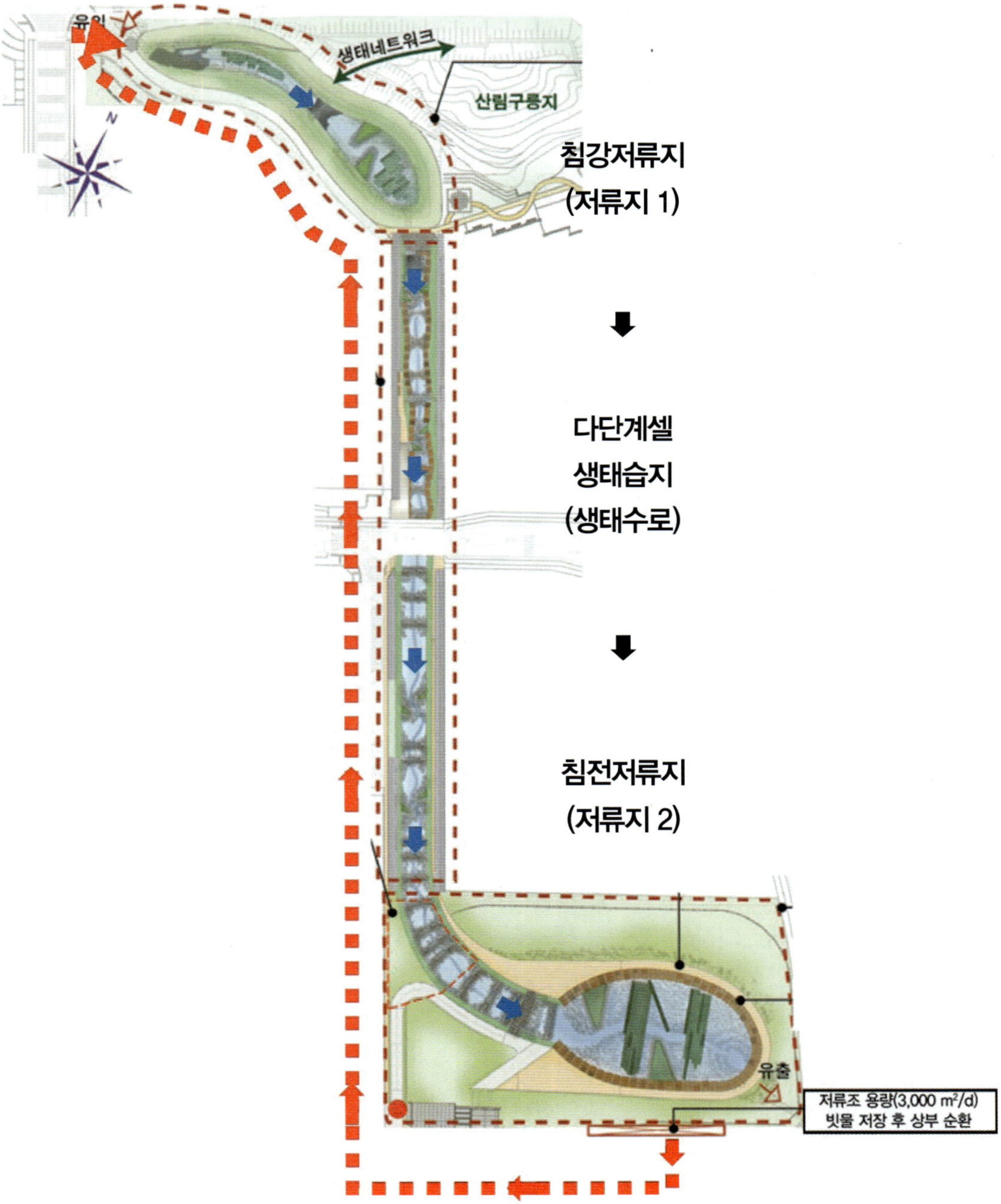

그림 10.20 | 생태적수질정화비오톱(SSB) 물순환 시스템

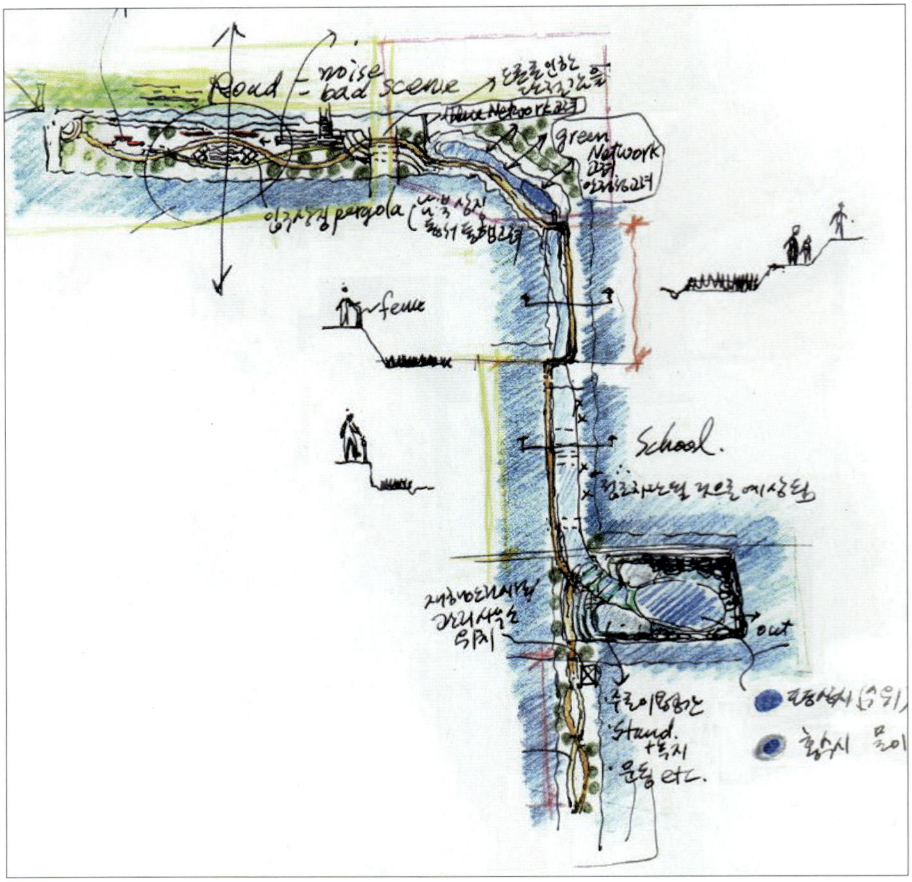

그림 10.21 | **분산형 저류지 생태환경 복원 에코디자인-3단계**(© 변찬우, 2008).

에코디자인 3단계: 생태적 네트워크 및 멸종위기종 대체 서식지 조성과 생태환경 학습 기능 부여

에코디자인 3단계는 앞서 1단계의 치수안정성, 2단계의 생태적수질정화 단계를 지나 생태환경 저류지 복원을 위한 심화 단계라고 볼 수 있다. 본 단계에서는 주로 생태적 네트워크(ecological network)를 계획하여 생물 다양성을 증대시키고자 하였다. 특히, 설계 1, 2단계에서 제시한 대로 수문 체계의 건전성을 바탕으로 SSB 시스템을 통해 맑게 유지된 저류지내 습지 시스템의 생태적 핵심 지역(ecological core)

그림 10.22 | 신정3지구 택지개발지구 내 생태환경 저류지 기본 계획 및 전경(사진).

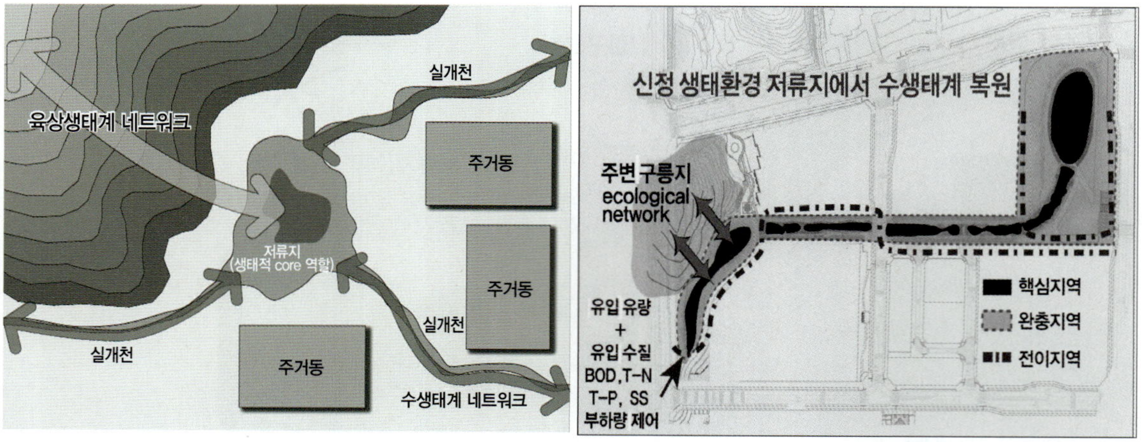

그림 10.23 | **분산형 저류지와 습지의 생태 네트워크 구축.**

과 연계된 주변 육상생태계와 연계하였다. 그림 10.22에 나타낸 기본계획의 맹꽁이 서식처 복원지에서 보듯이, 택지 개발로 기존의 야생동식물 서식처가 훼손되거나 파편화되어 생태계의 훼손이 가속화되고 있는 택지개발 지역 내에 생태 실개천이나 습지를 조성함으로써 서식처 복원 및 파편화된 생태계를 연결해서 생태 네트워크를 구축하고자 하였다. 신정 생태환경 저류지의 수생태계 복원을 위해 그림 10.23의 왼쪽과 같은 생태 네트워크 개념도를 오른쪽처럼 생태적 핵심(core) 지역, 완충(buffering) 지역, 전이(transitional) 지역으로 구분하여 수생태계의 복원을 달성하고자 하였다. 이때 택지에서의 녹지체계, 수체계, 인간의 이용 행태 등을 고려하여 에코디자인하였다. 특히 신정3지구 내 저류지를 중심으로 치수 안정성, 생태적 수질정화는 물론, 생태계의 다양성을 창출할 수 있는 자연형 수로를 조성하여 생태적 다양성(ecological diversity)을 증진시켰다. SSB 시스템에는 자연형에 적합한 수생식물을 도입하여 자연 정화 능력을 향상시켰다. 또한 대상지 주변 토지 이용을 연계하여 저류지와 연계할 수 있는 환경 학습 동선 및 활동 프로그램을 설계하였다.

3단계 생태복원 에코디자인 과정에서의 특별한 점은 복원 목표종으로서 맹꽁이 서식처 복원이다. 2009년 7월 신정 택지 개발 공사 중 멸종위기 야생동물 2급인 맹꽁이(Kaloula borealis)의 서식이 확인되어 주변의 택지 개발에 관한 공사가 중지된 바가 있다. 이에 SSB 시스템으로 설계된 생태환경 저류지 내에 대체 서식지를 복원하

그림 10.24 | 신정 생태환경 저류지 내 관찰된 청개구리와 멸종위기종인 맹꽁이(성체, 새끼).

는 노력을 시도하였다. 양서·파충류 전문가의 모니터링 과정을 통해 공사 기간 중인 2009년부터 2011년까지 3차년도에 걸쳐서 신정3지구 생태환경 저류지 내에서 맹꽁이의 대체 서식지 복원사업을 시행하였다. 그 결과 2011년 생태 복원 직후에 실시한 생태 모니터링(양서·파충류)에 의하면, 멸종위기종인 맹꽁이는 물론, 참개구리, 청개구리, 한국산개구리 등 다양한 양서류가 서식함을 확인하였다(그림 10.24).

이상으로, 저류지 에코디자인의 핵심적인 3단계를 살펴 보았다. 이상과 같은 에코디자인 과정에서 일반화할 수 있는 부분들은 다른 저류지나 그 유사 설계에도 응용될 수 있을 것이다. 하지만 대상지마다 다른 생태환경적 특성 및 그 차이점을 감안해서 에코디자인에 임해야 할 것이다.

결론

신정3지구 택지 내에 조성한 방재 저류지의 생태환경 복원을 위한 에코디자인 중 주요 3단계를 중심으로 살펴보았다. 본 연구를 통해 저류지에서의 생태공학적 안정성 및 생태환경 복원, 즉 생태환경 저류지 조성을 위한 주요 3단계 에코디자인 방안은 다음과 같이 요약된다.

첫 번째, 본문의 에코디자인 1단계에서처럼 치수 목적의 저류지 조성에 있어서 재해 영향 평가를 토대로 하여 수문학적 검토를 통해 방재 기능을 충족시킨다. 동시에 생태환경 복원계획을 생태공학적(생태학 + 방재공학)으로 구상한다. 특히, 본 연구 사례에서처럼 상부의 구릉지와 연결된 공원 등지에 또 다른 저류지를 두는 식으로, 분산형 저류지와 같은 수리 수문적 특성을 갖는 생태공학적 에코디자인이 바람직하다. 또한 기존 저류지들의 일시 저류(de-tention) 방식과 달리, 저류지 하상 일부분에 상시 저류(re-tention) 방식의 습지를 도입함으로써, 각 저류지에는 생물이 다양하게 서식할 수 있고 생태적 가치가 가장 높은 인공습지를 조성한다. 하지만 인공습지의 복원은 저류지와 같은 극한 환경을 반드시 인식해야만 실패를 방지할 수 있다. 특히 홍수기의 강한 소류력에 의한 시설 훼손이나 정체 수역이 형성될 경우 그 관리의 어려움과 수질 문제를 반드시 해결할 수 있는 생태공학적 에코디자인이 필요하다.

두 번째, 에코디자인 2단계에서처럼 저류지내 평수기에는 상시 저류 습지와 연못이 생태공학적으로 조성될 때 정체된 수질을 정화하는 방안 마련과 저류지로 유입되는 강우의 초기 비점오염원 처리 방안까지도 생태·환경공학적으로 수립한다. 이를 위해 분산형 저류지 상부과 하부, 그리고 그 사이 연못 습지 구간에 물 순환 체계를 도입한다. 저류지의 까다로운 환경 문제를 해결하기 위해서는 정화 효율과 기능이 검증된 생태적수질정화 습지 시스템을 저류지 생태환경적 특성에 맞게 설계하는 것이 바람직하다. 특히, 생태환경 복원을 위해 본 저류지에 적용된 생태적수질정화비오톱(SSB) 시스템의 처리효과를 모니터링한 결과를 보면, 본 생태환경 저류지 내 다수의 오염원 유입이 있음에도 시스템 안에서는 매우 맑은 수질(1급수)을 유지한다.

세 번째, 본문의 에코디자인 3단계에서처럼 생태적 핵심(ecological core) 시설인 침강 저류지가 조성된 2개의 상하 저류지를 잇는 생태적 네트워크(ecological network)를 구축하여 생물 다양성을 증대시키고 주민들에게 생태환경 교육시설을 제공한다. 생태적수질정화비오톱(SSB) 시스템을 본 사례에 도입한 후 생태복원 효과를 모니터링한 결과, 생물 다양성을 상징하는 대표적인 종이 되는 양서·파충류의 서식 기반이 성공적으로 마련되었음을 확인하였다. 특히, 멸종위기종인 맹꽁이와 참개구리, 청개구리, 한국산개구리 등 다양한 양서류의 서식과 이와 관련된 다양한 서식종이 안정적인 개체 수를 유지하는 것으로 모니터링되었다.

제3부에서도 강조한 바 있는, 위의 핵심 기능 세 가지를 성공적으로 유지할 수 있는 에코디자인과 생태·환경 복원의 방안은 다음과 같다.

첫 번째로, 생태환경 저류지 조성을 위해서는 어느 한 전공 분야—토목 방재, 수자원, 조경, 생물, 생태학, 환경공학, 디자인 등—의 접근으로만 성공할 수 없으므로, 융합생태환경공학적 에코디자인의 과정과 그 모니터링 과정이 필요하다. 본 사업에서는 위 3단계 에코디자인 과정과 복원 시공 및 유지관리 과정을 통해 모니터링을 최근에 수행하였다. 그 결과, 생태환경복원 과정에서도 기존 치수 중심의 방재 기능뿐만 아니라 생태 복원 + 생태적 수질 정화 + 경관 향상 기능이 각각 성공적으로 도출됨을 확인할 수 있었다.

두 번째, 저류지가 위치한 대상지마다 다른 생태환경 공학적 특성을 고려해야 한다. 본서에는 그간 생태공학과 환경공학의 융합적 이론을 바탕으로 국내 여건과 신정3지구 대상지 특성에 맞게 복원한 생태환경 저류지의 조성을 위한 단계별 에코디자인 과정을 제시하였다. 이러한 연구 결과는 추후 국내 특성에 맞는 생태환경 저류지의 조성을 위한 기초적인 정보를 제공한다. 하지만 대부분의 저류지가 위치한 대상지를 기존의 엔지니어링 방식처럼 천편일률적인 설계 방법을 취한다면 성공할 수 없을 것이다. 일반 엔지니어들 또는 기술자들이 생태환경 복원을 쉽게 하기 위해서는 저류지마다의 생태환경적 특성을 유형별로 구분하여 일반 기술자가 적용할 수 있는 지침 마련과 생태환경 복원 방안을 제도적으로 마련해야 할 것이다.

세 번째, 국내 최초로 저류지에 생태환경 복원이 설계된 성공 사례로, 시공 이후 유지관리 모니터링을 생태환경 시스템 개발 및 설계자가 맡아서 수행해야 한다. 이를 통해 향후 최고의 생태환경 복원 가치를 도출한 저류지 생태계와 환경이 완전히 안정화될 수 있는 일정 기간 동안, 대상지 특성에 맞는 유지관리 지침이 마련되어야 할 것이다.

끝으로 본 장에서는, 택지개발지역에 법적으로 정해진 치수목적의 방재 저류지는 홍수기 외에 평상시에는 쓸모없는 혐오시설이 되어 왔다. 이처럼 방치된 저류지에, 평상시 맑은 물이 흐르고 멸종위기 종을 복원하는 생태 환경 저류지로 생태 환경 복원하는 에코디자인 방안을 제시하였다. 홍수기외 평상시에 아무 쓸모없이 못 쓰는 것(nothing)을 자연과 인간이 어울어지는 가치가 있는 어떤 것(something)으로 바꾸어 놓은 것이다. 이는 에코디자인과 생태 공학의 힘이라고 볼 수 있다.

참고문헌

Byeon, C.W, "A Study on the Development of Design Model of Ecological Park as Stormwater Storage Facilities", Journal of the Korean Society for Environmental Restoration and Revegetation Technology 9(3)(2006a): 1-16. (in Korean with English abstact)

Byeon, C.W, "A Study on Constructed Wetland Ecological Park Design with Multiple-cell FWS Layout: focus on Structural Design of Sustainable Structured wetland Biotope (SSB) Park", Journal of the Korean Society for Environmental Restoration and Revegetation Technology 9(5)(2006b): 1-9. (in Korean with English abstact)

Byeon, C.W, "Water Purification and Ecological Restoration Effects of the Keumeo Stream Sustainable Structured wetland Biotop (SSB) System Established on the Floodplain of Kyungan Stream", Journal of the Korean Society for Environmental Restoration and Revegetation Technology 13(3)(2010a): 1-13. (in Korean with English abstact)

Byeon, C.W, Ecological River Restoration, Gyeonggi-do: Namudosi, 2010b.

Byeon, C.W, "Ecological Restoration of the Rivers and Wetlands with Sustainable Structured Wetland Biotop (SSB) System", KSCE Journal of Civil Engineering 16(2)(2012): 255-263. (in Korean with English abstract)

Jeong, M.H, "(A) Study on Analysis of the Flood Management in Urban Watershed for using Ecological Reservoir", Unpublished Master dissertation. Pusan National University. Pusan. Korea, 2011.

Korea Land and Housing Corporation, Research Report on Ecological Detention Park Design, 2006.

Lee, J.J., Kwak, C.J. and Lee, S.W, "A Comparison and Analysis of Planning Models for the Design of Detention Pond in Urban Area", Journal of the Korean Society of Hazard Mitigation 8(3)(2008):105-115. (in Korean with English abstact)

Lee, S.T. and Han, H.G, A study on effective disaster reduction methodology according to the detention types (on-line/ off-line) of development plan, 2003.

Ministry of Construction Transportation of Korea, Standards for establishment and management of detention facility in urban park, 2000.

Ministry of Environment of Korea, A Development of Ecological Restoration, Creation and Enhancement Technology in Urban Housing Site, 2010.

Mitsch, W. J, Landscape design and the role of created, restored, and natural riparian wetlands in controlling nonpoint source pollution. In Olson R. K. (ed), Created and Natural Wetlands for controlling nonpoint source pollution. C. K. SMOLEY, 1993.

SH Corporation, Ecological and Environmental Design of Detention in the Housing District of Sinjeong 3-jigu. Design report to SH Corporation, 2007.

Shin, D.H., Byun, J.W. and Lee, E.T, A study on flood control effect of the reservoir location in urban watershed using XP-SWMM. Proceedings 2008, Conference of Korean Water Resources Association, 2008.

Shutes. R, "Artificial wetlands and water quality improvement", Environment International 26(2001): 445-446.

11 하수처리수 및 하천 비점처리 습지

도시 상류 하천 재이용수 제공 위한 처리습지[1]

1 본 내용은 한국환경복원기술학회지에 실린 논문 "변찬우, 하수처리수의 재이용을 위한 처리습지 및 도시 상류하천 생태환경 복원, 한국환경복원기술학회, 2013"의 원전을 본 저서에 맞게 각색하였음.

개요

공주시 중심부를 흐르는 제민천의 생태계는 수질 악화와 건천화로 인해 파괴되었던 곳이다. 하지만 생태적수질정화비오톱(SSB) 시스템을 하천 범람원과 상류에 도입함으로써 하수처리수의 생태적 수질 정화와 하천 상류의 유지용수 공급 및 하천 생태계의 복원이 가능하게 되었다. 2009년 조성 후부터 2013년까지 유지관리·모니터링한 결과, BOD5는 평균 유입 농도 4.2 mg/L, 평균 유출 농도 1.8 mg/L로 57%의 처리효율을 보였으며, T-N은 평균 유입 농도 9.983 mg/L, 평균 유출 농도 6.303 mg/L로 37%의 처리효율이 측정되었다. T-P는 평균 유입 농도 0.198 mg/L, 평균 유출 농도 0.098 mg/L로 51%의 처리효율이 측정되었다.

준공 직후 2개년 모니터링 결과, 대상지 내 식물상은 총 28과 51종으로 원 식재종이면서 고유종이 우점하였다. 조사 지역에서 관찰된 양서·파충류는 총 3과 5종이며, 조류는 총 23과 34종, 포유류는 2과 3종이 관찰되어 생물 다양성 회복이 확인되었고, 대상지는 생태교육시설로 활용되고 있다.

핵심 용어: 하수처리수 재이용, 하천 유지용수, 처리습지, 생태적수질정화비오톱, 생태적 수질 정화

서론

도시 내 하천 건천화 등 물 부족 대책의 일환으로, 하수처리수 등을 활용한 물 재이용이 국내외적으로 확대된 바 있다. 국내의 경우 하수도법 등에 의거해서 하수처리수 재이용 및 재활용 시설을 이용하도록 하수도 시설을 포함하여 지방 양여금을 지원함으로써 2차 처리수 재이용을 위한 처리시설이 확대된 바 있다(Ministry of Environment, 2009). 이 경우 무엇보다 중요한 것은 하천 수질 및 생태적 건강성을 확보하는 것이다(EPA, 2012). 수량 부족과 수질 오염으로 생태환경 기능이 악화된 도시 하천 복원을 위해 최근 하수처리수를 유지용수로 활용하는 사례가 점차 늘고 있다(Lee et al, 2007). 하지만 하수처리수를 하천 유지용수로 직접 활용할 경우, 유기물질 등으로 인해 방류 하천 수질이나 생태계가 훼손될 수 있다. 따라서 이에 관한 친환경적인 수질 개선 방안이 절실하다(An et al, 2005).

하수처리수 재이용을 통한 친환경적인 처리를 위해 생태적 수질 정화 인공습지, 소위 처리습지(treatment wetland)의 도입은 가장 바람직한 방안이기는 하나, 이 경우 성공사례가 국내는 물론, 선진국에도 극히 드물기에 그 생태 복원 기능은 물론 수질 정화 처리효율이 반드시 정량적으로 검증되어야 한다(Byeon, 2006). 또한 습지생태계를 교란시키지 않는 범위에서의 경관 향상 및 환경 교육 기능까지 충족시킬 수 있는 구조와 기능으로 복원하는 것이 바람직하다(Byeon, 2010a) 자유수면형의 인공습지 유형의 처리습지에서 수처리 효율과 생태계 복원 기능의 도출을 위해서는 생태환경 공학적인 융합적 접근이 이루어져야 하는 어려움이 있어 몇몇 실험적 사례 외에 상용화된 경우는 전무하였다. 하지만 수년 전부터 우리 풍토에 맞게 개발된 환경신기술인 생태적수질정화비오톱(SSB) 시스템이 적용된 에코디자인을 하여 자유수면형 인공습지가 조성된 사례에서 처리습지에 관한 수질 정화와 생태계 복원 기능 등이 성공적으로 모니터링되어 왔다(Byeon, 2005; 2006; Gongju-si, 2006; Ministry of Environment, 2010; Byeon, 2012).

본 장에서는 공주 하수종말처리장수를 제민천 상류에 공급하여, 생태적으로 수질 정화한 이후 상류 하천의 유지용수로 재이용하는 공주 생태적수질정화비오톱의 처리습지(treatment wetland)를 통해서, 일련의 계획, 설계, 시공, 유지관리 과정에서 모니터링 및 에코디자인 과정을 살펴볼 것이다. 이를 통해 하수처리수 수질 개선을 생태적으로 수행할 수 있는 방안과 도시 상류하천의 생태계 복원 방안을 제시하고자 한다. 더 나아가 아직 초보 단계인 국내 하수처리수 재이용에 관한 생태환경적 복원 설계 및 시공과 유지관리를 통합해 모니터링 및 에코디자인 방안의 기초 자료를 제공하고자 한다(그림 11.1).

재료 및 방법

재료 : SSB 시스템 적용을 통한 에코디자인 및 생태환경복원 과정

■ 하수종말처리수의 하천 상류로의 압송과 생태적 수질 정화 및 재처리수의 하천 유지용수 공급

본 사업이 진행되기 전인 2010년 이전의 제민천은 유역 면적이 적고 시가화에 따른 우수의 토양내 저류량 감소 등 심각한 하천 건천화로 인해서 하천 기능 상실과

그림 11.1 | 공주 8경으로 지정된 금학 생태공원 내에 최초로 조성되어, 그 핵심 시설인 제민천 생태적수질정화 비오톱 조성 후 하수처리수 유입부가 된 침강지 전경(2013).

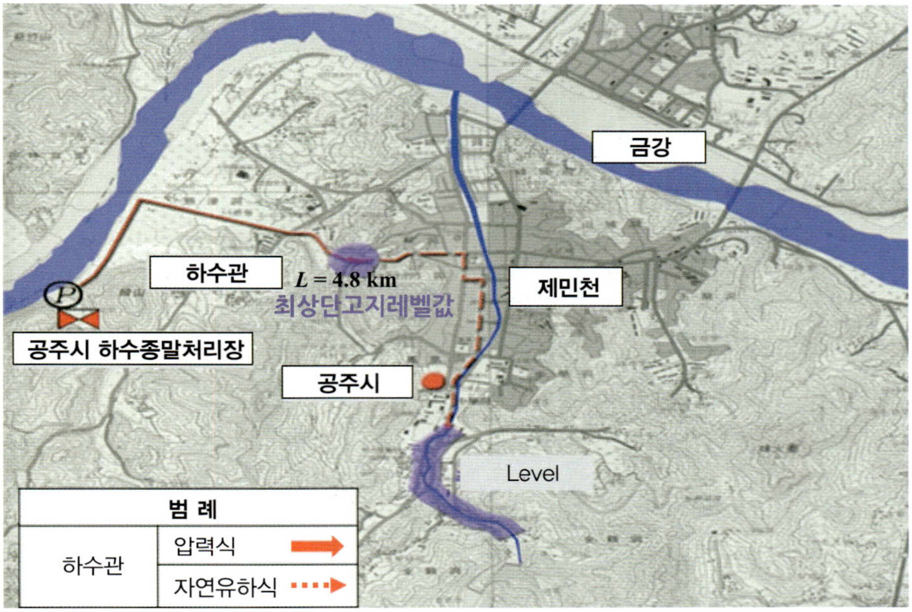

그림 11.2 | 공주시 하수종말처리수의 제민천 최상류 유지용수 공급 활용도.

하천 생태계 훼손이 심각한 상태였다. 이에 제민천을 관리하는 공주시는 환경부에서 추진한 '하수처리수 재이용 촉진 시범사업'의 하천 유지용수 분야 시범사업 도시로 선정되었다. 당시 사업의 초기에는 단순히 하수처리수를 상류로 압송하여 유지용수를 공급하는 것으로 계획되었다(그림 11.2). 하지만 생태적으로 수질정화되는 공법에 대한 확신을 갖게 되면서 상류 하천의 수질과 생태계 복원 효능이 검증된 인공습지를 도입하는 것으로 결정되었다. 이에 따라, 우리 풍토에서 유일하게 생태적수질정화 기능이 검증된 환경신기술 및 특허인 생태적수질정화비오톱(SSB 시스템)을 처리습지(treatment wetland)의 적용 공법으로 선정하였고, 하수처리수를 제처리하여 제민천 상류에 안정적인 유지용수를 공급하는 에코디자인 및 생태환경 복원을 수행하게 되었다(Gongju-si, 2005; 2006).

■ 생태적수질정화비오톱의 생태공학적 에코디자인 과정

하수처리수 재이용 등 점·비점오염원 저감을 위해 도입되는 생태적수질정화비오톱(SSB)의 에코디자인 과정은 다음과 같다. 첫째 BOD, SS, T-N, T-P 등 주요 하천

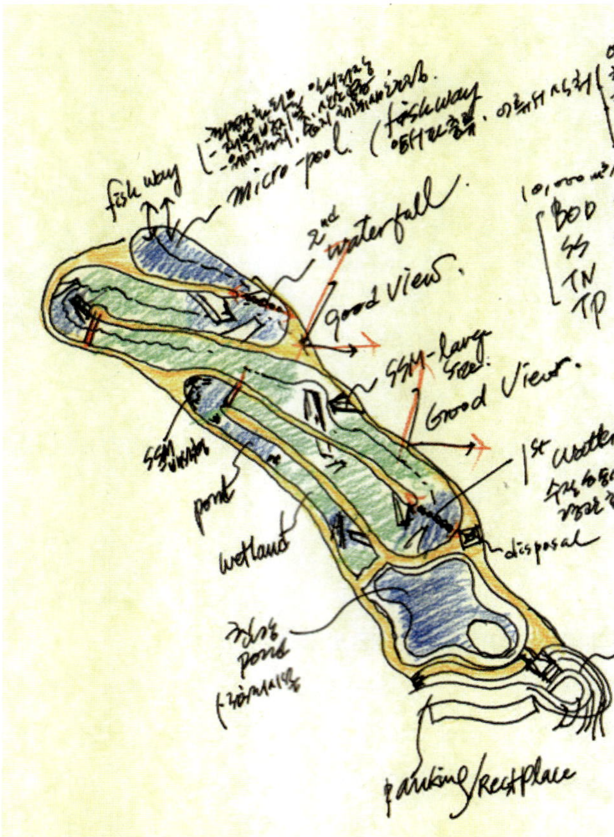

그림 11.3 | 제민천 생태적수질정화비오톱 초기 에코디자인(© 변찬우, 2006).

수질 정화 기능이 반드시 정량적으로 도출될 수 있도록 대상지에 맞는 에코디자인을 수행한다(그림 11.3)(Byeon, 2006). 둘째, 대체 습지나 자연습지에서의 생태 복원 기능의 향상을 도모한다(Byeon, 2012). 더 나아가 습지생태계를 교란시키지 않는 범위 내에서 경관 향상 및 환경 학습 기능까지 충족시킬 수 있도록 복원되어야 한다(Byeon, 2010a). 본 대상지의 하수처리수 재이용을 위한 재처리를 위해 적용된 생태적수질정화비오톱 시스템은 국내에서 수처리효율 및 생태 복원 기능이 검증된 환경신기술이었지만, 제민천 상류의 생태환경적 특성에 따른 에코디자인을 통해서 기본계획(Master plan)을 작성하였다(그림 11.4). 그 구조는 침강지(forebay), 습지(wetland) 및 연못(pond)으로 이루어진 다단계 셀, 그리고 침전지(micro-pool)처럼 크

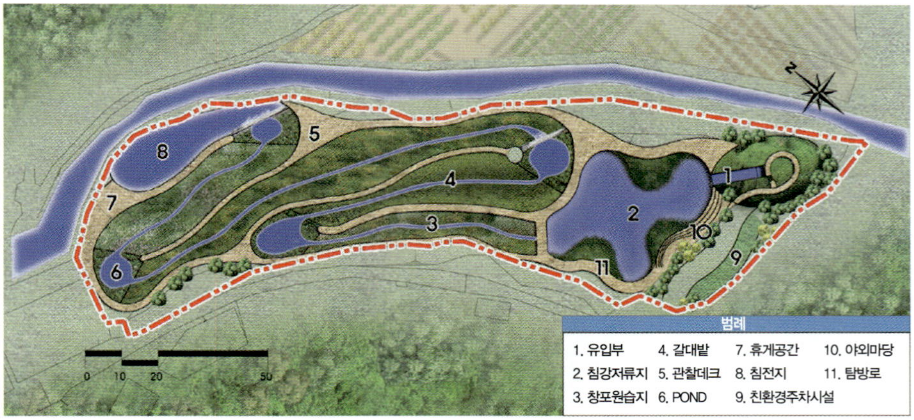

그림 11.4 | **제민천 생태적수질정화비오톱 초기 기본 계획.**

게 세 가지 영역으로 나뉜다. 기본적인 수처리 및 생태 복원 방식은 1차적으로 생태적 핵심 지역인 침강 저류지로서의 생태 연못을 조성해서, 하수처리수의 처리 직후 예측하지 못하는 고농도의 수질이나 유량이 과다 유입될 때는 고형 물질 침전 및 유속을 저감시켜 주고, 수처리가 원활한 경우에는 생태계의 핵심적인 거점 역할을 수행한다. 2차적으로는 수생식물이 자라는 습지·연못으로 유입되면 수생식물에 의한 자연형 수질 정화인 침전·흡수·흡착·분해 메커니즘을 거친다. 마지막으로 침전지 내에 산소 공급 및 재부유·방지 등의 기능을 하는 메커니즘을 설계한다. 이를 통해서 수질 2급수 이내의 맑은 물을 공급하고, 맑은 물에 서식하는 지표종들을 중심으로 다양한 생물 서식처가 조성될 수 있다(Byeon, 2006; 2010a; 2010b). 하지만 초기의 에코디자인은 인삼밭으로 활용되었던 토지 수용이 어려웠기에, 그림 11.5와 같이 하천 상류를 따라 확보된 대상지에 맞게 에코디자인되었다. 따라서 초기의 에코디자인에서 변경된 대상지에 맞게 에코디자인함으로써 최종적인 기본계획을 확정하였다(그림 11.6).

■ 생태환경 복원 프로세스

성공 사례가 부족한 국내의 경우, 생태환경 복원을 통한 생태 하천 복원 및 처리습지 조성을 위해서는 계획·설계, 복원 시공 유지관리 등의 전체 공정에 참여하고 모니터링 및 에코디자인 과정을 거쳐 그 결과를 제시하는 것이 바람직하다(Byeon,

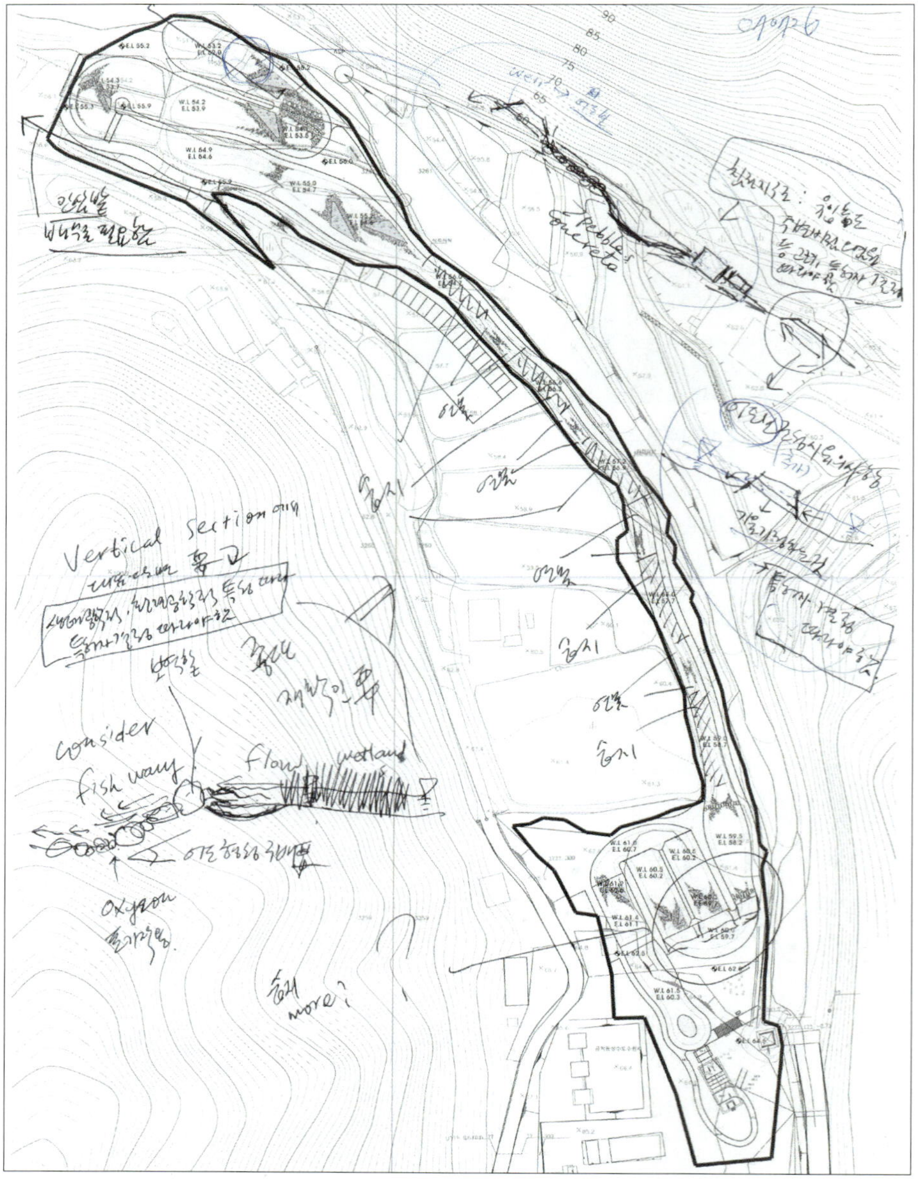

그림 11.5 | 제민천 생태적수질정화비오톱 에코디자인(© 변찬우, 2007).

그림 11.6 | 제민천 생태적수질정화비오톱 최종 기본 계획.

2012). 본 연구는 생태적수질정화비오톱 특허(신기술)자가 직접 대상지 특성에 맞게 계획, 설계, 시공, 유지관리·모니터링 과정을 진행하면서 상류 하천의 생태계 복원과 하수종말처리장수의 생태적 수질 정화를 성공적으로 수행하였다. 생태 복원 목표를 고려하여 계획부터 설계와 복원 시공까지 전 과정에 걸친 모니터링과 평가결과에 따라서 필요한 생태환경공학적 지식과 기술을 응용하여 진행하였다. 처리습지 관련 에코디자인 및 생태환경 복원이 성공적으로 이루어진 이후에는 생태하천 복원을 수행하였다. 그림 11.7과 같이 하천 상류부의 암반을 살리면서도 생태목틀 등을 활용해서, 생태하천 복원 기능을 모니터링하는 가운데 에코디자인과 복원 시공을 병행하였다. 이러한 과정은 3부에서 강조한 것과 같이 생태계가 변화하는 양상에 따라서 설계와 시공 등 전체 공정을 유연하게 조정하는 우리나라 특성에 맞춘, 일종의 순응 관리(adaptive management)라고 볼 수 있다(Byeon, 2010b; Byeon, 2012).

조성 직후인 2009년 3월부터 최근 2013년 8월까지 정기적인 모니터링을 통해 생태적수질정화비오톱의 동식물상 등 생태 복원 기능과 수처리효율을 조사하였다. 특히 수처리 효과를 분석하기 위해서 월 1회 이상 주요 수질 측정 항목인 BOD5,

a. 복원 전　　　　b. 복원 후

그림 11.7 | 생태 하천 복원 전후 전경.

SS, T-N, T-P 등을 수질오염공정시험법에 따라 분석하였다. 제민천 생태적수질정화비오톱의 식물상은 조성 직후부터 2개년(2009~2010) 동안 식재종 및 침입종의 변화를 중심으로 모니터링하였으며, 강우 등으로 조사가 불가능한 경우를 제외하고는 조사 시기를 준수하였다. 또한 동물상의 경우에 있어서도 준공 직후 2개년 동안 어류·양서·파충류·포유류 등에 대한 모니터링을 시행하였다. 특히 직접 확인 방법(direct survey), 간접 확인 방법(indirect survey)으로 생태적수질정화비오톱 시스템 및 상류 생태하천 복원 구간의 다양한 야생동식물의 생태계 복원 효과를 분석하였다.

수질환경 모니터링 결과

평균 수처리효율

제민천 생태적수질정화비오톱 복원 직후인 2009년 3월부터 2013년 8월까지 수질환경 모니터링을 수행하여 유입수와 유출수의 수질을 분석하였으며, 그 결과는 표 11.1과 같다.

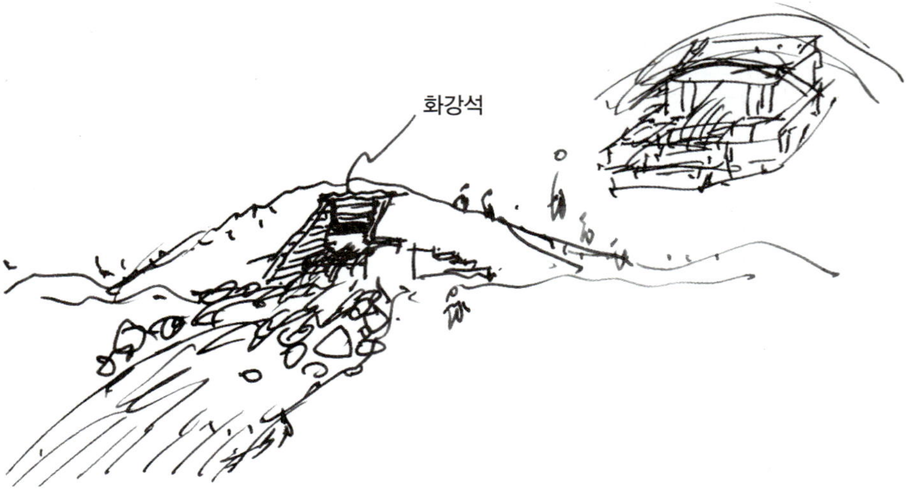

그림 11.8 | **공주 제민천 SSB의 상부의 무녕왕릉 형상의 유출부 에코디자인**(위의 그림, © 변찬우, 2006) **및 조성 후 전경**(아래 사진, 2016).

표 11.1 제민천 생태적수질정화비오톱(SSB) 시스템 내 연도별 수질 정화 효율 모니터링 결과

연도	BOD5(mg/L)			T-N(mg/L)			T-P(mg/L)		
	유입수	유출수	처리효율	유입수	유출수	처리효율	유입수	유출수	처리효율
2009	5.0	2.9	42%	11.961	8.036	33%	0.329	0.122	63%
2010	2.9	1.3	57%	–	–	–	–	–	–
2011	4.0	1.8	54%	9.236	3.323	64%	0.187	0.096	49%
2012	2.6	1.4	46%	7.424	5.313	28%	0.090	0.065	28%
2013	6.6	1.8	74%	11.308	8.540	24%	0.186	0.109	41%
Average	4.2	1.8	57%	9.983	6.303	37%	0.198	0.098	51%

※ 2010년은 생태적수질정화비오톱 내 미생물 적용 실험기간이므로 T-N, T-P 유입/유출 농도는 제시하지 않았다.
Year 2010 was the experimental period of applying micro-organism to this Sustainable Structured Wetland Biotop System. Therefore T-N, T-P data in 2010 was not analyzed.

2009년 조성 후부터 2013년까지의 4년 동안, BOD5는 평균 유입 농도 4.2 mg/L, 평균 유출 농도 1.8 mg/L로 57%의 처리효율을 보였으며, T-N는 평균 유입 농도 9.983 mg/L, 평균 유출 농도 6.303 mg/L로 37%의 처리효율, T-P는 평균 유입 농도 0.198 mg/L, 평균 유출 농도 0.098 mg/L로 51%의 처리효율이 측정되었다. 특히 2009년 조성 직후부터 2013년까지 연간 평균처리효율은 성공적으로 목표치를

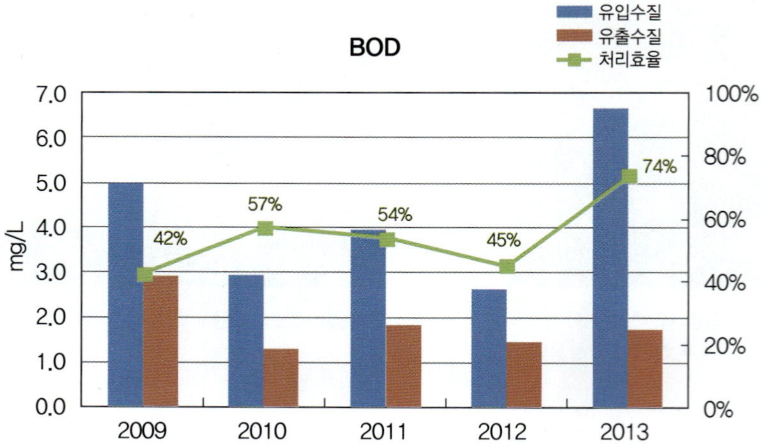

그림 11.9 | 제민천 상류 생태적수질정화비오톱(SSB) 시스템 연도별 BOD5 평균 유입/유출 농도(2009~2013, 출처 : 충청남도 공주시 보건환경연구원).

달성하였다.

특히 2009년 조성 직후에, BOD5는 평균 유입 농도 5.0 mg/L, 평균 유출 농도 2.9 mg/L로 42%의 처리효율을 보였으며, T-N는 평균 유입 농가 11.961 mg/L, 평균 유출 농도 8.036 mg/L로 33%의 처리효율, T-P는 평균 유입 농도 0.329 mg/L, 평균 유출 농도 0.122 mg/L로 63%의 처리효율이 측정되었다. 복원 직후 짧은 기간 동안 수처리효율이나 변동적인 하수종말처리장수가 유입되었음에도 수처리효율이 평균 30% 이상으로 높게 측정된 결과이다.

조성 4년 후인 2013년에도, BOD5는 평균 유입 농도 6.6 mg/L, 평균 유출 농도 1.8 mg/L로 74%의 높은 처리효율을 보였으며, T-N는 평균 유입 농도 11.308 mg/L, 평균 유출 농도 8.540 mg/L로 24%의 처리효율, T-P는 평균 유입 농도 0.186 mg/L, 평균 유출 농도 0.109 mg/L로 41%의 처리효율이 측정되었다.

조성 직후부터 다년간 지속적으로 수처리 시스템이 안정화됨에 따라 유입 수질 농도 수준이 수질 1~5등급으로 매우 불규칙하였음에도 수처리효율이 높게 나타났다. 수질 1~2등급수를 유지하여 맑을 물을 유출함으로써 수처리 시스템이 매우 안정적임이 확인되었는데, 이는 다음에 소개되는 맑은 물에 서식하는 다양한 자표중의 복원이 가능하게 하는 생태·환경적 기반이 되었다.

생태환경 모니터링 결과

식생

표 11.2와 같이 생태적수질정화비오톱(SSB) 및 생태하천 복원 지역 내 식재종과 유입종을 조사하였다. 식물상의 경우, 준공 직후 2개년 동안 모니터링한 결과를 분석하였다. 대상지내 식재종은 SSB의 수처리효율을 높일 수 있도록 식재된 총 9과 12종으로 갈대, 부들, 줄, 노랑꽃창포 등이 우점하였고, 초장이 거의 1.5m 이상으로 생육 상태가 양호하고 뿌리 활착율도 높아 적응이 아주 잘 되어 있는 상태였다(그림 11.10). 유입종은 총 22과 39종이었는데, 생태 하천 복원지역에는 주로 고마리, 노

표 11.2 식물상 조사 결과

No.	과(Family)	종명(Species)		식재종	침입수종
		학명	국명		
1	가래과(Potamogetonaceae)	*Potamogeton distinctus*	가래		●
2	개구리밥과(Lemnaceae)	*Spirodela polyrhiza*	개구리밥		●
3	국화과(Compositae)	*Erigeron canadensis*	망초		●
		Erigeron annuus	개망초		●
		Bidens frondosa	미국가막사리		●
		Aster tataricus	개미취		●
		Aster koraiensis	벌개미취		●
		Artemisia princeps var. orientalis	쑥		●
		Lactuca indica var. laciniata	왕고들빼기		●
		Galinsoga ciliata	별꽃아재비		●
		Cosmos bipinnatus	코스모스		●
4	닭의장풀과(Commelinaceae)	*Commelina communis*	닭의장풀		●
		Aneilema keisak	사마귀풀		●
5	마디풀과(Polygonaceae)	*Persicaria thunbergii*	고마리	●	
		Persicaria hydropiper	여뀌		●
		Persicaria perfoliata	며느리배꼽		●
		Persicaria senticosa	며느리밑씻개		●
		Rumex crispus	소리쟁이		●
6	명아주과(Chenopodiaceae)	*Chenopodium album var. centrorubrum*	명아주		●
7	마름과(Trapaceae)	*Trapa japonica*	마름	●	
8	메꽃과(Convolvulaceae)	*Quamoclit angulata*	둥근잎유홍초		●
9	물옥잠과(Pontederiaceae)	*Monochoria vaginalis*	물달개비		●
10	바늘꽃과Onagraceae	*Oenothera speciosa Nutt.*	낮달맞이		●
11	봉선화과(Balsaminaceae)	*Impatiens textori*	물봉선화		●
12	부들과(Typhaceae)	*Typha orientalis*	부들	●	
13	부처꽃과(Lythraceae)	*Lythrum salicaria*	털부처꽃	●	
14	붓꽃과(Iridaceae)	*Iris pseudoacorus*	노란꽃창포	●	
15	사초과(Cyperaceae)	*Scirpus tabernaemontani*	큰고랭이		●
16	삼과(Cannabaceae)	*Humulus japonicus*	환삼덩굴		●
17	수련과(Nymphaeaceae)	*Nymphaea teragona*	수련	●	
18	속새과(Equisetaceae)	*Equisetum arvense*	쇠뜨기		●
19	쐐기풀과(Urticaceae)	*Boehmeria tricuspis*	거북꼬리		●
20	양귀비과(Papaveraceae)	*Chelidonium majus var. asiaticum*	애기똥풀		●
21	자리공과(Phytolaccaceae)	*Phytolacca americana*	미국자리공		●
22	장미과(Rosaceae)	*Duchesnea chrysantha*	산뱀딸기		●
23	쥐꼬리망초과(Acanthaceae)	*Justicia procumbens*	쥐꼬리망초		●
24	조름나물과(Menyanthaceae)	*Nymphoides peltata*	노랑어리연꽃	●	
25	쥐손이풀과(Geraniaceae)	*Geranium nepalense subsp. thunbergii*	이질풀		●
26	콩과(Leguminosae)	*Glycine soja*	돌콩		●
		Trifolium pratense	붉은토끼풀	●	
		Aeschynomene indica	자귀풀		●
		Lespedeza cyrtobotrya	참싸리	●	
		Phaseolus nipponensis	새팥		●
		Cassia mimosoides var. nomame	차풀		●
		Trifolium repens	토끼풀		●
27	택사과(Alismataceae)	*Alisma canaliculatum*	택사		●
28	벼과(Gramineae)	*Setaria viridis*	강아지풀		●
		Echinochloa crus-galli var. oryzicola	물피		●
		Phragmites australis	갈대	●	
		Phragmites japonica	달뿌리풀	●	
		Zizania latifolia	줄	●	
총 계		28과 51종		9과 12종	22과 39종

▲ 줄과 달뿌리풀

▲ 노란꽃창포

▲ 수련

▲ 달뿌리풀

▲ 부처꽃

▲ 노랑어리연꽃

그림 11.10 | **제민천 생태적수질정화비오톱 식물상 조사 결과**(2011).

랑꽃창포 등 군락이 우점하고 있었고, 주변에는 사위질빵, 여뀌, 토끼풀 등으로 덮여 있었다. 식재종 외 일반 습지나 야산 내에서 발견되는 자생식물이 많이 유입된 것으로 봐서 본 처리습지 및 상류 하천생태계의 생산자 역할이 효율적으로 이루어지고 있음을 알 수 있다.

동물상

■ 양서·파충류상

복원 직후부터 2개년 동안 조사지역에서 관찰된 양서·파충류는 총 3과 5종으로, 표 11.3과 같이 청개구리, 참개구리 등이 출현하는 것으로 확인되었다. 조사기간 동안 전체 조사 지역에서 관찰된 양서류는 총 1목 2과 4종이 관찰되었으며, 파충류는 1목 1과 2종이 관찰되었다. 관찰된 양서류 중에서 다수의 북방산개구리의 유생들이 야산으로 이동하는 모습이 관찰되었고, 조사지역의 습지 및 연못에서는 다수의 청개구리 울음소리를 들을 수 있었다. 참개구리 또한 조사지역의 연못에서 직접 관찰되었다. 파충류로는 유혈목이와 누룩뱀이 조사지역의 인근 산림에서 관찰되었다.

표 11.3 양서 · 파충류상 조사 결과

No.	과(Family)	종명(Species)		개체수 추정	조사방법
		학명	종명		
1	청개구리과 (Hylidae)	*Hyla arborea japonica*	청개구리	++	울음소리, 육안
2	개구리과 (Ranidae)	*Rana dydowskii*	산개구리	+++	올챙이
		Rana nigronaculata	참개구리	++	육안
3	뱀과 (Colubridae)	*Rhabdophis tigrina tigrina*	유혈목이	+	육안
		Elaphe dione	누룩뱀	+	육안
총 계		3과 5종			

주) +: 1~10, ++: 11~50, +++: 50~100 이상

표 11.4 포유류상 조사 결과

No.	과(Family)	종명(Species)		개체수 추정	조사방법
		학명	종명		
1	사슴과 (Cervidae)	*Hydrapotes inermis agryropus*	고라니	+	배설물, 족적
2	다람쥐과 (Sciuridae)	*Tamias sibiricus asiaticus*	다람쥐	+	육안
		Sciurus vulgalis coreae sowerby	청설모	+	육안
총 계		2과 3종			

주) + : 1~10, ++ : 11~50, +++ : 50~100 이상

■ **포유류상**

본 연구의 복원 후 포유류를 모니터링한 결과에서, 조사 기간 2개년 동안에 포유류는 표 11.4와 같이 총 2목 2과 3종이 관찰되었다. 본 조사에서 법적보호종은 관찰되지 않았다. 조사 시에 고라니의 족적 및 분변이 관찰되었는데, 이는 조사 지역 인근에 위치한 야산에 서식하는 고라니가 제민천 인근의 농경지 및 공원에 내려와 물을 마시거나 먹이활동을 하기 위해 제민천으로 내려오는 것으로 판단된다.

■ **조류상**

조사 기간인 준공 직후부터 2개년 동안에 조사지역 전체에서 조류는 표 11.5와 같이 총 11목 23과 34종 162개체가 관찰되었다. 본 조사에서 관찰된 조류 중 최고 우점종은 붉은머리오목눈이로 25개체(15.43%)였으며, 두 번째 우점종은 참새 21개체(12.96%), 직박구리 13개체(8.02%), 멧비둘기 11개체(6.79%) 순으로 관찰되었다. 조사 시에 환경부 지정 멸종위기 야생동물 2급인 새홀리기 1개체가 인근 야산에서 비행중인 모습이 관찰되었고 문화재청 지정 천연기념물 제324-6호인 소쩍새 1개체가 인근 야산에서 울음소리로 서식이 확인되었다. 현지 조사시에 관찰된 조류는 대부분이 산새류였으며, 노랑할미새, 박새, 쇠박새, 꾀꼬리 등은 조사지역 인근의 야산에서 유조 및 먹이를 물어 나르는 모습이 관찰되었다.

결론

본 장에서는 하수처리수를 도시 하천 유지용수로 재활용할 수 있는 처리습지 조성 사례이다. 특히 공주 제민천 상류 생태적수질정화비오톱의 복원 설계 및 시공, 그리고 유지관리에 이르기까지 통합 공정의 모니터링 및 에코디자인 결과는 다음과 같다.

첫째, 처리 습지의 설계 및 복원 시공에서는 대상지 지형, 토양 등 다음과 같은 현장의 생태환경적 특성을 최대한 반영해야 한다. 제민천 생태적수질정화비오톱 설계·시공 과정에서는 대상지의 생태적(수리, 수문, 토양, 식생, 미기후, 어류, 동물상

표 11.5 조류상 조사 결과

No.	과(Family)	종명(Species)		개체수 추정	서식 유형	비고
		종명	국명			
1	왜가리과 (Ardeidae)	*Ardea cinerea*	왜가리	+	SV	
		Egretta garzetta	쇠백로	+	SV	
		Butorides striatus	검은댕기해오라비	+	SV	
2	오리과(Anatidae)	*Anas poecilorhyncha*	흰뺨검둥오리	+	Res	
3	매과(Falconidae)	*Falco subbuteo*	새홀리기	+	SV	
4	꿩과(Phasianidae)	*Phasianus colchicus*	꿩	+	Res	
5	비둘기과 (Columbidae)	*Streptopelia orientalis*	멧비둘기	++	Res	
6	뻐꾸기과 (Cuculidae)	*Cuculus canorus*	뻐꾸기	+	SV	
		Cuculus micropterus	검은등뻐꾸기	+	SV	
7	올빼미과(Strigidae)	*Otus scops*	소쩍새	+	SV	
8	쏙독새과 (Caprimulgidae)	*Caprimulgus indicus*	쏙독새	+	SV	
9	파랑새과 (Coraciidae)	*Eurystomus orientalis*	파랑새	+	SV	
10	딱따구리과 (Picidae)	*Dendrocopos kizuki*	쇠딱따구리	+	Res	
		Picus canus	청딱따구리	+	Res	
11	할미새과 (Motacillidae)	*Motacilla cinerea*	노랑할미새	+	SV	
12	직박구리과 (Pycnonotidae)	*Hypsipetes amaurotis*	직박구리	++	Res	
13	개똥지빠귀과 (Turdidae)	*Phoenicurus auroreus*	딱새	+	Res	
		Turdus hortulorum	되지빠귀	+	SV	
14	붉은머리오목눈이과 (Panuridae)	*Paradoxornis webbianus*	붉은머리오목눈이	++	Res	
15	딱새과(Muscicapidae)	*Cyanoptila cyanomelana*	큰유리새	+	SV	
16	오목눈이과 (Aegithalidae)	*Aegithalos caudatus*	오목눈이	+	Res	
17	박새과(Paridae)	*Parus palustris*	쇠박새	+	Res	
		Parus ater	진박새	+	Res	
		Parus major	박새	+	Res	
		Parus varius	곤줄박이	+	Res	
18	동고비과(Sittidae)	*Sitta europaea*	동고비	+	Res	
19	멧새과(Emberizidae)	*Emberiza elegans*	노랑턱멧새	+	Res	
20	되새과(Fringillidae)	*Carduelis sinica*	방울새	+	Res	
21	참샛과(Ploceidae)	*Passer montanus*	참새	++	Res	
22	꾀꼬리과(Oriolidae)	*Oriolus chinensis*	꾀꼬리	+	SV	
23	까마귀과(Corvidae)	*Garrulus glandarius*	어치	+	Res	
		Cyanopica cyana	물까치	+	Res	
		Pica pica	까치	+	Res	
		Corvus corone	까마귀	+	Res	
총계		23과 34종				

주1) +: 1~10, ++: 11~50, +++: 50~100 이상

주2) Res: 텃새 , SV: 여름철새, WV: 겨울철새, PM: 나그네새

그림 11.11 | 복원 시공 과정에서 노출된 암반을 그대로 살리는 에코디자인과 생태환경복원을 통해 조성된 공주 10경 중, 제8경의 제민천 생태적수질정화비오톱 전경(2013).

등) 측면을 우선 고려하였다. 그런 다음에 생태·환경적(용량, 유속, 수리학적 체류 시간, BOD 및 겨울철 처리효율, 배치 및 형태, 배수 및 수위, 식재 밀도, 토양 등) 측면을 고려하여 생태계 복원, 수질 환경 개선하고 경관 향상을 도모하였다.

둘째, 조성된 처리습지의 전문화된 유지관리·모니터링과 기능을 보완할 수 있는 복원 과정이 이루어져야 성공적이고 지속적인 생태환경공학적 결과를 도출할 수 있다. 먼저 2009년 2월 복원 시공 직후부터 2013년까지 수질을 모니터링한 결과, BOD5는 평균 유입 농도 4.2 mg/L, 평균 유출 농도 1.8 mg/L로 57%의 처리효율을 보였으며, T-N는 평균 유입 농도 9.983 mg/L, 평균 유출 농도 6.303 mg/L로 37%의 처리효율, T-P는 평균 유입 농도 0.198 mg/L, 평균 유출 농도 0.098 mg/L로 51%의 처리효율이 측정되었다. 조성 직후부터 조성 4년 후까지 연간 평균수처리 효율이 성공적으로 목표치를 달성하여 방류됨으로써 도시 상류하천의 유지용수로서의 수량 확보와 수질 개선에 크게 기여하였다. 뿐만 아니라 제민천 생태적수질정화비오톱의 복원 직후인 2개년도에 생태계 복원 종을 모니터링한 결과, 대상지의 식물상은 총 28과 51종이다. 특히, 생태적수질정화비오톱(SSB) 및 생태 하천 복원지역내 원 식재종이면서 정수 식물 군락인 갈대, 부들, 줄, 노랑꽃창포 등이 우점하였고, 식재종 외 일반 습지 내에서 발견되는 자생식물이 많이 유입되어, 처리습지의 생태·환경 복원 기능을 안정화시켰다. 대상지의 동물상으로는 현지 조사시 조사지역에서 관찰된 양서·파충류는 청개구리, 참개구리 등 총 3과 5종이었고, 포유류는 고라니 등 총 2목 2과 3종이 관찰되었다. 또한, 조류는 총 11목 23과 34종 162개체이었고, 최고 우점종은 붉은머리오목눈이, 참새, 직박구리, 멧비둘기 순으로 관찰되었다. 법적 보호종은 환경부 지정 멸종위기 야생동물 2급인 새홀리기 1개체, 문화재청 지정 천연기념물 제324-6호인 소쩍새 1개체가 인근 야산에서 울음소리로 확인되었다.

끝으로, 고농도의 하수처리수를 재이용하여 생태환경 복원 기능을 도모한 제민천 생태적수질정화비오톱 사례는 현재까지 그 생태계 복원 기능과 수처리 효과가 성공적으로 모니터링되고 있다. 이는 복원 설계, 시공, 유지관리 전 과정을 생태적수질정화비오톱 시스템 개발자가 일관성 있게 모니터링하고 진행하면서 하천의 생태·환경적 특성을 전문적이고 지속적으로 반영하였기 때문이다. 하지만 이러한 성공 사례를 일반 기술자들에게 보급하기 위해서는 생태·환경공학적 특성을 토대로 한 디자인 방법론 제시 및 면밀한 복원 매뉴얼 작성 또한 뒤 따라야 할 것이다. 향후 연구에서는 본 연구에서 제시한 계획, 설계, 시공, 모니터링 중심의 총체적 연구결과를 토대로 하여, 처리습지 수질 상관관계의 통계적 변량과 생태계 복원의 상호관계 분석이 지속적으로 이루어져야 한다.

참고문헌

An, Ik-sung, "Feasibility Evaluation of Secondary Effluent from Sewage Treatment Plant for Reuse", Unpublished Doctoral dissertation, Chonbuk National University. Jeollabuk-do. Korea, 2005.

Byeon CW, "A Study on Constructed Wetland Ecological Park Design with Multiple-cell FWS Layout: focus on Structural Design of Sustainable Structured wetland biotop(SSB) Park", Journal of the Korean Society for Environmental Restoration and Revegetation Technology, 9(5)(2006): 1-9.

Byeon CW, "Water Purification and Ecological Restoration Effects of the Keumeo Stream Sustainable Structured wetland biotop (SSB) System Established on the Floodplain of Kyungan Stream", Journal of the Korean Society for Environmental Restoration and Revegetation Technology, 13(3)(2010a): 1-13.

Byeon CW, Ecological River Restoration, Gyeonggi-do: Namudosi, 2010b, pp. 134-157.

Byeon CW, "Ecological Restoration of the Rivers and Wetlands with Sustainable Structured Wetland biotop (SSB) System", KSCE Journal of Civil Engineering. Vol.16-No.2, 2012, pp. 255-263.

EPA(United States Environmental Protection Agency), Guidelines for Water Reuse. USAID, 2012, pp. 9-1-9-24.

Gongju-si, Feasibility study and Plan of Jaemin stream, 2005.

Gongju-si, The Plan for Instream Flow Security of Jaemin stream, 2006.

Kadlec, R. H., and Knight, R. L, Treatment wetlands, CRC Press/Lewis publishers, Florida, USA, 1996.

Lee, Dae-in·Yoon, Yang-ho·Park, Il-heum·Lee, Gyu-hyong and Cho, Hyeon-seo, "Environmental Restoration and Water Quality Management Modeling of Coastal Area by Reuse of Treated Wastewater", Journal of the Environmental Sciences, 16(4)(2007): 505-521.

Ministry of Environment. Research on River Restoration Guideline, 2002, Chapter 7.

Ministry of Environment, Environmental Standard for Water Quality, 2008.

Ministry of Environment, Wastewater Reuse Guidebook, 2009.

Ministry of Environment, A Development of Ecological Restoration, Creation and

Enhance- ment Technology in Urban Housing Site, 2010.

Ministry of Environment, Guidebook of the Installation and Management for water recycling facilities, 2011.

Seoul Development Institute. Study on Feasibility Of Wastewater Reuse Facility, 1999.

Wiegleb, G.·Broring, U.·Choi GW·Dahms, Hans-Uwe·Kanongdate, K.·Byeon CW·Lian Guey Ler, Ecological Restoration as Precaution and not as Restitutional Compensation, Biodiversity Conservation (2013), 22(9)(2013): 1931-1948.

12 간척지 생태환경의 창출적 복원계획

새만금 생태환경용지 종합계획[1]

1 변찬우. 새만금 생태환경용지. 국무총리실 백서. 새만금 위원회 2010에 투고한 내용을 각색함. 본 장은 제4부의 5개 장 중에서 유일하게 기본계획(Master Plan)의 에코디자인만을 담았다.

개요

우리는 이미 경인운하, 천성산 터널, 한탄강댐, 동강댐 등에서 환경적인 문제로 인한 사회 갈등으로 인해 엄청난 비용과 에너지를 지출해 왔다. 우리나라뿐만 아니라 세계적 관심사로, 개발할 것인지 보전할 것인지에 대한 결정이 사전에 예방적으로 이루어졌어야 하는 사업 중 하나가 새만금 간척지 사업이다. 왜냐하면 계획 초기 단계에 보전과 개발이라는 갈등으로 인해 소요된 비용이 이미 천문학적이기 때문이다. 사실 새만금 간척사업은 1960년 말 당시 심각한 가뭄과 세계적인 식량 파동을 계기로 안정적인 식량 자급 대책을 마련하고자 하는 목적에서 시작되었다. 국토 확장을 통해 산업용지 및 농지를 조성하고 수자원을 확보함으로써 전북지역을 발전시켜 지역 균형 개발 등을 이루고자 하는 취지였다. 하지만 한반도 전체 갯벌의 10%를 차지하는 새만금 갯벌이 개발로 인해 사라짐으로써 발생하는 환경 오염, 생태계 파괴 등의 환경적 문제가 쟁론화되었다. 그래서 새만금 간척사업은 국가적으로 막대한 예산의 주요 국책사업이었음에도 불구하고 환경과 경제라는 두 관점에서의 끊임없는 논란으로 인해 사업의 진행과 중단이 반복되어 온 것이다. 개발과 환경 보전의 갈등 속에서 오랜 기간 치열하고 지루한 법리적 공방이 이루어졌다.

결과적으로, 2000년대 후반 정부 차원에서 복합 기능을 가진 새만금의 종합개발계획이 확정되었다. 하지만 이는 경제 개발이 최우선이었던 1970년대의 사회적 배경에서 추진되어 왔던 사회·경제적 그리고 법적 결정이었다. 2000년대 이후 각종 환경 오염 문제와 기후 변화, 생태계 훼손과 이에 따른 사회적 인식의 변화가 일어나면서 새만금 간척사업 역시 환경적 차원의 개발을 고려하지 않을 수 없게 되었다. 이에 당시 정부는 지난 2011년 '새만금 유역 제2단계 수질개선 종합대책'을 확정하였고, 친수 활동이 가능한 '명품 새만금'의 밑그림을 토대로 복합도시·농업용지 등을 개발하기 위해 총사업비 22조 1,900억 원을 투자한다고 발표하였다.

그간의 개발을 중심으로 한 경제적 논리에서 볼 때, 이러한 수정 과정은 경제적 낭비라는 인식이 여전히 남아있다. 다시 말해, 생태계와 환경을 고려하는 개발과 경제 발전이 함께 이루어질 수 있다는 인식이 아직 부족하다는 것이다. 새만금은 앞에서 언급한 대로 동진강과 만경강의 하구 생태계(esturine wetland)로서 이동 철새 등 생태계의 보고를 위해서 보전하는 것이 바람직하다. 그러므로 환경적으로 그 중요성을 인식하는 지금 시대에서 보면 개발 이전에 사전 예방적 차원에서 개발 여부를 결정했어야 하는 사업이었다.

이미 새만금은 개발이 전제되어 진행되고 있다. 그렇다면 새만금 개발을 지속가능한 발전(Sustainable Development) 쪽으로 어떻게 전향시킬 수 있는가가 중요하다. 주어진 예산 내에서 개발과 생태·환경이라는 두 마리 토끼를 상극으로 놓지 않고 상생의 효과를 도모할 수는 없을까? 더 나아가 경제성, 사회성, 환경성을 함께 만족시킬 수 있는 방안은 없는 것일까? 이는 첫째, 이미 정해진 예산 범위 내에서 수행하거나, 이보다 더 적게 들도록 하는 것을 의미한다. 둘째, 사회적 만족도를 높이는 것이다. 새만금 정도 규모의 개발은 지역적 차원을 뛰어 넘어 세계적 차원에서 자긍심을 끌어내는 개발이 되도록 해야 한다. 셋째, 방조제 체결 이후 변화되는 해양, 기수, 담수 생태계를 생태환경적으로 다양하고 건강하게 만들어야 한다. 경제적 효율성, 사회적 만족도, 생태환경적 건전성 및 지속가능성을 위한 발전 방안은 기존과 같은 갈등 구조로는 해결되지 않는다. 서로 협력적 차원을 넘어 융합되어야 하는 것이다.

이 경우 보전과 개발의 갈등이 아닌 변화될 생태계에 대한 복원, 즉 창출적 복원을 목표로 접근하는 것이 바람직하다. 이는 기존의 생태계 훼손을 많이 일으키는 개발 방식이 아니라, 훼손을 저감(mitigation)시키고 변화되는 생태계를 대체(replacement), 향상(enhancement)시키는 것이 되어야 할 것이다. 그 결과, 국가적인 대규모 개발사업으로써 지속가능한 발전(Sustainable Development)의 모델이 되도록 해야 할 것이다.

새만금 생태·환경 용지의 기본계획(master plan) 방향

새만금 토지 이용상 각각의 용지는 복합도시용지, 농업용지, 산업용지, 과학연구용지, 신재생에너지용지, 생태환경용지, 농촌도시용지, 배후도시용지, 신시야미관광레저용지 등으로 나뉘어 개발이 구상되었다. 이들 용지 중 생태환경용지는 전체 용지(401 km^2)의 21.0%인 59.5 km^2로, 농림축산식품부 주관인 농업용지 인접지역의 9.29 km^2를 제외하면 현재 환경부 소관의 생태환경용지는 50.21 km^2이다. 생태환경용지는 그림 12.1의 조감도에서 필자가 에코디자인한 녹색 부지들이며, 이는 타 용지 및 새만금 호소와 접하는 곳에 대부분 위치하고 있기에 새만금의 생태환경적 핵심(Ecological Environmental Core) 지역이라고 볼 수 있다. 따라서 새만금 생태계 및 수질 환경 등에 미치는 영향이 큼에 따라 새만금의 생태환경적 가치가 매우 높다.

생태환경용지 기본계획은 다음과 같은 전제를 고려하여 에코디자인 과정을 통해 수립하였다. 우선, 조성 이후 새만금 간척지에서 일어날 수 있는 생태환경적 문제를 가장 잘 해결해야 한다는 것이며, 더 나아가 생태환경 분야에서 세계적인 메카로 거듭나는 기본계획이 수립되어야 한다는 것이다.

그림 12.1 | **새만금 생태환경용지 조감도**(환경부, 2012).

생태환경적 원칙에서만 본다면, 새만금 생태환경용지는 만경강, 동진강과 합류되는 하구 습지(estuarine wetlands) 생태계의 사전 예방적 원칙(precautionary principle)[2]에 따라 복원을 진행하는 것이 바람직하다. 하지만 새만금 간척지 조성사업의 초창기 추진 목적은 단순히 농업용지 활용을 위한 것이었고, 2008년 10월 이후에서야 농지 위주에서 산업·관광·환경 등 복합 용도로 개발할 수 있는 법적·정책적 결정이 이루어졌다. 따라서 새만금의 대부분 간척 용지들의 주된 조성 목적은 사회적·경제적 목적을 달성하면서도 환경적 문제를 최소화하는 것이지만, 이는 해결하기 매우 어려운 과제이다. 게다가 우리나라 간척지의 경우, 환경적으로 성공했던 사례가 없고, 또한 세계적으로 가장 큰 방조제로 이루어진 간척지에서 생태환경적으로 창출·저감·향상하여 성공하는 것은 매우 어려운 일이다.

이러한 상황에서 필자는 생태환경 복원 전문가로 두 번에 걸쳐 새만금 생태환경용지 구상·계획 과정에 참여하게 되었다. 첫 번째는 농업용지로 추진할 즈음인 2005~2007년[3]이었으며, 두 번째는 「새만금 종합개발계획(Master Plan)」 본 계획 수립을 위해 참여한 2011년~2012년이었다.[4] 종합 엔지니어링사들은 각 분야별 엔지니어들이 필요한 내용을 각 분야별로 조사, 분석, 계획하였고, 필자와 상명대학교 융합생태환경센터는 이를 통합적으로 코디네이팅과 에코디자인을 통해 전체적인 구상 계획안을 도출하였다.

생태환경용지에서 생태환경 복원의 방향은, 다음 세 가지를 주된 생태환경 복원 방향으로 설정하였다. 그 첫 번째는 수환경과 접하는 생태환경용지의 생물 종 다양성을 높일 수 있는 창출(creation)적 생태 복원이다. 두 번째는 개발로 인한 비점오염원 방류 등을 환경적으로 저감(mitigation)할 수 있는 환경 복원이다. 세 번째는 간척지 주변 대상지들에서 개발로 인해 훼손된 생태 환경을 향상(enhancement)시킬 수 있는 생태환경 복원이다.

새만금 상위 및 선행연구, 생태환경 현황 자료, 전문가 의견 등을 토대로 그림 12.2와 같이 새만금 개발 여건 분석에 따른 자연 형성, 창출적 생태 복원, 생태적 수질 정화, 생태체험· 환경 교육 등 네 가지 목표를 설정하였다. 이에 따른 생태환경용지의 본 목적을 보다 구체적으로 달성하기 위해, 첫째 시간적 장소적 특성을 고려한 '자연 형성', 둘째 생물 서식지 조성 및 다양성 확보를 위한 '창출적 생태 복원'[5], 셋째 점·비점오염원 저감 및 청정 수질을 확보하기 위한 검증된 '생태적 수질

2 Cooney R (2004) The precautionary principle in biodiversity conservation and natural resource management: An issuepaper for policymakers, researchers and practitioners IUCN Policy and Global Change series, No. 2. IUCN, Gland, Switzerland and Cambridge, UK.

3 **농업기반공사 농어촌연구원, 2005~2007, 새만금 간척지 환경용지 활용방안 연구.** 한국농어촌공사 농어촌연구원, 2009, 새만금 생태 · 환경용지(농업용지 인접) 종합실천계획 시안 수립.

4 **환경부, 2012, 새만금 생태환경용지 조성사업: 기본계획보고서.**

5 '창출적 생태복원'이라 함은 기존의 연안역 하구 생태계를 간척하였으므로, 새만금 간척지에 걸 맞는 생태 복원을 조성한다는 것을 의미함. 특히 생태환경용지는 생태환경 모니터링으로 검증된 생태복원 시스템을 통해 창출 · 복원되어야 함.

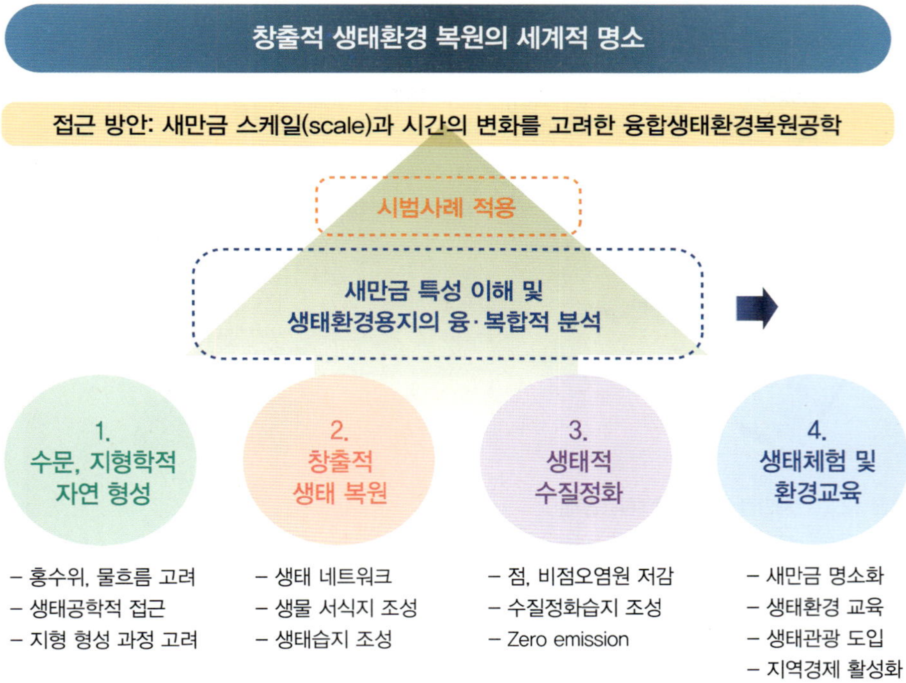

그림 12.2 | 새만금 특성에 맞는 생태환경용지 핵심 기능과 그 비전.

정화', 넷째, 생태·환경·경관 자원을 활용한 '생태 관광·환경 교육' 등을 설정하였다(환경부, 2012).[6]

특히, 새만금 생태환경용지는 오랜 시간을 걸쳐 우리 풍토에 맞게 형성된 자연을 모티브로 한 자연 형성 과정(natural process)을 고려하여 인간과 자연, 그리고 환경이 공존하기 위한 방향으로 우리 풍토에 맞는 접근 방식을 취하였다. 이에 생태환경용지 특성에 맞는 철학과 복원 전략을 토대로 다양한 분야의 생태·환경·경관 특성을 통합적으로 고려하였고, 생태환경공학적으로 검증해[7] 나가면서 종합계획을 수립하였다. 그 결과, 생태환경용지 북부권역, 복합도시 북측권역, 복합도시 남측권역 등(그림 12.3) 각 권역별 특성에 따라서 제시된 구체적인 접근 방법과 비전을 수립할 수 있었다.

6 환경부, 2012, 새만금 생태환경용지 조성사업: 기본계획 보고서.

7 Chan-Woo Byeon, 2012, Ecological Restoration of the Rivers and Wetlands with Sustainable Structured wetland Bio-top(SSB) System, KSCE Journal of Civil Engineering, Vol.16-No.2, pp.255~263.

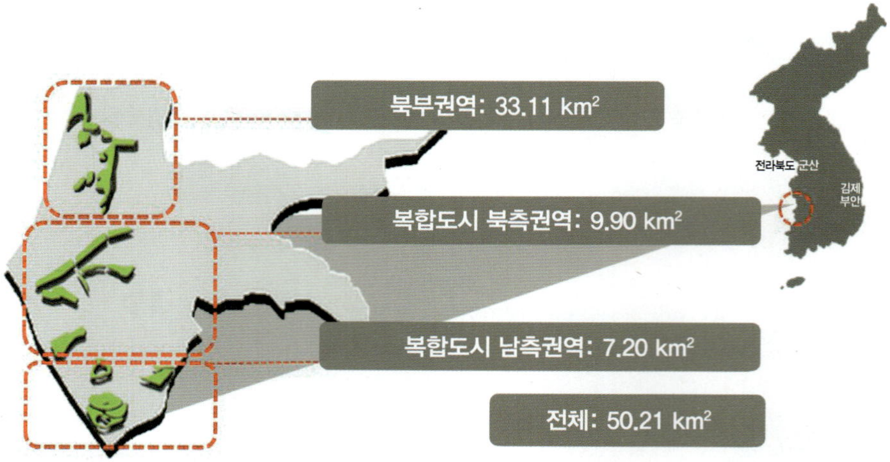

그림 12.3 | 새만금 권역별 생태환경용지.

새만금 북부권역

새만금 북부권역은 면적 33.11 km^2(매립 3.12 km^2, 비매립 29.99 km^2)으로 생태환경용지 전체 면적의 66%에 해당된다. 새만금 신시배수관문과 육상부 군산 지역 사이에 위치하고, 산업용지 및 과학용지의 경계부 및 북부권역 새만금호로 형성된다. 북부권역은 수려한 자연을 수용, 자연 형성 과정을 고려한 자연천이 생태지역으로 계획하였다. 이는 단계별 생태환경공학적 측면에서 수행한 에코디자인 프로세스를 거쳐서 완성되었고, 그 자세한 예시는 다음과 같다.

먼저 그림 12.4에 나타낸 북부권역 생태환경공학 에코디자인 1단계에서는 새만금 내 물 흐름과 땅 흐름 등에 따른 자연 형성 과정을 고려하면서 생물 다양성을 높이는 구조를 구상하였다. 특히, 해수 유통시 물 흐름에 따른 에너지 분석 결과, 북부권역은 담수화 후 물 흐름이 크지 않은 지역으로 분석되었다. 따라서 정체 수역이 우려되는 지역을 줄이고 생물 다양성을 확보하는 것을 우선적인 목표로 하였다. 산업용지 등 상부 토지 이용에 따른 수리 수문학적 지형 변화를 고려하고 육상·해양 및 인근 금강 유역과의 생태계 네트워크를 구상하였다.

그림 12.5에 나타낸 북부권역 생태환경공학 에코디자인 2단계에서는 북부권역 내 새만금호의 정체 수역 수질은 물론, 해수 유통에 한계가 있을 시 기수 및 담수 생

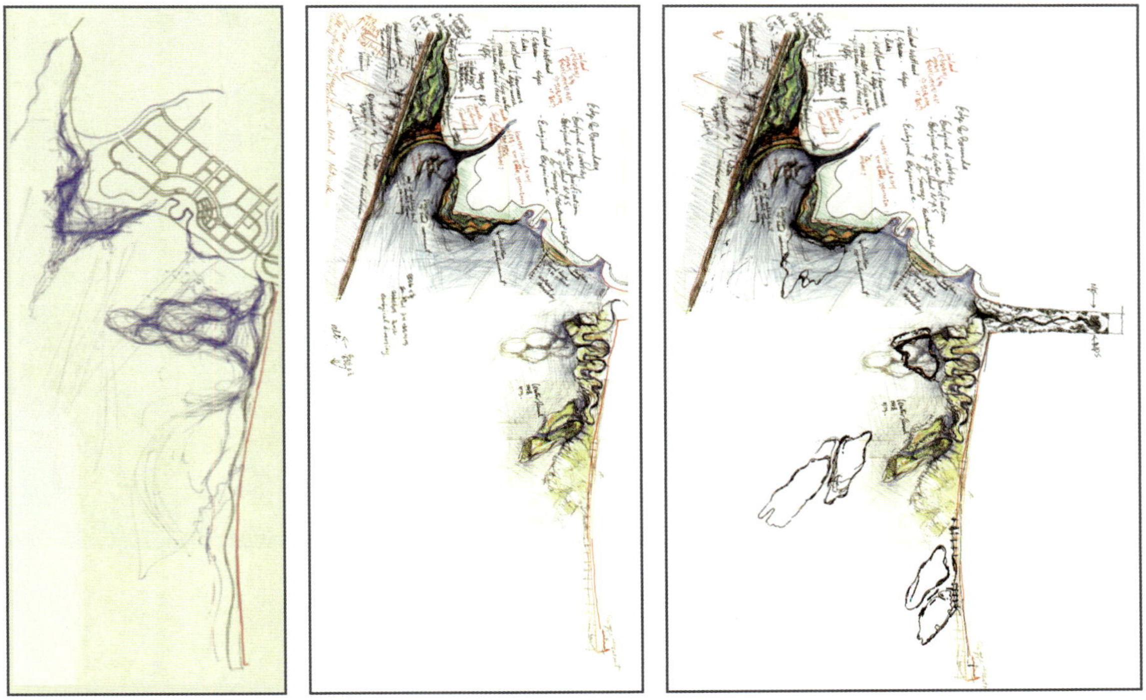

그림 12.4 | **북부권역 생태환경공학 에코디자인 1단계**(좌측 그림, © 변찬우, 2012).
그림 12.5 | **북부권역 생태환경공학 에코디자인 2단계**(중간 그림, © 변찬우, 2012).
그림 12.6 | **북부권역 생태환경공학 에코디자인 3단계**(우측 그림, © 변찬우, 2012).

태계 변화 추이까지도 감안하였다. 특히, 육상부의 비점오염원을 저감하도록 검증된 생태적 수질 정화 습지 시스템을 도입하고 거대한 수공간에도 생태적 수질 정화를 유도함으로써 북부권역의 청정 이미지를 구현하고자 하였다.

그림 12.6. 북부권역 생태환경공학 에코디자인 3단계에서는 자연 형성 과정으로 유도한 비매립지 계획을 발전시켰으며, 새만금 주변 관광 명소들과 연계하여 생태환경의 명소화 전략을 계획하였다. 특히, 비매립지는 자연적인 지형형성을 유도하여 자연 스스로 회복하는 생태 기반을 조성하고, 이를 위해 주변 용지와 생태체험 및 환경 교육 프로그램을 연계하였다.

이처럼 융합생태환경 디자인 과정을 거치면서, 그림 12.7과 그림 12.8에서와 같이 습지 창출 복원지역, 물길 체험지역, 야생생물 서식지역, 비매립지인 자연 천이구역으로 나누고, 이에 따른 세부 시설들을 발전시켰다.

그림 12.7 | 북부권역(산업단지 연접부 0.95 km^2) 조감도(환경부, 2012).

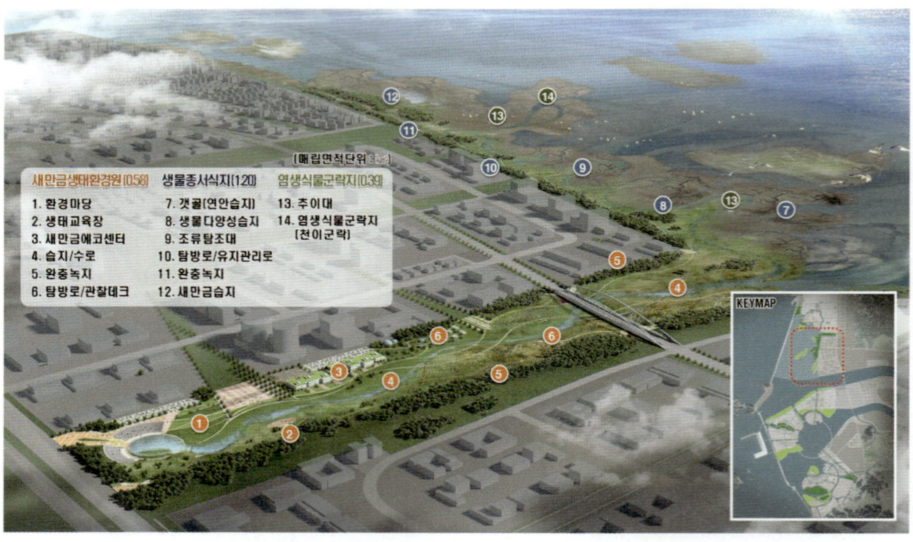

그림 12.8 | 북부권역(산업단지 및 과학연구단지 연접부, 2.17 km^2) 조감도(환경부, 2012).

새만금 복합도시 북측권역

새만금 복합도시 북측권역은 새만금 신시배수관문과 육상부 김제 지역 사이에 위치하고 복합도시용지 북쪽 일부 구간과 경계부를 포함하며, 그 면적은 9.9 km^2(매립 1.34 km^2, 비매립 8.56 km^2)로 새만금 생태·환경 용지 전체 면적의 20%에 해당된다. 복합도시 북측권역은 현재와 앞으로의 생태환경적 추이를 고려한 융합적 생태환경공학 디자인 프로세스를 통해 도시와 자연의 공생, 물이 깨끗한 생태환경용지로 에코디자인하였다(그림 12.9).

먼저 2020년 이전 조성지인 북쪽 지역과 2021년 이후 조성지인 남쪽 지역을 연계하고, 생태환경용지 내부 수로 순환체계를 통한 통합적 물 순환 시스템을 유도하였다. 이는 생태회랑(Ecological Corridor) 및 다양한 생물 서식처(bird, fish, wildlife)를

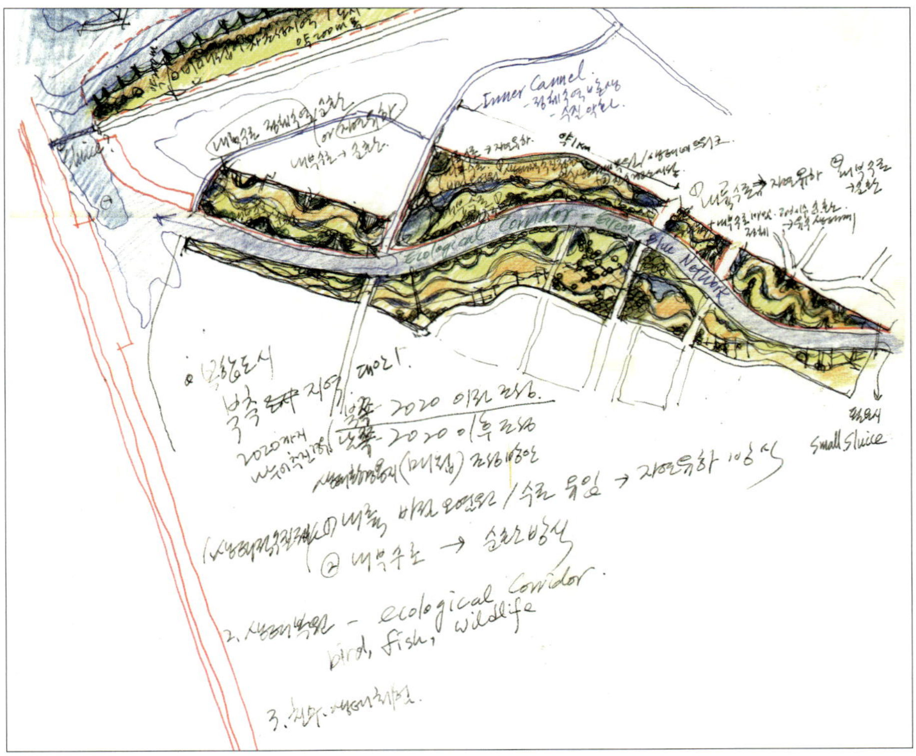

그림 12.9 | 북측권역 생태환경공학 프로세스를 반영한 에코디자인(© 변찬우, 2012).

그림 12.10 | 복합도시 북측권역(1.34 km²) 도시생태워터코리더 지역 조감도(환경부, 2012).

복원함으로써 주변부 안정성, 생물 다양성, 생태계 복원, 자정 능력 향상, 자연 유도 과정 및 자기 복원 등을 달성할 수 있도록 계획하였다. 특히, 복합도시 북측권역은 도시화로 인한 비점오염원 배출이나, 정체 수역으로 인한 수질 오염이 가장 큰 문제로 분석되었다. 따라서 청정수로 조성을 위해 검증된 생태적 수질 정화 습지를 도입하여 육상 오염원 저감 및 정체 수역 수질 환경 개선을 시도하였다.

이를 통해 간척지 내 도시 개발로 인한 수생태환경에 미칠 수 있는 저영향 개발(LID, Low Impact Development)[8] 방안에 주목하였다. 특히 새만금에서는 저영향이라는 소극적 의미를 더욱 긍정적인 생태환경적 영향(EEID, Ecological and Environmental Impact Development)[9]을 미칠 수 있는 계획으로 발전시켰다. 또한, 생태 수용 능력 내 최소한의 이용을 유도하면서 도시민 체험 및 환경 교육프로그램을 제공하여 대자연 체험을 위한 명소화 전략을 기획하였다. 이는 그림 12.10의 조감도에서처럼 세부 프로그램으로 발전되었다.

8 LID(Low Impact Development) 지반투수유도, 비점오염원의 자연적 여과와 같은 분산형 빗물관리 등 자연친화적 오염저감 설계 및 조성 방식.

9 EEID(Ecological and Environmental Impact Development) 지역적 특성에 맞게 분석된 융복합적 생태환경적인 영향을 미치는 개발. 이는 『변찬우, 2010, 우리풍토에 맞는 생태하천 나무도시』에서 도시지역의 생태환경복원을 실천하기 위해서는 Low Impact Development (LID)이나 No Impact Development(NID), Positive Impact Development(PID)를 넘어선 생태적 적지분석(ecological suitability)이 필요함. 특히, 융합적 차원의 생태환경개발(Ecological and Environmental Impact Development(EEID)을 추구해야 함을 강조.

새만금 복합도시 남측권역

새만금 복합도시 남측권역은 새만금 가력배수관문과 육상부 부안 지역 사이에 위치하고 복합도시용지 남쪽 일부 구간과 경계부를 포함하며, 그 면적은 7.2 km²(매립 3.91 km², 비매립 3.29 km²)로 생태환경용지 전체 면적의 14%에 해당한다. 복합도시 남측권역 역시 앞서 예시한 대로 생태환경공학 프로세스 접근을 통해 새만금 대자연 체험의 장 등으로 에코디자인되었다(그림 12.11~12).

먼저 그림 12.11의 에코디자인에서는 부안 지역 내 지천 및 가력 배수관문과 연계하여 주 생물 서식처 및 자연제방 수위를 조절함으로써 새만금호와 권역 내 물 흐름 및 지천 오염수의 새만금 내 유입에 따른 수 체계 관리를 유지하고자 하였다. 특히 변산반도 국립공원과 연계된 국내 대규모 야생동식물 서식처로서, 수조류, 저어새류 등 생물 서식지 조성을 위한 자연제방 및 수위 조절 습지와 염생/수생식물 서식지 등을 조성하여 서식 기반 및 생물 번식, 조간대 자연 천이를 유도하였다. 그리고 그림 12.12의 에코디자인에는 인근 육상부의 오염된 지표수들이 새만금 내호로 유입되지 않도록 유입 지천의 오염된 수질을 개선할 수 있는 검증된 생태적

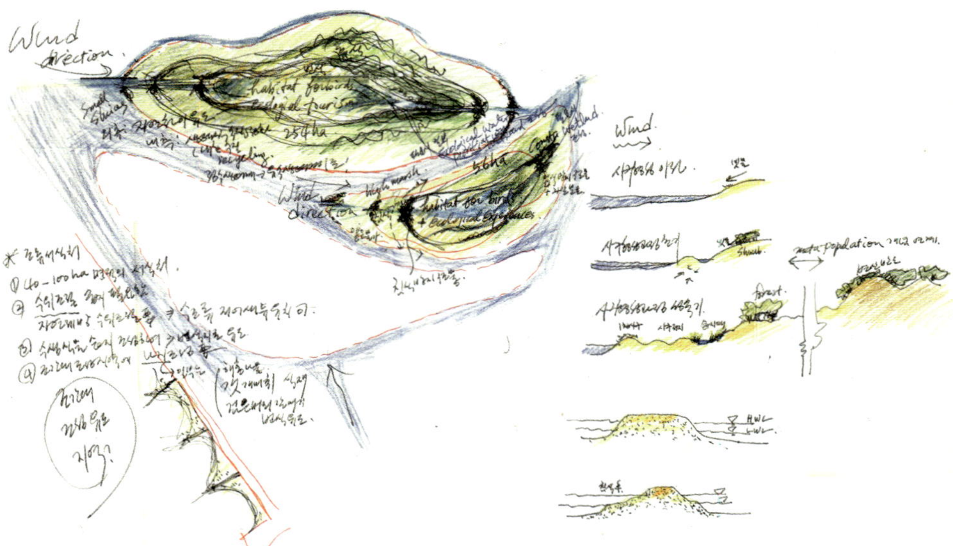

그림 12.11 | 남측권역 생태환경공학 프로세스를 반영한 에코디자인-1(© 변찬우, 2012).

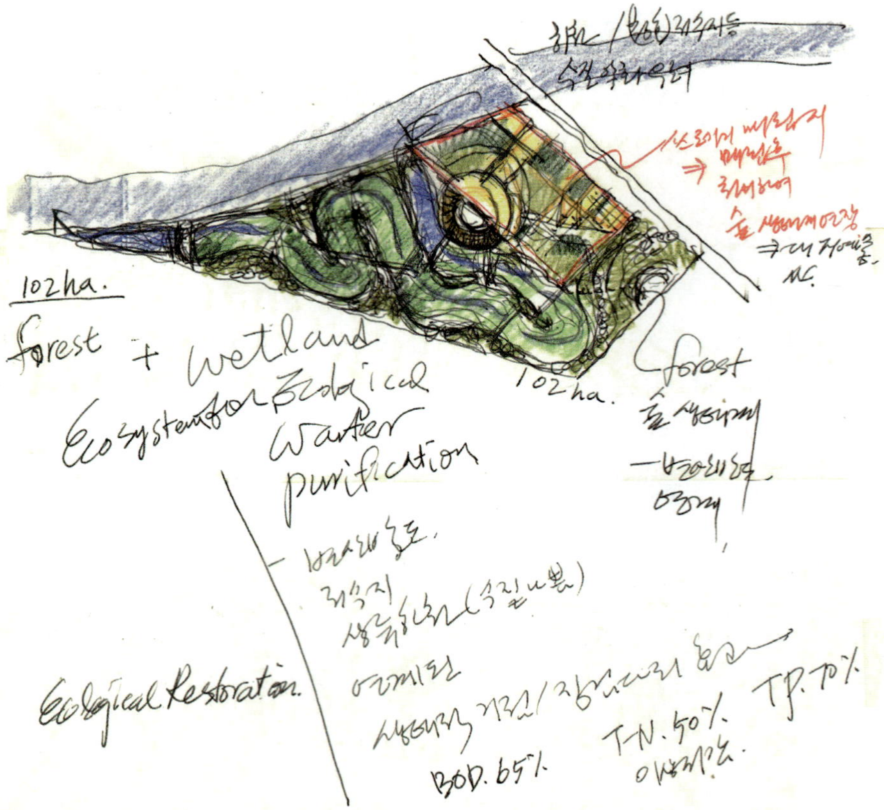

그림 12.12 | 남측권역 생태환경공학 프로세스를 반영한 에코디자인-2(© 변찬우, 2012).

수질 정화습지 시스템을 적용토록 에코디자인하였다. 또한, 변산반도 국립공원프로그램이나 관광용지 등 주변 관광자원과 연계한 육상부 지역에는 습지에서 육상부의 숲 조성에 이르기까지 생태관광형 야생생물 서식지 및 주변 관광용지와 연계하였다. 그 결과, 자연생태 복원의 체험·탐방·관광 등이 가능한 세계적인 대자연 체험지를 에코디자인하였다. 이는 그림 12.13에서와 같이, 대규모 생물 서식지인 대자연 체험지역과 맑은 물 재생지역, 비매립지인 자연 천이구역으로 나누어 그 세부적인 프로그램으로 발전되었다.

그림 12.13 | **복합도시 남측권역(3.91 km²) 조감도**(환경부, 2012).

새만금 생태환경용지의 개발 방향

생태환경용지는 새만금 간척지 내에서 생태환경의 핵심지역이다. 새만금 개발에 대한 국내·외 많은 사람들의 우려가 바로 환경 문제에 있다고 볼 때 생태환경용지의 성공 여부는 새만금 개발 전체의 미래를 좌우한다고 해도 과언이 아니다. 개발을 전제하고서 생태환경적으로 복원을 시행하는 것은 선진국의 생태 복원 전문가들도 명확한 답을 내지 못하는 어려운 일이다. 하지만 이러한 문제를 극복하고자, 본 에코디자인 과정에서는 간척지 개발로 인한 생태환경적 영향을 저감시키고 생태환경적으로 창출·향상을 통해 복원할 수 있는 기본 계획을 수립하기로 했다. 그래서 국내·외의 다양한 전문 분야의 검토와 자문을 통해 검증한 결과, 성공리에 그 기본 계획(Master plan)을 수립·확정할 수 있었다. 하지만 본 기본 계획의 진정한 성공을 위해서는 다음과 같은 향후 과제가 반드시 이행되어야 할 것이다.

첫째, 본 기본 계획 이후의 후속 설계 및 시공 사업에서 선행 계획의 내용을 일관성 있게 풀어 나아가고자 하는 노력이 반드시 뒤따라야 한다. 본 기본 계획은 계획으로서의 목적에 있는 것이 아니라 구체적인 사업비가 책정되어 생태공학적 복원 시공을 집행해야 하는 사업이다. 그러므로 생태환경용지 계획의 진정한 성공 여부는 본 기본 계획 이후에 이어질 기본 설계 및 실시 설계, 그리고 복원 시공에 얼마나 반영되는가에 달려 있다고 해도 과언이 아니다.

둘째, 본 생태환경 복원 계획은 생태 복원 기능과 효율 그리고 구조에 대한 면밀한 적용검증 사례를 통해 기존의 설계 및 건설 공사와 차별화를 갖도록 해야 한다. 실제 새만금 생태환경용지와 같은 대규모의 새로운 생물 서식 기반을 성공적으로 조성한 사례는 국내·외 어디에서도 찾아볼 수 없다. 자칫 잘못하면 실패할 확률이 성공할 확률보다 높다. 게다가 해외의 선진 사례는 생태환경적 특성이 우리나라, 특히 새만금 간척지와 많이 달라 적용 사례로 활용하더라도 많은 응용을 요하는 실정이다. 가능한 한, 설계 진행에 앞서 그림 12.2의 세 번째 줄에 제시한 것처럼 새만금의 특수한 생태환경적 특성을 고려한 테스트-베드식의 시범 사례를 수행하면서 생태환경용지의 성공적인 복원 시공 방향을 설정하는 것이 바람직하다. 특히, 생태환경용지의 생태환경 시설이 되는 생태 호안, 생태적 수질 정화 습지 등의 경우는 국내의 다양한 풍토에서 이미 안정성이나 효율 및 기능이 성공적으로 검증된 공법을 선정하여 새만금의 특성에 맞게 에코디자인해야 할 것이다.

셋째, 그림 12.14에서처럼 필자가 수립한 광대한 새만금 생태환경용지 기본 계획 수립 과정에서는 특정 전공에 집착하지 않아야 한다. 건설 분야와 생태, 환경, 디자인을 아우르는 생태환경공학(integrated ecological and environmental engineering)적으로 코디네이팅하면서 더욱 세부적인 에코디자인으로 발전시켜야 한다. 따라서 기본 계획 이후 전 공정이 연속적이고 통합적으로 접근되어야 하고, 각기 다른 관련 전공 분야끼리, 소위 말하는 밥그릇 싸움 같은 이기심을 버리고 상호협력하면서 복원 시공하려는 자세가 필요하다.

그림 12.14 | 새만금 종합개발계획(Master plan)(환경부, 2012) 중 녹색 부분이 에코디자인과 생태공학적으로 수립된 생태환경용지 기본 계획이다(© 변찬우, 2012).

Index

찾아보기

국문

ㅇ

ㅈ

영문